高职高专煤化工专业规划教材编审委员会

主任委员 郝临山

副主任委员 薛金辉　薛利平　朱银惠　池永庆

委　　员（按姓氏汉语拼音排序）

白保平	陈启文	池永庆	崔晓立	段秀琴
付长亮	谷丽琴	郭玉梅	郝临山	何建平
李聪敏	李　刚	李建锁	李云兰	李赞忠
刘　军	穆念孔	彭建喜	冉隆文	田海玲
王翠萍	王家蓉	王荣青	王胜春	王晓琴
王中慧	乌　云	谢全安	许祥静	薛金辉
薛利平	薛士科	薛新科	闫建新	于晓荣
曾凡桂	张爱民	张现林	张星明	张子锋
赵发宝	赵晓霞	赵雪卿	周长丽	朱银惠

高职高专"十一五"规划教材
——煤化工系列教材

煤质分析及煤化工产品检测

王翠萍　赵发宝　主编

·北京·

本书内容包括绪论、煤炭检验、煤炭洗选检测、焦炭检验、焦化产品检验、煤气的检验、焦化废水的检测、甲醇和二甲醚的检验，检测品种齐全，囊括了煤质及煤化工产品需要检测的各个方面。关于各种检测，主要介绍了样品的采样和制备以及各指标的测定原理、测定步骤和指标要求。

　　本书将基本知识、专业知识和操作技能有机地结合起来，重点介绍了操作方法和操作技术，有利于培养学生的实际操作能力，具有很强的基础性和实用性。

　　本书是高职高专院校煤炭生产及煤炭深加工专业教材，同时也可作为从事煤炭生产、加工、质检、营销等工作的工程技术人员的参考用书和技能考核培训教材。

图书在版编目（CIP）数据

煤质分析及煤化工产品检测/王翠萍，赵发宝主编．—北京：化学工业出版社，2009.7（2025.3重印）
高职高专"十一五"规划教材——煤化工系列教材
ISBN 978-7-122-05720-4

Ⅰ．煤… Ⅱ．①王…②赵… Ⅲ．①煤质-分析-高等学校：技术学院-教材②煤化工-化工产品-检测-高等学校：技术学院-教材 Ⅳ．TQ533

中国版本图书馆CIP数据核字（2009）第081068号

责任编辑：张双进	文字编辑：李姿娇
责任校对：宋　玮	装帧设计：王晓宇

出版发行：化学工业出版社（北京市东城区青年湖南街13号　邮政编码100011）
印　　装：涿州市般润文化传播有限公司
787mm×1092mm　1/16　印张17　字数452千字　2025年3月北京第1版第12次印刷

购书咨询：010-64518888　　　　　　　　售后服务：010-64518899
网　　址：http://www.cip.com.cn

凡购买本书，如有缺损质量问题，本社销售中心负责调换。

定　价：49.00元　　　　　　　　　　　　　　　　版权所有　违者必究

前　言

当前，我国正处在工业化快速发展阶段，随着我国制造业的大力发展，对能源的需求不断增加。我国已成为能源生产和消费大国，煤炭一直是我国的主要能源，占我国能源消费的 70% 左右。最近几年，我国的煤化工发展迅速，对煤化工人才的需求旺盛。

煤炭的生产、加工和利用涉及国民经济的各行各业，煤炭不仅是燃料，而且是重要的化工原料，煤炭及其加工产品的质量直接影响国民经济的发展和人民的生活环境。加强和规范煤炭及其加工产品的检验，是保证其质量的重要手段。

本书共分八章，系统阐述了煤炭、焦炭、焦化产品及煤炭深加工产品甲醇和二甲醚分析检测的原理、方法、具体检测步骤等内容，编写中特别注重对基础知识的介绍和对学生实际操作能力的培养，具有很强的基础性和实用性。本书是高职高专院校煤炭生产及煤炭深加工专业教材，同时也可作为从事煤炭生产、加工、质检、营销等工作的工程技术人员的参考用书和技能考核培训教材。

本书由山西煤炭职业技术学院王翠萍、山西省出入境检验检疫局赵发宝任主编。第一章第一节和第六章由王翠萍编写，第一章第二至四节、第八章由山西煤炭职业技术学院苏英兰编写，第二章由赵发宝编写，第三章、第七章由山西煤炭职业技术学院马炽丽编写，第四章由太原理工大学矿业工程学院李志红编写，第五章由长治出入境检验检疫局杨燕强编写。

本书在编写过程中参考了国家最新出版的标准和多种文献，同时得到了许多单位和个人的支持，在此谨向有关单位和个人深表谢意。

由于编者水平有限和时间仓促，书中难免有不妥之处，祈望广大读者和同行赐教指正。

编　者
2009 年 6 月

目　　录

第一章	**绪论**	1
	第一节　概述	1
	第二节　误差	3
	第三节　有效数字	8
	第四节　数据处理	10
	思考题	15
第二章	**煤炭检验**	16
	第一节　煤质分析试验方法的一般规定	16
	第二节　煤样的采取	21
	第三节　煤样的制备	28
	第四节　煤的工业分析	33
	第五节　煤中全硫的测定	45
	第六节　煤的发热量测定	50
	第七节　煤中磷的测定	58
	第八节　煤的元素分析	60
	第九节　煤灰成分分析	69
	第十节　煤灰熔融性的测定方法	85
	第十一节　煤的热稳定性测定方法	87
	第十二节　煤对二氧化碳化学反应性的测定方法	89
	第十三节　煤的结渣性测定方法	91
	第十四节　烟煤黏结指数测定方法	93
	第十五节　烟煤胶质层指数测定方法	94
	第十六节　煤岩分析样品的制备方法	101
	第十七节　煤的显微组分和矿物测定方法	104
	第十八节　煤的镜质体反射率显微镜测定方法	106
	第十九节　商品煤反射率分布图的判别方法	109
	第二十节　显微煤岩类型的测定	110
	思考题	113
第三章	**煤炭洗选检测**	114
	第一节　煤炭筛分试验方法	114
	第二节　煤炭浮沉试验方法	118
	第三节　煤炭可选性评定方法	125
	第四节　煤的快浮试验方法	127
	第五节　煤粉筛分试验方法	128

  第六节 煤粉浮沉试验方法……………………………………………… 129
  第七节 煤粉（泥）实验室单元浮选试验方法…………………………… 132
  第八节 絮凝剂性能试验方法………………………………………………… 136
  第九节 选煤用磁铁矿粉试验方法…………………………………………… 141
  思考题……………………………………………………………………………… 149

第四章 焦炭检验……………………………………………………………………… 151
  第一节 焦炭工业分析测定方法……………………………………………… 151
  第二节 焦炭全硫含量的测定方法…………………………………………… 155
  第三节 焦炭中磷含量的测定………………………………………………… 159
  第四节 焦炭落下强度的测定方法…………………………………………… 160
  第五节 焦炭的焦末含量及筛分组成的测定方法…………………………… 163
  第六节 冶金焦炭机械强度的测定方法……………………………………… 164
  第七节 焦炭反应性及反应后强度试验方法………………………………… 166
  思考题……………………………………………………………………………… 169

第五章 焦化产品检验…………………………………………………………………… 170
  第一节 焦化产品的采样方法………………………………………………… 170
  第二节 焦化产品水分的测定………………………………………………… 175
  第三节 焦化产品灰分的测定………………………………………………… 178
  第四节 焦化黏油类产品密度的测定………………………………………… 179
  第五节 焦化黏油类产品馏程的测定………………………………………… 180
  第六节 焦化产品甲苯不溶物含量的测定…………………………………… 181
  第七节 焦化黏油类产品黏度的测定………………………………………… 183
  第八节 煤焦油萘含量的测定………………………………………………… 184
  第九节 焦化轻油类产品密度的测定………………………………………… 185
  第十节 焦化轻油类产品馏程的测定………………………………………… 186
  第十一节 焦化固体类产品喹啉不溶物的测定………………………………… 189
  第十二节 焦化固体类产品软化点的测定…………………………………… 190
  第十三节 焦化萘的测定…………………………………………………… 191
  第十四节 粗苯的测定……………………………………………………… 193
  第十五节 硫酸铵的测定…………………………………………………… 194
  思考题……………………………………………………………………………… 201

第六章 煤气的检验…………………………………………………………………… 202
  第一节 煤气组成的测定方法………………………………………………… 202
  第二节 煤气热值的测定方法………………………………………………… 206
  第三节 煤气中氨含量的测定方法………………………………………… 209
  第四节 煤气中焦油和灰尘含量的测定方法……………………………… 210
  第五节 煤气中硫化氢含量的测定方法……………………………………… 211
  第六节 煤气中萘含量的测定方法……………………………………… 213
  思考题……………………………………………………………………………… 218

第七章 焦化废水的检测………………………………………………………………… 219
  第一节 水样的采取………………………………………………………… 219
  第二节 pH的测定…………………………………………………………… 223
  第三节 浊度的测定………………………………………………………… 225

第四节　氨氮的测定 …………………………………………………………… 226
　　第五节　溶解氧的测定 …………………………………………………………… 227
　　第六节　化学需氧量（COD）的测定 …………………………………………… 229
　　第七节　硝酸盐氮的测定 ………………………………………………………… 231
　　第八节　亚硝酸盐氮的测定 ……………………………………………………… 232
　　第九节　总磷的测定 ……………………………………………………………… 233
　　第十节　挥发酚的测定 …………………………………………………………… 235
　　第十一节　总氰化物的测定 ……………………………………………………… 237
　　第十二节　生化需氧量（BOD）的测定 ………………………………………… 241
　　思考题 ……………………………………………………………………………… 243
第八章　甲醇和二甲醚的检验 ………………………………………………………… 244
　　第一节　甲醇的测定 ……………………………………………………………… 244
　　第二节　二甲醚的测定 …………………………………………………………… 256
　　思考题 ……………………………………………………………………………… 262
参考文献 …………………………………………………………………………………… 263

第一章 绪 论

第一节 概 述

煤炭是我国的重要能源。随着社会生产的发展,煤炭及煤化工产品在国民经济中的地位越来越重要,其质量直接影响国民经济的发展和人民生活水平的提高。"十一五"期间,煤炭及煤化工产品获得了前所未有的发展机遇,拥有广阔的发展前景,这也对煤炭及煤化工产品的质量提出了更高的要求。学习煤炭及煤化工产品的分析检测技术是保证其质量的前提和手段。

煤炭及煤化工产品的分析检测技术是一门实践性很强的重要专业课程,其主要内容包括原料、中间产品、产品中有关组分含量的测定,主要涉及煤炭、焦炭、焦油、煤气、废水等方面的分析检测。学生通过对煤炭及煤化工产品分析检测技术的学习,可掌握相关分析检测的基本原理、基本操作,为今后从事有关工作打下良好的基础。

一、常用的分析方法

1. 化学分析法

利用被测物质和某试剂发生化学反应为基础的分析方法,称为化学分析法。按实验方法的不同,可将化学分析法分为重量分析法和容量分析法。

(1) 重量分析法　重量分析法是通过称量物质在化学反应前后的质量变化来测定其含量的方法。该法先经过化学反应及一系列操作步骤使试样中的待测组分转化为另一种纯的具有固定化学组成的化合物,再通过称量该化合物的质量,从而计算待测组分的含量。

(2) 容量分析法　容量分析法是将被测试样制成溶液后滴加已知浓度的试剂(标准溶液),根据反应完全时所消耗标准溶液的体积,计算出被测组分的含量。这类分析方法又称为滴定分析法。

根据不同反应类型,容量分析法又可分为酸碱滴定法、沉淀滴定法、配位滴定法和氧化还原滴定法。

重量分析法和容量分析法通常用于高含量或中含量组分的测定。对于样品中微量杂质的检测和快速分析,化学分析法往往不能满足要求,而需要用仪器分析法。

化学分析法所用的仪器简单、操作方便、结果准确、应用范围广泛,是煤炭及煤化工产品分析检测中最基本的方法。

2. 仪器分析法

仪器分析法是指采用比较复杂或特殊的仪器设备,通过测定能表征物质的某些物理或物理化学性质来确定其化学组成和含量的一类分析方法。由于这类方法是以物质的物理或物理化学性质的测定为基础,所以也称为物理或物理化学分析法。

按照测定过程中观测到的物质的性质,仪器分析法分为光学分析法、电分析化学法、色谱法、质谱法等。

(1) 光学分析法　根据物质发射的辐射能或辐射能与物质的相互作用而建立起来的分析方法称为光学分析法。它分为许多种类。

① 原子光谱法。包括原子发射、原子吸收和原子荧光光谱法。是根据原子外层电子跃迁所产生的光谱进行分析的方法。

② 分子光谱法。包括红外吸收、可见和紫外吸收、分子荧光和拉曼散射等方法。分别是根据分子的转动光谱及振动光谱、电子光谱、荧光光谱和拉曼光谱进行分析的方法。

③ X射线光谱法。包括X射线发射、吸收、衍射和荧光光谱法，以及电子探针等。是根据原子内层电子跃迁产生的光谱进行分析的方法。

④ 核磁共振波谱法。在强磁场存在下，某些元素原子核的能量由于原子核本身具有的磁性质，将分裂成两个或两个以上量子化的能级。电子也具有类似的情况。吸收适当频率的电磁辐射，可在所产生的磁诱导能级间发生跃迁。研究原子核对射频辐射吸收的方法称为核磁共振波谱法。

(2) 电化学分析法　根据物质溶液的电化学性质来确定物质含量的方法称为电化学分析法。具体可分为以下几种。

① 电导法。以电池的电导作为具体测定对象的方法称为电导法。常见的有电导分析法和电导滴定法。

② 电位分析法。用一个指示电极和一个参比电极与试液组成化学电池，根据电池电动势来进行分析的方法，称为电位分析法。常见的有直接电位法和电位滴定法。

③ 库仑分析法。是通过测定被分析物质定量进行某一电极反应，或者它与某一电极反应的产物定量进行化学反应所消耗的电量来进行定量分析的方法。包括控制电位库仑分析法和库仑滴定法。

④ 极谱法和伏安法。是用微电极电解被测物质的溶液，根据所得到的电流-电压极化曲线来测定电解电流与被测物质浓度的关系，从而进行分析的方法。根据所用指示电极的不同，可分为两种：一种是用液态电极，如滴汞电极，其电极表面作周期性连续更新，称为极谱法；另一种是用固定或固态电极作指示电极，如石墨等，称为伏安法。

(3) 色谱法　色谱分析法是一种物理分离方法，该法以混合物中各组分在互不相溶的两相（固定相与流动相）中吸附能力、分配系数或其他亲和作用性能的差异作为分离依据。当混合物中各组分随着流动相流动时，在固定相与流动相之间进行反复多次的分布，使吸附能力、分配系数或其他亲和作用性能不同的各组分，在移动速度上产生差异，从而得到分离。

按流动相的状态分类，用气体作为流动相的称为气相色谱，用液体作为流动相的称为液相色谱。

按分离过程的作用原理分类，色谱法可分为吸附色谱法、分配色谱法、离子交换色谱法、凝胶色谱法等。

(4) 质谱法　质谱法是一种物理分析法。当试样在离子源中电离后，产生各种带正电荷的离子，在加速电场作用下，形成离子束射入质量分析器。在质量分析器中，由于受磁场的作用，入射的离子束改变运动的方向。当离子的速度和磁场的强度不变时，离子作等速圆周运动，其轨迹与质荷比大小有关。各种离子会按其质荷比的大小分离，据此记录质谱图，根据谱线的黑度或相应离子流的相对强度，可进行定量分析。

二、煤炭及煤化工产品的用途

1. 煤炭

煤炭不仅是工业、农业和人民生活不可缺少的燃料，而且还是冶金、化工、医药等多种工业的重要原料，素有"工业粮食"之称。作为能源，煤燃烧可以得到电能、热能。在世界历史上，揭开工业文明篇章的瓦特蒸汽机就是由煤驱动的。煤燃烧后的残渣可作为建筑材料。作为化工原料，煤炼焦可以得到焦炭、焦油和焦炉煤气，气化可以得到煤气，加氢液化可以得到液体燃料，轻度氧化可以得到腐殖酸和芳香羧酸，卤化则得到润滑油和有机氟化物等重要物质。据统计，在我国能源消费中，煤炭约占整个能源消费的65%，以煤炭作为主要能源的格局在今后一个较长的时期内不会改变。随着近代科学技术的发展和新工艺、新方法的应用，煤炭的用途和综合利用价值将会越来越大。

2. 焦炭

焦炭是煤炼焦的主要产品之一。它是炼焦过程中的固体残留物，呈银灰色，除含有有机成分外，尚含有水分和灰分。焦炭主要用于高炉炼铁，高炉用焦量占焦炭总产量的90%以上，此外焦炭还作电炉、发生炉的原料，生产电石和发生炉煤气，还可作锅炉燃料。

3. 炼焦化学产品

煤在炼焦时，有75%左右变成焦炭，还有25%左右生产多种化学产品及煤气，如煤焦油、氨、萘、硫化氢、氰化氢及粗苯等化学产品。

氨可用于制取硫酸铵和无水氨；煤气中所含的氢可用于制造合成氨，合成甲醇、双氧水、环己烷等，合成氨可进一步制成尿素、硝酸铵和碳酸铵等化肥。

硫化氢是生产单斜硫和元素硫的原料；氰化氢可用于制取黄血盐。

粗苯和煤焦油经加工后可得到二硫化碳、苯、甲苯、二甲苯、三甲苯、古马隆、酚、萘、蒽和吡啶盐基及沥青等。这些产品是生产农药、合成纤维、合成橡胶、塑料、油漆、燃料、药品、炸药、耐辐射材料、耐高温材料及国防工业的重要原料。

三、学习方法和要求

在学习煤炭及煤化工产品分析检测技术这一课程的过程中，要掌握各种方法的基本原理、基本操作步骤，要有认真科学的学习态度，将理论与实践相结合，把学过的无机化学、有机化学、分析化学的基本理论知识应用到各种分析方法中去。同时，要有明确的学习目标和正确的学习方法。虽然现代科学技术促进了分析方法朝着仪器化、自动化的方向发展，但化学分析仍然是分析物质的基础，应掌握好化学分析的理论，打好坚实的理论基础。一个缺乏化学分析基础知识和基本技能的分析工作者，不可能只靠现代化仪器设备就能正确解决日益发展而又复杂的实际工作问题。

煤炭及煤化工产品分析检测技术是一门实践性很强的课程，其基础是实践，但对实践中的问题又要从理论上来解释。学生在学习过程中要认真做好每个实验，对实验课的实践操作有时要反复训练，才可能掌握基本操作技能，培养独立工作能力。在实验中要做到认真、细致、实事求是。

第二节 误　　差

定量分析的任务是准确测定试样中各有关组分的含量，不准确的分析结果会导致产品报废、资源浪费，甚至在科学上得出错误的结论。但是，实际测定中，由于受分析方法、仪器、试剂、操作技术等的限制，测定结果不可能与真实值完全一致。同一分析人员用同一方法对同一试样在相同条件下进行多次测定，测定结果也总不能完全一致，分析结果在一定范围内波动。

由此说明，客观上误差是经常存在的。在实验过程中，必须分析误差产生的原因，采取相应措施，提高分析结果的准确度，同时，对分析结果的准确度进行正确表达和评价。

一、误差的分类及其产生的原因

分析结果和真实值之间的差值称为误差。根据其性质与产生原因的不同，可将误差分为系统误差、随机误差和过失误差三类。

1. 系统误差

系统误差也叫可测误差，是由某种固定的原因所造成的，具有重复性、单向性，即大小、方向有规律，重复测定时重复出现。增加测定次数，并不能使系统误差减小。系统误差的大小、正负，在理论上说是可以测定的，因而是可以校正的。

根据系统误差的性质和产生原因，可将其分为以下几类。

(1) 方法误差　这种误差是由分析方法本身所造成的。例如，在滴定分析中，反应进行不完全、干扰离子的影响、化学计量点和滴定终点的不符，以及其他副反应等；在重量分析中，沉淀的溶解、共沉淀、灼烧时沉淀的分解或挥发等，都会系统地导致测定结果偏高或偏低。

(2) 仪器误差　仪器误差是由仪器本身不够精确或未经校准所引起的。如砝码质量、容量器皿刻度和仪表刻度不准确等，在使用过程中就会使测定结果产生误差。

(3) 试剂误差　试剂误差来源于试剂不纯。例如，试剂和蒸馏水中含有被测物质或干扰物质，使分析结果系统偏高或偏低。

(4) 操作误差　操作误差是由操作人员的主观原因造成的，主要是指在正常操作情况下，由于分析工作者掌握的操作规程与控制条件稍有出入而引起的。例如，分析人员在称取试样时未注意防止试样吸湿，洗涤沉淀时洗涤过分或不充分，灼烧沉淀时温度过高或过低，称量沉淀时坩埚及沉淀未完全冷却等；在辨别滴定终点的颜色时，有人偏深，有人偏浅；在读取刻度值时，有人偏高，有人偏低等。在实际工作中，有的人还有一种"先入为主"的习惯，即在得到第一测量值后，再读取第二个测量值时，主观上尽量使其与第一个测量值符合，这样也容易引起误差。

2. 随机误差

随机误差又称偶然误差，产生的原因与系统误差不同，它是由一些随机的偶然的原因造成的。例如，测量时环境温度、湿度和气压的微小波动等；仪器的微小变化；分析人员对各份试样处理时的微小差别等。这些不可避免的偶然原因，都将使分析结果在一定范围内波动，引起随机误差。其性质是有时大，有时小，有时正，有时负，所以随机误差又称不可测误差。随机误差在分析操作中是无法避免的，但是消除系统误差后，如果进行很多次测定，便会发现随机误差的分布符合一般的统计规律。

① 大小相等的正、负误差出现的概率相等。

② 大误差出现的机会少，小误差出现的机会多，特别大的正、负误差出现的概率非常小，故随机误差出现的概率与其大小有关。

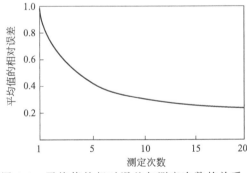

图 1-1　平均值的相对误差与测定次数的关系

实验表明，在测定次数较少时，随机误差随测定次数的增加而迅速减小，当测定次数大于 10 时，误差已减小到不很显著的数值（见图 1-1）。所以在一般测定中，同时平行测定 10 个试样就已足够了。

3. 过失误差

过失误差是指分析人员在工作中出现的差错，是由于工作粗心或疏忽而造成的，没有一定的规律可循。例如，在滴定时刻度读错了，在称重时砝码的数值读错了，或记录和计算错误及加错试剂等。

这类误差在工作上属于责任事故，是绝不允许出现的。只要分析人员有高度的责任感，认真细致地做好每项工作，反复核对，过失误差是完全可以避免的。在分析工作中，当出现较大的误差时，应分析其原因，如系过失引起，则在计算时应将该数据舍去。但是，对于怀疑的数据，就不能任意地作为错误数据来取舍，应当根据数理统计的结果来处理。

二、误差和偏差的表示方法

1. 误差

(1) 真值 (μ)　某一物理量本身具有的客观存在的真实数值，即为该量的真值。一般来说，真值是未知的，但是以下情况的真值可以认为是已知的。

① 理论真值。如某化合物的理论组成等。

② 计量学约定真值。如国际计量大会上确定的质量、长度、物质的量的单位等。

③ 相对真值。认定精度高一个数量级的测定值作为低一级的测量值的真值，这种真值是相比较而言的。如科学实验中使用的标准试样及管理试样中组分的含量等。

(2) 平均值 ($\bar{x}$)　n 次测量数据的算术平均值 $\bar{x}$ 为

$$\bar{x}=\frac{x_1+x_2+\cdots+x_n}{n}=\frac{1}{n}\sum_{i=1}^{n}x_i$$

平均值虽然不是真值，但比单次测量结果更接近真值。因而在日常分析工作中，总是重复测定数次，然后求得平均值。在没有系统误差时，一组测量数据的算术平均值为最佳值。

(3) 中位数 (x_M)　一组平行测量值按由小到大的顺序排列，中间一个数据即为中位数 x_M。当测量值的个数为奇数时，位于序列正中间的那个数值，就是中位数；当测量值的个数为偶数时，中位数为中间相邻两个测量值的平均值。中位数的优点是能简便直观地说明一组测量数据的结果，且不受两端具有过大误差的数据的影响，缺点是不能充分利用数据。通常只有当平行测定次数较少而又有离群较远的可疑值时，才用中位数来代表分析结果。

(4) 准确度与误差　准确度反映分析结果与真值之间的接近程度，说明测定结果的可靠性，用误差来表示。测定结果 (x) 与真值 (μ) 之间的差值称为误差 (E)，即

$$E=x-\mu$$

误差越小，表示测定结果与真值越接近，准确度越高；反之，误差越大，准确度越低。当测定结果大于真值时，误差为正值，表示测定结果偏高；反之，误差为负值，表示测定结果偏低。

误差可用绝对误差 (E) 和相对误差 (RE) 来表示。绝对误差表示测定值与真值之差。

$$绝对误差(E)=个别测得值(x_i)-真值(\mu)$$

绝对误差并不能完全地说明测定的准确度。例如，如果被称量物质的质量分别为 1g 和 0.1g，称量的绝对误差同样是 0.0001g，但其准确度却不同，因为没有与被测物质的质量联系起来。

分析结果的准确度常用相对误差 (RE) 来表示：

$$RE=\frac{E}{\mu}\times 100\%$$

RE 反映了误差在真值中所占的比例，用来比较在各种情况下测定结果的准确度比较合理。

【例 1-1】　测定某铵盐中氮的含量为 20.84%，已知真值为 20.82%，求其绝对误差和相对误差。

解
$$E=20.84\%-20.82\%=+0.02\%$$
$$RE=\frac{+0.02\%}{20.82\%}\times 100\%=+0.1\%$$

2. 偏差

在实际分析工作中,为了得到可靠的分析结果,分析人员总是在同一条件下对试样平行测定几份,如果几个数据比较接近,表示分析结果的精密度高。所谓精密度就是多次测定结果的相互接近程度,表达了测定结果的重复性和再现性。通常用偏差来表示。

(1) 偏差 偏差 (d_i) 表示各次测定值 (x_i) 与平均值 ($\bar{x}$) 之间的差值。偏差的大小可表示分析结果的精密度,偏差越小说明测定值的精密度越高。偏差可分为绝对偏差和相对偏差:

绝对偏差 $$d_i = x_i - \bar{x}$$

相对偏差 $$Rd_i = \frac{d_i}{x} \times 100\%$$

一组测量数据中的偏差,必然有正有负,还有一些偏差可能是零。

(2) 平均偏差 为了说明分析结果的精密度,以单次测量偏差的绝对值的平均值,即平均偏差 $\bar{d}$ 表示精密度:

$$\bar{d} = \frac{|d_1| + |d_2| + \cdots + |d_n|}{n}$$

单次测量结果的相对平均偏差为

$$相对平均偏差 = \frac{\bar{d}}{x} \times 100\%$$

值得注意的是:平均偏差不记正负号,而个别测定值的偏差要记正负号。

用平均偏差表示精密度比较简单,但不足之处是在一系列测定中,小的偏差测定总次数总是占多数,而大的偏差的测定总是占少数,按总的测定次数去求平均偏差所得的结果会偏小,大偏差得不到充分的反映。因此,在数理统计中,一般不用平均偏差来表示精密度。

(3) 标准偏差 在数理统计中,把所研究的对象的全体称为总体(或母体);自总体中随机抽出的一部分样品称为样本(或子样);样本中所含测量值的数目称为样本大小(或容量)。

例如,对某一批煤中硫的含量进行分析,先按规定进行取样、粉碎、缩分,最后制备成一定数量(如 500g)的分析试样,这就是供分析用的总体。如果从中称取 10 份煤样进行平行测定,得到 10 个测定值,则这一组测定结果就是该试样总体的一个随机样本,样本大小为 10。

其平均值为

$$\bar{x} = \frac{x_1 + x_2 + \cdots + x_n}{n} = \frac{1}{n} \sum_{i=1}^{n} x_i$$

当测定次数无限多,即 $n \to \infty$ 时,样本平均值即为总体平均值 μ:

$$\lim_{n \to \infty} \bar{x} = \mu$$

① 总体标准偏差。当测定次数大时 ($n > 30$),测定的平均值接近真值,此时总体标准偏差 σ (又称均方根偏差) 为

$$\sigma = \sqrt{\frac{\sum_{i=1}^{n}(x_i - \mu)^2}{n}}$$

② 样本标准偏差。在实际测定中,测定次数有限,一般 $n < 30$,此时,样本标准偏差 s 为

$$s=\sqrt{\frac{\sum_{i=1}^{n}(x_i-\overline{x})^2}{n-1}}$$

式中，$n-1$ 为自由度，它说明在 n 次测定中，只有 $n-1$ 个可变偏差。引入 $n-1$，主要是为了校正以样本平均值代替总体平均值所引起的误差。即

$$\lim_{n\to\infty}\frac{\sum(x_i-\overline{x})^2}{n-1}\approx\lim_{n\to\infty}\frac{\sum(x_i-\mu)^2}{n}$$

因而 $s\to\sigma$

③ 样本的相对标准偏差。指样本标准偏差占样本算术平均值的百分率，用 RSD 表示，又称变异系数（用 CV 表示），其计算式为

$$\text{RSD}=\frac{s}{\overline{x}}\times 100\%$$

④ 平均值的标准偏差。统计学方法证明，平均值的标准偏差与测定次数有下列关系：

$$s_{\overline{x}}=\frac{s}{\sqrt{n}}$$

由图 1-2 可见，增加测定次数，会使平均值的标准偏差减小。但过多增加测定次数，费时间、费精力，所得精密度并不会提高。所以在实际分析工作中，一般平行测定 3~4 次就可以了；有较高要求时测定 5~9 次。测定次数达 10 次以上，$s_{\overline{x}}$ 的相对值改变已经很小了。

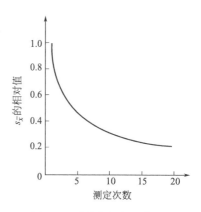

图 1-2 平均值的标准偏差与测定次数的关系

【例 1-2】 分析某一批铁矿中铁的含量，测得以下数据：37.45%、37.20%、37.50%、37.30%、37.25%。计算该组数据的平均值、平均偏差、标准偏差和变异系数。

解 $\overline{x}=\dfrac{(37.45+37.20+37.50+37.30+37.25)\%}{5}=37.34\%$

各次测量值的偏差分别是

$d_1=0.11\%\quad d_2=-0.14\%\quad d_3=+0.16\%\quad d_4=-0.04\%\quad d_5=-0.09\%$

$\overline{d}=\dfrac{|d_1|+|d_2|+\cdots+|d_n|}{n}=\dfrac{(0.11+0.14+0.16+0.04+0.09)\%}{5}=0.11\%$

$s=\sqrt{\dfrac{\sum_{i=1}^{n}d^2}{n-1}}=\sqrt{\dfrac{(0.11\%)^2+(-0.14\%)^2+(0.16\%)^2+(-0.04\%)^2+(-0.09\%)^2}{5-1}}=0.13\%$

$CV=\dfrac{s}{\overline{x}}\times 100\%=\dfrac{0.13\%}{37.34\%}\times 100\%=0.35\%$

3. 准确度与精密度的关系

根据以上分析可知，系统误差是分析工作中误差的主要来源，影响分析结果的准确度，随机误差影响分析结果的精密度。精密度好的并不一定准确度高。例如，甲、乙、丙三人分析同一铁矿石中 Fe_2O_3 的含量（已知真实含量为 50.36%），测定结果如下：

甲 $\begin{cases}(一)\ 50.30\%\\(二)\ 50.30\%\\(三)\ 50.28\%\\(四)\ 50.27\%\end{cases}$ 乙 $\begin{cases}(一)\ 50.40\%\\(二)\ 50.30\%\\(三)\ 50.25\%\\(四)\ 50.23\%\end{cases}$ 丙 $\begin{cases}(一)\ 50.36\%\\(二)\ 50.35\%\\(三)\ 50.34\%\\(四)\ 50.33\%\end{cases}$

平均值　　　　　　　50.29%　　　　　　　50.30%　　　　　　　50.35%

甲的精密度虽高，但平均值与真值相差较大，说明准确度较低；乙的平均值虽比甲的接近于真值，但几个数据彼此相差甚远，精密度和准确度都不高；丙的精密度和准确度都比较高，结果可靠。如图1-3所示。

综上所述，准确度高一定要精密度好，但精密度好不一定准确度高。精密度是保证准确度的先决条件，若精密度很差，说明所测结果不可靠，虽然由于测定的次数多可能使正负偏差相互抵消，但已失去衡量准确度的前提。准确度是反映系统误差和随机误差两者的综合指标。

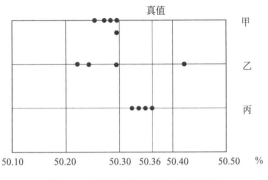

图1-3 不同分析人员的分析结果

第三节 有 效 数 字

一、有效数字及其修约规则

在科学实验中，为了得到准确的测量结果，不仅要准确测量，而且还要正确地记录和计算。因此，在实验数据的记录和计算过程中，应保留几位数字是一件很重要的事情，不能随便增减位数。这就需要了解"有效数字"的意义。

1. 有效数字及其位数

有效数字是指在实验分析工作中实际上能测量到的数字。记录数据和计算结果时，究竟要保留几位数字，要根据所使用测量仪器的准确程度和测定方法来确定。在记录测量数据和计算结果时，只有最后一位是可疑数字。

例如某物的质量为0.3260g，为四位有效数字，其中0.326是准确的，最后一位数字"0"是可疑的，故该物的实际质量是（0.3260±0.0001）g。其称量的绝对误差为±0.0001g，而相对误差是

$$\pm \frac{0.0001}{0.3260} \times 100\% = 0.03\%$$

若将数据记录为0.326g，则表示该物的实际质量是（0.326±0.001）g，即绝对误差为±0.001g，相对误差为

$$\pm \frac{0.001}{0.326} \times 100\% = \pm 0.3\%$$

这表明两者的测量精确程度相差10倍。所以在数据中代表一定量的每一个数字都是很重要的，不能随意地记录，最后一位是可疑数字，是"0"也要写上。

看以下数据的有效数字位数：

43.657	1.0005		五位有效数字
0.2000	28.34%	5.063×10^2	四位有效数字
0.0230	1.98×10^5		三位有效数字
0.0065	0.0080		两位有效数字
0.6	0.009%		一位有效数字

在以上数据中"0"起的作用是不同的，0.2000后面的三个"0"、1.0005中间的三个"0"，都是有效数字；0.0065中的"0"只起定位作用，不是有效数字；0.0230中前面的两个

"0"起定位作用,而最后一位"0"是有效数字。同样,这些数字的最后一位都是不定数字。

因此,在记录测量数据和计算结果时,应根据所使用的仪器的准确度,使所保留的有效数字中只有最后一位是"不定数字"。如用感量为百分之一克的台秤称物体的质量,由于仪器本身能准确到±0.01g,所以物体的质量如果是12.6g,就应该写为12.60g。

分析工作中常用的一些数据,其有效数字位数举例如下:

滴定剂的体积	20.57mL(滴定管读取)	四位有效数字
试样的质量	0.9863g(分析天平称量)	四位有效数字
溶液的浓度	0.1000mol/L	四位有效数字
配合物的稳定常数	$1.00 \times 10^{6.9}$	三位有效数字
pH值	5.60 11.02	两位有效数字

2. 有效数字的修约规则

在分析过程中,要根据测量数据进行计算,但是各测量值的有效数字位数可能不同,则需按一定的规则来计算,确定各测量值的有效数字位数。各测量值的有效数字位数确定之后,就要将它后面多余的数字舍弃。舍弃多余数字的过程称为"数字修约",目前一般采用"四舍六入五成双"规则:

四舍六入五考虑
五后非零则进一
五后皆零视奇偶
五前为奇则进一
五前为偶则舍弃

① 当测量数据中被修约的那个数字小于或等于4时,该数字就舍去;等于或大于6时,则进一。例如,将下列数字修约为两位有效数字,其结果为

$$1.3486 \rightarrow 1.3$$
$$5.630 \rightarrow 5.6$$

② 当被修约的数字是5时,如果5后边的数字并非全部是零,则进一;如果5后边的数字全部是零时,则看保留下来的末位数是奇数还是偶数,若是奇数就进一,若是偶数(包括"0")则将5舍去。总之,要保留为"偶数"。例如,将下列数字修约为两位有效数字,其结果为

$$0.2351 \rightarrow 0.24$$
$$3.4502 \rightarrow 3.5$$
$$2.1500 \rightarrow 2.2$$
$$4.65 \rightarrow 4.6$$

③ 在修约数字时,只允许对原测量的数据一次修约到所需的位数,不得连续进行多次修约。例如,将13.4565修约为两位有效数字时:

13.4565→13.456→13.46→13.5→14(错误)
13.4565→13   (正确)

二、有效数字的运算规则

(1)加减法 几个数据相加或相减时,它们的和或差的有效数字的保留,应以小数点后位数最少(即绝对误差最大的)的数为依据。例如0.0121、25.64及1.05782三数相加,由于各数最后一位为可疑数字,其中25.64的绝对误差最大。因此,三数相加,第二位小数已属可疑,其余两个数据可按有效数字的修约规则保留两位小数。因此,应写为

$$0.01 + 25.64 + 1.06 = 26.71$$

(2) 乘除法 几个数据相乘除时，积或商的有效数字的保留，应以其中相对误差最大的那个数，即有效数字位数最少的那个数为依据。例如，求 0.0121、25.64 及 1.05782 三个数的乘积。这三个数的相对误差分别是

$$0.0121 \quad \frac{\pm 0.0001}{0.0121} \times 100\% = \pm 0.8\%$$

$$25.64 \quad \frac{\pm 0.01}{25.64} \times 100\% = \pm 0.04\%$$

$$1.05782 \quad \frac{\pm 0.00001}{1.05782} \times 100\% = \pm 0.0009\%$$

可见，0.0121 的相对误差最大（也是有效数字位数最少的数据），应以此数据为依据，将其他各数均修约为三位有效数字，然后再相乘：

$$0.0121 \times 25.6 \times 1.06 = 0.328$$

在计算过程中，还应注意以下几个方面。

① 如果计算中遇到第一位有效数字大于或等于 9 的，如 9.00、9.82 等，它们的相对误差约为 0.1%，与 10.06 和 12.10 这些四位有效数字的数值的相对误差接近，故可看作四位有效数字。

② 在所有计算式中，倍数、分数和常数，如 3、6、$\frac{1}{2}$、$\frac{1}{10}$ 及 π、e、$\sqrt{2}$ 等，可视为足够准确，不考虑其有效数字位数，计算结果的有效数字位数应根据其他测量数据来决定。

③ 为了提高计算结果的准确性，在计算过程中，可先多保留一位有效数字位数，最后再根据数字修约规则来处理。

④ 定量分析时，高含量组分（例如≥10%），要求分析结果为四位有效数字；中含量组分（1%～10%），要求三位有效数字；微量组分（<1%），一般只要求两位有效数字。

使用计算器连续运算时，不必对每一步的计算结果进行修约，但应根据准确度的要求，正确保留最后结果的有效数字位数。

第四节 数 据 处 理

一、置信度和平均值的置信区间

1. 置信度

当测量次数为有限次时，总体标准偏差 σ 是不知道的，只能用样本标准偏差 s 来估计测量数据的分散情况。用 s 来代替 σ，就引起了正态分布的偏离，这时可用 t 分布来处理。如图 1-4 所示，纵坐标为概率密度，横坐标为统计量 t。t 定义为

$$t = \frac{x - \mu}{s_{\bar{x}}}$$

由图 1-4 可知，t 分布曲线随自由度 f 而改变。当 f 趋近 ∞ 时，t 分布就趋近于正态分布。t 分布曲线下面一定区间内的积分面积，就是该区间内随机误差出现的概率。由此可见，t 分布曲线形状不仅随 f 值而改变，还与 α 值有关。不同

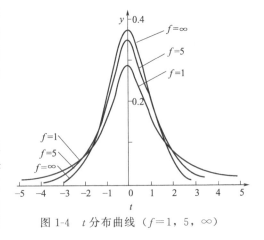

图 1-4 t 分布曲线（$f = 1, 5, \infty$）

f 值及概率所相应的 t 值已计算出来。表 1-1 列出了最常用的 t 值。表中置信度用 P 表示，它表示在某一 t 值时，测定值落在 $(\mu \pm ts)$ 范围内的概率。显然，落在此范围之外的概率为 $1-P$，称为显著性水平，用 α 表示。由于 t 值与置信度及自由度有关，一般表示为 $t_{\alpha,f}$。

例如，$t_{0.05,10}$ 表示置信度为 95%、自由度为 10 时的 t 值；$t_{0.01,8}$ 表示置信度为 99%、自由度为 8 时的 t 值。

从理论上讲，只有当 $f=\infty$ 时，各置信度对应的 t 值才与相应的 μ 值一致。但从表 1-1 可以看出，当 $f=20$ 时，t 值与 μ 值已很接近了。

表 1-1 $t_{\alpha,f}$ 值表（双边）

f	置信度，显著性水平			f	置信度，显著性水平		
	$P=0.90$ $\alpha=0.10$	$P=0.95$ $\alpha=0.05$	$P=0.99$ $\alpha=0.01$		$P=0.90$ $\alpha=0.10$	$P=0.95$ $\alpha=0.05$	$P=0.99$ $\alpha=0.01$
1	6.31	12.71	63.66	7	1.90	2.36	3.50
2	2.92	4.30	9.92	8	1.86	2.31	3.36
3	2.35	3.18	5.84	9	1.83	2.26	3.25
4	2.13	2.78	4.60	10	1.81	2.23	3.17
5	2.02	2.57	4.03	20	1.72	2.09	2.84
6	1.94	2.45	3.71	∞	1.64	1.96	2.58

2. 平均值的置信区间

由图 1-5 可知，若用单次测量结果 x 来估计总体平均值 μ 的范围，则 μ 包括在 $(x \pm \sigma)$ 范围内的概率为 68.3%，在 $(x \pm 2\sigma)$ 范围内的概率为 95.4%，在 $(x \pm 2.58\sigma)$ 范围内的概率为 99%，……。它的数学表达式为

$$\mu = x \pm u\sigma$$

不同置信度的 u 值可查表获得。

若以样本平均值来估计总体平均值可能存在的区间，可按下式进行估算：

$$\mu = \bar{x} \pm \frac{u\sigma}{\sqrt{n}}$$

对于有限次的测定，必须根据 t 分布进行统计处理，按 t 的定义可得到公式：

$$\mu = \bar{x} \pm t s_{\bar{x}} = \bar{x} \pm \frac{ts}{\sqrt{n}}$$

它表示在一定置信度下，以平均值 $\bar{x}$ 为中心，包括总

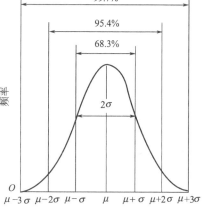

图 1-5 误差的正态分布曲线

体平均值 μ 的范围，这就叫平均值的置信区间。如 $\mu=45.86\% \pm 0.05\%$（置信度为 95%），应当理解为在 $45.86\% \pm 0.05\%$ 的区间内包括总体平均值 μ 的概率为 95%。由于 μ 是客观存在的，没有随机性，因此不能说它落在某一区间的概率是多少。

【例 1-3】 对某未知试样中 Cl^- 的质量分数进行测定，4 次测定结果分别为 47.69%、47.52%、47.64%、47.55%。计算置信度为 90%、95% 和 99% 时，总体平均值 μ 的置信区间。

解
$$\bar{x} = \frac{47.69\% + 47.52\% + 47.64\% + 47.55\%}{4} = 47.60\%$$

$$s = \sqrt{\frac{\sum (x_i - \bar{x})^2}{n-1}} = 0.08\%$$

置信度为 90% 时，$t_{0.10,3}=2.35$

$$\mu = \overline{x} \pm \frac{t_{a,f}s}{\sqrt{n}} = (47.60 \pm 0.09)\%$$

置信度为 95% 时，$t_{0.05,3}=3.18$

$$\mu = (47.60 \pm 0.13)\%$$

置信度为 99% 时，$t_{0.01,3}=5.84$

$$\mu = (47.60 \pm 0.23)\%$$

从该例可以看出，置信度越高，置信区间就越大，即所估计的区间包括真值的可能性就越大。在分析工作中，一般将置信度定在 90% 或 95%。

二、显著性检验

在实际分析工作中，常常在对纯物质或标准试样进行测定时，所得到的平均值与标准值不完全一致；不同的分析人员采用同一种分析方法或同一分析人员采用两种不同分析方法对同一试样进行分析时，两组分析结果有一定的差异。这些差异是属于偶然误差还是系统误差？通过"显著性"检验来判断，如果两者之间存在"显著性差异"，就认为它们之间有明显的系统误差；否则就认为没有系统误差，纯属偶然误差引起的，认为是正常的。显著性检验方法常用的有 t 检验法和 F 检验法。

1. t 检验法

(1) 平均值与标准值的比较　为了检查分析数据是否存在比较大的系统误差，可对标准试样进行若干次分析，再利用 t 检验法比较分析结果的平均值与标准试样的标准值之间是否存在显著性差异。

进行 t 检验时，首先按下式计算出 t 值：

$$\mu = \overline{x} \pm \frac{ts}{\sqrt{n}}$$

$$t = \frac{|\overline{x}-\mu|}{s}\sqrt{n}$$

如果计算出的 t 值大于表 1-1 中的 $t_{a,f}$ 值，则认为存在显著性差异，否则不存在显著性差异。在分析工作中，常以 95% 的置信度为检验标准，即显著性水平为 5%。

【例 1-4】　采用某种新方法测定基准明矾中铝的质量分数，得到 9 个分析结果：10.74%、10.77%、10.77%、10.77%、10.81%、10.82%、10.73%、10.86%、10.81%。已知明矾中铝含量的标准值（以理论值代）为 10.77%。试问采用该新方法后，是否引起系统误差（置信度为 95%）？

解　$n=9$　　$f=9-1=8$

$$\overline{x}=10.79\%　　s=0.042\%$$

$$t = \frac{|\overline{x}-\mu|}{s}\sqrt{n} = \frac{|10.79\%-10.77\%|}{0.042\%}\sqrt{9} = 1.43$$

查表得 $t<t_{0.05,8}=2.31$，所以 $\overline{x}$ 和 μ 之间不存在显著性差异，即采用该种新方法后，没有引起明显的系统误差。

(2) 两组平均值的比较　不同的分析人员采用同一种分析方法或同一分析人员采用不同分析方法对同一试样进行分析时，所得到的平均值，经常是不完全相等的。判断这两个平均值之间是否存在显著性差异，也可采用 t 检验法。

设两组分析数据为

$$n_1 \quad\quad s_1 \quad\quad \overline{x}_1$$
$$n_2 \quad\quad s_2 \quad\quad \overline{x}_2$$

s_1 和 s_2 分别表示第一组和第二组分析数据的精密度,它们之间是否有显著性差异,可采用后面介绍的 F 检验法进行判断。如证明它们之间没有显著性差异,则可认为 $s_1 \approx s_2$,用下式求得合并标准偏差 s:

$$s = \sqrt{\frac{偏差平方和}{总自由度}} = \sqrt{\frac{\sum(x_{1i}-\overline{x}_1)^2 + \sum(x_{2i}-\overline{x}_2)^2}{(n_1-1)+(n_2-1)}}$$

或

$$s = \sqrt{\frac{s_1^2(n_1-1) + s_2^2(n_2-1)}{(n_1-1)+(n_2-1)}}$$

然后计算出 t 值:

$$t = \frac{|\overline{x}_1 - \overline{x}_2|}{s}\sqrt{\frac{n_1 n_2}{n_1 + n_2}}$$

在一定置信度时,查出表值 $t_表$(总自由度 $f = n_1 + n_2 - 2$),若 $t > t_表$ 时,则两组平均值存在显著性差异;若 $t < t_表$ 时,则不存在显著性差异。

2. F 检验法

F 检验法是通过比较两组数据的方差 s^2,以确定它们的精密度是否有显著性差异的方法。F 的定义为两组数据的方差的比值,分子为大的方差,分母为小的方差,即

$$F = \frac{s_大^2}{s_小^2}$$

将计算所得 F 值与表 1-2 所列 F 值进行比较。如果两组数据的精密度相差不大,则 F 值趋近于 1;如果两者之间存在显著性差异,F 值就较大。在一定的置信度及自由度时,若 F 值大于表值,则认为它们之间存在显著性差异(置信度 95%),否则不存在显著性差异。

表 1-2　置信度为 95% 时的 F 值(单边值)

$f_小$ \ $f_大$	2	3	4	5	6	7	8	9	10	∞
2	19.00	19.16	19.25	19.30	19.33	19.36	19.37	19.38	19.39	19.50
3	9.55	9.28	9.12	9.01	8.94	8.88	8.84	8.81	8.78	8.53
4	6.94	6.59	6.39	6.26	6.16	6.09	6.04	6.00	5.96	5.63
5	5.79	5.41	5.19	5.05	4.95	4.88	4.82	4.78	4.74	4.36
6	5.14	4.76	4.53	4.39	4.28	4.21	4.15	4.10	4.06	3.67
7	4.74	4.35	4.12	3.97	3.87	3.79	3.73	3.68	3.63	3.23
8	4.46	4.07	3.84	3.69	3.58	3.50	3.44	3.39	3.34	2.93
9	4.26	3.86	3.63	3.48	3.37	3.29	3.23	3.18	3.13	2.71
10	4.10	3.71	3.48	3.33	3.22	3.14	3.07	3.02	2.97	2.54
∞	3.00	2.60	2.37	2.21	2.10	2.01	1.94	1.88	1.83	1.00

注:$f_大$ 为大方差数据的自由度;$f_小$ 为小方差数据的自由度。

表 1-2 所列 F 值用于单侧检验,即检验某组数据的精密度是否大于或等于另一组数据的精密度,此时置信度为 95%(显著性水平为 0.05)。而用于判断两组数据的精密度是否有显著性差异时,即一组数据的精密度可能大于、等于,也可能小于另组数据的精密度时,显著性水平为单侧检验时的两倍,即 0.10,因而此时的置信度 $P = 1 - 0.10 = 0.90$(90%)。

三、异常值的取舍

在重复测定时,常常会有个别测定值与其他数据相差较远,且不是由明显的过失引起的,这时就要根据误差理论来决定异常值的取舍。目前常用的方法有以下两种。

1. $4\overline{d}$ 检验法

用 $4\overline{d}$ 法处理实验数据的步骤如下。

① 将可疑数据除外，求其余测定值的平均值（$\bar{x}$）和平均偏差（$\bar{d}$）。

② 将可疑数据与平均值进行比较，如果绝对差值大于 $4\bar{d}$，则舍去此可疑数据，否则应予以保留。

此法运算简便，不必查表，人们容易接受。但在处理方法上存在较大的误差，有一定的局限性，只能用来处理一些要求不高的实验数据。

【例 1-5】 用 Na_2CO_3 基准试剂对 HCl 溶液进行标定，共做了六次，其结果分别为 0.5050mol/L、0.5042mol/L、0.5086mol/L、0.5063mol/L、0.5051mol/L 和 0.5064mol/L。问 0.5086 这个数据是否应舍弃？

解 首先不计可疑数据 0.5086，求得其余五个数据的平均值 $\bar{x}$ 和平均偏差 $\bar{d}$ 为

$$\bar{x}=0.5054 \qquad \bar{d}=0.00076$$

根据 $\qquad |0.5086-0.5054|=0.0032>4\bar{d}(0.0030)$

故 0.5086 这个数据应舍弃。

2. Q 检验法

Q 检验法是由迪安（Dean）和狄克逊（Dixon）于 1951 年提出的。此法适用于测定次数为 3～10 时的检验。具体步骤如下。

① 将测得的各数据按从小到大的顺序进行排列：$x_1, x_2, x_3, \cdots, x_n$，设其中 x_1 或 x_n 为可疑数据。

② 求出最大数据与最小数据之差 x_n-x_1。

③ 算出可疑数据与其最邻近数据之间的差 x_n-x_{n-1} 或 x_2-x_1。

④ 求出 $Q=\dfrac{x_n-x_{n-1}}{x_n-x_1}$ 或 $Q=\dfrac{x_2-x_1}{x_n-x_1}$。

⑤ 根据测定次数 n 和要求的置信度，查表 1-3，得出 $Q_表$。

⑥ 将 Q 与 $Q_表$ 相比较，若 $Q \geq Q_表$，则弃去可疑数据，否则应予以保留。

表 1-3 不同置信度下取舍可疑数据的 Q 值表

测定次数 n	置 信 度	
	90%（$Q_{0.90}$）	95%（$Q_{0.95}$）
3	0.94	1.53
4	0.76	1.05
5	0.64	0.86
6	0.56	0.76
7	0.51	0.69
8	0.47	0.64
9	0.44	0.60
10	0.41	0.58

Q 检验法符合数理统计原理，特别是具有直观性和计算方法简便的优点。

【例 1-6】 用 Q 检验法判断例 1-5 中的实验数据时，0.5086 这个数据是否应舍弃（置信度为 90%）？

解 六次测定的数据从小到大的顺序为

0.5042、0.5050、0.5051、0.5063、0.5064 和 0.5086

根据 $Q=\dfrac{x_n-x_{n-1}}{x_n-x_1}$ 得

$$Q = \frac{0.5086 - 0.5064}{0.5086 - 0.5042} = 0.50$$

查表 1-3 可知，当 $n=6$、置信度为 90% 时，$Q_表=0.56$，$Q<Q_表$，故 0.5086 这个数据应该保留。

同一组测定数据，采用两种检验方法检验的结果不一致。原因是在 Q 检验法的算式中，数据的离散性越大，即 x_n-x_1 越大，可疑数据越不能舍去。因此，通常用 $4\bar{d}$ 法和 Q 检验法对同一组数据中的可疑值进行检查时，其结论并不一定是一致的。

思 考 题

1. 煤炭及煤化工产品分析检测技术课程的主要内容是什么？煤炭及煤化工产品的分析检测在国民经济建设中起什么作用？
2. 煤炭及煤化工产品分析检测技术在分析方法上如何分类？
3. 学习煤炭及煤化工产品分析检测技术的要求是什么？
4. 滴定管读数误差为 ±0.01mL，如果滴定时用去的体积分别为：(1) 12.00mL；(2) 23.00mL；(3) 310.00mL。试计算相对误差各为多少。
5. 某分析天平称量的相对误差为 ±0.1%，称量：(1) 0.6g；(2) 1.4g；(3) 2.1g。计算它们的绝对误差各为多少。
6. 有一镁矿试样，经两次测定，得知镁的质量分数为 24.88%、24.96%，而铜的实际质量分数为 24.95%，求分析结果的绝对误差和相对误差（公差为 ±0.10%）。
7. 某铁矿石中含铁量为 39.19%，若甲分析结果是 39.12%、39.15%、39.18%，乙分析结果是 39.18%、39.23%、39.25%，试比较甲、乙二人分析结果的准确度和精密度。
8. 某试样经分析测得锰的质量分数为 41.24%、41.27%、41.23%、41.26%。试计算分析结果的平均值、单次测得值的平均偏差和标准偏差。
9. 下列数据各包括几位有效数字？
① 2.087　　② 0.0324　　③ 0.00550
④ 10.090　　⑤ 8.7×10^{-6}　　⑥ 1.08×10^{-8}
⑦ 40.03%　　⑧ 0.80%　　⑨ 0.0005%
10. 根据有效数字运算规则，计算下列算式：
① $0.0325\times5.105\div123.9\times80.05$
② $49.49+3.9+0.8769$
③ $\dfrac{1.7\times10^{-5}\times8.65\times10^{-8}}{6.6\times10^{-4}}$
④ pH=1.98，求 H^+ 的浓度
11. 石灰石中铁含量的四次测定结果为 1.96%、1.73%、1.84%、1.88%。试用 Q 检验法和 $4\bar{d}$ 检验法检验是否有应舍弃的可疑数据（置信度为 90%）。
12. 有一试样，其中蛋白质的含量经多次测定，结果为：35.10%、34.86%、34.92%、35.36%、35.11%、34.77%、35.19%、34.98%。根据 Q 检验法决定可疑数据的取舍，然后计算平均值、标准偏差和置信度分别为 90% 和 95% 时平均值的置信区间。
13. 用两种不同方法测定合金中铌的质量分数，所得结果如下：
第一法　　1.26%　　1.25%　　1.22%
第二法　　1.35%　　1.31%　　1.33%　　1.34%
试问两种方法之间是否有显著性差异（置信度为 90%）？
14. 采用两种不同的方法分析某种试样，用第一种方法分析 11 次，得标准偏差 $s_1=0.21\%$；用第二种方法分析 9 次，得标准偏差 $s_2=0.60\%$。试判断两种分析方法的精密度之间是否有显著性差异。

第二章 煤炭检验

煤质分析工作是勘查煤炭资源、提高煤炭质量、进行煤的合理利用以及煤炭贸易的一项基础工作,意义重大。煤质分析的指标很多,目前,我国已对煤的工业分析中50余项常用的煤质指标的分析方法制定了国家标准。本章重点介绍煤炭应用于焦化、气化工业中需要检测的项目的分析方法,以确定煤质指标,满足工业的要求。

第一节 煤质分析试验方法的一般规定

本节对煤炭分析试验有关的术语及其定义、符号、分析试验煤样、溶液浓度、测定、结果表述、结果换算和方法精密度等作了统一的规定,以便使其在各个领域中使用时,有共同的规范,使人们对各种煤质分析的结果和数据有共同的认识,而不致产生误解。

一、煤样

1. 煤样的采取和制备

分析试验煤样(以下简称煤样)按 GB/T 19494.1 或 GB 474 采取,按 GB/T 19494.2 或 GB 475 制备所需试验煤样。

一般分析试验煤样是指破碎到粒度小于 0.2mm 并达到空气干燥(即使煤样的水分与破碎或缩分区域的大气达到接近平衡的过程)状态,用于大多数物理和化学特性测定的煤样。

2. 煤样的保存

水分煤样应装入不吸水、不透气的密闭容器中;一般分析试验煤样应在达到空气干燥状态后装入严密的容器中。

3. 存查煤样

存查煤样在原始煤样制备的某一阶段分取。存查煤样应尽可能少破碎、少缩分,其粒度和质量应符合相关标准规定。

4. 分析试验取样

分析试验取样前,应将煤样充分混匀;取样时,应尽可能从煤样容器的不同部位,用多点取样法取出。

二、溶液及其浓度表示

1. 溶液

煤炭分析试验中使用的溶液,凡以水作溶剂的称为水溶液;以其他液体作溶剂的溶液,则在其前面冠以溶剂的名称,如以乙醇(或苯)作溶剂的溶液称为乙醇(或苯)溶液。

2. 溶液浓度的表示方法

以下为煤质分析试验中常用的溶液浓度表示方法。

(1) 物质的量浓度 单位体积的溶液中所含溶质的物质的量,单位为 mol/L(摩尔/升)。

物质的量的国际单位制基本单位是摩尔。摩尔是一系统的物质的量,该系统中所包含的基本单元数与 0.012kg ^{12}C 的原子数目相等。在使用摩尔时,基本单元应予指明,可以是原子、分子、离子、电子及其他粒子,或是这些粒子的特定组合。

(2) 质量分数或体积分数 溶质的质量(或体积)与溶液质量(或体积)之比。如质量分数 5%、体积分数 5%、质量分数 4.2×10^{-6}。

(3) 质量浓度 溶质的质量除以溶液的体积,以克每升或其倍数、分数单位表示,如 g/L、mg/mL。

(4) 体积比或质量比 一试剂和另一试剂(如水)的体积比或质量比,以 V_1+V_2 或 m_1+m_2 表示。如体积比为 1+4 的硫酸是指 1 体积相对密度为 1.84 的硫酸与 4 体积水混合后的硫酸溶液。

三、测定

1. 测定次数

除特别要求者外,每项分析试验应对同一煤样进行两次测定(一般为重复测定),两次测定值的差值如不超过重复性限 r,则取其算术平均值作为测定结果;否则,需进行第 3 次测定。如 3 次测定值的极差小于或等于 $1.2r$,则取 3 次测定值的算术平均值作为测定结果;否则需进行第 4 次测定。如 4 次测定值的极差小于或等于 $1.3r$,则取 4 次测定值的算术平均值作为测定结果;如极差大于 $1.3r$,而其中 3 个测定值的极差小于或等于 $1.2r$,则可取此 3 个测定值的算术平均值作为测定结果。如上述条件均未达到,则应舍弃全部测定结果,并检查仪器和操作,然后重新进行测定。

2. 水分测定期限

① 全水分应在煤样制备后立即测定,如不能立即测定,则应将之准确称量,置于不吸水、不透气的密闭容器中,并尽快测定。

② 凡需根据水分测定结果进行校正或换算的分析试验,应同时测定煤样水分;如不能同时进行,两者测定也应在尽量短的、煤样水分不发生显著变化的期限内进行,最多不超过 5d。

四、结果表述

1. 结果表示符号

(1) 项目符号 煤炭分析试验,除少数惯用符号外,均采用各分析试验项目的英文名词的第一个字母或缩略字,以及各化学成分的元素符号或分子式作为它们的代表符号。以下列出煤炭分析试验项目的专用符号及其英文和中文名称:

a——maximum contraction,最大收缩度;
A——ash,灰分;
AI——abrasion index,磨损指数;
ARD——apparent relative density,视相对密度;
b——maximum dilatation,最大膨胀度;
CB——characteristic of charbutton,(挥发分测定)焦渣特征;
Clin——clinkering rate,结渣率;
CR——yield of coke residue,半焦产率;
CSN——crucible swelling number,坩埚膨胀序数;
DT——deformation temperature,(灰熔融性)变形温度;
E_B——yield of benzene-soluble extract,苯萃取物产率;

FC——fixed carbon，固定碳；
FT——flow temperature，（灰熔融性）流动温度；
$G_{R.I.}$——caking index，黏结指数；
HA——yield of humic acids，腐殖酸产率；
HGI——Hardgrov grindability index，哈氏可磨性指数；
HT——hemispherical temperature，（灰熔融性）半球温度；
M——moisture，水分；
MHC——moisture holding capacity，最高内在水分；
MM——mineral matter，矿物质；
P_m——transmittance，透光率；
Q——(quantity of heat) calorific value，发热量；
R——reflectance，反射率；
R.I.——Roga index，罗加指数；
SS——shatter strength，落下强度；
ST——softening temperature，（灰熔融性）软化温度；
Tar——yield of tar，焦油产率；
TRD——true relative density，真相对密度；
TS——thermal stability，热稳定性；
V——volatile matter，挥发分；
Water——total water of distillation，干馏总水（产率）；
x——final contraction of coke residue，焦块最终收缩度；
y——maximum thickness of plastic layer，胶质层最大厚度；
α——conversion ratio of carbon dioxide，二氧化碳转化率。

(2) 细项目符号 各项目的进一步划分，采用相应的英文名词的第一个字母或缩略字，标在项目符号的右下角表示。

煤炭分析试验涉及的细项目符号有：
b——bomb，弹筒；
f——free，外在或游离；
inh——inherent，内在；
o——organic，有机；
p——pyrite，硫化铁；
s——sulfate，硫酸盐；
gr,p——gross, at constant pressure，恒压高位；
gr,V——gross, at constant volume，恒容高位；
net,p——net, at constant pressure，恒压低位；
net,V——net, at constant volume，恒容低位；
t——total，全。

(3) 基的符号 以不同基表示的煤炭分析结果，采用基的英文名称缩写字母，标在项目符号右下角、细项目符号后面，并用逗号分开表示。

煤炭分析试验常用基的符号有：
ad——air dried basis，空气干燥基；
ar——as received basis，收到基；
d——dry basis，干燥基；

daf——dry ash-free basis，干燥无灰基；

dmmf——dry mineral matter-free basis，干燥无矿物质基；

maf——moist ash-free basis，恒湿无灰基；

m,mmf——moist mineral matter-free basis，恒湿无矿物质基。

（4）示例

空气干燥基全硫，$S_{t,ad}$；

干燥无矿物质基挥发分，V_{dmmf}；

收到基恒容低位发热量，$Q_{net,V,ar}$；

恒湿无灰基高位发热量，$Q_{gr,maf}$；

恒湿无矿物质基高位发热量，$Q_{gr,m,mmf}$。

2. 基的换算

将有关数值代入表 2-1 所列的相应公式中，再乘以用已知基表示的项目值，即可求得用所要求的基表示的项目值（低位发热量的换算除外）。

表 2-1　不同基的换算公式

已知基	要　求　基				
	空气干燥基 ad	收到基 ar	干燥基 d	干燥无灰基 daf	干燥无矿物质基 dmmf
空气干燥基 ad		$\dfrac{100-M_{ar}}{100-M_{ad}}$	$\dfrac{100}{100-M_{ad}}$	$\dfrac{100}{100-(M_{ad}+A_{ad})}$	$\dfrac{100}{100-(M_{ad}+MM_{ad})}$
收到基 ar	$\dfrac{100-M_{ad}}{100-M_{ar}}$		$\dfrac{100}{100-M_{ar}}$	$\dfrac{100}{100-(M_{ar}+A_{ar})}$	$\dfrac{100}{100-(M_{ar}+MM_{ar})}$
干燥基 d	$\dfrac{100-M_{ad}}{100}$	$\dfrac{100-M_{ar}}{100}$		$\dfrac{100}{100-A_d}$	$\dfrac{100}{100-MM_d}$
干燥无灰基 daf	$\dfrac{100-(M_{ad}+A_{ad})}{100}$	$\dfrac{100-(M_{ar}+A_{ar})}{100}$	$\dfrac{100-A_d}{100}$		$\dfrac{100-A_d}{100-MM_d}$
干燥无矿物质基 dmmf	$\dfrac{100-(M_{ad}+MM_{ad})}{100}$	$\dfrac{100-(M_{ar}+MM_{ar})}{100}$	$\dfrac{100-MM_d}{100}$	$\dfrac{100-MM_d}{100-A_d}$	

3. 结果报告

（1）数据修约规则　凡末位有效数字后面的第一位数字大于 5，则在其前一位上增加 1，小于 5 则弃去。凡末位有效数字后边的第一位数等于 5，而后面的数字并非全为 0，则在 5 的前一位上增加 1；5 后面的数字全部为 0 时，如前面一位为奇数，则在 5 前一位上增加 1，如前面一位为偶数（包括 0），则将 5 弃去。所拟舍弃的数字，若为两位以上时，不得连续进行多次修约，应根据所拟舍弃数字中左边第一个数字的大小，按上述规则进行一次修约。

（2）结果报告　煤炭分析试验结果，取两次或两次以上重复测定值的算术平均值，按上述修约规则修约到表 2-2 规定的位数。

五、方法精密度

煤炭分析试验方法的精密度，以重复性限（同一实验室的允许差）和再现性临界差（不同实验室的允许差）来表示。

1. 重复性限

重复性限是一个数值，是在重复条件下，即在同一实验室中、由同一操作者、用同一仪器、对同一试样、于短期内所做的重复测定，所得结果间的差值（在 95% 概率下）的临界值。

表 2-2 测定值与报告值位数

测定项目	单 位	测定值	报告值
锗 镓 氟 砷 硒 铬 铅 铜 镍 锌	μg/g	个位	个位
镉 钴	μg/g	小数点后一位	小数点后一位
哈氏可磨性指数 奥亚膨胀度 奥亚收缩度 黏结指数 磨损指数 罗加指数 年轻煤的透光率 钒 铀	无 %① %① 无 mg/kg %① % μg/g μg/g	小数点后一位	个位
全水 煤对二氧化碳化学反应性	%	小数点后一位	小数点后一位
格金低温干馏焦油、半焦、干馏总水产率 热稳定性 最高内在水分 腐殖酸产率 落下强度	%	小数点后两位	小数点后一位
结渣性 工业分析 元素分析	% % %	小数点后两位	小数点后两位
全硫 各种形态硫 碳酸盐二氧化碳 褐煤的苯萃取物产率 灰中硅、铁、铝、钙、镁、钾、硫、磷 矿物质 真相对密度 视相对密度	% % % % % % 无 无	小数点后两位	小数点后两位
汞 氯 灰中锰 磷	μg/g % % %	小数点后三位	小数点后三位
发热量	MJ/kg J/g	小数点后三位 个位	小数点后两位 十位
灰熔融性特征温度	℃	个位	十位
奥亚膨胀度特征温度	℃	个位	个位
煤的着火温度	℃	个位	个位
胶质层指数(X,Y)	mm	0.5	0.5
坩埚膨胀序数	无	1/2	1/2

① 应有百分号，但报出时不写百分号。

2. 再现性临界差

再现性临界差是一个数值,是在再现条件下,即在不同实验室中,对从试样缩制最后阶段的同一试样中分取出来的、具有代表性的部分所做的重复测定,所得结果的平均值间的差值(在特定概率下)的临界值。

重复性限和再现性临界差,按 GB/T 6379.2 通过多个实验室对多个试样进行的协同试验来确定。

重复性限按式(2-1)计算:

$$r=\sqrt{2}t_{0.05}s_r \tag{2-1}$$

再现性临界差按式(2-2)计算:

$$R=\sqrt{2}ts_R \tag{2-2}$$

式中　s_r——实验室内重复测定的单个结果的标准差;

s_R——实验室间测定结果(单个实验室重复测定结果的平均值)的标准差;

$t_{0.05}$——95％概率下的 t 值;

t——特定概率(视分析试验项目而定)下的 t 分布临界值。

第二节　煤样的采取

煤质分析包括煤样的采取、制备和化验。在正确地进行采样、制样和化验的情况下,采样、制样和化验引起的误差,占检验总方差的比重大约是采样占 80％,制样占 16％,化验占 4％。因此,采样工作是煤质分析的重要环节。

采样就是从一批煤炭中,用科学的方法采取一小部分在成分上和性质上都能代表原批煤炭的试样。采样的目的是:确定商品煤的质量,根据商品煤样的化验结果,即可了解准备外运的煤炭是否符合合同规定的质量标准,并以此作为供需双方结算的依据。采样的准确与否,直接影响买卖双方的经济利益。

由于煤炭为散装矿产品,粒度和品质极不均匀,所以,要在大量不均匀的煤炭中,正确地采取少量煤样以代表煤的真正质量几乎成为不可能,因此煤样所代表的质量,只能是在允许误差范围内的近似质量。煤样的代表性取决于组成平均煤样的子样份数和质量。

为了做好采样工作,既要有切实可行的、具有科学根据的采样方法,又要有训练有素、忠实执行采样方法的采样人员。

本节介绍了采样的原理、基本原则、例常煤样的采取方法等内容,适用于各种商品煤样的采取。

一、采样的精密度

1. 采样精密度的含义

在采样无偏差条件下,精密度为所采到的煤样与被采样煤炭的真实品质之间的接近程度。即所采到的一小部分煤品质和煤的真实品质相比不可能完全一样,可能高些,也可能低些,但如高低不超过一定的界限,所采的煤样就具有代表性,采样精密度就符合要求。

通常采样精密度(包括制样和化验精密度)都用灰分 A_d 的百分含量表示。例如灰分精密到±1％,就意味着经采样、制样和化验所得到的灰分结果的绝对误差不超过±1％。有时为了特殊需要,也可用煤的其他试验结果(如发热量等)作为精密度的指标,如要求发热量精密到±0.209MJ/kg 等。

从实际考虑,要求最终检测结果的总误差不超过特定的界限。总误差由采样、制样和化验三者误差累积而成。其中制样和化验的精密度容易提高和控制，通常把这两个步骤的误差保持在尽可能低的限度内，以利于采样工作的进行。

采样方法的制定，是基于煤质的不均匀性，并在做过大量实验的基础上通过数理统计而得出的。煤炭的不均匀性通常与灰分含量有正变关系，灰分含量愈高，煤炭就愈不均匀。因此，煤炭的不均匀程度可用灰分含量表示。但这不是一个确切的指标，有些煤炭灰分很相近，均匀程度可能相差很大。确切地说，煤炭的不均匀程度与游离灰分有正变关系，但游离灰分难于测得，故无法实际应用。

煤炭的不均匀程度由单个子样的标准差（以方差表示）的大小来辨别。单个子样的方差愈大，煤炭就愈不均匀。在一定的精密度下，煤炭愈不均匀，所采取的子样数目就得愈多。

单个子样的方差是这样确定的：由一批煤的不同部位采取很多（几十个）子样，每个子样分别制样和化验（在以灰分为精密度指标时测定灰分），然后计算单个子样的方差 V_1：

$$V_1 = \frac{\sum(x-\bar{x})^2}{n-1} - \frac{V_{PT}}{2} \tag{2-3}$$

$$V_{PT} = \frac{\sum(x_1-x_2)^2}{2n} \tag{2-4}$$

式中　V_1——子样方差；

　　　V_{PT}——制样和化验方差；

　　　x——每个子样的干基灰分；

　　　$\bar{x}$——n 个子样干基灰分的平均值；

　　　n——子样数目。

多个子样的平均结果比单次结果的误差要小，所以以 n 个子样构成的总样的采样精密度（P）为

$$P = t\sqrt{\frac{V_1}{n} + V_{PT}} \tag{2-5}$$

一般取 $t=2$，则

$$P = 2\sqrt{\frac{V_1}{n} + V_{PT}} \tag{2-6}$$

为满足所要求的精密度，已知煤炭单个子样方差及制样和化验方差 F，可由下式计算出应该采取的子样数目：

$$n = \frac{4V_1}{P^2 - 4V_{PT}} \tag{2-7}$$

一般可取　　　　　　　　　　$V_{PT} = \frac{1}{50}V_1$

例如，设对一批煤炭采取多个子样，分别测定灰分所得初级子样方差为 ±2%，又设要求采样精密度为 ±1%，则

$$n = \frac{4 \times 2^2}{1^2 - 4 \times \frac{4}{50}} = 24$$

因此，最少要采取 24 个子样合成一个总样，化验所得的灰分误差才能不超过 ±1%。

根据数理统计原理，2 是自由度为 60 时的 t 值。由常数 2 算出的结果的确切含义是：按 24 个子样合成一个总样的方法采取很多个总样时，所得的灰分结果中，与这批煤的灰分真值之差不超过 ±1% 的有 95%，这个概率是人为规定的。如果要求 99% 或 99.9% 的概率，则这个常数应该为 2.660 或 3.460，子样数目应增加到 42 个或 70 个。又如，保持概率为

95%，而把采样精密度提高到±0.8%，则子样数目要增加到50个。

我国国家标准GB 475《商品煤样采取方法》规定的采样精密度见表2-3。

表2-3 GB 475 规定的采样精密度

原煤、筛选煤		炼焦用精煤	其他洗选煤
灰分≤20%	灰分>20%		
灰分的±1/10,不少于±1%（绝对值）	±2%（绝对值）	±1%（绝对值）	±1.5%（绝对值）

2. 采样精密度的核对

① 以1000t煤为一采样单元，在煤流中、运输工具载煤中或煤堆上以6个分样的形式采样，每个分样的子样数目皆为标准中规定的基本采样单元规定的子样数目的1/6。如应采的子样数目不能被6整除时，要适当增加（不能减少）子样的数目，使其成为6的倍数（即各分样中子样数目相等）。各子样要顺序循环地逐个放入6个容器中。以灰分大于20%的原煤为例，按规定子样数目为60个，则

第1、7、13号子样放入第1个分样的容器中；

第2、8、14号子样放入第2个分样的容器中；

……

第6、12、18号子样放入第6个分样的容器中。

② 将这6个分样都单独制出一个空气干燥煤样，并测定其水分、灰分。取重复测定结果的算术平均值作为最后结果，并将灰分换算成干基灰分。

③ 如6个分样的干基灰分的极大值和极小值之差（即极差）在4.9P~1.2P（P为采样精密度）之间（在本例中为9.8%~2.4%之间），则认为按标准规定的子样数目采样已达到标准中所规定的采样精密度；如极差大于4.9P（本例为9.8%），则表示按规定的子样数目采样达不到标准中规定的采样精密度。这时应该增加子样数目（一般增加规定数目的50%）。如果极差小于1.2P（本例为2.4%），可将子样数目减少，但根据当前标准和制样设备情况，不减少子样数目所增加的后续工作量不大，为保持较高的精密度，一般可不减少子样数。

④ 采样精密度至少半年核对一次。一般需连续进行两次或三次（分两周至三周进行），如连续两次符合（或不符合要求）或三次中有两次符合要求（或不符合要求），表示该半年中的采样达到（或未达到）规定的精密度要求。

3. 影响采样精密度的主要因素

(1) 煤炭的变异性　煤炭本身愈均匀，采样精密度就愈高；煤炭本身愈不均匀，采样精密度就愈低。

(2) 子样数目　子样数目愈多，采样精密度就愈高。但应考虑到实际情况，子样数目太多难于实施。因此，标准中规定的子样数目是在绝大多数能保证精密度的情况下实际可行的数目。

(3) 子样质量　子样质量愈大，采样精密度也就愈高。但子样质量增加到很大无实际意义。因此，子样质量通常是固定的。

(4) 子样点的布置　子样点的分布愈均匀，采样精密度就愈高。所谓均匀布点的含义，考虑到不同的采样情况是不尽相同的：对于在煤流中采样，指采取各个子样的间隔时间或间隔质量相等，但第一个子样应是随机的；在火车顶部采样，指是否按照标准规定的点位采取和各车采取的子样数目是否相同；在煤堆上采样，指根据煤堆的具体形状，采样点的布置是否符合规定。

(5) 子样采取操作的规范性　子样的采取除大块度、大子样数量外，一般应以采样工具动作一次采的煤样作为一个子样。采样时，应该考虑是否要剥去表层，剥去表层应多厚，而

且应尽量使各个子样的质量相等。

（6）采样工具的尺寸　采样工具的尺寸（或采样器具的开口尺寸）愈大，愈能采到各种粒度的煤粒，采样精密度就愈高。但采样工具（或采样器具）尺寸愈大就愈笨重，盛样品的容器也愈大或愈多，也加大了煤样的总量，对运送样品和后续的制样工作加重了负担。如果采样器具的尺寸（或采样器具的开口尺寸）过小，大粒度煤采不进来，就会产生系统误差，达不到要求的采样精密度。

二、相关定义和术语

（1）商品煤样　代表商品煤平均性质的煤样。

（2）子样　采样器具操作一次所采取的或截取一次煤流全断面所采取的一份样。

（3）分样　由若干子样构成，代表整个采样单元的一部分的煤样。

（4）总样　从一个采样单元取出的全部子样合并成的煤样。

（5）采样单元　从一批煤中采取一个总样所代表的煤量，一批煤可以是一个或多个采样单元。

（6）批　需要进行整体性质测定的一个独立煤量。

（7）采样精密度　单次采样测定值与对同一煤（同一来源、相同性质）进行无数次采样的测定值的平均值的差值（在95%概率下）的极限值。

在整个采样、制样和化验中，对某一煤质参数的测定结果会偏离该参数的真值，但真值是不可能准确得到的，即测定结果与真值的接近程度——准确度是得不到的，而只能对同一煤的一系列测定结果间彼此的符合程度——精密度作出估计。如果采用的采样、制样和测定方法无系统偏差，精密度就是准确度。

（8）系统采样　按相同的时间、空间或质量间隔采取子样，但第一个子样在第一间隔内随机采取，其余子样按选定的间隔采取。

（9）随机采样　采取子样时，对采样的部位或间隔均不施加任何人为意志，能使任何部位的物料都有机会采出。

（10）时间基采样　通过整个采样单元按相同的时间间隔采取子样。

（11）质量基采样　通过整个采样单元按相同的质量间隔采取子样。

三、采样工具

1. 火车或汽车顶部采样

（1）采样铲　铲的长和宽均应不小于被采样煤最大粒度的2.5~3倍，对最大粒度大于150mm的煤可用长×宽约300mm×250mm的铲。

（2）机械化采取商品煤样所用采样头　其开口孔径或尺寸至少应为煤中最大粒度的3倍。子样的质量达到标准要求，应能在标准中规定的各点位置上采取子样，采样过程中煤样无溢出和损失。

2. 煤流中采样

（1）接斗　用其在落煤流处截取子样。接斗的开口尺寸至少应为被采样煤的最大粒度的2.5~3倍。接斗的容量应能容纳输送机最大运量时煤流全部断面的全部煤量。

机械化接取煤样时，既可从煤流前（或后）进入接取，也可从侧面进入接取，主要取决于采样现场的具体情况和采样头的结构设计。

（2）采样铲　用于皮带上的人工采样，铲的长和宽约为300mm和250mm。

（3）机械化采样器　应能截取煤流的全断面和全部粒度组成的煤样。若在皮带上刮取，刮样器应紧贴皮带不悬空，并能充分容纳全断面的煤样。

四、采样基本原则

1. 采样单元

① 精煤和特种工业用煤,按品种、分用户以(1000±100)t 为一采样单元,其他煤按品种、不分用户以 1000t 为一采样单元。

② 进出口煤按品种、分国别以交货量或一天的实际运量为一采样单元。

③ 运量超过 1000t 或不足 1000t,可以实际运量为一采样单元。如需进行单批煤质量核对,应对同一采样单元进行采样、制样和化验。

2. 采样精密度

原煤、筛选煤、精煤和其他洗煤(包括中煤)等产品的采样精密度要求见表 2-4 规定。

表 2-4 不同煤产品的采样精密度

原煤、筛选煤		精煤	其他洗煤(包括中煤)
干基灰分≤20%	干基灰分>20%		
±(1/10)×灰分但不小于±1%(绝对值)	±2%(绝对值)	±1%(绝对值)	±1.5%(绝对值)

注:实际应用中为采样、制样和化验总精密度。

3. 子样数目

① 1000t 原煤、筛选煤、精煤及其他洗煤(包括中煤)和粒度大于 100mm 的块煤应采取的最少子样数目规定见表 2-5。

表 2-5 1000t 煤的最少子样数目

品　　种		采 样 地 点				
		煤流	火车	汽车	船舶	煤堆
原煤、筛选煤	干基灰分>20%	60	60	60	60	60
	干基灰分≤20%	30	60	60	60	60
精　　煤		15	20	20	20	20
其他洗选煤(包括中煤)和粒度大于 100mm 的块煤		20	20	20	20	20

注:原煤、筛选煤灰分不清楚时,按灰分大于 20% 规定计算。

② 煤量超过 1000t 的子样数目,按式(2-8)计算。

$$N = n\sqrt{\frac{m}{1000}} \quad (2-8)$$

式中　N——实际应采子样数目,个;

　　　n——表 2-5 规定的子样数目,个;

　　　m——实际被采样煤量,t。

③ 煤量少于 1000t 时,子样数目根据表 2-5 规定数目按比例递减,但最少不能少于表 2-6 规定的数目。

表 2-6 煤量少于 1000t 最少应采子样数目

品　　种		采 样 地 点				
		煤流	火车	汽车	船舶	煤堆
原煤、筛选煤	干基灰分>20%	表 2-5 规定数目的 1/3	18	18	表 2-5 规定数目的 1/2	表 2-5 规定数目的 1/2
	干基灰分≤20%		18	18		
精　　煤			6	6		
其他洗选煤(包括中煤)和粒度大于 100mm 的块煤			6	6		

4. 子样质量

每个子样的最小质量根据商品煤的标称最大粒度按表2-7规定确定。

表 2-7　子样质量

最大粒度/mm	<25	<50	<100	>100
子样质量/kg	1	2	4	5

五、不同采样地点的例常商品煤样的采取

1. 煤流中采样

① 移动煤流中采样按时间基采样或质量基采样进行。时间或质量间隔按式(2-9)或式(2-10)计算：

$$T \leqslant \frac{60}{Gn}Q \tag{2-9}$$

式中　T——子样时间间隔，min；
　　　Q——采样单元，t；
　　　G——煤流量，t/h；
　　　n——子样数目。

$$m \leqslant \frac{Q}{n} \tag{2-10}$$

式中　m——子样质量间隔，t；
　　　Q——采样单元，t；
　　　n——子样数目。

② 于移动煤流下落点采样时，可根据煤的流量和皮带宽度，以1次或分2～3次用接斗或铲横截煤流的全断面采取1个子样。分2～3次截取时，按左、右或左、中、右的顺序进行，采样部位不得交错重复。用铲取样时，铲子只能在煤流中穿过1次，即只能在进入或撤出煤流时取样，不能进、出都取样。

③ 在移动煤流上人工铲取煤样时，皮带的移动速度不能大（一般不超过1.5m/s），并且保证安全。

2. 火车顶部采样

(1) 子样数目和子样质量　按上述"四、采样基本原则"中3和4的规定确定。但原煤和筛选煤每车不论车皮容量大小至少采取3个子样；精煤、其他洗煤和粒度大于100mm的块煤每车至少取1个子样。

(2) 子样点布置

① 斜线3点布置：3个子样布置在车皮对角线上，1、3两子样距车角1m，第2个子样位于对角线中央。

② 斜线5点布置：5个子样布置在车皮对角线上，1、5两子样距车角1m，其余3个子样等距分布在1、5两子样之间。

③ 原煤和筛选煤按斜线3点方式每车采取3个子样；精煤、其他洗煤和粒度大于100mm的块煤按5点循环方式每车采取1个子样。

④ 如以不足6节车皮为一个采样单元时，依据"均匀布点，使每一部分煤都有机会被采出"的原则分布子样点。如1节车皮的子样数超过3个（对原煤、筛选煤）或5个（对精煤、其他洗煤），多出的子样可分布在交叉的对角线上，也可分布在车皮平分线上。当原煤和筛选煤以1节车皮为1个采样单元时，18个子样既可分布在两交叉的对角线上，也可分

布在 18 个方块中。

(3) 火车顶部采样 火车顶部采样时，在矿山（或洗煤厂）应在装车后立即采取，在用户可挖坑至 0.4m 以下采取，取样前应将滚落在坑底的煤块和矸石清除干净。

(4) 原煤 经按 GB 477 测定，若粒度大于 150mm 的煤块（包括矸石）含量超过 5%，则采取商品煤时大于 150mm 的不再取入，但该批煤的灰分或发热量应按式(2-11)计算：

$$X_d = \frac{X_{d1}P + X_{d2}(100-P)}{100} \quad (2-11)$$

式中 X_d——商品煤的实际灰分或发热量，% 或 MJ/kg；

X_{d1}——粒度大于 150mm 煤块的灰分或发热量，% 或 MJ/kg；

X_{d2}——不采粒度大于 150mm 煤块时的灰分或发热量，% 或 MJ/kg；

P——粒度大于 150mm 煤块的百分数，%。

3. 汽车上采样

① 子样数目和子样质量按上述"四、采样基本原则"中 3 和 4 的规定确定。

② 子样点分布：无论原煤、筛选煤、精煤、其他洗煤或粒度大于 150mm 的块煤，均沿车厢对角线方向，按 3 点（首尾两点距车角 0.5m）循环方式采取子样。当 1 台车上需采取 1 个以上子样时，应按火车顶部采样原则，将子样分布在对角线或平分线或整个车厢表面。

③ 其余要求与火车顶部采样相同。

4. 船上采样

① 船上不直接采取仲裁煤样和进出口煤样，一般也不直接采取其他商品煤样，而应在装（卸）煤过程中于皮带输送机煤流中或其他装（卸）工具如汽车上采样。

② 直接在船上采样，一般以 1 舱煤为 1 个采样单元，也可将 1 舱煤分成若干采样单元。

③ 子样数目和子样质量按上述规定确定。

④ 子样点布置：依据火车顶部采样原则，将船舱分成 2~3 层（每 3~4m 分一层），将子样均匀分布在各层表面。

5. 煤堆采样

① 煤堆上不采取仲裁煤样和进出口煤样，必要时应用迁移煤堆并在迁移过程中采样的方式进行采样。

② 子样数目、子样质量按上述"四、采样基本原则"中 3 和 4 的规定确定。

③ 子样点布置：依据火车顶部采样原则，根据煤堆的形状和子样数目，将子样分布在煤堆的顶、腰和底（距地面 0.5m）上，采样时应先除去 0.2m 的表面层。

6. 全水分煤样的采取

(1) 采样方式 全水分煤样既可单独采取，也可在煤样制备过程中分取。

(2) 单独采样

① 在煤流中采取：按时间基或质量基采样法进行。子样数目不论品种每 1000t 至少采 10 个；煤量大于 1000t 时，按式(2-8)计算；煤量少于 1000t 时至少采 6 个。子样质量按上述"四、采样基本原则"中 4 的规定确定。

② 在火车顶部采取：装车后，立即沿车皮对角线按 5 点循环法采取，不论品种每车至少采取 1 个子样；当煤量少于 1000t 时至少采取 6 个子样。子样质量按按上述"四、采样基本原则"中 4 的规定确定。

③ 在汽车上采取：装车后，立即沿车厢对角线方向按 3 点循环法采取，不论品种每车至少采取 1 个子样；当煤量少于 1000t 时至少采取 6 个子样。子样质量按上述"四、采样基本原则"中 4 的规定确定。

④ 在煤堆和船舱中不单独采取全水分煤样。

⑤ 一批煤可分几次采成若干分样，每个分样的子样数目参照以上所述确定，以各分样的全水分加权平均值作为该批煤的全水分值。

（3）在煤样制备过程中分取

① 全水分煤样的分取按 GB 474 进行。

② 如一批煤的煤样分成若干分样采取，则在各分样的制备过程中分取全水分煤样。并以各分样的全水分加权平均值作为该批煤的全水分值。

（4）采样后的制样和检测　全水分煤样（无论总样或分样）采取后，应立即制样和检测，否则，应立即装入密封容器中，注明煤样质量，并尽快制样和检测。

7. 确定原煤子样质量和大于 150mm 煤块比率的筛分试验的煤样的采取

① 按 GB 477 在火车车皮顶部采取该两项试验的筛分煤样。

② 对 1000t 煤，不论车皮容量大小，均沿对角线方向按 5 点循环法采取，在每节车皮上采取 1 个质量不少于 30kg 的子样，合并各子样为筛分煤样。

第三节　煤样的制备

为进行煤质分析而采集的煤样数量，除了地质勘探的钻探煤样外，一般都比较多，少则几十千克至几百千克，多则几吨至数十吨。而煤质化验所需要的试样，根据测试项目的不同，一般只需几十克到几千克。由于煤炭是一种化学组成和粒度组成都很不均匀的混合物，要从如此大量的煤样中取出少量能在化学性质和物理性质上代表初始煤样的试样，就必须按照一定的操作程序对煤样进行加工，否则，制备煤样就不具代表性，分析化验再准确，也毫无意义。因此，制样是关系到分析结果是否准确的重要环节。

煤样的制备是按照规定把较大量的煤样加工成少量的具有代表性试样的过程。它包括破碎、筛分、混匀、缩分和干燥等工序。

一、设施、设备、工具和试剂

1. 设施、设备和工具

① 煤样室包括制样、贮样、干燥、减灰等房间，应宽大敞亮，不受风雨及外来灰尘的影响，要有防尘设备。

制样室应为水泥地面。堆掺缩分区，还需要在水泥地面上铺以厚度 6mm 以上的钢板。贮存煤样的房间不应有热源，不受强光照射，无任何化学药品。

② 适用于制样的破碎机为颚式破碎机、锤式破碎机、对辊破碎机、钢制棒（球）磨机、其他密封式研磨机以及无系统偏差、精密度符合要求的各种缩分机和联合破碎缩分机等。

③ 手工磨碎煤样的钢板和钢辊。

④ 不同规格的二分器，二分器的格槽宽度为煤样最大粒度的 2.5～3 倍，但不小于 5mm。格槽数目两侧应相等，各格槽的宽度应该相同，格槽等斜面的坡度不小于 60°。

⑤ 十字分样板、平板铁锹、铁铲、镀锌铁盘或搪瓷盘、毛刷、台秤、托盘天平、增砣磅秤、清扫设备和磁铁。

⑥ 贮存全水分煤样和分析试验煤样的严密容器。

⑦ 振筛机，孔径为 25mm、13mm、6mm、3mm、1mm 和 0.2mm 及其他孔径的方孔筛，3mm 的圆孔筛。

⑧ 可控制温度在 45～50℃ 的鼓风干燥箱。

⑨ 减灰用的布兜或抽滤机和尼龙滤布。

⑩ 捞取煤样的捞勺，用网孔为 0.5mm×0.5mm 的铜丝网或网孔近似的尼龙布制成。捞勺直径要小于减灰桶直径的 1/2。

⑪ 减灰用的桶和贮存重液的桶，用镀锌铁板、塑料板或其他防腐蚀材料制成。

⑫ 液体相对密度计一套，测量范围为 1.00~2.00，最小分度值为 0.01。

2. 试剂

① 氯化锌：工业品。

② 1% 硝酸银水溶液：称取约 1g 硝酸银，溶于 100mL 水中，并加数滴硝酸，贮存于深色瓶中。

二、煤样的制备

1. 煤样制备的一般步骤

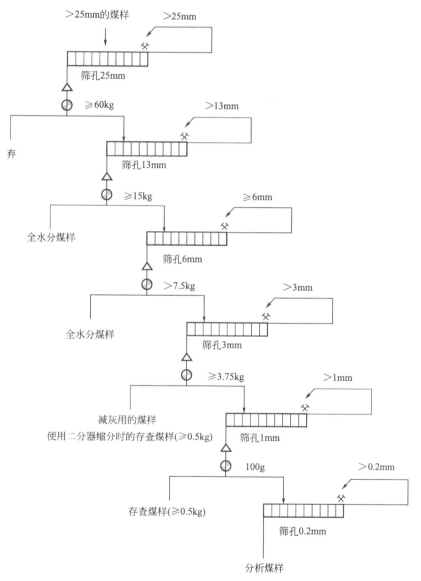

图 2-1　煤样的制备程序

✕—破碎；△—掺和；○—缩分；▭▭▭▭—过筛

① 收到煤样后，应按来样标签逐项核对，并应将煤种、品种、粒度、采样地点、包装情况、煤样质量、收样和制备时间等项详细登记在煤样记录本上，并进行编号。如系商品煤样，还应登记车号和发运吨数。

② 煤样应按本节规定的制备程序（见图2-1）及时制备成空气干燥煤样，或先制成适当粒级的实验室煤样。如果水分过大，影响进一步破碎、缩分时，应事先在低于50℃温度下适当地进行干燥。

③ 除使用联合破碎缩分机外，煤样应破碎至全部通过相应的筛子，再进行缩分。粒度大于25mm的煤样未经破碎不允许缩分。

④ 煤样的制备既可一次完成，也可分几部分处理。若分几部分，则每部分都应按同一比例缩分出煤样，再将各部分煤样合起来作为一个煤样。

⑤ 每次破碎、缩分前后，机器和用具都要清扫干净。制样人员在制备煤样的过程中，应穿专用鞋，以免污染煤样。

不易清扫的密封式破碎机（如锤式破碎机）和联合破碎缩分机，只用于处理单一品种的大量煤样。处理每个煤样之前，可用采取该煤样的煤通过机器予以"冲洗"，弃去"冲洗"煤后再处理煤样。处理完之后，应反复开、停机器几次，以排尽滞留煤样。

⑥ 煤样的缩分可以采用人工堆锥四分法、二分器缩分法、九点缩分法、棋盘式缩分法和机械缩分法等。除水分大、无法使用机械缩分者外，应尽可能使用二分器和缩分机械，以减少缩分误差。

⑦ 缩分后留样质量与粒度的对应关系见图2-1。

粒度小于3mm的煤样，缩分至3.75kg后，如使之全部通过3mm圆孔筛，则可用二分器直接缩分出不少于100g和不少于500g，分别用于制备分析用煤样和作为存查煤样。

粒度要求特殊的试验项目所用的煤样制备，应按本节的各项规定，在相应的阶段使用相应设备制取，同时在破碎时应采用逐级破碎的方法。即调节破碎机破碎口，只使大于要求粒度的颗粒被破碎，小于要求粒度的颗粒不再被重复破碎。

⑧ 缩分机必须经过检验方可使用。检验缩分机的煤样（包括留样和弃样）的进一步缩分，必须使用二分器。

⑨ 煤样经过逐步破碎和缩分，粒度与质量逐渐变小，混合煤样用的铁锹应相应地适当改小或相应地减少每次铲起的煤样数量。

2. 煤样的缩分方法

缩分是将试样分成有代表性、分离的部分的制样过程。即在粒度不变的情况下减少质量，以减少后续工作量和最后达到检验所需的煤样质量。常用的缩分方法有人工堆锥四分法、二分器缩分法、九点缩分法、棋盘式缩分法和机械缩分法等。

(1) 人工堆锥四分法　堆锥四分法缩分煤样，是把已破碎、过筛的煤样用平板铁锹铲起堆成圆锥体，再交互地从煤样堆两边对角贴底逐锹铲起堆成另一个圆锥。每锹铲起的煤样，不应过多，并分两三次撒落在新锥顶端，使之均匀地落在新锥的四周。如此反复堆掺三次，再由煤样堆顶端，从中心向周围均匀地将煤样摊平（煤样较多时）或压平（煤样较少时）成厚度适当的扁平体。将十字分样板放在扁平体的正中，向下压至底部，煤样被分成四个相等的扇形体。将相对的两个扇形体弃去，留下的两个扇形体按图2-1程序规定的粒度和质量限度，制备成一般分析煤样或适当粒度的其他煤样。

该方法有粒度离析现象，只有严格按照标准操作，才能符合制样精密度要求。

(2) 二分器缩分法　使用二分器缩分煤样，缩分前不需要混合。入料时，簸箕应向一侧倾斜，并要沿着二分器的整个长度往复摆动，以使煤样比较均匀地通过二分器。缩分后任取一边的煤样。

使用二分器时，应注意以下几点。

① 二分器格槽宽度应为被缩分煤样标称最大粒度的 3 倍以上且应等宽、平行。

② 每次使用前应检查各格槽有无堵塞。如有颗粒堵塞，应予以清除。

③ 煤样必须呈柱状往复摆动给入二分器，摆幅不能超出二分器两端，以防煤样溢出丢失，二分器各格槽上面不能有煤样堆积。

④ 缩分后任取一边的煤样，如是多次缩分，则应两边交替取样。

（3）九点缩分法　该法只适用于全水分煤样的制备，方法如下。

① 按图 2-1 煤样制备程序，从粒度小于 13mm 的煤样中缩分出弃样，将弃样稍加混合，堆成锥形，并压成圆饼状。

② 找出圆点，画出通过圆点的十字线，在半径的 7/8 处画圆，在半径的 1/2 处再画一圆，再画一通过圆点的十字线，使其与原十字线成 45°角。九点法缩分点的位置为：圆心一个点，在两十字线与半径的 1/2 处圆的 4 个交点，在两十字线与半径的 7/8 处圆的 4 个交点。九点法取全水分煤样布点示意图见图 2-2。

③ 用样勺在九点处依次取出样品，在每一点的取样量应尽量相等，若一次取不够，可在九点中按顺序循环取样，直到取出 3kg 样品。

（4）棋盘式缩分法　将煤样反复混合 3 次后摊成一定厚度的长方体，沿长宽各划几条正交的平行线，将煤样分成多个方格区，在每个方格区内各取一份煤样，最后合并成试验用煤样。各点所取质量应大致相等，并根据所需样量确定每点所取的质量。

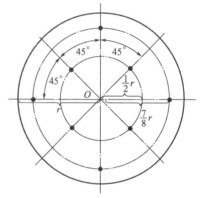

图 2-2　九点法取全水分煤样布点示意
O—煤样堆的中心；r—煤样堆的半径

该方法常用于胶质层试样的缩分，也可用于外在水分较高、堆锥时难以分散的煤样的缩分。

（5）机械缩分法　通常使用的各种缩分机械和破碎缩分联合机械大多基于多子样数目和多缩分点而设计，不预先混合，精密度可达到标准要求和无系统误差。机械缩分法可以消除人为误差，应予以大力推广应用。

3. 各种煤样的制备

（1）全水分煤样的制备

① 测定全水分的煤样既可由水分专用煤样制备，也可在制备一般分析煤样过程中分取。

② 将采取的大样按图 2-1 煤样的制备程序，将破碎至粒度小于 13mm 的煤样稍加混合、摊平后，立即用九点法取约 3kg，装入密闭容器中（装样量不得超过容器容积的 3/4）封严；或用九点取样法从破碎到粒度小于 13mm 的煤样中取出约 3kg，全部放入破碎机中，一次破碎到粒度小于 6mm，用二分器迅速缩分出 1.25kg 煤样，装入密封容器；或于破碎到粒度小于 6mm 的煤样中，用二分器迅速缩分出 1.25kg 全水分样品装入密封容器。称出质量，贴好标签，立即送实验室测定全水分。

（2）空气干燥煤样的制备　一般分析煤样为粒度小于 0.2mm 的空气干燥煤样。制备方法如下。

按图 2-1 煤样制备程序，从粒度小于 1mm 的煤样中缩分出 100g 用于制备分析用煤样；或将粒度小于 3mm 的煤样，缩分至 3.75kg 后，如使之全部通过 3mm 圆孔筛，则可用二分器直接缩分出不少于 100g 用于制备分析用煤样。在粉碎成 0.2mm 的煤样之前，应用磁铁将煤样中的铁屑吸去，再粉碎到全部通过孔径为 0.2mm 的筛子，并使之达到空气干燥状态，然后装入密闭容器中（装入煤样的量应不超过煤样瓶容积的 3/4，以便使用时混合），送交实验室检测。

空气干燥方法：将煤样摊开置于实验室大气中空气干燥，到连续干燥 1h 后质量变化不超过总质量的 0.1%，即达到空气干燥状态。煤样水分较高时，也可先在温度不超过 50℃ 的干燥箱中干燥一定时间，然后取出置于实验室大气中使之达到空气干燥平衡状态。空气干燥也可在煤样破碎到 0.2mm 之前进行。

(3) 黏结指数煤样的制备　按图 2-1 煤样制备程序将煤样制备成粒度小于 0.2mm 的空气干燥煤样，其中 0.1~0.2mm 的煤粒应占全部煤样的 20%~35%。将制备好的样品装入密闭容器中，贴上标签，送交实验室检测。若煤样的灰分大于 10%，需将粒度小于 3mm 的原煤样放入重液中减灰，然后再制备成小于 0.2mm 的空气干燥煤样。减灰方法按下述第 (7) 条进行。

(4) 胶质层测定用煤样的制备　按图 2-1 煤样制备程序将煤样破碎至粒度小于 3mm，缩分出 500g，并将其用对辊式破碎机破碎到全部通过 1.5mm 的圆孔筛，但不得过度粉碎。若灰分大于 10% 时，将破碎至粒度小于 3mm 的煤样按下述第 (7) 条进行减灰，然后再制备成粒度小于 1.5mm 的煤样。将制备好的样品装入密闭容器中，贴上标签，送交实验室检测。

(5) 热稳定性煤样的制备　按图 2-1 煤样制备程序将煤样破碎至粒度 6~13mm，从中缩分出空气干燥煤样约 1.5kg，并筛去粒度小于 6mm 的部分，即为热稳定性煤样。

(6) 二氧化碳反应性用煤样的制备　按图 2-1 煤样制备程序制备出通过 3~6mm 圆孔筛的煤样，从中缩分出空气干燥煤样约 300g。

(7) 煤样的减灰

① 灰分高于 10% 的煤，需要用浮煤进行分析试验时，应将粒度小于 3mm 的原煤煤样放入重液中减灰。减灰重液为氯化锌水溶液。重液的相对密度规定如下：

烟煤、褐煤一般用相对密度为 1.4 的重液减灰。如用该重液减灰后灰分仍大于 10%，应另取煤样用相对密度为 1.35 的重液减灰，如灰分仍大于 10%，则不再减灰。

无烟煤用的减灰重液相对密度（减灰相对密度）可按原煤样的干基真相对密度 $(TRD_{20}^{20})_d$、干燥无矿物质基真相对密度 $(TRD_{20}^{20})_{dmmf}$ 和干基灰分 A_d 的关系式 (2-12) 计算：

$$(TRD_{20}^{20})_d = (TRD_{20}^{20})_{dmmf} + 0.01A_d \tag{2-12}$$

② 无烟煤减灰相对密度的计算步骤如下。

• 先测定出原煤的水分、灰分和真相对密度。用原煤干基灰分和干基真相对密度按式 (2-13) 算出干燥无矿物质基真相对密度：

$$(TRD_{20}^{20})_{dmmf} = (TRD_{20}^{20})_d - 0.01A_d \tag{2-13}$$

• 根据干燥无矿物质基真相对密度计算出灰分为 8% 的浮煤的干基真相对密度 $(TRD_{20}^{20})_{f,d}$。

将计算出的 $(TRD_{20}^{20})_{f,d}$ 值的小数第二位四舍九改修约至 0 或 5（即 0.04 及以下均取为 0.00；0.09~0.05 均取为 0.05），即为减灰相对密度。

③ 重液的配制举例如下。

欲配制相对密度为 1.4 的氯化锌水溶液 50L，需称取的氯化锌的质量计算如下：

设需氯化锌的质量为 $x$kg，则 $x = 1.4 \times 38.5 \times 50/100 = 26.95$（kg）。应加入的水的质量为 $1.4 \times 50 - 26.95 = 43.05$（kg）。称取 26.95kg 氯化锌溶于 43.05kg 的水中，混匀，该溶液即为相对密度为 1.4 的氯化锌重液。

重液的配制见表 2-8。

表 2-8 重液的相对密度和重液中氯化锌的浓度

相对密度	氯化锌在水溶液中的浓度/(g/L)	相对密度	氯化锌在水溶液中的浓度/(g/L)
1.30	30.4	1.65	55.0
1.35	34.6	1.70	57.8
1.40	38.5	1.75	60.5
1.45	42.2	1.80	62.9
1.50	45.7	1.85	65.4
1.55	49.0	1.90	67.8
1.60	52.1		

④ 减灰操作步骤如下。

• 煤样减灰之前，先用相对密度计测量重液的相对密度，使其达到所要求的值。

• 先在粒度小于 3mm 的煤样中加入少量重液，搅拌，至全部润湿后再加入足够的重液，充分搅拌，然后放置至少 5min，用捞勺沿液面捞起重液上的浮煤，放入布兜或抽滤机中，再用水洗净煤粒上的氯化锌。煤化程度低的煤（如褐煤、长焰煤）先用冷水把表面的氯化锌冲掉，然后再用 50～60℃ 的热水浸洗一两次，每次至少 5min。最后再用冷水冲净。

煤粒上的氯化锌冲洗干净的标志是：分别用试管接取同体积的净水和冲洗过煤的水，往试管中各加 2 滴 1% 的硝酸银溶液，其浊度相同。

• 减灰后的浮煤，倒入镀锌铁盘或其他不锈金属浅盘中（煤样厚度不超过 5mm），在 45～50℃ 的恒温干燥箱中进行干燥后，再根据检测要求按原煤制样的有关规定制备煤样。

第四节 煤的工业分析

煤的工业分析包括水分、灰分和挥发分产率以及固定碳四个项目，用作评价煤质的基本依据。根据煤的水分和灰分的测定结果，可以大致了解煤中有机质或可燃物的百分含量；根据煤的挥发分产率可了解煤中有机质的性质，煤的挥发分产率（V_{daf}）又是煤分类的主要指标。通常水分、灰分及挥发分产率均为直接测定，固定碳则以差减法得出。

一、煤的水分及其测定

（一）煤中水分的存在形态及其测定意义

1. 煤中水分的存在形态

煤中的水分是煤炭的组成部分。它与煤的变质程度、组成结构有关。煤的变质程度不同，水分变化也不同，一般泥炭的水分最大，为 40%～50% 或以上；褐煤次之，为 10%～40% 或以上；烟煤水分最低；无烟煤的含水量又有增加的趋势。

煤中的水分按结合状态可分为游离水和化合水两大类。游离水以吸附、附着等机械方式与煤结合；而化合水则以化合方式同煤中的矿物质结合。煤的工业分析只测定游离水，它在 105℃ 下干燥即可失去。

游离水按其赋存状态又分为外在水分和内在水分。煤的外在水分是指吸附在煤颗粒表面上的水分，在实际测定中是煤样达到空气干燥状态所失去的那部分水。煤的外在水分很容易蒸发，只要将煤样放在空气中自然干燥，直至煤表面的水蒸气压和空气相对湿度平衡即可。煤的内在水分是指吸附在煤颗粒内部毛细孔中的水，在实际测定中指煤样达到空气干燥状态时保留下来的那部分水。内在水分在常温下不能失去,只有加热到一定温度(105℃)才能失去。内在水分与煤的内表面积即煤的变质程度有关,煤的变质程度越浅,其内表面积越大,内在水分也越高。

本节中水分的测定包括原煤样的全水分(或接收煤样的水分)和分析煤样的水分两种。接收煤样的水分是指煤在收到状态时的全水分;分析煤样的水分是指煤样与周围空气温度和湿度达到平衡时保留的水分,即 105~110℃烘烤所失去的水分。

2. 水分测定的意义

① 水分是一项重要的煤质指标,煤中的水分与煤的变质程度和煤的结构有关。

② 煤中的水分对工业利用是不利的,它对运输、使用和贮存都有一定影响。在煤炭贸易上,煤的水分是一个重要的计质和计价指标。

③ 煤质分析中,煤的水分是进行不同基的煤质分析结果换算的基础数据。

(二) 煤中水分的测定原理

(1) 间接法 将已知质量的煤样放在一定温度的烘箱或专用微波炉内进行干燥,根据煤样蒸发后的质量损失计算煤的水分。煤中水分的间接测定方法有充氮干燥法、空气干燥法及微波干燥法。煤中水分测定大多采用间接法。

(2) 直接法 将已知质量的煤样放在圆底烧瓶中,与甲苯共同煮沸。煤中的水分与甲苯一并蒸出,分馏出的液体收集在水分测定管中并分层,量出水的体积(mL)。以水的质量占煤样质量的百分数作为水分含量。

(三) 煤的全水分测定

我国国家标准(GB/T 211)规定煤中全水分的测定主要有三种方法,其中,在氮气流中干燥的方式(方法 A1 和方法 B1)适用于所有煤种;在空气流中干燥的方式(方法 A2 和方法 B2)适用于烟煤和无烟煤;微波干燥法(方法 C)适用于烟煤和褐煤。以方法 A1 作为仲裁方法。

1. 方法提要

(1) 方法 A(两步法)

① 方法 A1:在氮气流中干燥。

一定量的粒度小于 13mm 的煤样,在温度不高于 40℃的环境下干燥到质量恒定,再将煤样破碎到粒度小于 3mm,于 105~110℃下,在氮气流中干燥到质量恒定。根据煤样两步干燥后的质量损失计算出全水分。

② 方法 A2:在空气流中干燥。

一定量的粒度小于 13mm 的煤样,在温度不高于 40℃的环境下干燥到质量恒定,再将煤样破碎到粒度小于 3mm,于 105~110℃下,在空气流中干燥到质量恒定。根据煤样两步干燥后的质量损失计算出全水分。

(2) 方法 B(一步法)

① 方法 B1:在氮气流中干燥。

称取一定量的粒度小于 6mm 的煤样,于 105~110℃下,在氮气流中干燥到质量恒定。根据煤样干燥后的质量损失计算出全水分。

② 方法 B2:在空气流中干燥。

称取一定量的粒度小于 13mm(或小于 6mm)的煤样,于 105~110℃下,在空气流中干燥到质量恒定。根据煤样干燥后的质量损失计算出全水分。

(3) 方法 C(微波干燥法) 称取一定量的粒度小于 6mm 的煤样,置于微波炉内。煤中水分子在微波发生器的交变电场作用下,高速振动产生摩擦热,使水分迅速蒸发。根据煤样干燥后的质量损失计算出全水分。

2. 测定步骤

(1) 方法 A（两步法）

① 外在水分的测定（方法 A1 和 A2，空气干燥）。

在预先干燥和已称量过的浅盘内迅速称取小于 13mm 的煤样（500±10）g（称准至 0.1g），平摊在浅盘中，于环境温度或不高于 40℃ 的空气干燥箱中干燥到质量恒定（连续干燥 1h，质量变化不超过 0.5g），记录恒定后的质量（称准至 0.1g）。对于使用空气干燥箱干燥的情况，称量前需使煤样在实验室环境中重新达到湿度平衡。

按式(2-14)计算外在水分：

$$M_f = \frac{m_1}{m} \times 100 \tag{2-14}$$

式中 M_f——煤样的外在水分，%；

m_1——称取的小于 13mm 煤样的质量，g；

m——煤样干燥后的质量损失，g。

② 内在水分的测定（方法 A1，通氮干燥）。

• 立即将测定外在水分的煤样破碎到粒度小于 3mm，在预先干燥和已称量过的称量瓶内迅速称取（10±1）g 煤样（称准至 0.001g），平摊在称量瓶中。

• 打开称量瓶盖，放入预先通入干燥氮气并已加热到 105~110℃ 的通氮干燥箱中，氮气每小时换气 15 次以上，烟煤干燥 1.5h，褐煤和无烟煤干燥 2h。

• 从干燥箱中取出称量瓶，立即盖上盖，在空气中放置约 5min，然后放入干燥器中，冷却到室温（约 20min），称量（称准至 0.001g）。

• 进行检查性干燥，每次 30min，直到连续两次干燥煤样的质量减少不超过 0.01g 或质量增加时为止。在后一种情况下，采用质量增加前一次的质量作为计算依据。内在水分在 2% 以下时，不必进行检查性干燥。

按式(2-15)计算内在水分：

$$M_{inh} = \frac{m_3}{m_2} \times 100 \tag{2-15}$$

式中 M_{inh}——煤样的内在水分，%；

m_2——称取的煤样质量，g；

m_3——煤样干燥后的质量损失，g。

③ 内在水分的测定（方法 A2，空气干燥）。除将通氮干燥箱改为空气干燥箱外，其他操作步骤同通氮干燥法。

按式(2-16)计算煤中全水分：

$$M_t = M_f + \frac{100 - M_f}{100} \times M_{inh} \tag{2-16}$$

式中 M_t——煤样的全水分，%；

M_f——煤样的外在水分，%；

M_{inh}——煤样的内在水分，%。

如试验证明，按 GB/T 212 测定的一般分析试验煤样水分（M_{ad}）与按上述内在水分测定方法测定的内在水分（M_{inh}）相同，则可用前者代替后者；而对某些特殊煤种，按上述内在水分测定方法测定的全水分会低于按 GB/T 212 测定的一般分析试验煤样水分，此时应用两步法测定全水分并用一般分析试验煤样水分代替内在水分。

(2) 方法 B（一步法）

① 方法 B1（通氮干燥）。

• 在预先干燥和已称量过的称量瓶内迅速称取粒度小于 6mm 的煤样 10~12g（称准至

0.001g），平摊在称量瓶中。

• 打开称量瓶盖，放入预先通入干燥氮气并已加热到105～110℃的通氮干燥箱中，烟煤干燥2h，褐煤和无烟煤干燥3h。

• 从干燥箱中取出称量瓶，立即盖上盖，在空气中放置约5min，然后放入干燥器中，冷却到室温（约20min），称量（称准至0.001g）。

• 进行检查性干燥，每次30min，直到连续两次干燥煤样的质量减少不超过0.01g或质量增加时为止。在后一种情况下，采用质量增加前一次的质量作为计算依据。

② 方法B2（空气干燥）。

a. 粒度小于13mm煤样的全水分测定：

• 在预先干燥和已称量过的浅盘内迅速称取粒度小于13mm的煤样（500±10）g（称准至0.1g），平摊在浅盘中。

• 将浅盘放入预先加热到105～110℃的空气干燥箱中，在鼓风条件下，烟煤干燥2h，无烟煤干燥3h。

• 将浅盘取出，趁热称量（称准至0.1g）。

• 进行检查性干燥，每次30min，直到连续两次干燥煤样的质量减少不超过0.5g或质量增加时为止。在后一种情况下，采用质量增加前一次的质量作为计算依据。

b. 粒度小于6mm煤样的全水分测定：

除将通氮干燥箱改为空气干燥箱外，其他操作步骤同方法B1（通氮干燥）。

按式(2-17)计算煤中全水分：

$$M_t = \frac{m_1}{m} \times 100 \tag{2-17}$$

式中 M_t——煤样的全水分，%；

m——称取的煤样质量，g；

m_1——煤样干燥后的质量损失，g。

(3) 方法C（微波干燥法）

① 按微波干燥水分测定仪说明书进行准备和调节。

② 在预先干燥和已称量过的称量瓶内迅速称取粒度小于6mm的煤样10～12g（称准至0.001g），平摊在称量瓶中。

③ 打开称量瓶盖，放入测定仪的旋转盘的规定区内。

④ 关上门，接通电源，仪器按预先设定的程序工作，直到工作程序结束。

⑤ 打开门，取出称量瓶，立即盖上盖，在空气中放置约5min，然后放入干燥器中，冷却到室温（约20min），称量（称准至0.001g）。如果仪器有自动称量装置，则不必取出称量。

结果计算同方法B或从仪器的显示器上直接读取全水分值。

3. 水分损失补正

如果在运送过程中煤样的水分有损失，则按式(2-18)求出补正后的全水分值：

$$M'_t = M_1 + \frac{100 - M_1}{100} \times M_t \tag{2-18}$$

式中 M'_t——煤样的全水分，%；

M_1——煤样在运送过程中的水分损失百分率，%；

M_t——不考虑煤样在运送过程中的水分损失时测得的全水分，%。

当M_1大于1%时，表明煤样在运送过程中可能受到意外损失，则可不补正，但测得的水分可作为试验室收到煤样的全水分。在报告结果时，应注明"未经水分损失补正"，并将容器标签和密封情况一并报告。

4. 方法的精密度

全水分测定结果的重复性要求见表 2-9 规定。

表 2-9　全水分测定结果的重复性要求

全水分(M_t)/%	重复性限/%
<10	0.4
≥10	0.5

（四）空气干燥煤样水分的测定

我国国家标准（GB/T 212）规定空气干燥煤样水分的测定主要有两种方法。其中，在氮气流中干燥的方式（方法 A）适用于所有煤种；在空气流中干燥的方式（方法 B）仅适用于烟煤和无烟煤。在仲裁分析中遇到有用空气干燥煤样水分进行校正以及基的换算时，应用方法 A 测定空气干燥煤样的水分。以方法 A 作为仲裁方法。

1. 方法 A（通氮干燥法）

（1）方法提要　称取一定量的空气干燥煤样，置于 105～110℃ 干燥箱中，在干燥氮气流中干燥到质量恒定。然后根据煤样的质量损失计算出水分的质量分数。

（2）分析步骤　在预先干燥和已称量过的称量瓶内称取粒度小于 0.2mm 的空气干燥煤样（1.0±0.1）g（称准至 0.0002g），平摊在称量瓶中。

打开称量瓶盖，放入预先通入干燥氮气并已加热到 105～110℃ 的干燥箱中（在称量瓶放入干燥箱前 10min 开始通氮气，氮气流量以每小时换气 15 次为准）。烟煤干燥 1.5h，褐煤和无烟煤干燥 2h。

从干燥箱中取出称量瓶，立即盖上盖，放入干燥器中冷却至室温（约 20min）后称量。

进行检查性干燥，每次 30min，直到连续两次干燥煤样质量的减少不超过 0.001g 或质量增加时为止。在后一种情况下，采用质量增加前一次的质量为计算依据。水分在 2% 以下时，不必进行检查性干燥。

2. 方法 B（空气干燥法）

（1）方法提要　称取一定量的空气干燥煤样，置于 105～110℃ 干燥箱内，于空气流中干燥到质量恒定。根据煤样的质量损失计算出水分的质量分数。

（2）分析步骤　在预先干燥并已称量过的称量瓶内称取粒度小于 0.2mm 的空气干燥煤样（1.0±0.1）g（称准至 0.0002g），平摊在称量瓶中。

打开称量瓶盖，放入预先鼓风并已加热到 105～110℃ 的干燥箱中（预先鼓风是为了使温度均匀。将装有煤样的称量瓶放入干燥箱前 3～5min 就开始鼓风）。在一直鼓风的条件下，烟煤干燥 1h，无烟煤干燥 1～1.5h。

从干燥箱中取出称量瓶，立即盖上盖，放入干燥器中冷却至室温（约 20min）后称量。

进行检查性干燥，每次 30min，直到连续两次干燥煤样的质量减少不超过 0.001g 或质量增加时为止。在后一种情况下，采用质量增加前一次的质量为计算依据。水分在 2% 以下时，不必进行检查性干燥。

3. 甲苯蒸馏法

（1）方法提要　称取一定量的空气干燥煤样于圆底烧瓶中，加入甲苯共同煮沸。分馏出的液体收集在水分测定管中并分层，量出水的体积（mL）。以水的质量占煤样质量的百分数作为水分含量。

（2）分析步骤　称取 25g 粒度小于 0.2mm 的空气干燥煤样（称准至 0.0001g），移入干燥的圆底烧瓶中，加入约 80mL 甲苯。为防止喷溅，可放适量碎玻璃片和小玻璃球。安装好水分测定仪。

在冷凝管中通入冷却水。加热蒸馏瓶至内容物达到沸腾状态,控制加热速度,使在冷凝管口滴下冷凝液滴数为每秒 2~4 滴。连续加热,直到馏出液清澈并在 5min 内不再有细小水泡出现为止。

取下水分测定管,冷却至室温,读取水的体积(mL),再按校正后的体积由回收曲线上查得煤样中水的实际体积 V。

回收曲线的绘制:用微量滴定管准确量取 0、1mL、2mL、3mL、…、10mL 蒸馏水,分别放入水分测定仪中,每瓶各加入 80mL 甲苯,然后按上述步骤进行蒸馏。根据水的加入量和实际蒸出的体积绘制回收曲线。更换试剂时,需重新作回收曲线。

4. 结果计算

① 方法 A 和方法 B 测定空气干燥煤样的水分按式(2-19)计算:

$$M_{ad}=\frac{m_1}{m}\times 100 \quad (2-19)$$

式中 M_{ad}——空气干燥煤样的水分,%;
m——称取的空气干燥煤样的质量,g;
m_1——煤样干燥后失去的质量,g。

② 甲苯蒸馏法测定空气干燥煤样的水分按式(2-20)计算:

$$M_{ad}=\frac{Vd}{m}\times 100 \quad (2-20)$$

式中 M_{ad}——空气干燥煤样的水分,%;
V——由回收曲线图上查得的水的体积,mL;
d——水的密度,20℃时取 1.00g/mL;
m——称取的空气干燥煤样的质量,g。

5. 水分测定的精密度

水分测定结果的重复性要求见表 2-10 规定。

表 2-10 水分测定结果的重复性要求

水分(M_{ad})/%	重复性限/%
<5.00	0.20
5.00~10.00	0.30
>10.00	0.40

二、煤的灰分测定

1. 煤中灰分的来源及测定意义

(1) 煤中灰分的来源 煤中的灰分不是煤的固有成分,而是煤中所有可燃物质完全燃烧以及煤中矿物质在一定温度下产生一系列分解、化合等复杂反应后剩下的残渣。灰分常称为灰分产率。

煤中矿物质的来源有 3 种:

① 原生矿物质。即成煤植物中所含的无机元素,一般含量较少。

② 次生矿物质。它是在成煤过程中由外界混入或与煤伴生的矿物质,一般含量也较少。

③ 外来矿物质。它是煤炭开采和加工处理中混入的矿物质。

原生矿物质和次生矿物质总称为内在矿物质,二者通常很难用选煤方法除去。外来矿物质可用选煤方法除去。

(2) 测定意义 灰分是降低煤炭质量的物质,在煤炭加工利用的各种场合下都带来有害的影响,因此测定煤的灰分对于正确评价煤的质量和加工利用等都有重要意义。

① 灰分是煤炭贸易计价的主要指标。
② 在煤炭洗选工艺中,灰分是评价精煤质量和洗选效率的指标。
③ 在炼焦工业中,灰分是评价焦炭质量的重要指标。
④ 锅炉燃烧中,根据灰分计算锅炉热效率,考虑排渣工作量等。
⑤ 在煤质研究中,根据灰分可以大致计算煤的发热量和矿物质等。

我国国家标准(GB/T 212)规定煤中灰分测定包括两种方法——缓慢灰化法和快速灰化法(包括方法A和方法B)。其中,缓慢灰化法为仲裁法。

2. 测定原理

称取一定量的空气干燥煤样,放入马弗炉或灰分快速测定仪中,以一定的速度加热到(815 ± 10)℃,灰化并灼烧到质量恒定。以残留物的质量占煤样质量的百分数作为灰分产率。

煤在燃烧过程中发生如下化学反应:

$$2SiO_2 \cdot Al_2O_3 \cdot 2H_2O \xrightarrow{\triangle} 2SiO_2 + Al_2O_3 + 2H_2O\uparrow$$

$$CaSO_4 \cdot 2H_2O \xrightarrow{\triangle} CaSO_4 + 2H_2O\uparrow$$

$$4FeS_2 + 11O_2 \xrightarrow{\triangle} 2Fe_2O_3 + 8SO_2$$

$$CaCO_3 \xrightarrow{\triangle} CaO + CO_2\uparrow$$

$$CaO + SO_3 \longrightarrow CaSO_4$$

(1) 缓慢灰化法 称取一定量的空气干燥煤样,放入低于100℃的马弗炉中,在30min内升温至500℃,并在此温度下保温30min,再升至(815 ± 10)℃,灼烧1h至质量恒定。以灰渣的质量占煤样质量的百分数为灰分产率。缓慢灰化法的理论依据为:

① 炉温在100℃以下开始实验,30min后升至500℃从而防止煤样爆燃。
② 在500℃停留30min,使煤中硫化物在碳酸盐分解之前就完全氧化并排出,避免生成硫酸钙,减少灰中固定硫的量。
③ 灰化过程中始终保持良好的通风状态,使硫氧化物一经生成就及时排出,减少CaO与硫氧化物的接触机会,因此要求高温炉装有烟囱,或将炉门开启一小缝使炉内空气自然流通。
④ 在815℃灼烧足够长的时间,以保证碳酸盐分解完全及CO_2全部驱出。

(2) 快速灰化法

① 快速灰分测定仪法(方法A)。将装有煤样的灰皿放在预先加热至(815 ± 10)℃的灰分快速测定仪的传送带上,煤样自动送入仪器内完全灰化,然后送出。以残留物的质量占煤样质量的百分数作为煤样的灰分。

② 马弗炉法(方法B)。将装有煤样的灰皿由炉外逐渐送入预先加热至(815 ± 10)℃的马弗炉中灰化并灼烧至质量恒定。以残留物的质量占煤样质量的百分数作为煤样的灰分。

3. 测定步骤

(1) 缓慢灰化法

① 在预先灼烧至质量恒定的灰皿中,称取粒度小于0.2mm的空气干燥煤样(1.0 ± 0.1)g(称准至0.0002g),均匀地平摊在灰皿中,使其每平方厘米的质量不超过0.15g。

② 将灰皿送入炉温不超过100℃的马弗炉恒温区中,关上炉门并使炉门留有15mm左右的缝隙。在不少于30min的时间内将炉温缓慢升至500℃,并在此温度下保持30min。继续升温到(815 ± 10)℃,并在此温度下灼烧1h。

③ 从炉中取出灰皿,放在耐热瓷板或石棉板上,在空气中冷却5min左右,移入干燥器

中冷却至室温（约20min）后称量。

④ 进行检查性灼烧，每次20min，直至连续两次灼烧后的质量变化不超过0.0010g为止。以最后一次灼烧后的质量为计算依据。灰分低于15.00%时，不必进行检查性灼烧。

（2）快速灰化法

① 快速灰分测定仪法（方法A）

• 将快速灰分测定仪预先加热至（815±10）℃。

• 开动传送带并将其传送速度调节到17mm/min左右或其他合适的速度（对于新的快速灰分测定仪，应对不同煤种进行与缓慢灰化法的对比试验。根据对比试验结果及煤的灰化情况，调节传送带的传送速度）。

• 在预先灼烧至质量恒定的灰皿中，称取粒度小于0.2mm的空气干燥煤样（0.50±0.01）g（称准至0.0002g），均匀地摊平在灰皿中，使其每平方厘米的质量不超过0.08g。

• 将盛有煤样的灰皿放在快速灰分测定仪的传送带上，灰皿即自动送入炉中。

• 当灰皿从炉内送出时，取下，放在耐热瓷板或石棉板上，在空气中冷却5min左右，移入干燥器中冷却至室温（约20min）后称量。

② 马弗炉法（方法B）

• 在预先灼烧至质量恒定的灰皿中，称取粒度小于0.2mm的空气干燥煤样（1.0±0.1）g（称准至0.0002g），均匀地摊平在灰皿中，使其每平方厘米的质量不超过0.15g。将盛有煤样的灰皿预先分排放在耐热瓷板或石棉板上。

• 将马弗炉加热到（850±10）℃，打开炉门，将放有灰皿的耐热瓷板或石棉板缓慢地推入马弗炉中，先使第一排灰皿中的煤样灰化。待5～10min后煤样不再冒烟时，以不大于2cm/min的速度把其余各排灰皿顺序推入炉内炽热部分（若煤样着火发生爆燃，试验应作废）。

• 关上炉门，在（815±10）℃温度下灼烧40min。

• 从炉中取出灰皿，放在空气中冷却5min左右，移入干燥器中冷却至室温（约20min），称量。

• 进行检查性灼烧，每次20min，直到连续两次灼烧后的质量变化不超过0.0010g为止。以最后一次灼烧后的质量为计算依据。如遇检查性灼烧时结果不稳定，应改用缓慢灰化法重新测定。灰分低于15.00%时，不必进行检查性灼烧。

4. 结果计算

空气干燥煤样的灰分按式(2-21)计算：

$$A_{ad} = \frac{m_1}{m} \times 100 \tag{2-21}$$

式中 A_{ad}——空气干燥煤样的灰分，%；

m——称取的空气干燥煤样的质量，g；

m_1——煤样灼烧后残留物的质量，g。

5. 灰分测定的精密度

灰分测定结果的重复性和再现性要求见表2-11规定。

表2-11 灰分测定结果的重复性和再现性要求

灰分(A_{ad})/%	重复性限/%	再现性临界差/%
<15.00	0.20	0.30
15.00~30.00	0.30	0.50
>30.00	0.50	0.70

三、挥发分的测定

挥发分是煤炭分类的主要指标，根据挥发分可以大致判断煤的变质程度。此外，根据煤的挥发分和焦渣特征可初步判断煤的加工利用性质和热值的高低。因此，测定煤的挥发分在工业应用上和煤质研究方面都有重要意义。

1. 测定原理

煤的挥发分测定是把煤样放在隔绝空气的容器中，在一定的高温条件下加热一定时间，煤中分解出来的液体（蒸气状态）和气体产物减去煤中所含的水分，即为挥发分，剩下的焦渣为不挥发物。煤的挥发分不是煤中固有的物质，而是特定条件下受热分解的产物，应称为煤的挥发分产率。

煤的挥发分测定是一种规范性很强的试验，其结果受加热温度，加热时间，所用坩埚的大小、形状、材质及坩埚盖的密封程度等影响。改变任何一种试验条件，都会对测定结果带来影响。

挥发分测定应注意以下几点：

① 高温炉的热电偶和毫伏计要定期校正；
② 定期测量高温炉的恒温区，坩埚必须放在恒温区内；
③ 每次试验最好放同样数目的坩埚，以保证坩埚及其支架的热容量基本一致；
④ 坩埚与盖必须配合严密；
⑤ 试样放入炉内，要保证炉温在 3min 内升到 (900 ± 10)℃，全部试验过程中，炉温不应超过 (900 ± 10)℃。

煤的挥发分测定有复式法和单式法两种，目前我国多采用复式法。

2. 方法提要

称取一定量的空气干燥煤样，放在带盖的瓷坩埚中，在 (900 ± 10)℃下，隔绝空气加热 7min，以减少的质量占煤样质量的百分数，减去该煤样的水分含量作为煤样的挥发分。

3. 测定步骤

① 在预先于 900℃ 温度下灼烧至质量恒定的带盖瓷坩埚中，称取粒度小于 0.2mm 的空气干燥煤样 (1.00 ± 0.01)g（称准至 0.0002g），然后轻轻振动坩埚，使煤样摊平，盖上盖，放在坩埚架上。

褐煤和长焰煤应预先压饼，并切成约 3mm 的小块。

② 将马弗炉预先加热至 920℃ 左右。打开炉门，迅速将放有坩埚的架子送入恒温区，立即关上炉门并计时，准确加热 7min。坩埚及架子放入后，要求炉温在 3min 内恢复至 (900 ± 10)℃，此后保持在 (900 ± 10)℃，否则此次试验作废。加热时间包括温度恢复时间在内。

③ 从炉中取出坩埚，放在空气中冷却 5min 左右，移入干燥器中冷却至室温（约 20min）后称量。

4. 焦渣特征分类

测定挥发分所得焦渣的特征，按下列规定加以区分。

（1）粉状　全部是粉末，没有相互黏着的颗粒。
（2）黏着　用手指轻碰即成粉末或基本上是粉末，其中较大的团块轻轻一碰即成粉末。
（3）弱黏结　用手指轻压即成小块。
（4）不熔融黏结　以手指用力压才裂成小块，焦渣上表面无光泽，下表面稍有银白色光泽。
（5）不膨胀熔融黏结　焦渣形成扁平的块，煤粒的界线不易分清，焦渣上表面有明显银白色金属光泽，下表面银白色光泽更明显。

(6) 微膨胀熔融黏结　用手指压不碎，焦渣的上、下表面均有银白色金属光泽，但焦渣表面具有较小的膨胀泡（或小气泡）。

(7) 膨胀熔融黏结　焦渣上、下表面均有银白色金属光泽，明显膨胀，但高度不超过 15mm。

(8) 强膨胀熔融黏结　焦渣上、下表面均有银白色金属光泽，焦渣高度大于 15mm。

通常用上列序号作为各种焦渣特征的代号。

5. 结果计算

(1) 空气干燥煤样的挥发分　按下式计算：

$$V_{ad} = \frac{m_1}{m} \times 100 - M_{ad} \tag{2-22}$$

式中　V_{ad}——空气干燥煤样的挥发分,%；

m——称取的空气干燥煤样的质量，g；

m_1——煤样干燥后失去的质量，g；

M_{ad}——空气干燥煤样的水分,%。

(2) 空气干燥基挥发分换算成干燥基挥发分、干燥无灰基挥发分及干燥无矿物质基挥发分

① 干燥基挥发分

$$V_d = \frac{V_{ad} \times 100}{100 - M_{ad}} \tag{2-23}$$

② 干燥无灰基挥发分

$$V_{daf} = \frac{V_{ad} \times 100}{100 - M_{ad} - A_{ad}} \tag{2-24}$$

当空气干燥煤样中碳酸盐二氧化碳质量分数为 2%～12% 时，则

$$V_{daf} = \frac{V_{ad} - (CO_2)_{ad}}{100 - M_{ad} - A_{ad}} \times 100 \tag{2-25}$$

当空气干燥煤样中碳酸盐二氧化碳质量分数大于 12% 时，则

$$V_{daf} = \frac{V_{ad} - [(CO_2)_{ad} - (CO_2)_{ad(焦渣)}]}{100 - M_{ad} - A_{ad}} \times 100 \tag{2-26}$$

式中　V_{daf}——干燥无灰基挥发分,%；

$(CO_2)_{ad}$——空气干燥煤样中碳酸盐二氧化碳的质量分数,%；

$(CO_2)_{ad(焦渣)}$——焦渣中二氧化碳对煤样量的质量分数,%。

③ 干燥无矿物质基挥发分

$$V_{dmmf} = \frac{V_{ad} \times 100}{100 - M_{ad} - MM_{ad}} \tag{2-27}$$

当空气干燥煤样中碳酸盐二氧化碳质量分数为 2%～12% 时，则

$$V_{dmmf} = \frac{V_{ad} - (CO_2)_{ad}}{100 - M_{ad} - MM_{ad}} \times 100 \tag{2-28}$$

当空气干燥煤样中碳酸盐二氧化碳质量分数大于 12% 时，则

$$V_{dmmf} = \frac{V_{ad} - [(CO_2)_{ad} - (CO_2)_{ad(焦渣)}]}{100 - M_{ad} - MM_{ad}} \times 100 \tag{2-29}$$

式中　V_{dmmf}——干燥无矿物质基挥发分,%；

MM_{ad}——空气干燥煤样中矿物质的质量分数,%。

6. 挥发分测定的精密度

挥发分测定结果的重复性和再现性要求见表 2-12 规定。

表 2-12 挥发分测定结果的重复性和再现性要求

挥发分/%	重复性限(V_{ad})/%	再现性临界差(V_d)/%
<20.00	0.30	0.50
20.00~40.00	0.50	1.00
>40.00	0.80	1.50

四、固定碳的计算

固定碳是煤炭分类、燃烧和焦化中的一项重要指标，煤的固定碳随变质程度的加深而增加。

在煤的燃烧中，利用固定碳来计算燃烧设备的效率；在炼焦工业中，根据它来预计焦炭的产率。

煤的固定碳含量一般是根据测定煤样的水分、灰分和挥发分按式(2-30)计算而得出：

$$FC_{ad} = 100 - (M_{ad} + A_{ad} + V_{ad}) \tag{2-30}$$

式中 FC_{ad}——空气干燥煤样的固定碳，%；

M_{ad}——空气干燥煤样的水分，%；

A_{ad}——空气干燥煤样的灰分，%；

V_{ad}——空气干燥煤样的挥发分，%。

工业上通常用干燥基固定碳，其结果也可按式(2-31)计算：

$$FC_d = 100 - A_d - V_d \tag{2-31}$$

式中 FC_d——干燥煤样的固定碳，%；

A_d——干燥煤样的灰分，%；

V_d——干燥煤样的挥发分，%。

五、出口煤的工业分析方法——仪器法

本方法规定了出口煤中水分、灰分和挥发分的联合测定方法及固定碳的计算。该法适用于出口煤工业分析项目的成批检验。测定范围如下：水分，0.20%~27.90%；灰分（干燥基），6.00%~19.60%；挥发分（干燥基），1.00%~50.80%。

1. 方法提要

采用微机控制的热重分析仪或自动工业分析仪，将分析煤样置于仪器的坩埚中，然后启动自动分析程序，仪器即按规定的程序和测量条件，依顺序测定水分、挥发分和灰分，并计算出水分、挥发分、灰分和固定碳的结果。

2. 试剂和材料

氮气（纯度>99.5%，水分含量≤1.9mg/L）；氧气（纯度>99.9%）。

坩埚（用熔融硅制成，配有磨砂玻璃坩埚盖；或用陶瓷制成，配有坩埚盖）。

3. 仪器和设备

热重分析仪：包括炉、控制设备、天平、记录仪、供气装置及排气装置等。

(1) 炉 应设计成由适当的耐热和绝缘材料包围的形式，以使炉膛的所有部分温度均匀并具有最小的自由空间。同时，应能以 50℃/min 的速度从室温快速加热至 950℃。

(2) 控制设备 用于监测炉膛内的温度，并将其保持在每步测定的规定范围内。每步测定的规定温度范围如下：

测定项目	温度/℃
水分	104～110
挥发分	930～970
灰分	700～750

(3) 天平　由用于测定水分、挥发分和灰分的内置式天平与仪器的必要部分组成，感量为 0.0001g。

(4) 供气装置　用于充入干燥吹扫气或反应气。每步测定的气体及其流速如下：

测定项目	气体	流速/(炉体积/min)
水分	氮气	2～4
挥发分	氮气	2～4
灰分	氧气	0.4～0.8

4. 测定步骤

(1) 准备工作　打开仪器炉盖，将预先加热并灼烧至质量恒定的坩埚放入坩埚托盘上，于已称量的坩埚中加入约 1g 分析煤样，称量（准确至 0.0001g）。开启仪器自动分析程序，仪器即按规定的程序和测量条件，依顺序测定水分、挥发分和灰分。

(2) 水分的测定　在 104～110℃、通氮气条件下，加热不带盖坩埚内已称重的分析煤样，仪器按设定程序在测定过程中以 3min 间隔重复称量其质量，当连续两次称量质量之差达到仪器规定的偏差之内时，仪器自动终止测试。

(3) 挥发分的测定　水分测定完毕后，加坩埚盖，仪器按设定程序以 50℃/min 的速度将炉温快速升至 (950±2)℃并在保持该炉温 7min 期间等间隔称重，炉内通氮气保持原环境。

(4) 灰分的测定　挥发分测定完毕后，仪器按设定程序将炉温从 950℃ 降至 600℃，取下坩埚盖，并将炉内环境改成氧气，然后逐渐升温至 750℃ 开始灰分测定。仪器按固定的间隔称量不带盖坩埚和试样的总质量，直至其达到恒重时终止测试。

5. 结果计算

(1) 水分的计算　按式(2-32)计算分析煤样中的水分：

$$M_{ad} = \frac{m - m_1}{m} \times 100 \tag{2-32}$$

式中　M_{ad}——空气干燥煤样的水分，%；
　　　m——称样量，g；
　　　m_1——水分测试干燥后试样的质量，g。

(2) 挥发分的计算　按式(2-33)计算分析煤样中的挥发分：

$$V_{ad} = \frac{m_1 - m_2}{m} \times 100 \tag{2-33}$$

式中　V_{ad}——空气干燥基挥发分，%；
　　　m_2——挥发分测试加热后试样的质量，g。

(3) 灰分的计算　按式(2-34)计算分析煤样中的灰分：

$$A_{ad} = \frac{m_3 - m_4}{m} \times 100 \tag{2-34}$$

式中　A_{ad}——空气干燥基灰分，%；
　　　m_3——坩埚和灰残渣的总质量，g；
　　　m_4——空坩埚的质量，g。

(4) 固定碳的计算　按式(2-35)计算分析煤样中的固定碳：

$$FC_{ad}=100-(M_{ad}+V_{ad}+A_{ad}) \tag{2-35}$$

式中 FC_{ad}——空气干燥基固定碳,%。

6. 精密度

(1) 重复性 按式(2-36)~式(2-38)计算所测水分、挥发分和灰分的重复性区间:

水分 $\qquad I(r)=0.20+0.012X \tag{2-36}$

挥发分 $\qquad I(r)=0.29+0.014X \tag{2-37}$

灰分 $\qquad I(r)=0.07+0.020X \tag{2-38}$

式中 $I(r)$——重复性区间,%;
  X——每个指标的两个重复性结果的平均值,%。

(2) 再现性 按式(2-39)~式(2-41)计算所测水分、挥发分和灰分的再现性区间:

水分 $\qquad I(R)=0.24+0.034X \tag{2-39}$

挥发分 $\qquad I(R)=0.62+0.047X \tag{2-40}$

灰分 $\qquad I(R)=0.14+0.023X \tag{2-41}$

式中 $I(R)$——再现性区间,%;
  X——每个指标的两个再现性结果的平均值,%。

第五节 煤中全硫的测定

所有的煤中都含有数量不等的硫。煤中硫含量的高低与成煤时代的沉积环境有密切关系。煤中的硫对焦化、气化、燃烧都是十分有害的杂质,所以硫是评价煤质的重要指标之一。为了经济有效地利用煤炭资源,国内外对煤中硫的成因、形态、特性、反应性、含硫官能团、脱硫方法及其回收利用途径等进行过广泛的研究。不同形态的硫对煤质有不同的影响,在选煤时脱硫效果也不相同。因此,除测定全硫外,还需测定各种形态的硫。

一、煤中硫的分类

1. 根据硫在煤中的存在形态分类

煤中的硫可分为有机硫和无机硫两大类。

煤中无机硫又可分为硫化物硫、硫酸盐硫和微量的元素硫。其中硫化物硫绝大部分是以黄铁矿硫形态存在,实际上还有少量的白铁矿,分子式都是 FeS_2,但晶形不同。此外,在某些矿床中还存在闪锌矿(ZnS)、方铅矿(PbS)、黄铜矿($Fe_2S_3 \cdot CuS$)及砷黄铁矿($FeS_2 \cdot FeAs_2$)等。硫酸盐硫的主要存在形态是石膏($CaSO_4 \cdot 2H_2O$),少数为硫酸亚铁($FeSO_4 \cdot 7H_2O$)及极少量的其他硫酸盐矿物。硫酸盐硫的增高可作为判断煤曾经受过氧化的标志。

煤中有机硫含量较低,组成很复杂,主要由下列组分或官能团所构成。

① 硫醚或硫化物($R-S-R'$);
② 二硫化物($R-S-S-R'$);
③ 硫醇类化合物($R-SH$);
④ 噻吩类杂环硫化物(如噻吩、苯并噻吩等);
⑤ 硫醌化合物。

2. 根据煤中存在的不同形态的硫能否在空气中燃烧分类

煤中的硫可分为可燃硫和不可燃硫。有机硫、硫铁矿硫和元素硫是可燃硫,硫酸盐硫为不可燃硫或称固定硫。

二、煤中全硫的测定

煤中全硫的测定方法很多，有艾士卡法、高温燃烧中和法、库仑滴定法（或称碘量法）、高温燃烧红外光谱法和弹筒法等。

(一) 艾士卡法

艾士卡法是德国人艾士卡于1874年制定的一个经典方法。到目前为止，它仍是各国通用的测定煤中全硫的标准方法。该法的特点是准确度高，适用于成批测定；但操作步骤繁琐、耗时。

1. 测定原理

煤样与艾士卡试剂（Na_2CO_3 和 MgO 的质量比为 1：2 的混合物，简称艾氏剂）均匀混合后在高温下进行半熔，煤中各种形态的硫都转化成可溶于水的硫酸钠和硫酸镁。用水浸取后，在一定酸度下滴加氯化钡溶液，使可溶性硫酸盐全部转化为硫酸钡沉淀，然后根据硫酸钡的质量，计算出煤中的全硫含量。

主要化学反应如下：

① 煤样的氧化作用。

$$煤 + O_2 \longrightarrow CO_2 + H_2O + N_2 + SO_2 + SO_3 + \cdots$$

② 硫氧化物被固定

$$2Na_2CO_3 + 2SO_2 + O_2(空气) \longrightarrow 2Na_2SO_4 + 2CO_2$$
$$Na_2CO_3 + SO_3 \longrightarrow Na_2SO_4 + CO_2$$
$$2MgO + 2SO_2 + O_2(空气) \longrightarrow 2MgSO_4$$
$$MgO + SO_3 \longrightarrow MgSO_4$$

③ 硫酸盐的转化作用

$$CaSO_4 + Na_2CO_3 \longrightarrow CaCO_3 \downarrow + Na_2SO_4$$

④ 硫酸盐的沉淀作用

$$MgSO_4 + Na_2SO_4 + 2BaCl_2 \longrightarrow 2BaSO_4 \downarrow + 2NaCl + MgCl_2$$

2. 试验步骤

① 在30mL瓷坩埚内称取粒度小于0.2mm的空气干燥煤样 (1.00 ± 0.01)g（称准至0.0002g）和艾氏剂2g（称准至0.1g），仔细混合均匀，再用1g（称准至0.1g）艾氏剂覆盖在煤样上面。

全硫含量在5%～10%时，称取0.5g煤样；全硫含量大于10%时，称取0.25g煤样。

② 将装有煤样的坩埚移入通风良好的马弗炉中，在1～2h内从室温逐渐加热到800～850℃，并在该温度下保持1～2h。

③ 将坩埚从马弗炉中取出，冷却到室温。用玻璃棒将坩埚中的灼烧物仔细搅松、捣碎。如发现有未烧尽的煤粒，应继续灼烧30min，然后把灼烧物转移到400mL烧杯中。用热水冲洗坩埚内壁，将洗液收入烧杯，再加100～150mL刚煮沸的蒸馏水，充分搅拌。如果此时尚有黑色煤粒漂浮在液面上，则本次测定作废。

④ 用中速定性滤纸以倾泻法过滤，用热水冲洗3次，然后将残渣转移到滤纸中，用热水仔细清洗至少10次，洗液总体积为205～300mL。

⑤ 向滤液中滴入2～3滴甲基橙指示剂，用盐酸溶液中和并过量2mL，使溶液呈微酸性。将溶液加热至沸腾，在不断搅拌下缓慢滴加氯化钡溶液10mL，并在微沸状况下保持约2h，溶液最终体积约为200mL。

⑥ 溶液冷却或静置过夜后用致密无灰定量滤纸过滤，并用热水洗至无氯离子为止（硝酸银溶液检验无浑浊）。

⑦ 将带有沉淀的滤纸转移到已知质量的瓷坩埚中，低温灰化滤纸后，在温度为800～850℃的马弗炉内灼烧20～40min，取出坩埚，在空气中稍加冷却后放入干燥器中冷却到室温后称量。

⑧ 每配制一批艾氏剂或更换其他任何一种试剂时，应进行2个以上空白试验（除不加煤样外，全部操作步骤同煤样测定）。硫酸钡沉淀的质量极差不得大于0.0010g，取算术平均值作空白值。

3. 结果计算

测定结果按式(2-42)计算：

$$S_{t,ad} = \frac{(m_1 - m_2) \times 0.1374}{m} \times 100 \quad (2-42)$$

式中 $S_{t,ad}$——一般分析煤样中全硫的质量分数，%；

　　　m_1——硫酸钡的质量，g；

　　　m_2——空白试验中硫酸钡的质量，g；

　0.1374——由硫酸钡换算为硫的系数；

　　　m——煤样的质量，g。

4. 方法的精密度

艾士卡法全硫测定的重复性和再现性要求见表2-13规定。

表2-13　艾士卡法测定煤中全硫结果的重复性和再现性要求

全硫质量分数(S_t)/%	重复性限($S_{t,ad}$)/%	再现性临界差($S_{t,d}$)/%
≤1.50	0.05	0.10
1.50(不含)～4.00	0.10	0.20
>4.00	0.20	0.30

（二）库仑滴定法

1. 测定原理

煤样在催化剂作用下，于空气流中燃烧分解，煤中的硫生成硫氧化物，其中二氧化硫被碘化钾溶液吸收，以电解碘化钾溶液所产生的碘进行滴定，根据电解所消耗的电量计算煤中全硫的含量。

2. 试验步骤

(1) 试验准备

① 将管式高温炉升温至1150℃，用另一组铂铑-热电偶高温计测定燃烧管中高温带的位置、长度及500℃的位置。

② 调节送样程序控制器，使煤样预分解及高温分解的位置分别处于500℃和1150℃处。

③ 在燃烧管出口处充填洗净、干燥的玻璃纤维棉；在距出口端80～100mm处充填厚度约3mm的硅酸铝棉。

④ 将程序控制器、管式高温炉、库仑积分器、电解池、电磁搅拌器和空气供应及净化装置组装在一起，燃烧管、活塞及电解池之间连接时应口对口紧接，并用硅橡胶管密封。

⑤ 开动抽气和供气泵，将抽气流量调节到1000mL/min，然后关闭电解池与燃烧管间的活塞，若抽气量能降到300mL/min以下，则证明仪器各部件及各接口气密性良好，可以进行测定；否则检查仪器各个部件及其接口情况。

(2) 仪器标定

① 标定方法：使用有证煤标准物质，按以下方法之一进行测硫仪标定。

• 多点标定法：用硫含量能覆盖被测样品硫含量范围的至少3个有证煤标准物质进行

标定。
  • 单点标定法：用与被测样品硫含量相近的标准物质进行标定。
② 标定程序
  • 按水分测定方法测定煤标准物质的空气干燥基水分，计算其空气干燥基全硫 $S_{t,ad}$ 标准值。
  • 按煤样测定步骤，用被标定仪器测定煤标准物质的硫含量。每一标准物质至少重复测定 3 次，以 3 次测定值的平均值为煤标准物质的硫测定值。
  • 将煤标准物质的测定值和空气干燥基标准值输入测硫仪（或仪器自动读取），生成校正系数。
  注：有些仪器可能需要人工计算校正系数，然后再输入仪器。
③ 标定有效性核验：另外选取 1~2 个煤标准物质或者其他控制样品，用被标定的测硫仪按照下述步骤测定其全硫含量。若测定值与标准值（控制值）之差在标准值（控制值）的不确定度范围（控制限）内，说明标定有效，否则应查明原因，重新标定。

（3）测定步骤
① 将管式高温炉升温并控制在 (1150±10)℃。
② 开动供气泵和抽气泵并将抽气流量调节到 1000mL/min。在抽气下，将电解液加入电解池内，开动电磁搅拌器。
③ 在瓷舟中放入少量非测定用的煤样，按下述步骤进行终点电位调整试验。如试验结束后库仑积分器的显示值为 0，应再次测定，直至显示值不为 0。
④ 在瓷舟中称取粒度小于 0.2mm 的空气干燥煤样（0.050±0.005）g（称准至 0.0002g），并在煤样上盖一薄层三氧化钨。将瓷舟放在送样的石英托盘上，开启送样程序控制器，煤样即自动送进炉内，库仑滴定随即开始。试验结束后，库仑积分器显示出硫的质量（mg）或质量分数，或由打印机打印。

（4）标定检查　仪器测定期间应使用煤标准物质或者其他控制样品定期（建议每 10~15 次测定后）对测硫仪的稳定性和标定的有效性进行核查。如果煤标准物质或者其他控制样品的测定值超出标准值的不确定度范围（控制限），应按上述步骤重新标定仪器，并重新测定自上次检查以来的样品。

3. 结果计算

当库仑积分器最终显示数为硫的质量（mg）时，全硫质量分数按式(2-43)计算：

$$S_{t,ad} = \frac{m_1}{m} \times 100 \tag{2-43}$$

式中　$S_{t,ad}$——一般分析煤样中全硫质量分数，%；
　　　m_1——库仑积分器显示值，mg；
　　　m——煤样的质量，mg。

4. 方法的精密度

库仑滴定法全硫测定结果的重复性和再现性要求见表 2-14 规定。

表 2-14　库仑滴定法测定煤中全硫结果的重复性和再现性要求

全硫质量分数(S_t)/%	重复性限($S_{t,ad}$)/%	再现性临界差($S_{t,d}$)/%
≤1.50	0.05	0.15
1.50(不含)~4.00	0.10	0.25
>4.00	0.20	0.35

（三）高温燃烧中和法

1. 测定原理

煤样在催化剂作用下于氧气流中燃烧，煤中的硫生成硫氧化物，被过氧化氢溶液吸收形成硫酸，用氢氧化钠溶液滴定，根据消耗的氢氧化钠标准溶液量，计算煤中全硫含量。

2. 试验步骤

（1）试验准备

① 把燃烧管插入高温炉，使细径管端伸出炉口 100mm，并接上一段长约 30mm 的硅橡胶管。

② 将高温炉加热并稳定在（1200±10）℃，测定燃烧管内高温恒温带及 500℃ 温度带部位和长度。

③ 将干燥塔、氧气流量计、高温炉的燃烧管和吸收瓶连接好，并检查装置的气密性。

（2）测定步骤

① 将高温炉加热并控制在（1200±10）℃。

② 用量筒分别量取 100mL 已中和的过氧化氢溶液，倒入 2 个吸收瓶中，塞上带有气体过滤器的瓶塞并连接到燃烧管的细径端，再次检查其气密性。

③ 称取粒度小于 0.2mm 的空气干燥煤样（0.20±0.01）g（称准至 0.0002g）于燃烧舟中，并盖上一薄层三氧化钨。

④ 将盛有煤样的燃烧舟放在燃烧管入口端，随即用带橡皮塞的 T 形管塞紧，然后以 350mL/min 的流量通入氧气。用镍铬丝推棒将燃烧舟推到 500℃ 温度区并保持 5min，再将舟推到高温区，立即撤回推棒，使煤样在该区燃烧 10min。

⑤ 停止通入氧气，先取下靠近燃烧管的吸收瓶，再取下另一个吸收瓶。

⑥ 取下带橡皮塞的 T 形管，用镍铬丝钩取出燃烧舟。

⑦ 取下吸收瓶塞，用蒸馏水清洗气体过滤器 2~3 次。清洗时，用洗耳球加压，排出洗液。

⑧ 分别向 2 个吸收瓶内加入 3~4 滴混合指示剂，用氢氧化钠标准溶液滴定至溶液由桃红色变为钢灰色，记下氢氧化钠溶液的用量。

（3）空白测定　在燃烧舟内放一薄层三氧化钨（不加煤样），按上述步骤测定空白值。

3. 结果计算

（1）煤中全硫含量的计算

① 用氢氧化钠标准溶液的浓度计算，见式(2-44)：

$$S_{t,ad} = \frac{(V-V_0)c \times 0.016 f}{m} \times 100 \tag{2-44}$$

式中　$S_{t,ad}$——一般分析煤样中全硫质量分数，%；

　　　V——煤样测定时，氢氧化钠标准溶液的用量，mL；

　　　V_0——空白测定时，氢氧化钠标准溶液的用量，mL；

　　　c——氢氧化钠标准溶液的浓度，mol/L；

　　　0.016——硫的毫摩尔质量，g/mmol；

　　　f——校正系数，当 $S_{t,ad} < 1\%$ 时，$f=0.95$；$S_{t,ad}$ 为 $1\% \sim 4\%$ 时，$f=1.00$；$S_{t,ad} > 4\%$ 时，$f=1.05$；

　　　m——煤样的质量，g。

② 用氢氧化钠标准溶液的滴定度计算，见式(2-45)：

$$S_{t,ad} = \frac{(V_1-V_0)T}{m} \times 100 \tag{2-45}$$

式中 $S_{t,ad}$——一般分析煤样中全硫质量分数，%；
V_1——煤样测定时，氢氧化钠标准溶液的用量，mL；
V_0——空白测定时，氢氧化钠标准溶液的用量，mL；
T——氢氧化钠标准溶液的滴定度，g/mL；
m——煤样的质量，g。

(2) 氯的校正 氯含量高于 0.02% 的煤或用氯化锌减灰的精煤应按以下方法进行氯的校正。

在氢氧化钠标准溶液滴定到终点的试液中加入 10mL 羟基氰化汞溶液，用硫酸标准溶液滴定到溶液由绿色变钢灰色，记下硫酸标准溶液的用量，按式(2-46)计算全硫含量：

$$S_{t,ad} = S''_{t,ad} - \frac{cV_2 \times 0.016}{m} \times 100 \tag{2-46}$$

式中 $S_{t,ad}$——一般分析煤样中全硫质量分数，%；
$S''_{t,ad}$——按式(2-44)或式(2-45)计算的全硫质量分数，%；
c——硫酸标准溶液的浓度，mol/L；
V_2——硫酸标准溶液的用量，mL；
0.016——硫的毫摩尔质量，g/mmol；
m——煤样的质量，g。

4. 方法的精密度

高温燃烧中和法全硫测定结果的重复性和再现性要求见表 2-14 规定。

(四) 高温燃烧红外光谱法

1. 测定原理

煤样在 1350℃ 的高温炉内于氧气流中燃烧，煤中各种形态的硫全部转变为二氧化硫和少量的三氧化硫。气体中的水分和灰尘分别被无水高氯酸镁和灰尘捕获器除去。二氧化硫通过一个红外检测器，该红外检测器的辐射频率预先已被调到二氧化硫的特征吸收波长，当二氧化硫通过时将吸收红外池辐射出的能量，吸收能量的大小与气体中二氧化硫的浓度成正比。根据红外检测器检测到的吸收能的大小，就可计算出煤样中的硫含量。由于有少量三氧化硫的存在，该方法也有一很小的系统误差。每次测定前可通过用标准煤样标定仪器进行校正，以消除系统误差。

该方法具有操作简便、测定速度快（测定每个单样需 1~2min）、结果准确等特点，适用于多样品全硫的分析。

2. 测定步骤

按照仪器说明书的要求装配好红外测硫仪。打开仪器电源开关，将炉温升至 1350℃。燃烧 3~5 个废样，待仪器测定结果稳定后，称取 2~3 个 0.2g（称准至 0.0001g）标准煤样于燃烧舟中，测定标准煤样的硫含量，并按仪器说明书的要求校正仪器。然后称取粒度小于 0.2mm 的分析煤样 0.2g（称准至 0.0001g）于燃烧舟中，摊平，用推杆将燃烧舟推入炉中高温区，迅速拉出推杆，关闭炉门。煤样燃烧完全后，仪器给出信号，用推杆将燃烧舟拉出炉外，仪器将显示并打印出煤中全硫含量。

第六节 煤的发热量测定

测定可燃物的发热量，国内外目前均采用氧弹型热量计。氧弹热量计是 1881 年由 Berthelot 首先引入的，最早的氧弹其内壁和氧弹帽内壁都镀了一层铂，氧弹帽靠人用扳手紧固在氧弹上,试样放入充有高压氧的氧弹内燃烧,此后经不断改进,发展成今天的氧弹热量计。近年来主要有两方面的改进。一是将计算机与热量计联机,提高了测定的自动化程度。目前多数厂家生产的自动热量计,能完成自动充水、自动测温、自动点火、自动计算并打印结果,完成每个样品测定时间仅为 10min。二是方法上的改进,主要针对恒温式热量计,围绕着冷却校正公式、缩短试验周期、简化操作而进行。自动热量计具有操作简便、快速、结果准确度高等特点,现已得到广泛的应用。

煤的发热量是煤质分析中的一项重要指标。

① 发热量是燃烧设备热工计算的基础。燃烧过程的热平衡、耗煤量、热效率等的计算,都是以所用煤的发热量为基础的。

② 煤的收到基低位发热量是评价动力煤的重要指标,国际上多用煤的 $Q_{net,ar}$ 作为动力煤的计价标准,我国也在逐步实行 $Q_{net,ar}$ 作为动力煤的计价。出口动力煤也以发热量计价。

③ 在煤质研究中,发热量(干燥无灰基)随着煤的变质程度呈较规律的变化,根据发热量可粗略推测与变质程度有关的一些煤质特征,如黏结性、结焦性等。

④ 发热量(恒湿无灰基)是煤炭分类的指标。

因此,测定煤的发热量有十分重要的意义。

一、氧弹法测定发热量的基本原理

将一定量的试样放在充有过量氧气的氧弹内燃烧,放出的热量被一定量的水吸收,根据水温的升高来计算试样的发热量。

由此可知,准确测得试样发热量需解决以下两个问题。

一是预先知道仪器量热系统(包括氧弹、水筒及其中的水、搅拌器和温度计等)的热容量。可由已知热值的基准物标定仪器。

二是解决量热系统与外界热交换的问题。可通过控制水套(即外筒)的温度消除量热系统与周围环境的热交换,或经过计算对热交换所引起的误差进行校正。

仪器的热容量是指仪器的量热系统温度每升高 1℃ 所需要吸收的热量,以 J/K(或 J/℃)表示。

根据外筒温度的不同控制方式,热量计有绝热式热量计和恒温式热量计两种。

绝热式热量计以适当的方式使外筒温度在试验过程中始终与内筒保持一致,也就是当试样点燃后,在内筒温度上升过程中,外筒温度跟踪而上,使得在整个试验过程中,内、外筒温度保持一致,从而消除了热交换。

恒温式热量计以适当方式使外筒温度保持恒定不变,以便可以应用较简单的计算公式,来校正热交换的影响。

保持外筒恒温的方法有以下两种。

(1) 静态恒温式 采用大容量的外筒并加绝热层,使其尽可能地不受外界影响而保持恒温。

(2) 自动恒温式 靠不断地向外筒注冷、热水或用电加热的方式来保持恒温。

近年来发展起来的一种新型量热仪,是由德国 IKA 公司推出的双干式自动量热仪。它没有内筒水和外筒水,氧弹为特制双层,内部嵌有温度传感器,根据点燃试样后氧弹本身温度的升高来计算试样的发热量。这种量热仪原则上也属于恒温式,氧弹与环境之间的热交换通过计算来校正,测定结果也较准确,但要求发热量测定条件与热容量标定条件有更好的相似性,特别要求产生的温升应大体相近,同时也要求经常标定仪器的热容量。

二、发热量测定实验室条件要求

① 进行发热量测定的实验室，应为单独房间，不得在同一房间内同时进行其他试验项目。

② 室温应保持相对稳定，每次测定室温变化不应超过1℃，室温以不超过15～30℃范围为宜。

③ 室内应无强烈的空气对流，因此不应有强烈的热源、冷源和风扇等，试验过程中应避免开启门窗。

④ 实验室最好朝北，以避免阳光照射，否则热量计应放在不受阳光直射的地方。

三、相关定义和单位

1. 定义

（1）弹筒发热量（Q_b） 单位质量的煤在充有过量氧气的氧弹内燃烧，其终态产物为25℃下的二氧化碳、过量氧气、氮气、硫酸、硝酸、液态水以及固态灰时放出的热量。

（2）恒容高位发热量（$Q_{gr,v}$） 单位质量的煤在充有过量氧气的氧弹内燃烧，其终态产物为25℃下的二氧化碳、过量氧气、氮气、二氧化硫、液态水和固态灰时放出的热量。

实际上，由弹筒发热量减去稀硫酸和二氧化硫的生成热之差，再减去稀硝酸的生成热就是恒容高位发热量。

（3）恒容低位发热量（$Q_{net,v}$） 单位质量的煤在充有过量氧气的氧弹内燃烧，其终态产物为25℃下的二氧化碳、过量氧气、氮气、二氧化硫、气态水以及固态灰时放出的热量。

由恒容高位发热量减去水（煤中原有的水和煤中氢燃烧生成的水）的汽化潜热就是恒容低位发热量。

（4）恒压低位发热量 单位质量的煤在恒压条件下，在过量氧气中燃烧，其燃烧产物组成为氧气、氮气、二氧化碳、二氧化硫、气态水以及固态灰时放出的热量。

（5）热量计的有效热容量 量热系统产生单位温度变化所需的热量（简称热容量），通常以J/K（焦耳每开尔文）表示。

2. 单位

我国法定计量单位规定的热量单位为J（焦耳）。

煤的发热量表示单位以MJ/kg（兆焦每千克）或J/g（焦耳每克）表示，这也是国际上通用的发热量单位。

四、测定步骤

1. 恒温式热量计法

① 按使用说明书安装调节热量计。

② 在燃烧皿中称取粒度小于0.2mm的空气干燥煤样0.9～1.1g（称准到0.0002g）。燃烧时易于飞溅的试样，可用已知质量的擦镜纸包紧再进行测试，或先在压饼机中压饼并切成2～4mm的小块使用。不易燃烧完全的试样，可先在燃烧皿底铺上一个石棉垫，或用石棉绒作衬垫（先在皿底铺上一层石棉绒，然后用手压实）。石英燃烧皿不需任何衬垫。如加衬垫仍燃烧不完全，可提高充氧压力至3.2MPa，或用已知质量和热值的擦镜纸包裹称好的试样并用手压紧，然后放入燃烧皿中。

③ 取一段已知质量的点火丝，把两端分别接在两个电极柱上，弯曲点火丝接近试样，注意与试样保持良好接触或保持微小的距离（对易飞溅和易燃的煤），并注意勿使点火丝接触燃烧皿，以免形成短路而导致点火失败，甚至烧毁燃烧皿。同时还应注意防止两电极间以

及燃烧皿与另一电极之间的短路。

当用棉线点火时，把棉线的一端固定在已连接到两电极柱上的点火丝上（最好夹紧在点火丝的螺旋中），另一端搭接在试样上。根据试样点火的难易，调节搭接的程度。对于易飞溅的煤样，应保持微小的距离。

往氧弹中加入10mL蒸馏水。小心拧紧氧弹盖，注意避免燃烧皿和点火丝的位置因受震动而改变，往氧弹中缓缓充入氧气，直至压力到2.8～3.0MPa，充氧时间不得少于15s。如果不小心充氧压力超过3.3MPa，停止试验，放掉氧气后，重新充氧至3.2MPa以下。当钢瓶中氧气压力降到5.0MPa以下时，充氧时间应酌量延长，压力降到4.0MPa以下时，应更换新的氧气钢瓶。

④ 往内筒中加入足够的蒸馏水，使氧弹盖的顶面（不包括突出的进、出气阀和电极）淹没在水面下10～20mm。每次试验时用水量应与标定热容量时一致（相差1g以内）。水量最好用称量法测定；如用容量法，则需对温度变化进行补正。注意恰当调节内筒水温，使终点时内筒比外筒温度高1K左右，以使终点时内筒温度出现明显下降。外筒温度应尽量接近室温，相差不得超过1.5K。

⑤ 把氧弹放入装好水的内筒中，如氧弹中无气泡冒出，则表明气密性良好，即可把内筒放在外筒的绝缘架上；如有气泡出现，则表明漏气，应找出原因，加以纠正，重新充氧。然后接上点火电极插头，装上搅拌器和量热温度计，并盖上外筒的盖子。温度计的水银球（或温度传感器）对准氧弹主体（进、出气阀和电极除外）的中部，温度计和搅拌器均不得接触氧弹和内筒。靠近量热温度计的露出水银柱的部分（使用玻璃水银温度计时），应另悬一支普通温度计，用于测量露出柱的温度。

⑥ 开动搅拌器，5min后开始计时和读取温度（t_0）并立即通电点火。随后记下外筒温度（t_j）和露出柱温度（t_e）。外筒温度至少精确到0.05K，内筒温度借助放大镜精确到0.001K。读取温度时，放大镜中线和水银柱顶端应位于同一水平上，以避免视差对读数的影响。每次读数前，应开动振荡器振动3～5s。

⑦ 观察内筒温度（注意：点火后20s内不要把身体的任何部位伸到热量计上方）。如在30s内温度急剧上升，则表明点火成功。点火后1′40″时读取内筒温度（$t_{1'40''}$），精确到0.01K即可。

⑧ 接近终点时，开始按1min间隔读取内筒温度。读温前开动振荡器，准确到0.001K。以第一个下降温度作为终点温度（t_n）。试验主要阶段到此结束（一般热量计由点火到终点的时间为8～10min。对一台具体的热量计，可根据经验恰当掌握）。

⑨ 停止搅拌，取出内筒和氧弹，开启放气阀，放出燃烧废气，打开氧弹，仔细观察弹筒和燃烧皿内部，如果有试样燃烧不完全的迹象或有炭黑存在，此次试验应作废。

量出未烧完的点火丝长度，以便计算实际消耗量。

用蒸馏水充分冲洗氧弹内各部分、放气阀、燃烧皿内外和燃烧残渣，把全部洗液（共约100mL）收集到一个烧杯中待测硫使用。

2. 绝热式热量计法

① 按使用说明书安装和调节热量计。

② 按恒温热量计法中的步骤②～④准备试样、氧弹和内筒。调节水温使其尽量接近室温，相差不要超过5K，以稍低于室温最为理想。内筒温度过低，易引起水蒸气凝结在内筒外壁；内筒温度过高，易造成内筒水的过多蒸发。这就对获得准确的测量结果不利。

③ 按恒温热量计法中的步骤⑤安放内筒、氧弹、搅拌器和温度计。

④ 开动搅拌器和外筒循环水泵，开通外筒冷却水和加热器。当内筒温度趋于稳定后，调节冷却水流速，使外筒加热器每分钟自动接通3～5次（由电流计或指示灯观察）。如自动

控温线路采用可控硅代替继电器，则冷却水的调节应以加热器中有微弱电流为准。

调好冷却水后，开始读取内筒温度，借助放大镜精确到 0.001K，每次读数前，开动振荡器 3~5s。当以 1min 为间隔连续 3 次温度读数极差不超过 0.001K 时，即可通电点火，此时的温度即为点火温度 t_0。否则，调节电桥平衡钮，直到内筒温度达到稳定，再行点火。

点火后 6~7min，再以 1min 间隔读取内筒温度，直到连续 3 次读数极差不超过 0.001K 为止。取最高的一次读数作为终点温度 t_n。

采用铂电阻为内、外筒测温元件的自动控温系统。在内筒初始温度下调节电桥的平衡位置后，到达终点温度（一般比初始温度高 2~3K）后，内筒温度也能自动保持稳定。但在用半导体热敏元件的仪器中，可能出现初始温度下调节的平衡位置，不能保持终点温度的稳定。凡遇此种情况时，平衡钮的调节位置应服从终点温度的需要。具体做法是：先按常规步骤安放氧弹和内筒，但不必装试样和充氧。把内筒水温调节到可能出现的最高终点温度，然后开动仪器，搅拌 5~10min。精确观察内筒温度，根据温度变化方向（上升或下降）调节平衡钮位置，以达到内筒温度最稳定为止，至少应达到以每分钟间隔连续 5 次的温度读数极差不超过 0.002K，平衡钮的位置一经调定后，就不要再动，只有在又再现终点温度不稳定的情况下。才需重新调定，按照上述方式调定的仪器在使用步骤上应作好如下修正。

装好内筒和氧弹后，开动搅拌器、加热器、循环水泵和冷却水，搅拌 5min 后（此时内筒温度可能缓慢持续上升），准确读取内筒温度并立即通电点火，而无需等内筒温度稳定。

⑤ 关闭搅拌器和加热器（循环水泵继续开动），然后按恒温热量计法中的步骤⑨结束试验。

五、结果计算

1. 弹筒发热量

按式(2-47) 或式(2-48) 计算空气干燥煤样的弹筒发热量 $Q_{b,ad}$。

(1) 恒温式热量计

$$Q_{b,ad} = \frac{EH[(t_n+h_n)-(t_0+h_0)+C]-(q_1+q_2)}{m} \tag{2-47}$$

式中　$Q_{b,ad}$——空气干燥煤样的弹筒发热量，J/g；

　　　E——热量计的热容量，J/K；

　　　q_1——点火热，J；

　　　q_2——添加物如包纸等产生的总热量，J；

　　　m——试样的质量，g；

　　　H——贝克曼温度计的平均分度值，使用数字显示温度计时，$H=1$；

　　　h_0——t_0 的毛细孔径修正值，使用数字显示温度计时，$h_0=0$；

　　　h_n——t_n 的毛细孔径修正值，使用数字显示温度计时，$h_n=0$；

　　　C——冷却校正值，绝热式热量计法中 $C=0$。

这里点火热校正按以下方法计算。

① 在熔断式点火法中，应由点火丝的实际消耗量（原用量减掉残余量）和点火丝的燃烧热计算试验中点火丝放出的热量。

② 在棉线点火法中，首先算出所用一根棉线的燃烧热（剪下一定数量适当长度的棉线，称出它们的质量，然后算出一根棉线的质量，再乘以棉线的单位热值），然后确定每次消耗的电能热。

电能产生的热量(J)＝电压(V)×电流(A)×时间(s)

二者放出的总热量即为点火热。

(2) 绝热式热量计

$$Q_{b,ad} = \frac{EH[(t_n+h_n)-(t_0+h_0)]-(q_1+q_2)}{m} \tag{2-48}$$

2. 高位发热量

按式(2-49)计算空气干燥煤样的恒容高位发热量 $Q_{gr,ad}$：

$$Q_{gr,ad} = Q_{b,ad} - (94.1 S_{b,ad} + aQ_{b,ad}) \tag{2-49}$$

式中 $Q_{gr,ad}$ ——空气干燥煤样的恒容高位发热量，J/g；

$Q_{b,ad}$ ——空气干燥煤样的弹筒发热量，J/g；

$S_{b,ad}$ ——由弹筒洗液测得的煤的含硫量，%；当全硫含量低于 4.00% 时，或发热量大于 14.60MJ/kg 时，用全硫代替 $S_{b,ad}$；

94.1——空气干燥煤样中每 1.00% 硫的校正值，J；

a ——硝酸生成热校正系数；当 $Q_{b,ad} \leqslant 16.70$MJ/kg，$a = 0.0010$；当 16.70MJ/kg $< Q_{b,ad} \leqslant 25.10$MJ/kg 时，$a = 0.0012$；当 $Q_{b,ad} > 25.10$MJ/kg 时，$a = 0.0016$。

加助燃剂后，应按总释热量考虑。

在需要测定弹筒洗液中硫含量 $S_{b,ad}$ 的情况下，把洗液煮沸 2～3min，取下稍冷却后，以甲基橙为指示剂，用氢氧化钠标准溶液滴定，以求出洗液中的总酸量，然后按式(2-50)计算出弹筒洗液硫含量 $S_{b,ad}$（%）：

$$S_{b,ad} = (cV/m - aQ_{b,ad}/60) \times 1.6 \tag{2-50}$$

式中 c ——氢氧化钠标准溶液的物质的量浓度，mol/L；

V ——滴定用去氢氧化钠溶液的体积，mL；

60——相当于 1mmol 硝酸的生成热，J；

m ——称取试样的质量，g；

1.6——将每摩尔硫酸 $\left(\frac{1}{2}H_2SO_4\right)$ 转换为硫的质量分数的转换因子。

这里规定的对硫的校正方法中，略去了对煤样中硫酸盐的考虑。这对绝大多数煤来说影响不大，因煤的硫酸盐硫含量一般很低。但有些特殊煤样，硫酸盐硫的质量分数可达 0.5% 以上。根据实际经验，煤样燃烧后，由于灰的飞溅，一部分硫酸盐硫也随之落入弹筒，因此无法利用弹筒洗液来分别测定硫酸盐硫和其他硫。遇此情况，为求高位发热量的准确，只有另行测定煤中的硫酸盐硫或可燃硫，然后作相应的校正。关于发热量大于 14.60MJ/kg 的规定，在用包纸或掺苯甲酸的情况下，应按包纸或掺添加物后放出的总热量来掌握。

六、热容量和仪器常数标定

发热量测定的准确度，关键在于标定热容量所能达到的准确度，以及热容量标定条件与发热量测定条件的一致性。做好热容量的标定工作是保证获得准确发热量测定结果的基础。标定热容量所用的基准物质是经过国家计量部门检定并标明热值的纯度很高的苯甲酸。

1. 标定原理

在充有过量氧气的氧弹中燃烧一定量已知热值的苯甲酸，由点火后产生的总热量（包括苯甲酸的燃烧热、点火丝产生的热量和生成硝酸放出的热量）和内筒水温升高的温度（经过校正），求出量热系统的温度每升高 1K 所需要的热量，单位为 J/K。

标定热容量时的试验条件应同测定发热量时一致，如：相同的内筒装水量（相差不得超过 1g）、同一个氧弹、相近的终点温度（相差不超过 5℃）等。

2. 标定步骤

① 在不加衬垫的燃烧皿中称取经过干燥和压片的苯甲酸，苯甲酸片的质量以 0.9~1.1g 为宜。

苯甲酸应预先研细并在盛有浓硫酸的干燥器中干燥 3d 或在 60~70℃烘箱中干燥 3~4h，冷却后压片。

苯甲酸也可以在燃烧皿中熔融后使用。熔融可在 121~126℃的烘箱中放置 1h，或在酒精灯的小火焰上进行，放入干燥器中冷却后使用。熔体表面出现的针状结晶，应用小刷刷掉，以防燃烧不完全。

② 根据所用热量计的类型（恒温式或绝热式），按照发热量测定的相应步骤准备氧弹和内、外筒，然后点火和测量温升。在使用恒温式热量计的情况下，开始搅拌 5min 后准确读取一次内筒温度（t_0），经 10min 后再读取一次内筒温度（t_0），随后即按发热量测定步骤点火，记下外筒温度（t_j）和露出柱温度（t_e），并继续进行到得出终点温度（t_n），然后再继续搅拌 10min 并记下内筒温度（t_n），试验即告结束。在使用绝热式热量计的情况下，步骤同绝热式热量计法。打开氧弹，注意检查内部，如发现有炭黑存在，试验应作废。

3. 热容量 E 的计算

$$E = \frac{Qm + q_1 + q_n}{H[(t_n + h_n) - (t_0 + h_0) + C]} \tag{2-51}$$

式中　Q——苯甲酸的标准热值，J/g；
　　　m——苯甲酸的用量，g；
　　　q_1——点火热，J；
　　　q_n——硝酸的生成热，J，$q_n = Qm \times 0.0015$；
　　　C——冷却校正值，绝热式热量计法中 $C=0$。

4. 热容量的标定

一般应进行 5 次重复试验。计算 5 次重复试验结果的平均值（$\overline{E}$）和标准差 S。其相对标准差不应超过 0.20%；若超过 0.20%，再补做一次试验，取符合要求的 5 次结果的平均值（修约至 1J/K）作为该仪器的热容量。若任何 5 次结果的相对标准差都超过 0.20%，则应对试验条件和操作技术仔细检查并纠正存在的问题后，重新进行标定，舍弃已有的全部结果。

5. 热容量标定的有效期

热容量标定的有效期为 3 个月，超过此期限时应重新标定。但有下列情况时，应立即重测：

① 更换量热温度计；

② 更换热量计大部件，如氧弹头、连接环（由厂家供给的或自制的相同规格的小部件如氧弹的密封圈、电极柱、螺母等不在此列）；

③ 标定热容量和测定发热量时的内筒温度相差超过 5K；

④ 热量计经过较大搬动之后。

如果热量计热系统没有显著改变，重新标定的热容量值与前一次的热容量值相差不应大于 0.25%，否则，应检查试验程序，解决问题后再重新进行标定。

缺乏确切的物理定义或偏离经典方法的高度自动化的热量计应增加标定频率，必要时，应每天进行标定。

七、结果表述

弹筒发热量和高位发热量的结果计算到 1J/g。取高位发热量的两次重复测定的平均值，按数字修约规则修约到最接近的 10J/g 的倍数。按 J/g 或 MJ/kg 的形式报告。

八、方法精密度

发热量测定结果的重复性和再现性要求见表 2-15 规定。

表 2-15　发热量测定结果的重复性和再现性要求

高位发热量 $Q_{gr,ad}$（折算到同一水分基）/(J/g)	重复性限	再现性临界差
	120	300

九、低位发热量的计算

1. 恒容低位发热量

工业上是根据煤的收到基低位发热量进行计算和设计的。煤的收到基恒容低位发热量的计算方法如式(2-52)：

$$Q_{net,V,ar} = (Q_{gr,ad} - 206 H_{ad}) \times \frac{100 - M_{ar}}{100 - M_{ad}} - 23 M_t \tag{2-52}$$

式中　$Q_{net,V,ar}$——煤的收到基恒容低位发热量，J/g；

$Q_{gr,ad}$——煤的空气干燥基恒容高位发热量，J/g；

M_{ar}——煤的收到基全水分，%；

M_{ad}——煤的空气干燥基水分，%；

H_{ad}——煤的空气干燥基氢含量，%。

2. 恒压低位发热量

由弹筒发热量算出的高位发热量和低位发热量都属恒容状态，在实际工业燃烧中则是恒压状态，严格地讲，工业计算中应使用恒压低位发热量。如有必要，恒压低位发热量可按式(2-53) 计算：

$$Q_{net,p,ar} = [Q_{gr,ad} - 212 H_{ad} - 0.8(O_{ad} + N_{ad})] \times \frac{100 - M_{ar}}{100 - M_{ad}} - 24.4 M_t \tag{2-53}$$

式中　$Q_{net,p,ar}$——煤的收到基恒压低位发热量，J/g；

O_{ad}——煤的空气干燥基氧含量，%；

N_{ad}——煤的空气干燥基氮含量，%。

$O_{ad} + N_{ad}$ 可由式(2-54) 计算：

$$O_{ad} + N_{ad} = 100 - M_{ad} - A_{ad} - C_{ad} - H_{ad} - S_{t,ad} \tag{2-54}$$

十、自动氧弹热量计

多数自动氧弹热量计都是在温度测量、试验过程控制和结果计算方面实现了自动化，有些仪器还可自动充内筒水、自动充氧气、自动升降氧弹等，但实质上都未偏离经典的氧弹量热法原理。少数类型的仪器，如无水热量计或动态快速热量计，在一定程度上对经典原理有所偏离，其精密度和准确度及稳定性可能比经典方法稍差，但只要满足以下要求，均可用于煤的发热量测定。

① 原则上按照国家相关标准的规定制作热量计及其零部件，并按标准要求测量温度、进行试验过程控制和进行结果计算。

② 每次试验均能给出详细的参数，包括温升（点火温度、终点温度）、冷却校正值（恒温式）、热容量、样品质量、点火热及其他附加热（添加物热）等，以及计算高位、低位发热量时所用的相关参数等。总之，所有的自动计算结果均可人工验证，所用的计算公式在仪器的说明书中给出。

③ 发热量测定与热容量标定的条件应尽可能一致，应将未受控的热交换对测定结果的影响降至最小。

④ 热量计的测量精密度和准确度应符合标准要求：5 次苯甲酸测定结果的相对标准偏差不超过 0.2%；标准煤样的测定结果与标准值之差均应在规定的不确定度范围内；或用苯甲酸作为样品进行 5 次热值测定，其平均值与标准热值之差不超过 50J/g。

⑤ 如果热量计的量热系统没有显著的改变，重新标定的热容量值与前一次的热容量值相差不大于 0.25%。

使用自动氧弹热量计时，按照仪器操作说明书进行试验。其中，称取试样、准备氧弹等均与手动操作法一致。试验结束后，注意核对输入的参数是否正确，确定无误后再报告结果。

另外，在安装调试自动氧弹热量计时，应核对仪器自动计算的结果是否正确、某些结构或材料是否符合标准的要求，最好用不同类型的标准煤样检查仪器的测量准确度。对于偏离经典原理的热量计，应加大热容量标定的频率，必要时，每天进行标定。

第七节　煤中磷的测定

磷是煤中的有害元素之一，在煤中含量一般为 0.001%～0.1%，最多可达 1%。磷在煤中主要以无机磷 [磷灰石，$3Ca_3(PO_4)_2 \cdot CaF_2$] 的形态存在，此外，还有微量的有机磷。由于无机磷的沸点很高（一般为 1700℃ 以上），所以在煤灰化过程中磷不会挥发损失，而含量甚微的有机磷，虽然挥发，但对结果影响不大。煤灰中的磷通常以 P_2O_5 形态存在，其含量比煤中的磷含量富集 2～10 倍。但有些石煤和矸石中的磷竟达 3% 左右。

炼焦时煤中的磷全部残留在焦炭中，炼铁时焦炭中的磷又转移到钢铁中，若钢铁中磷含量较高，会使钢铁产生冷脆性。所以，炼焦用精煤中磷含量的高低是直接影响钢铁质量的重要指标。通常要求炼焦用精煤中的磷含量不得超过 0.05%。

一、磷的测定方法原理

目前，煤中磷的测定方法有很多，如容量法、磷钼蓝分光光度法、ICP-AES 法等。其中，磷钼蓝分光光度法具有灵敏度高、测定结果准确、干扰元素易于分离和消除等特点，适用于微量磷的分析，为各国一致采用。

磷钼蓝分光光度法测定煤中磷的基本原理：将煤样灰化后，用氢氟酸-硫酸分解脱除二氧化硅（SiO_2），使煤灰中的磷变成正磷酸（H_3PO_4），然后加入钼酸铵、抗坏血酸和酒石酸锑钾，在酸性溶液中正磷酸（H_3PO_4）与钼酸生成磷钼酸，用抗坏血酸还原成蓝色的磷钼酸络合物。当磷含量较低时，其颜色深度与磷含量成正比。

二、方法提要

煤样灰化后用氢氟酸-硫酸分解，脱除二氧化硅，然后加入钼酸铵和抗坏血酸，生成磷钼蓝后，用分光光度计测定吸光度。

三、测定方法

1. A 法（称取灰样法）

(1) 试样处理

① 煤样灰化：按煤的工业分析方法中规定的慢速法灰化煤样，然后研细到全部通过 0.1mm 筛。

② 灰的酸解：准确称取灰样 0.05～0.1g（称准至 0.0002g）于聚四氟乙烯（或铂）坩埚中，加硫酸 $\left[c\left(\frac{1}{2}H_2SO_4\right)=10\text{mol/L}\right]$ 2mL、氢氟酸 5mL，放在电热板上缓慢加热蒸发（温度约 100℃）直到氢氟酸白烟冒尽，冷却，再加硫酸 $\left[c\left(\frac{1}{2}H_2SO_4\right)=10\text{mol/L}\right]$ 0.5mL，升高温度继续加热蒸发，直至冒硫酸白烟（但不要干涸）。冷却，加数滴冷水并摇动，然后再加 20mL 热水。继续加热至近沸。用水将坩埚内容物洗入 100mL 容量瓶中并将坩埚洗净，冷却至室温，用水稀释至刻度，混匀，澄清后备用。

(2) 样品空白溶液的制备　分解一批样品应同时制备一个样品空白溶液。制备方法同灰的酸解，但不加灰样。

(3) 测定步骤

① 工作曲线的绘制：分别吸取磷标准工作溶液 0、1.0mL、2.0mL、3.0mL 于 50mL 容量瓶中，加入钼酸铵、抗坏血酸和酒石酸锑钾混合溶液 5mL，用水稀释至刻度，混匀，于室温（高于10℃）下放置 1h，然后移入 10～30mm 的比色皿内，在分光光度计（或比色计）上，于波长 650nm 处（或用相当于 650nm 的滤光片），以标准空白溶液作参比，测其吸光度。以磷含量为横坐标，吸光度为纵坐标绘制工作曲线。

② 测定：吸取酸解后的澄清溶液 10mL 和空白溶液 10mL，分别加至 50mL 容量瓶中。以下按工作曲线绘制的规定进行，但以样品空白溶液为参比，测定吸光度。

注：视试样总溶液中磷含量而定，若分取的 10mL 试液中磷的质量超过 0.030mg，应少取溶液或减少称样量，计算时作相应的校正。

(4) 结果计算　空气干燥煤样中磷的质量分数 P_{ad}（%）按式(2-55)计算：

$$P_{ad}=\frac{m_1}{10mV}\times A_{ad} \tag{2-55}$$

式中　m_1——从工作曲线上查得的所分取试液的磷含量，mg；
　　　V——从试液总溶液中所分取的试液体积，mL；
　　　m——灰样的质量，g；
　　　A_{ad}——空气干燥煤样灰分，%。

2. B 法（称取煤样法）

(1) 试样处理

① 煤样灰化：准确称取粒度小于 0.2mm 的空气干燥煤样 0.5～1g（称准至 0.0002g）（使其灰量为 0.01～0.05g）于灰皿中，轻轻摇动使其铺平，然后置于马弗炉中，半启炉门从室温缓缓升温到（815±10）℃，并在该温度下灼烧至少 1h，直至无含碳物。

② 灰的酸解：将灰样全部移入聚四氟乙烯或铂坩埚中，按与 A 法灰的酸解相同的步骤进行酸解。

(2) 空白溶液的制备　同 A 法样品空白溶液的制备。

(3) 测定步骤　同 A 法。

(4) 结果计算　空气干燥煤样中磷的质量分数 P_{ad}（%）按式(2-56)计算：

$$P_{ad}=\frac{10m_1}{mV} \tag{2-56}$$

式中　m_1——从工作曲线上查得的所分取试液的磷含量，mg；
　　　V——从试液总溶液中所分取的试液体积，mL；
　　　m——空气干燥煤样的质量，g。

四、精密度

磷测定结果的重复性和再现性要求见表 2-16 规定。

表 2-16　磷测定结果的重复性和再现性要求

磷的质量分数/%	重复性限(P_{ad})/%	再现性临界差(P_d)/%
<0.02	0.002(绝对值)	0.004(绝对值)
≥0.02	10%(相对值)	20%(相对值)

第八节　煤的元素分析

煤中除含有部分矿物质和水之外，其余都是有机物质。煤中有机质主要由碳、氢、氧、氮、硫五种元素组成。其中，以碳、氢、氧为主，三者总和占有机质的 95% 以上；氮和硫的含量较少，氮的含量变化范围不大，硫的含量则随着原始成煤物质和成煤时的沉积条件不同而会有很大的差异。

煤的元素分析是指对煤中碳、氢、氮、硫四种元素含量的测定和对煤中氧元素含量的计算。

煤的元素组成的不同，反映了煤的变质程度。随着煤中碳含量的增加，煤的变质程度逐渐加深。与之相对应，煤中氢和氧的含量则随煤的变质程度的加深而显著下降。因此，人们很早就把元素组成作为煤炭科学分类的指标之一。例如，中国煤炭分类标准中把 H_{daf} 作为划分无烟煤小类的指标之一。

氧是煤中主要元素之一。氧在煤中存在的总量和形态直接影响着煤的性质。

煤的元素组成还可以用来计算煤的发热量，估算和预测煤的低温干馏产物。在煤作为动力燃料时，常常需要原煤的元素组成数据，以便为锅炉设计和燃烧过程中计算燃料煤的理论烟气量、空气消耗量和热平衡时使用。

本节主要讲述煤中碳、氢、氮的测定和氧的计算方法。

一、碳、氢的测定

煤中碳和氢的测定标准方法主要有重量法和电量-重量法。

1. 重量法

(1) 方法原理　一定量的煤样在氧气流中燃烧，生成的水和二氧化碳分别用吸水剂和二氧化碳吸收剂吸收，由吸收剂的增量计算煤中氢和碳的含量。煤样中硫和氯对碳测定的干扰在三节炉中用铬酸铅和银丝卷消除，在二节炉中用高锰酸银热解产物消除。氮对碳测定的干扰用粒状二氧化锰消除。

反应方程式如下。

① 燃烧反应：

$$煤 + O_2 \xrightarrow[Cr_2O_3]{800℃} CO_2 + H_2O + SO_2 + SO_3 + Cl_2 + NO_2 + N_2 + \cdots$$

② 对 CO_2 和 H_2O 的吸收反应：

$$2NaOH + CO_2 \longrightarrow Na_2CO_3 + H_2O$$

$$CaCl_2 + 2H_2O \longrightarrow CaCl_2 \cdot 2H_2O$$

$$CaCl_2 \cdot 2H_2O + 4H_2O \longrightarrow CaCl_2 \cdot 6H_2O$$

或

$$Mg(ClO_4)_2 + 6H_2O \longrightarrow Mg(ClO_4)_2 \cdot 6H_2O$$

③ 消除硫、氯、氮对测定干扰的反应：

三节炉法中，在燃烧管内用铬酸铅脱除硫的氧化物，用银丝卷脱除氯。

$$4PbCrO_4 + 4SO_2 \xrightarrow{600℃} 4PbSO_4 + 2Cr_2O_3 + O_2$$

$$4PbCrO_4 + 4SO_3 \xrightarrow{600℃} 4PbSO_4 + 2Cr_2O_3 + 3O_2$$

$$2Ag + Cl_2 \xrightarrow{180℃} 2AgCl$$

二节炉法中，用高锰酸银热分解产物脱除硫和氯。

$$2Ag \cdot MnO_2 + SO_2 + O_2 \xrightarrow{500℃} Ag_2SO_4 \cdot MnO_2$$

$$4Ag \cdot MnO_2 + 2SO_3 + O_2 \xrightarrow{500℃} 2Ag_2SO_4 \cdot MnO_2$$

$$2Ag \cdot MnO_2 + Cl_2 \xrightarrow{500℃} 2AgCl \cdot MnO_2$$

在燃烧管外部，用粒状二氧化锰去除氮氧化物。

$$MnO_2 + 2NO_2 \longrightarrow Mn(NO_3)_2$$

$$MnO_2 + H_2O \longrightarrow MnO(OH)_2$$

$$MnO(OH)_2 + 2NO_2 \longrightarrow Mn(NO_3)_2 + H_2O$$

（2）碳、氢测定仪　碳、氢测定仪包括净化系统、燃烧装置和吸收系统三个主要部分，结构如图 2-3 所示。

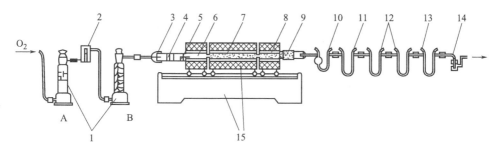

图 2-3　碳、氢测定仪
1—气体干燥塔；2—流量计；3—橡皮塞；4—铜丝卷；5—燃烧舟；6—燃烧管；7—氧化铜；8—铬酸铅；
9—银丝卷；10—吸水 U 形管；11—除氮氧化物 U 形管；12—吸收二氧化碳 U 形管；
13—空 U 形管；14—气泡计；15—三节电炉及控温装置

① 净化系统，包括以下部件。

• 气体干燥塔：容量 500mL，2 个。一个（A）上部（约 2/3）装无水氯化钙（或无水高氯酸镁），下部（约 1/3）装碱石棉（或碱石灰）；另一个（B）装无水氯化钙（或无水高氯酸镁）。

• 流量计：测量范围 0~150mL/min。

② 燃烧装置，由一个三节（或二节）管式炉及其控温系统构成，主要包括以下部件。

• 电炉：三节炉或二节炉（双管炉或单管炉），炉膛直径约 35mm。

三节炉：第一节长约 230mm，可加热到（850±10）℃，并可沿水平方向移动；第二节长 330~350mm，可加热到（800±10）℃；第三节长 130~150mm，可加热到（600±10）℃。

二节炉：第一节长约 230mm，可加热到（850±10）℃，并可沿水平方向移动；第二节长 130~150mm，可加热到（500±10）℃。

• 燃烧管：素瓷、石英、刚玉或不锈钢制成，长 1100~1200mm（使用二节炉时，长约 800mm），内径 20~22mm，壁厚约 2mm。

• 燃烧舟：素瓷或石英制成，长约 80mm。

• 橡皮塞或橡皮帽（最好用耐热硅橡胶）或铜接头。

③ 吸收系统，包括以下部件。
• 吸水 U 形管：装药部分高 100～120mm，直径约 15mm，入口端有一球形扩大部分，内装无水氯化钙或无水高氯酸镁。
• 吸收二氧化碳 U 形管：2 个，装药部分高 100～120mm，直径约 15mm，前 2/3 装碱石棉或碱石灰，后 1/3 装无水氯化钙或无水高氯酸镁。
• 除氮 U 形管：装药部分高 100～120mm，直径约 15mm，前 2/3 装粒状二氧化锰，后 1/3 装无水氯化钙或无水高氯酸镁。
• 气泡计：容量约 10mL，内装浓硫酸。

（3）试验准备

① 净化系统各容器的充填和连接。按上述规定在净化系统各容器中装入相应的净化剂，然后按图 2-3 所示顺序将各容器连接好。

氧气可由氧气钢瓶通过可调节流量的减压阀供给。

净化剂经 70～100 次测定后，应进行检查或更换。

② 吸收系统各容器的充填和连接。按上述规定在吸收系统各容器中装入相应的吸收剂。为保证系统气密性，每个 U 形管磨口塞处涂少许真空硅脂，然后按图 2-3 所示顺序将各容器连接好。

吸收系统的末端可连接一个空 U 形管（防止硫酸倒吸）和一个装有硫酸的气泡计。

以下几种情况需更换 U 形管中的吸收剂：
• 吸水 U 形管中的氯化钙开始溶化并阻碍气体畅通；
• 第二个吸收二氧化碳的 U 形管一次试验后的质量增加达 50mg 时，应更换第一个 U 形管中的二氧化碳吸收剂；
• 二氧化锰一般使用 50 次左右应更换。

上述 U 形管更换试剂后，应以 120mL/min 的流量通入氧气至质量恒定后方能使用。

③ 燃烧管的填充。使用三节炉时，按图 2-4 所示填充。

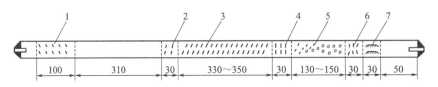

图 2-4 三节炉燃烧管填充示意图（单位：mm）
1,2,4,6—铜丝卷；3—氧化铜；5—铬酸铅；7—银丝卷

用直径约 0.5mm 的铜丝制作三个长约 30mm 和一个长约 100mm、直径稍小于燃烧管使之既能自由插入管内又与管壁密接的铜丝卷。

从燃烧管出气端起，留 50mm 空间，依次充填 30mm 直径约 0.25mm 的银丝卷、30mm 铜丝卷、130～150mm（与第三节电炉长度相等）铬酸铅（使用石英管时，应用铜片把铬酸铅与石英管隔开）、30mm 铜丝卷、330～350mm（与第二节电炉长度相等）线状氧化铜、30mm 铜丝卷、310mm 空间和 100mm 铜丝卷。燃烧管两端通过橡皮塞或铜接头分别同净化系统和吸收系统连接。橡皮塞使用前应在 105～110℃下干燥 8h 左右。

燃烧管中的填充物（氧化铜、铬酸铅和银丝卷）经 70～100 次测定后应检查或更换。

使用二节炉时，按图 2-5 所示填充。

首先制作两个长约 10mm 和一个长约 100mm 的铜丝卷，再用 100 目铜丝布剪成与燃烧管直径匹配的圆形垫片 3～4 个（用以防止高锰酸银热解产物被气流带出），然后按图 2-5 所示部位填入。

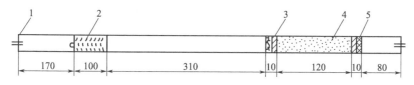

图 2-5 二节炉燃烧管填充示意图（单位：mm）
1—橡皮塞；2—铜丝卷；3,5—铜丝布圆垫；4—高锰酸银热解产物

④ 炉温的校正。将工作热电偶插入三节炉（或二节炉）的热电偶孔内，使热端插入炉膛并与高温计连接。将炉温升至规定温度，保温 1h。然后沿燃烧管轴向将标准热电偶依次插到空燃烧管中对应于第一、第二、第三节炉（或第一、第二节炉）的中心处（注意勿使热电偶和燃烧管管壁接触）。根据标准热电偶指示，将管式电炉调节到规定温度并恒温 5min。记下相应工作热电偶的读数，以后即以此为准控制炉温。

⑤ 空白试验。将仪器各部分按图 2-3 所示连接，通电升温。将吸收系统各 U 形管磨口塞旋至开启状态，接通氧气，调节氧气流量为 120mL/min，并检查系统气密性。在升温过程中，将第一节电炉往返移动几次，通气约 20min 后，取下吸收系统，将各 U 形管磨口塞关闭，用绒布擦净，在天平旁放置 10min 左右，称量。当第一节炉达到并保持在（850±10）℃，第二节炉达到并保持在（800±10）℃，第三节炉达到并保持在（600±10）℃后开始做空白试验。此时将第一节炉移至紧靠第二节炉，接上已经通气并称量过的吸收系统。在一个燃烧舟内加入三氧化钨（质量和煤样分析时相当），打开橡皮塞，取出铜丝卷，将装有三氧化钨的燃烧舟用镍铬丝推棒推至第一节炉入口处，将铜丝卷放在燃烧舟后面，塞紧橡皮塞，接通氧气并调节氧气流量为 120mL/min。移动第一节炉，使燃烧舟位于炉子中心，通气 23min，将第一节炉移回原位。2min 后取下吸收系统 U 形管，将磨口塞关闭，用绒布擦净，在天平旁放置 10min 后称量吸水 U 形管增加的质量即为空白值。重复上述试验，直到连续两次空白测定值相差不超过 0.0010g，除氮管、二氧化碳吸收管最后一次质量变化不超过 0.0005g 为止。取两次空白值的平均值作为当天氢的空白值。

在做空白试验前，应先确定燃烧管的位置，使出口端温度尽可能高又不会使橡皮塞受热分解。如空白值不易达到稳定，可适当调节燃烧管的位置。

（4）分析步骤
① 三节炉法分析步骤
• 将第一节炉炉温控制在（850±10）℃，第二节炉炉温控制在（800±10）℃，第三节炉炉温控制在（600±10）℃，并使第一节炉紧靠第二节炉。
• 在预先灼烧过的燃烧舟中称取粒度小于 0.2mm 的空气干燥煤样 0.2g（称准至 0.0002g），并均匀铺平，在煤样上铺一层三氧化钨。可将燃烧舟暂存入专用的磨口玻璃管或不加干燥剂的干燥器中。
• 接上已称量的吸收系统，并以 120mL/min 的流量通入氧气，打开橡皮塞，取出铜丝卷，迅速将燃烧舟放入燃烧管中，使其前端刚好在第一节炉炉口，再放入铜丝卷，塞上橡皮塞。保持氧气流量为 120mL/min，1min 后向净化系统方向移动第一节炉，使燃烧舟的一半进入炉子；2min 后，移炉，使燃烧舟全部进入炉子；再 2min 后，使燃烧舟位于炉子中央保温 18min，之后把第一节炉移回原位。2min 后，取下吸收系统，将磨口塞关闭，用绒布擦净，在天平旁放置 10min 后称量（除氮管不必称量）。第二个吸收二氧化碳 U 形管变化小于 0.0005g，计算时忽略。

② 二节炉法分析步骤。用二节炉进行碳、氢测定时，第一节炉控温在（850±10）℃，第二节炉控温在（500±10）℃，并使第一节炉紧靠第二节炉。每次空白试验时间为 20min，

燃烧舟移至炉子中心后，保温 13min，其他操作同三节炉的操作步骤。

③ 试验装置可靠性检验。为了检查测定装置是否可靠，可用标准煤样，按规定的试验步骤进行测定。如实测的碳、氢值与标准煤样碳、氢标准值的差值在标准煤样规定的不确定度范围内，表明测定装置可靠。否则，需查明原因并纠正后才能进行正式测定。

(5) 分析结果的计算　空气干燥煤样的碳（C_{ad}）、氢（H_{ad}）的质量分数（%）按式(2-57) 和式(2-58) 计算：

$$C_{ad} = \frac{0.2729 m_1}{m} \times 100 \qquad (2\text{-}57)$$

$$H_{ad} = \frac{0.1119(m_2 - m_3)}{m} \times 100 - 0.1119 M_{ad} \qquad (2\text{-}58)$$

式中　m——分析煤样的质量，g；
　　　m_1——吸收二氧化碳 U 形管的增量，g；
　　　m_2——吸水 U 形管的增量，g；
　　　m_3——空白值，g；
　　　M_{ad}——空气干燥煤样的水分，%；
　　　0.2729——将二氧化碳折算成碳的因数；
　　　0.1119——将水折算成氢的因数。

当需要测定有机碳（$C_{o,ad}$）时，按式(2-59) 计算有机碳质量分数（%）：

$$C_{o,ad} = \frac{0.2729 m_1}{m} \times 100 - 0.2729 (CO_2)_{ad} \qquad (2\text{-}59)$$

式中　$(CO_2)_{ad}$——空气干燥煤样中碳酸盐二氧化碳的质量分数，%。

(6) 碳、氢测定的精密度　碳、氢测定结果的重复性和再现性要求见表 2-17 规定。

表 2-17　碳、氢测定结果的重复性和再现性要求

项　目	重复性限/%	再现性临界差/%
C_{ad}	0.50	1.00
H_{ad}	0.15	0.25

2. 电量-重量法

(1) 方法原理　一定量煤样在氧气流中燃烧，生成的水与五氧化二磷反应生成偏磷酸，电解偏磷酸，根据电解所消耗的电量，计算煤中氢含量；生成的二氧化碳以二氧化碳吸收剂吸收，由吸收剂的增量，计算煤中碳含量。煤样燃烧后生成的硫氧化物和氯用高锰酸银热解产物除去，氮氧化物用粒状二氧化锰除去，以消除它们对碳测定的干扰。

(2) 测定步骤

① 选定电解电源极性（每天应互换 1 次），通入氧气并将流量调节为约 80mL/min，接通冷却水，通电升温。

② 升温的同时，接上吸收二氧化碳 U 形管（应先将 U 形管磨口塞开启）和气泡计，使氧气流量保持约 80mL/min，按下电解键（或预处理键）至终点。然后，每隔 2~3min 按一次电解键（或预处理键）。10min 后取下吸收二氧化碳 U 形管，关闭所有 U 形管磨口塞，在天平旁放置 10min 左右，称量。然后再与系统相连，重复上述试验，直到两个吸收二氧化碳 U 形管质量变化不超过 0.0005g 为止。

③ 将燃烧炉、净化炉和催化炉温度控制在指定温度。将煤样以转瓶法混合均匀，在预先灼烧过的燃烧舟中称取粒度小于 0.2mm 的空气干燥煤样 0.070~0.075g（称准至 0.0002g），并均匀铺平，在煤样上盖一层三氧化钨。如不立即测定，可把燃烧舟暂存入不

带干燥剂的密闭容器中。

④ 接上质量恒定的吸收二氧化碳 U 形管,保持氧气流量约 80mL/min,启动电解至电解终点。打开带有镍铬丝推棒的橡皮塞,迅速将燃烧舟放入燃烧管入口端,塞上带推棒的橡皮塞,将氢积分值和时间计数器清零。用推棒推动燃烧舟,使其一半进入燃烧炉口。煤样燃烧后(一般 30s),按电解键(或测定键),当煤样燃烧平稳,将全舟推入炉口,停留 2min 左右,再将燃烧舟推入高温带并立即拉回推棒(不要让推棒红热部分拉到橡皮塞近处,以免使橡皮塞过热分解)。

⑤ 约 10min 后(电解达到终点,否则需适当延长时间),取下吸收二氧化碳 U 形管,关闭其磨口塞,在天平旁放置约 10min 后称量。第 2 个吸收二氧化碳 U 形管质量变化小于 0.0005g,计算时忽略。记录电量积分器显示的氢的质量(单位为 mg)。打开带推棒的橡皮塞,用镍铬丝钩取出燃烧舟,塞上带推棒的橡皮塞。

⑥ 空白值的测定。氢空白值的测定可与吸收二氧化碳 U 形管的恒重试验同时进行,也可在碳、氢测定之后进行。

在燃烧炉、净化炉和催化炉达到指定温度后,保持氧气流量约为 80mL/min,启动电解到终点。在一个预先灼烧过的燃烧舟中加入三氧化钨(数量与煤样分析时相当),打开带推棒的橡皮塞,放入燃烧舟,塞紧橡皮塞。将氢积分值和时间计数器清零。用推棒直接将燃烧舟推到高温带,立即拉回推棒。按空白键或 9min 后按下电解键。到达电解终点后,记录电量积分器显示的氢质量(单位为 mg)。重复上述操作,直至相邻两次空白测定值相差不超过 0.050mg,取这两次测定的平均值作为当天氢的空白值。

(3) 结果计算　空气干燥基煤样的碳、氢质量分数(%)分别按式(2-60)和式(2-61)计算:

$$C_{ad} = \frac{0.2729 m_1}{m} \times 100 \tag{2-60}$$

$$H_{ad} = \frac{m_2 - m_3}{m \times 1000} \times 100 - 0.1119 M_{ad} \tag{2-61}$$

式中　C_{ad}——空气干燥煤样中碳的质量分数,%;
　　　H_{ad}——空气干燥煤样中氢的质量分数,%;
　　　m——空气干燥煤样的质量,g;
　　　m_1——吸收二氧化碳 U 形管的增量,g;
　　　m_2——电量积分器显示的氢值,mg;
　　　m_3——电量积分器显示的氢空白值,mg;
　　　0.2729——将二氧化碳折算成碳的因数;
　　　0.1119——将水折算成氢的因数;
　　　M_{ad}——空气干燥煤样的水分,%。

当需要测定有机碳($C_{o,ad}$)时,按式(2-62)计算有机碳质量分数(%):

$$C_{o,ad} = \frac{0.2729 m_1}{m} \times 100 - 0.2729 (CO_2)_{ad} \tag{2-62}$$

式中　$C_{o,ad}$——空气干燥煤样中有机碳含量,%;
　　　$(CO_2)_{ad}$——空气干燥煤样中碳酸盐二氧化碳的质量分数,%。

(4) 方法的精密度　碳、氢测定结果的重复性限和再现性临界差要求见表 2-17 规定。

3. 几种常用的其他方法

(1) 高温燃烧法　又称舍菲尔德法,是由高温燃烧测硫的方法发展而来。ISO 标准、英国标准、日本标准中都有采用该方法测定煤中碳、氢的内容。

该法的特点是需试剂少、测定所需时间较短、燃烧管内容物填充简单,但该法必须有能保持1350℃的高温炉和相应的耐高温瓷管、瓷舟。

方法原理：煤样在1350℃的高温和氧气流中燃烧，煤中的碳和氢完全转化为二氧化碳和水。用一保持温度约800℃的银丝卷吸收燃烧时产生的二氧化硫和氯。在这种条件下煤中氮不生成氧化物而以氮气形式析出。用适当的吸收剂吸收二氧化碳和水，根据吸收剂的增量，计算煤中碳和氢的含量。

（2）库仑法　方法原理如下。

一定量的煤样在800℃、有催化剂存在的条件下，于氧气流中燃烧。煤样中氢燃烧生成的水由Pt-P_2O_5电解池吸收并电解；煤样中碳燃烧生成的二氧化碳与氢氧化锂反应，根据电解偏磷酸所消耗的电量，分别计算煤样中氢和碳的含量。煤样中硫和氯对碳测定的干扰，在燃烧管内由高锰酸银热分解产物除去；氮氧化物对测定的干扰，由粒状二氧化锰除去。

库仑碳、氢测定仪采用控制电流库仑分析法。反应生成的水进入Pt-P_2O_5电解池与五氧化二磷反应生成偏磷酸。电解偏磷酸，当电解电流降至终点电流时，终止电解。电解过程中电流的大小和电解过程耗费的时间被记录下来，并转换为数字信号。单片微计算机对电解过程所消耗的电量进行积分，并实时将该电量积分值换算为氢和碳的质量（mg）显示出来；试验结束时，显示氢和碳的百分含量，并将测定结果计算为空气干燥基和干基形式打印出来；在无空气干燥煤样水分时，打印总氢值和空气干燥基碳。

二、氮的测定

1. 半微量凯氏法

（1）方法原理　称取一定量的空气干燥煤样，加入混合催化剂和硫酸，加热分解，氮转化为硫酸氢铵。加入过量的氢氧化钠溶液，把氨蒸出并吸收在硼酸溶液中，用硫酸标准溶液滴定。根据硫酸的用量，计算煤中氮的含量。

主要化学反应如下：

煤＋H_2SO_4（浓）$\longrightarrow$ NH_4HSO_4＋N_2（极少）＋CO_2＋H_2O＋SO_2＋SO_3＋Cl_2＋H_3PO_4

（2）分析步骤

① 在薄纸上称取粒度小于0.2mm的空气干燥煤样0.2g（称准至0.0002g）。把煤样包好，放入50mL凯氏瓶中，加入混合催化剂2g和浓硫酸5mL。然后将凯氏瓶放入铝加热体的孔中，并用石棉板盖住凯氏瓶的球形部分。在瓶口插入一短颈玻璃漏斗，防止硒粉飞溅。在铝加热体的中心小孔中放热电偶。接通放置铝加热体电炉的电源，缓缓加热到350℃左右，保持此温度，直到溶液清澈透明，漂浮的黑色颗粒完全消失为止。遇到分解不完全的煤样时，可将煤样研细至0.1mm以下，再按上述方法消化，但必须加入高锰酸钾或铬酸酐0.2～0.5g，分解后如无黑色粒状物，表示消化完全。

② 将溶液冷却，用少量蒸馏水稀释后，移至250mL凯氏瓶中。用蒸馏水充分洗净原凯氏瓶中的剩余物，洗液并入250mL凯氏瓶，使溶液体积约为100mL。然后将盛有溶液的凯氏瓶放在蒸馏装置上。蒸馏装置见图2-6。

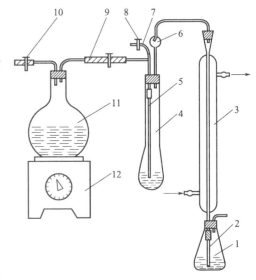

图2-6　半微量凯氏法定氮试验蒸馏装置
1—锥形瓶；2,5—玻璃管；3—直形玻璃冷凝管；
4—凯氏瓶；6—凯氏球；7,9—橡皮管；
8,10—夹子；11—圆底烧瓶；12—万能电炉

③ 将直形玻璃冷凝管的上端与凯氏球连接，下端用橡皮管与玻璃管相连，直接插入一个盛有 20mL 硼酸溶液和 1～2 滴混合指示剂的锥形瓶中，管端插入溶液并距瓶底约 2mm。

④ 往凯氏瓶中加入 25mL 混合碱溶液，然后通入蒸汽进行蒸馏。蒸馏至锥形瓶中溶液体积达到 80mL 左右为止，此时硼酸溶液由紫色变成绿色。

⑤ 拆下凯氏瓶并停止供给蒸汽，取下锥形瓶，用水冲洗插入硼酸溶液中的玻璃管，洗液收入锥形瓶中。用硫酸标准溶液滴定吸收溶液至溶液由绿色变成钢灰色即为终点。由硫酸用量计算煤中氮的含量。

⑥ 用 0.2g 蔗糖代替煤样进行空白试验，试验步骤与煤样分析相同。

注：每日在煤样分析前冷凝管须用蒸汽进行冲洗，待馏出物体积达 100～200mL 后，再正式放入煤样进行蒸馏。

(3) 分析结果的计算　空气干燥煤样中氮（N_{ad}）的质量分数（％）按式(2-63)计算：

$$N_{ad} = \frac{c(V_1 - V_2) \times 0.014}{m} \times 100 \quad (2-63)$$

式中　c——硫酸标准溶液的浓度，mol/L；
　　　m——分析煤样的质量，g；
　　　V_1——硫酸标准溶液的用量，mL；
　　　V_2——空白试验时硫酸标准溶液的用量，mL；
　　0.014——氮的毫摩尔质量，g/mmol。

(4) 氮测定的精密度　氮测定结果的重复性和再现性要求见表 2-18 规定。

表 2-18　氮测定结果的重复性和再现性要求

重复性限(N_{ad})/％	再现性临界差(N_d)/％
0.08	0.15

2. 半微量蒸汽定氮法

该法适用于无烟煤、烟煤和焦炭。

(1) 方法原理　一定量的煤或焦炭试样，在有氧化铝作为催化剂和疏松剂的条件下，于 1050℃下通入水蒸气，试样中的氮及其化合物全部还原成氨。生成的氨经过氢氧化钠溶液蒸馏，用饱和硼酸溶液吸收后，由标准硫酸溶液滴定，根据标准硫酸溶液的消耗量来计算氮含量。

(2) 仪器设备　半微量蒸汽定氮法装置的结构如图 2-7 所示。

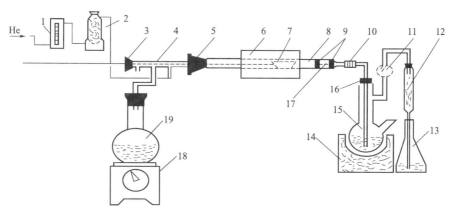

图 2-7　半微量蒸汽定氮试验装置

1—氦气流量计；2—气体干燥塔；3—翻胶帽；4—T形玻璃管；5—橡皮塞；6—高温炉；7—石英托盘；8—水解管；
9—硅酸铝棉；10—硅橡胶管；11—缓冲球；12—蛇形冷凝器；13—吸收瓶；14—套式加热器；
15—蒸馏瓶；16—硅橡胶塞；17—镍铬丝支架；18—调温电炉；19—平底烧瓶

(3) 试验准备

① 水解管的填充：先将 1~3mm 厚的硅酸铝棉填充在水解管的细径端（出口端），放入做好的镍铬丝支架，在支架的另一端填充 1~3mm 厚的硅酸铝棉。

② 水解炉恒温区测定：将高温水解炉及其控温装置按规定安装，并将水解管水平安放在水解炉内，通电升温。待温度达到 1050℃ 并保温 10min 后，按常规恒温区测定方法，测定在 (1050±5)℃ 的温度区域，记下恒温区位置。

③ 450~500℃ 和 750~800℃ 区域测定：按上述方法测定 450~500℃ 和 750~800℃ 区域的位置。

④ 套式加热器工作温度确定：将一支测量范围为 0~200℃ 的水银温度计放入套式加热器底部，周围充填硅酸铝棉。通电缓慢升温，待温度达到 125℃ 时，调节控温旋钮，使温度保持在 (125±5)℃ 约 30min，记下控温旋钮的位置，即为工作温度的控制位置。

⑤ 水蒸气发生量确定：将水蒸气发生装置的圆底烧瓶内加入蒸馏水并与冷凝器连接，接通冷凝水。通电升温至圆底烧瓶内的蒸馏水沸腾，调节控温旋钮，使水蒸气发生量控制在每 30min 馏出 100~120mL 冷凝水，记下控温旋钮的位置，即为工作温度的控制位置。

(4) 测定步骤

① 水解炉通电升温，塞紧水解管入口端带进样杆的橡皮塞，调节氩气流量为 50mL/min。

② 从蒸馏瓶侧管管口加入氢氧化钠溶液约 150mL，并用橡皮塞塞紧侧管管口，接通冷凝水，套式加热器通电升温，并使温度稳定在 (125±5)℃。氢氧化钠溶液每天更换一次。

③ 当温度升到 500℃ 左右时，通入水蒸气，水解炉炉温达到 1050℃ 后，空蒸 30min。

④ 称取空气干燥煤样 0.1g（称准到 0.0002g），并与 0.5g 氧化铝充分混合后，转移至瓷舟内。对于挥发分较高的烟煤，在混合后的试样上，应覆盖一层氧化铝（0.3~0.5g）。

⑤ 在吸收瓶中加入 20mL 饱和硼酸溶液和 3~4 滴混合指示剂，将之接在冷凝管出口端，使冷凝管出口端没入硼酸溶液。

在保持上述水蒸气流和氩气流的条件下，用推棒将石英托盘推到热解管的预热段，撤回推棒，打开预热开关。

⑥ 将瓷舟放入燃烧管内的石英或刚玉托盘上，塞紧带进样杆的橡皮塞，以 100~120mL/30min 冷凝水的速度通入水蒸气。先将试样推到 450~500℃ 区域，停留 5min，然后推到 750~800℃ 区域，停留 5min，最后推到 1050℃ 恒温区，停留 25min。

⑦ 取下吸收瓶并用水冲洗硼酸溶液中的玻璃管内外，洗液收入吸收瓶中。

⑧ 试验结束后，停止通入氩气和水蒸气，将托盘拉回到低温区。

⑨ 以硫酸标准溶液滴定吸收溶液到由绿色变为钢灰色。由硫酸标准溶液的用量来计算煤中氮的含量。

注：每天在煤样分析之前，须对蒸馏装置用水蒸气进行清洗（空蒸）30min 或待锥形瓶内馏出物体积达到 100~150mL 后，再进行正式试验。

⑩ 试验结束后，关冷凝水、氩气，关闭所有电器开关，将蒸馏瓶内的碱液倒出，并把蒸馏瓶洗净。

(5) 空白试验

① 更换试剂或仪器设备后，应进行空白试验。

② 用石墨代替煤或焦炭试样，按上述测定步骤进行空白试验。

(6) 结果计算　试样中氮的质量分数 $N_{ad}(\%)$ 按式 (2-64) 计算：

$$N_{ad} = \frac{0.014c(V-V_0)}{m} \times 100 \tag{2-64}$$

式中 V——试样测定消耗硫酸标准溶液的体积，mL；
　　V_0——空白试验消耗硫酸标准溶液的体积，mL；
　　c——硫酸标准溶液的浓度，mol/L；
　　m——试样的质量，g；
　　0.014——氮的毫摩尔质量，g/mmol。

取重复测定的平均值，结果修约至 0.01%。

（7）方法的精密度　本方法测定氮的精密度同表 2-18。

三、氧的计算

空气干燥煤样中氧的质量分数 O_{ad}（%）按式(2-65)计算：

$$O_{ad}=100-M_{ad}-A_{ad}-C_{ad}-H_{ad}-N_{ad}-S_{t,ad}-(CO_2)_{ad} \qquad (2-65)$$

式中 M_{ad}——空气干燥煤样中水分的质量分数，%；
　　A_{ad}——空气干燥煤样中灰分的质量分数，%；
　　C_{ad}——空气干燥煤样中碳的质量分数，%；
　　H_{ad}——空气干燥煤样中氢的质量分数，%；
　　N_{ad}——空气干燥煤样中氮的质量分数，%；
　　$S_{t,ad}$——空气干燥煤样中全硫的质量分数，%；
　　$(CO_2)_{ad}$——空气干燥煤样中碳酸盐二氧化碳的质量分数，%。

第九节　煤灰成分分析

煤灰成分是指煤中矿物质经燃烧后生成的各种金属和非金属氧化物与盐类（如硫酸钙等），其中主要成分为二氧化硅、氧化铝、氧化铁、氧化钙、氧化镁、四氧化三锰、二氧化钛、五氧化二磷、三氧化硫、氧化钾和氧化钠等，此外还有极少量的钒、钼、钍、锗、镓等的氧化物。而煤中矿物质是与煤结合或附着在煤中的无机物如黏土、石英、高岭土、方解石和黄铁矿等矿物杂质。

煤灰成分是煤炭利用中一项重要的参数。根据煤灰成分可以大致推测煤的矿物组成；在动力燃烧中，根据煤灰成分可以初步判断煤灰熔点的高低；根据煤灰中碱性成分（钾、钠、钙等的氧化物）的高低，可大致判断它对燃烧室的腐蚀程度；在煤灰和矸石的综合利用中，其成分分析可作为提取铝、钛、钒等元素和制造水泥、砖瓦等建筑材料的依据等。此外，根据某些煤灰中各氧化物之和与总灰量有较大差异的情况，还可推断某些稀有元素在煤中的富集情况。

目前，用于煤灰成分分析的方法主要有化学分析法、原子吸收分光光度法和 X 荧光光谱法等。本节重点介绍前两种方法。

一、灰样的制备

称取一定量的一般分析煤样于灰皿中（每平方厘米不超过 0.15g），将灰皿送入温度不超过 100℃的马弗炉中，在自然通风和炉门留有 15mm 左右缝隙的条件下，用 30min 缓慢升至 500℃，在此温度下保持 30min 后，升至 (815±10)℃，在此温度下灼烧 2h，取出冷却后，用玛瑙乳钵将灰样研细至 0.1mm。然后，再置于灰皿内，于 (815±10)℃下再灼烧 30min，直到其质量变化不超过灰样质量的千分之一为止，即为质量恒定。取出，于空气中放置约 5min，转入干燥器中。如不及时称样，则需在称样前于 (815±10)℃下再灼烧 30min。

二、二氧化硅、氧化铁、二氧化钛、氧化铝、氧化钙和氧化镁的半微量分析法

1. 试液的制备

(1) 试样溶液的制备　称取灰样 0.10g（称准至 0.0002g）于银坩埚中，用几滴乙醇润湿。加氢氧化钠 2g，盖上坩埚盖，放入马弗炉中，在 1～1.5h 内将炉温从室温缓慢升至 650～700℃，熔融 15～20min。取出坩埚，用水激冷后，擦净坩埚外壁，放于 250mL 烧杯中，加入约 150mL 沸水，立即盖上表面皿，待剧烈反应停止后，用极少量盐酸溶液（1+1）和热水交替洗净坩埚和坩埚盖，此时溶液体积约 180mL。在不断搅拌下，迅速加入盐酸 20mL，于电炉上微沸约 1min，取下后迅速冷却至室温，移入 250mL 容量瓶中，用水稀释至刻度，摇匀。此溶液定名为溶液 A。

(2) 空白溶液的制备　同试样溶液制备步骤，只是不加入灰样。此溶液定名为溶液 B。

2. 二氧化硅的测定（硅钼蓝分光光度法）

(1) 方法提要　在乙醇存在下，于盐酸 $[c(HCl)=0.1\text{mol/L}]$ 介质中，正硅酸与钼酸生成稳定的硅钼黄，提高酸度至 2.0mol/L 以上，以抗坏血酸还原硅钼黄为硅钼蓝，用分光光度法测定二氧化硅含量。

(2) 分析步骤

① 工作曲线的绘制。准确吸取二氧化硅标准工作溶液（0.05mg/mL）0、5mL、10mL、15mL、20mL、25mL、30mL，分别注入 100mL 容量瓶中，依次加入盐酸溶液（1+11）5mL、4mL、3mL、2mL、1mL、0、0，加水至 27mL，加乙醇 8mL，加钼酸铵溶液 5mL，摇匀，在 20～30℃下放置 20min。

加盐酸溶液（1+1）30mL，摇匀，放置 1～5min，加入抗坏血酸溶液 5mL，摇匀，用水稀释至刻度，摇匀。放置 1h 后，用 1cm 比色皿于波长 620nm 处测定吸光度。

以二氧化硅的质量（mg）为横坐标，吸光度为纵坐标，绘制工作曲线。

② 样品的测定。准确吸取溶液 A 和溶液 B 各 5mL，分别注入 100mL 容量瓶中，加乙醇 8mL、水约 20mL、钼酸铵溶液 5mL，摇匀，在 20～30℃下放置 20min。

按与工作曲线绘制相同的步骤进行操作，测定样品溶液的吸光度。

将上述测得的吸光度作空白校正后，在工作曲线上查出相应的二氧化硅质量（mg）。

(3) 结果计算　二氧化硅的质量分数 $w(SiO_2)$（%）按式(2-66)计算：

$$w(SiO_2)=\frac{5m(SiO_2)}{m} \tag{2-66}$$

式中　$m(SiO_2)$——由工作曲线上查得的二氧化硅的质量，mg；

m——灰样的质量，g。

计算结果按数字修约规则，修约至小数点后两位。

(4) 方法精密度　二氧化硅测定（硅钼蓝分光光度法）结果的重复性和再现性要求见表 2-19 规定。

表 2-19　二氧化硅测定（硅钼蓝分光光度法）结果的重复性和再现性要求

质量分数/%	重复性限/%	再现性临界差/%
≤60.00	1.00	2.00
>60.00	1.20	2.50

3. 氧化铁和二氧化钛的连续测定（钛铁试剂分光光度法）

(1) 方法提要　在 pH 为 4.7～4.9 的条件下，三价铁离子与钛铁试剂生成紫色络合物，

用分光光度法测定氧化铁。然后加入适量的抗坏血酸,使溶液的紫色消失,四价钛离子与钛铁试剂生成黄色络合物,用分光光度法测定二氧化钛。

(2) 分析步骤

① 工作曲线的绘制。准确吸取氧化铁标准工作溶液(0.1mg/mL) 0、2mL、4mL、6mL、8mL、10mL 和二氧化钛标准工作溶液(0.1mg/mL) 0、0.2mL、0.4mL、0.6mL、0.8mL、1.0mL,分别注入 50mL 容量瓶中,加入钛铁试剂溶液 10mL,摇匀。滴加氨水至溶液呈红色,加入缓冲溶液 5mL,用水稀释至刻度,摇匀。放置 1h 后,用 1cm 比色皿于波长 570nm 处测定吸光度。

于测定完氧化铁后的试液中,加入少量抗坏血酸并摇动,直至溶液的紫色消失呈现黄色为止。放置片刻,用 1cm 比色皿于波长 420nm 处测定吸光度。

以氧化铁和二氧化钛的质量(mg)为横坐标,吸光度为纵坐标,分别绘制氧化铁和二氧化钛的工作曲线。

② 测定。准确吸取溶液 A 和溶液 B 各 5mL,分别注入 50mL 容量瓶中,加入钛铁试剂溶液 10mL,摇匀。滴加氨水至溶液恰呈红色(如铁含量很低,可加入小块刚果红试纸,滴加氨水至试纸变为红色),加入缓冲溶液 5mL,用水稀释至刻度,摇匀。放置 1h 后,用 1cm 比色皿于波长 570nm 处测定吸光度。

按与工作曲线绘制相同的步骤进行操作,测定样品溶液于波长 420nm 处的吸光度。

将所测得的灰样溶液的吸光度扣除空白溶液的吸光度后,在工作曲线上查得相应的氧化铁和二氧化钛的质量(mg)。

(3) 结果计算

① 氧化铁的质量分数 $w(Fe_2O_3)$(%)按式(2-67)计算:

$$w(Fe_2O_3) = \frac{5m(Fe_2O_3)}{m} \tag{2-67}$$

式中 $m(Fe_2O_3)$——从工作曲线上查得的氧化铁的质量,mg;

m——灰样的质量,g。

计算结果按数字修约规则,修约至小数点后两位。

② 二氧化钛的质量分数 $w(TiO_2)$(%)按式(2-68)计算:

$$w(TiO_2) = \frac{5m(TiO_2)}{m} \tag{2-68}$$

式中 $m(TiO_2)$——从工作曲线上查得的二氧化钛的质量,mg;

m——灰样的质量,g。

(4) 方法精密度

① 氧化铁测定(钛铁试剂分光光度法)结果的重复性与再现性要求见表 2-20 规定。

表 2-20 氧化铁测定(钛铁试剂分光光度法)结果的重复性与再现性要求

质量分数/%	重复性限/%	再现性临界差/%
≤5.00	0.30	0.60
5.00(不含)~10.00	0.40	0.80
>10.00	0.60	1.20

② 二氧化钛测定(钛铁试剂分光光度法)结果的重复性与再现性要求见表 2-21 规定。

表 2-21 二氧化钛测定(钛铁试剂分光光度法)结果的重复性与再现性要求

质量分数/%	重复性限/%	再现性临界差/%
≤1.00	0.15	0.20
>1.00	0.20	0.30

4. 二氧化钛的单独测定（二安替比林甲烷分光光度法）

(1) 方法提要 在 0.5～1.0mol/L 的酸度下，以抗坏血酸消除铁的干扰，四价钛离子与二安替比林甲烷生成黄色络合物，用分光光度法测定二氧化钛的含量。

(2) 分析步骤

① 工作曲线的绘制。准确吸取二氧化钛标准工作溶液 (0.1mg/mL) 0、1mL、2mL、3mL、4mL 分别注入 50mL 容量瓶中，加水至 10mL，加盐酸溶液 (1+1) 2mL、抗坏血酸溶液 1mL，摇匀。放置 2min 后，加二安替比林甲烷溶液 10mL，用水稀释至刻度，摇匀。放置 40min 后，用 1cm 比色皿于波长 450nm 处测定吸光度。

以二氧化钛的质量 (mg) 为横坐标，吸光度为纵坐标，绘制二氧化钛的工作曲线。

② 测定。准确吸取溶液 A 和溶液 B 各 10mL，分别注入 50mL 容量瓶中，加入抗坏血酸溶液 1mL，摇匀。其余步骤同上。

将所测得的灰样溶液的吸光度扣除空白溶液的吸光度后，在工作曲线上查得相应的二氧化钛质量 (mg)。

(3) 结果计算 二氧化钛的质量分数 $w(TiO_2)$ (%) 按式(2-69)计算：

$$w(TiO_2) = \frac{2.5m(TiO_2)}{m} \quad (2-69)$$

式中 $m(TiO_2)$——从工作曲线上查得的二氧化钛的质量，mg；
       m——灰样的质量，g。

计算结果按数字修约规则，修约至小数点后两位。

(4) 方法精密度 二氧化钛（二安替比林甲烷分光光度法）测定结果的重复性与再现性要求见表 2-22 规定。

表 2-22 二氧化钛（二安替比林甲烷分光光度法）测定结果的重复性与再现性要求

质量分数/%	重复性限/%	再现性临界差/%
≤1.00	0.10	0.20
>1.00	0.20	0.40

5. 氧化铝的测定（氟盐取代 EDTA 络合滴定法）

(1) 方法提要 于弱酸性溶液中加入过量 EDTA 溶液，使之与铁、铝、钛等离子络合。在 pH 为 5.9 的条件下，以二甲酚橙为指示剂，用锌盐回滴剩余的 EDTA 溶液，然后加入氟盐置换出与铝、钛络合的 EDTA，用乙酸锌标准溶液滴定，扣除钛的量，得到铝的量。

(2) 主要试剂 乙酸锌标准溶液 $\{c[Zn(CH_3COO)_2 \cdot 2H_2O] = 0.01\text{mol/L}\}$。

① 配制。称取乙酸锌 $[Zn(CH_3COO)_2 \cdot 2H_2O]$ 2.3g 或无水乙酸锌 $[Zn(CH_3COO)_2]$ 1.9g 于 250mL 烧杯中，加冰醋酸 1mL，用水溶解，移入 1000mL 容量瓶中，用水稀释至刻度，摇匀。

② 标定。准确吸取氧化铝标准工作溶液 (1mg/mL) 10mL 于 250mL 烧杯中，加水稀释至约 100mL，加 EDTA 溶液 (11g/L) 10mL，再加二甲酚橙指示剂 (1g/L) 1 滴，用氨水溶液 (1+1) 中和至刚出现浅藕合色，再加冰醋酸溶液 (1+3) 至浅藕合色消失，然后加缓冲溶液 (pH=5.9) 10mL，于电炉上微沸 3～5min，取下，冷却至室温。

加入二甲酚橙指示剂 (1g/L) 4～5 滴，立即用乙酸锌溶液 (20g/L) 滴定至近终点，再用乙酸锌标准溶液滴定至橙红（或紫红）色。

加入氟化钾溶液 (100g/L) 10mL，煮沸 2～3min，冷却至室温，加二甲酚橙指示剂 2 滴，用乙酸锌标准溶液滴定至橙红（或紫红）色，即为终点。

乙酸锌标准溶液对氧化铝的滴定度 $T(Al_2O_3)$ 按下式计算：

$$T(\mathrm{Al_2O_3}) = \frac{10\rho}{V_1}$$

式中　ρ——氧化铝标准工作溶液的质量浓度，mg/mL；

V_1——标定时所耗乙酸锌标准溶液的体积，mL。

(3) 分析步骤　吸取溶液 A 50mL，加水稀释至约 100mL。其余步骤按上述乙酸锌标准溶液的标定方法进行操作。

(4) 结果计算　氧化铝的质量分数 $w(\mathrm{Al_2O_3})$（%）按式(2-70) 计算：

$$w(\mathrm{Al_2O_3}) = \frac{0.5T(\mathrm{Al_2O_3})V_2}{m} - 0.638w(\mathrm{TiO_2}) \tag{2-70}$$

式中　$T(\mathrm{Al_2O_3})$——乙酸锌标准溶液对氧化铝的滴定度，mg/mL；

　　　V_2——试液所耗乙酸锌标准溶液的体积，mL；

　　　m——灰样的质量，g；

　　　0.638——由二氧化钛换算为氧化铝的因数。

计算结果按数字修约规则，修约至小数点后两位。

(5) 方法精密度　氧化铝测定（氟盐取代 EDTA 络合滴定法）结果的重复性和再现性要求见表 2-23 规定。

表 2-23　氧化铝测定（氟盐取代 EDTA 络合滴定法）结果的重复性和再现性要求

质量分数/%	重复性限/%	再现性临界差/%
≤20.00	0.60	1.20
>20.00	0.80	1.50

6. 氧化钙的测定（EGTA 络合滴定法）

(1) 方法提要　在适当稀释的溶液中，以三乙醇胺掩蔽铁、铝、钛和锰等，在 pH≥12.5 的条件下，以钙黄绿素-百里酚酞为指示剂，用 EGTA 标准溶液滴定。

(2) 主要试剂　EGTA 标准溶液 [$c(\mathrm{EGTA})=0.005\mathrm{mol/L}$]。

① 配制。称取 EGTA 1.9g，溶于 10mL 氢氧化钠溶液 [$c(\mathrm{NaOH})=1\mathrm{mol/L}$] 中，移入 1000mL 容量瓶中，用水稀释至刻度，摇匀。

② 标定。准确吸取氧化钙标准工作溶液（0.5mg/mL）10mL 于 200mL 烧杯中，加水约 75mL、三乙醇胺溶液（1+4）5mL、氢氧化钾溶液（250g/L）10mL、钙黄绿素-百里酚酞混合指示剂少许。每加一种试剂均应搅匀。于黑色底板上，立即用 EGTA 标准溶液滴定至绿色荧光完全消失，即为终点。同时做空白试验。

EGTA 标准溶液对氧化钙的滴定度 $T(\mathrm{CaO})$ 按下式计算：

$$T(\mathrm{CaO}) = \frac{10\rho}{V_1 - V_2}$$

式中　ρ——氧化钙标准工作溶液的质量浓度，mg/mL；

　　　V_1——标定时所耗 EGTA 标准溶液的体积，mL；

　　　V_2——空白测定时所耗 EGTA 标准溶液的体积，mL。

(3) 分析步骤　准确吸取溶液 A 和溶液 B 各 25mL，分别注入 200mL 烧杯中，加水约 50mL，其余步骤按上述标定 EGTA 标准溶液的标定方法进行操作。

(4) 结果计算　氧化钙的质量分数 $w(\mathrm{CaO})$（%）按式(2-71) 计算：

$$w(\mathrm{CaO}) = \frac{T(\mathrm{CaO})(V_3 - V_4)}{m} \tag{2-71}$$

式中　$T(\mathrm{CaO})$——EGTA 标准溶液对氧化钙的滴定度，mg/mL；

　　　V_3——试液所耗 EGTA 标准溶液的体积，mL；

V_4——空白溶液所耗 EGTA 标准溶液的体积，mL；

m——灰样的质量，g。

计算结果按数字修约规则，修约至小数点后两位。

(5) 方法精密度　氧化钙测定（EGTA 络合滴定法）结果的重复性和再现性要求见表 2-24 规定。

表 2-24　氧化钙测定（EGTA 络合滴定法）结果的重复性与再现性要求

质量分数/%	重复性限/%	再现性临界差/%
≤5.00	0.30	0.60
5.00（不含）~10.00	0.40	0.80
>10.00	0.60	1.20

7. 氧化镁的测定（EDTA 络合滴定法）

(1) 方法提要　在适当稀释的溶液中，以三乙醇胺和酒石酸钾钠掩蔽铁、铝、钛和锰等，以 EGTA 掩蔽钙，在 pH≥10 的溶液中，以酸性铬蓝 K-萘酚绿 B 为指示剂，用 EDTA 标准溶液滴定。

(2) 主要试剂　EDTA 标准溶液 $[c(\mathrm{EDTANa_2 \cdot 2H_2O})=0.004\mathrm{mol/L}]$。

① 配制。称取 EDTA 1.5g 于 200mL 烧杯中，用水溶解，加数粒固体氢氧化钠调节溶液 pH 值至 5 左右，移入 1000mL 容量瓶中，用水稀释至刻度，摇匀。

② 标定。准确吸取氧化镁标准工作溶液（0.5mg/mL）10mL，置于 200mL 烧杯中，加盐酸溶液 $[c(\mathrm{HCl})=1\mathrm{mol/L}]$ 20mL、水约 50mL、酒石酸钾钠溶液（50g/L）5mL、三乙醇胺溶液（1+4）5mL、氨水溶液（1+1）15mL。每加一种试剂均应搅匀。加酸性铬蓝 K-萘酚绿 B 混合指示剂少许或加液体混合指示剂数滴，立即用 EDTA 标准溶液滴定，近终点时应缓慢滴定至纯蓝色，同时做空白试验。

EDTA 标准溶液对氧化镁的滴定度 $T(\mathrm{MgO})$ 按下式计算：

$$T(\mathrm{MgO})=\frac{10\rho}{V_1-V_2}$$

式中　ρ——氧化镁标准工作溶液的质量浓度，mg/mL；

V_1——标定时所耗 EDTA 标准溶液的体积，mL；

V_2——空白测定时所耗 EDTA 标准溶液的体积，mL。

(3) 分析步骤　准确吸取溶液 A 和溶液 B 各 25mL，分别注入 200mL 烧杯中，加水约 50mL、酒石酸钾钠溶液（50g/L）5mL、三乙醇胺溶液（1+4）5mL、氨水溶液（1+1）15mL，加入相应滴定钙时所消耗的 EGTA 的体积，并过量 0.1~0.2mL，每加一种试剂均应搅匀。加酸性铬蓝 K-萘酚绿 B 混合指示剂少许或加液体混合指示剂数滴，立即用 EDTA 标准溶液滴定，近终点时应缓慢滴定至纯蓝色。

(4) 结果计算　氧化镁的质量分数 $w(\mathrm{MgO})$（%）按式(2-72)计算：

$$w(\mathrm{MgO})=\frac{T(\mathrm{MgO})(V_3-V_4)}{m} \tag{2-72}$$

式中　$T(\mathrm{MgO})$——EDTA 标准溶液对氧化镁的滴定度，mg/mL；

V_3——试液所耗 EDTA 标准溶液的体积，mL；

V_4——空白溶液所耗 EDTA 标准溶液的体积，mL；

m——灰样的质量，g。

(5) 方法精密度　氧化镁测定（EDTA 络合滴定法）结果的重复性和再现性要求见表 2-25 规定。

表 2-25 氧化镁测定（EDTA 络合滴定法）结果的重复性与再现性要求

质量分数/%	重复性限/%	再现性临界差/%
≤2.00	0.30	0.60
>2.00	0.40	0.80

三、二氧化硅、氧化铁、氧化铝、氧化钙、氧化镁和二氧化钛的常量分析法

1. 二氧化硅的测定（动物胶凝聚质量法）

（1）测定原理　用氢氧化钠将灰样熔融分解，使硅的化合物变成硅酸钠，加蒸馏水和盐酸把熔融物溶解，用动物胶凝聚二氧化硅。

动物胶是一种高分子的富含氨基酸的蛋白质（其分子式为 $C_{55}H_{85}N_{17}O_{22}$），它在溶液中具有胶体性质，其质点在 pH<4.7 的酸性溶液中能吸附 H^+ 而带正电荷。而硅酸的质点则是亲水性很强的胶体，带负电荷。这两种质点在强酸性溶液中，于 70~80℃ 下由于相互发生电中和而使硅酸凝聚析出沉淀。

（2）方法提要　灰样加氢氧化钠熔融，沸水浸取，盐酸酸化，蒸发至干。于盐酸介质中用动物胶凝聚硅酸，过滤沉淀，灼烧，称重。

（3）分析步骤

① 称取灰样 0.48~0.52g（称准至 0.0002g）于银坩埚中，用几滴乙醇润湿，加氢氧化钠 4g，盖上坩埚盖，放入马弗炉中，在 1~1.5h 内将炉温从室温缓慢升至 650~700℃，熔融 15~20min。取出坩埚，用水激冷后，擦净坩埚外壁，放于 250mL 烧杯中。加乙醇 1mL 和适量的沸水，立即盖上表面皿，待剧烈反应停止后，用少量盐酸溶液（1+1）和热水交替洗净坩埚和坩埚盖。再加盐酸 20mL，搅匀。

② 将烧杯置于电热板上，缓慢蒸干（带黄色盐粒）。取下，稍冷，加盐酸 20mL，盖上表面皿，加热至约 80℃。加 70~80℃ 的动物胶溶液（10g/L）10mL，剧烈搅拌 1min，保温 10min。取下，稍冷，加热水约 50mL，搅拌，使盐类完全溶解。用定量滤纸过滤于 250mL 容量瓶中。将沉淀先用盐酸（1+3）洗涤 4~5 次，再用带橡皮头的玻璃棒以热盐酸溶液（1+50）擦净烧杯壁和玻璃棒，并洗涤沉淀 3~5 次，再用热水洗 10 次左右。

③ 将滤纸和沉淀移入已恒重的瓷坩埚中，先在低温下灰化滤纸，然后于 (1000±20)℃ 的高温马弗炉内灼烧 1h，取出稍冷，放入干燥器内，冷却至室温，称重。

④ 将滤液冷却至室温，用水稀释至刻度，摇匀，此溶液定名为溶液 C，以作测定其他项目之用。按上述步骤同时做空白试验，所得溶液定名为溶液 D。

（4）结果计算　二氧化硅的质量分数 $w(SiO_2)$（%）按式(2-73)计算：

$$w(SiO_2)=\frac{m_1-m_2}{m}\times 100 \tag{2-73}$$

式中　m_1——二氧化硅的质量，g；

m_2——空白测定时二氧化硅的质量，g；

m——灰样的质量，g。

（5）方法精密度　二氧化硅测定（动物胶凝聚质量法）结果的重复性和再现性要求见表 2-26 规定。

表 2-26 二氧化硅测定（动物胶凝聚质量法）结果的重复性和再现性要求

质量分数/%	重复性限/%	再现性临界差/%
≤60.00	0.50	0.80
>60.00	0.60	1.00

2. 氧化铁和氧化铝的连续测定（EDTA 络合滴定法）

(1) 方法提要　在 pH 为 1.8～2.0 的条件下，以磺基水杨酸为指示剂，用 EDTA 标准溶液滴定。然后加入过量的 EDTA，使之与铝、钛等络合，在 pH 为 5.9 的条件下，以二甲酚橙为指示剂，以锌盐回滴剩余的 EDTA，再加入氟盐置换出与铝、钛络合的 EDTA，然后再用乙酸锌标准溶液滴定。

(2) 主要试剂

① EDTA 标准溶液 $[c(EDTANa_2 \cdot 2H_2O)=0.004mol/L]$。

• 配制。称取 EDTA 1.5g 于 200mL 烧杯中，用水溶解，加数粒固体氢氧化钠调节溶液 pH 值至 5 左右，移入 1000mL 容量瓶中，用水稀释至刻度，摇匀。

• 标定。准确吸取氧化铁标准工作溶液（1mg/mL）10mL 于 300mL 烧杯中，加水稀释至约 100mL，加磺基水杨酸指示剂（100g/L）0.5mL，滴加氨水溶液（1+1）至溶液由紫色恰变为黄色，再加入盐酸溶液（1+5）调节溶液 pH 值至 1.8～2.0（用精密 pH 试纸检验）。

将溶液加热至约 70℃，取下，立即用 EDTA 标准溶液滴定至亮黄色（铁含量低时为无色，终点时温度应在 60℃ 左右）。EDTA 标准溶液对氧化铁的滴定度 $T(Fe_2O_3)$ 按下式计算：

$$T(Fe_2O_3)=\frac{10\rho}{V_1}$$

式中　ρ——氧化铁标准工作溶液的质量浓度，mg/mL；

V_1——标定时所耗 EDTA 标准溶液的体积，mL。

② 乙酸锌标准溶液 $\{c[Zn(CH_3COO)_2 \cdot 2H_2O]=0.01mol/L\}$。其配制和标定方法同本节前述。

(3) 分析步骤

① 准确吸取溶液 C 20mL 于 250mL 烧杯中，加水稀释至约 50mL，其余步骤按 EDTA 标准溶液的标定方法进行操作。

② 于滴定完铁的溶液中，加入 EDTA 溶液 20mL，其余步骤按乙酸锌标准溶液的标定方法进行操作。

(4) 结果计算

① 氧化铁的质量分数 $w(Fe_2O_3)$（%）按式(2-74)计算：

$$w(Fe_2O_3)=\frac{1.25T(Fe_2O_3)V_3}{m} \tag{2-74}$$

式中　$T(Fe_2O_3)$——EDTA 标准溶液对氧化铁的滴定度，mg/mL；

V_3——试液所耗 EDTA 标准溶液的体积，mL；

m——灰样的质量，g。

② 氧化铝的质量分数 $w(Al_2O_3)$（%）按式(2-75)计算：

$$w(Al_2O_3)=\frac{1.25T(Al_2O_3)V_4}{m}-0.638w(TiO_2) \tag{2-75}$$

式中　$T(Al_2O_3)$——乙酸锌标准溶液对氧化铝的滴定度，mg/mL；

V_4——试液所耗乙酸锌标准溶液的体积，mL；

m——灰样的质量，g；

0.638——由二氧化钛换算为氧化铝的因数。

(5) 方法精密度

① 氧化铁测定（EDTA 络合滴定法）结果的重复性和再现性要求见表 2-27 规定。

表 2-27 氧化铁测定结果（EDTA 络合滴定法）的重复性和再现性要求

质量分数/%	重复性限/%	再现性临界差/%
≤5.00	0.30	0.60
5.00(不含)~10.00	0.40	0.80
>10.00	0.50	1.00

② 氧化铝测定（EDTA 络合滴定法）结果的重复性和再现性要求见表 2-28 规定。

表 2-28 氧化铝测定（EDTA 络合滴定法）结果的重复性和再现性要求

质量分数/%	重复性限/%	再现性临界差/%
≤20.00	0.40	0.80
>20.00	0.50	1.00

3. 氧化钙的测定（EDTA 络合滴定法）

(1) 方法提要 以三乙醇胺掩蔽铁、铝、钛、锰等离子，在 pH≥12.5 的条件下，以钙黄绿素-百里酚酞为指示剂，用 EDTA 标准溶液滴定。

(2) 主要试剂 EDTA 标准溶液 $[c(EDTANa_2 \cdot 2H_2O)=0.004mol/L]$。

① 配制。称取 EDTA 1.5g 于 200mL 烧杯中，用水溶解，加数粒固体氢氧化钠调节溶液 pH 值至 5 左右，移入 1000mL 容量瓶中，用水稀释至刻度，摇匀。

② 标定。准确吸取氧化钙标准工作溶液（0.5mg/mL）15mL，置于 250mL 烧杯中，加水稀释至约 100mL，加三乙醇胺溶液（1+4）2mL、氢氧化钾溶液（250g/L）10mL、钙黄绿素-百里酚酞混合指示剂少许。每加一种试剂均应搅匀。于黑色底板上，立即用 EDTA 标准溶液滴定至绿色荧光完全消失，即为终点。同时做空白试验。

EDTA 标准溶液对氧化钙的滴定度 $T(CaO)$ 按下式计算：

$$T(CaO)=\frac{15\rho}{V_1-V_2}$$

式中 ρ——氧化钙标准工作溶液的质量浓度，mg/mL；

V_1——标定时所耗 EDTA 标准溶液的体积，mL；

V_2——空白测定时所耗 EDTA 标准溶液的体积，mL。

(3) 分析步骤 准确吸取溶液 C 和溶液 D 各 10mL 分别注入 250mL 烧杯中，加水稀释至约 100mL，其余步骤按 EDTA 标准溶液的标定方法进行操作。

(4) 结果计算 氧化钙的质量分数 $w(CaO)$（%）按式(2-76)计算：

$$w(CaO)=\frac{2.5T(CaO)(V_3-V_4)}{m} \tag{2-76}$$

式中 $T(CaO)$——EDTA 标准溶液对氧化钙的滴定度，mg/mL；

V_3——试液所耗 EDTA 标准溶液的体积，mL；

V_4——空白溶液所耗 EDTA 标准溶液的体积，mL；

m——灰样的质量，g。

(5) 方法精密度 氧化钙测定（EDTA 络合滴定法）结果的重复性和再现性要求见表 2-29 规定。

表 2-29 氧化钙测定（EDTA 络合滴定法）结果的重复性和再现性要求

质量分数/%	重复性限/%	再现性临界差/%
≤5.00	0.20	0.50
5.00(不含)~10.00	0.30	0.60
>10.00	0.40	0.80

4. 氧化镁的测定（EDTA 络合滴定、差减法）

（1）方法提要　以三乙醇胺、铜试剂掩蔽铁、铝、钛及微量的铅、锰等，在 pH≥10 的氨性溶液中，以酸性铬蓝 K-萘酚绿 B 为指示剂，用 EDTA 标准溶液滴定钙、镁合量。

（2）主要试剂　EDTA 标准溶液（同上述氧化钙测定中的 EDTA 标准溶液）。

EDTA 标准溶液对氧化镁的滴定度 $T(MgO)$ 按下式换算：

$$T(MgO)=0.7187T(CaO)$$

式中　$T(CaO)$——EDTA 标准溶液对氧化钙的滴定度，mg/mL；

　　　　0.7187——由氧化钙换算为氧化镁的因数。

（3）分析步骤　准确吸取溶液 C 和溶液 D 各 10mL，分别注入 250mL 烧杯中，用水稀释至约 100mL，加三乙醇胺溶液（1+4）10mL［若二氧化钛含量大于 4.00%，可先加酒石酸钾钠溶液（100g/L）5mL］、氨水溶液（1+1）10mL 和铜试剂（50g/L）1 滴，每加一种试剂均应搅匀。再加入稍少于滴钙时所消耗的 EDTA 标准溶液的体积，然后加酸性铬蓝 K-萘酚绿 B 混合指示剂少许或加液体混合指示剂数滴，继续用 EDTA 标准溶液滴定，近终点时，应缓慢滴定至纯蓝色。

（4）结果计算　氧化镁的质量分数 $w(MgO)$（%）按式(2-77)计算：

$$w(MgO)=\frac{2.5T(MgO)(V_1-V_2)}{m} \tag{2-77}$$

式中　$T(MgO)$——EDTA 标准溶液对氧化镁的滴定度，mg/mL；

　　　　V_1——试液所耗 EDTA 标准溶液的体积，mL；

　　　　V_2——滴定氧化钙时所耗 EDTA 标准溶液的体积，mL；

　　　　m——灰样的质量，g。

（5）方法精密度　氧化镁测定（EDTA 络合滴定、差减法）结果的重复性和再现性要求见表 2-30 规定。

表 2-30　氧化镁测定（EDTA 络合滴定、差减法）结果的重复性和再现性要求

质量分数/%	重复性限/%	再现性临界差/%
≤2.00	0.30	0.60
>2.00	0.40	0.80

5. 二氧化钛的测定（过氧化氢分光光度法）

（1）方法提要　在硫酸介质中，以磷酸掩蔽铁离子，钛与过氧化氢形成黄色络合物，用分光光度法进行测定。

（2）分析步骤

① 工作曲线的绘制。准确吸取二氧化钛标准工作溶液（0.1mg/mL）0、2mL、4mL、6mL、8mL，分别注入 50mL 容量瓶中，加水至近 40mL，加磷酸溶液（1+1）2mL、硫酸溶液（1+1）5mL（若出现浑浊，可于水浴上加热至澄清，冷却），再加过氧化氢溶液（1+9）3mL，用水稀释至刻度，摇匀。放置 30min 后，用 3cm 比色皿于波长 430nm 处测定吸光度。

以二氧化钛的质量（mg）为横坐标，吸光度为纵坐标，绘制工作曲线。

② 样品的测定。准确吸取溶液 C 和溶液 D 各 10mL，分别注入 50mL 容量瓶中，其余步骤同工作曲线的绘制。

将所测得的灰样溶液的吸光度扣除空白溶液的吸光度后，在工作曲线上查得相应的二氧化钛的质量（mg）。

（3）结果计算　二氧化钛的质量分数 $w(TiO_2)$（%）按式(2-78)计算：

$$w(TiO_2) = \frac{2.5m(TiO_2)}{m} \tag{2-78}$$

式中　$m(TiO_2)$——从工作曲线上查得的二氧化钛的质量，mg；
　　　m——灰样的质量，g。

（4）方法精密度　二氧化钛测定（过氧化氢分光光度法）结果的重复性和再现性要求见表 2-31 规定。

表 2-31　二氧化钛测定（过氧化氢分光光度法）结果的重复性和再现性要求

质量分数/%	重复性限/%	再现性临界差/%
≤1.00	0.10	0.20
>1.00	0.20	0.30

四、三氧化硫的测定

本部分包括三种测定三氧化硫的方法，即硫酸钡质量法、燃烧中和法和库仑滴定法。

1. 硫酸钡质量法

（1）方法提要　用盐酸浸取灰样中的硫，将溶液过滤，滤液用氢氧化铵中和并沉淀铁。于再次过滤后的溶液中，加氯化钡溶液，生成硫酸钡沉淀，称量。

（2）分析步骤

① 称取灰样 0.2～0.5g（准确至 0.0002g），置于 250mL 烧杯中，加入盐酸溶液（1+3）50mL，盖上表面皿，加热微沸 20min，取下，趁热加入甲基橙指示剂 2 滴，滴加氨水中和至溶液刚刚变色。再过量 3～6 滴，待氢氧化铁沉淀后，用中速定性滤纸过滤至 300mL 烧杯中，用近沸的热水洗涤沉淀 10～12 次，向滤液中滴加盐酸溶液（1+1）至溶液刚刚变色，再过量 2mL，往溶液中加水稀释至约 250mL。

② 将溶液加热至沸腾，在不断搅拌下滴加氯化钡溶液（100g/L）10mL，在电热板或沙浴上微沸 5min，保温 2h，溶液最后体积保持在 150mL 左右。

③ 用慢速定量滤纸过滤，用热水洗至无氯离子为止（用硝酸银溶液检验）。

④ 将沉淀连同滤纸移入已恒重的瓷坩埚中，先在低温下灰化滤纸，然后在 800～850℃ 的马弗炉中灼烧 40min，取出坩埚，稍冷，放入干燥器中，冷却至室温后，称重。

⑤ 每配制一批试剂或改换其他任一试剂时，应进行空白试验（除不加灰样外，其余全部同上）。

（3）结果计算　三氧化硫的质量分数 $w(SO_3)$（%）按式（2-79）计算：

$$w(SO_3) = \frac{34.3(m_1 - m_2)}{m} \tag{2-79}$$

式中　m_1——硫酸钡的质量，g；
　　　m_2——空白测定时硫酸钡的质量，g；
　　　m——灰样的质量，g。

（4）方法精密度　三氧化硫测定（硫酸钡质量法）结果的重复性和再现性要求见表 2-32 规定。

表 2-32　三氧化硫测定（硫酸钡质量法）结果的重复性和再现性要求

质量分数/%	重复性限/%	再现性临界差/%
≤5.00	0.20	0.40
>5.00	0.30	0.60

2. 燃烧中和法

(1) 方法提要　灰样以活性炭粉为添加剂，于1300℃的空气流中分解，用过氧化氢溶液吸收，以甲基红-溴甲酚绿为指示剂，用氢氧化钠标准溶液滴定。

(2) 主要试剂　氢氧化钠标准溶液 $[c(NaOH)=0.025mol/L]$。

① 配制。称取氢氧化钠5g溶于5L已煮沸并放冷的水中，充分混匀，贮于聚乙烯瓶中，并隔绝二氧化碳保存。

② 标定。准确称取预先在120℃干燥1h的邻苯二甲酸氢钾基准试剂0.1000g（称准至0.0002g），置于300mL烧杯中，加入已煮沸5min并经中和、放冷的水150mL，加酚酞指示剂2~3滴，用氢氧化钠标准溶液滴定至微红色。

氢氧化钠标准溶液对三氧化硫的滴定度 $T(SO_3)$ 按下式计算：

$$T(SO_3) = \frac{0.04003 \times 1000m}{0.2042 V_1}$$

式中　m——邻苯二甲酸氢钾的质量，g；
　　　V_1——标定时所耗氢氧化钠标准溶液的体积，mL；
　　0.2042——邻苯二甲酸氢钾的毫摩尔质量，g/mmol；
　　0.04003——三氧化硫的毫摩尔质量，g/mmol。

(3) 分析步骤

① 装好仪器，通电升温至 (1300 ± 20)℃，往定硫吸收器和锥形瓶中注入过氧化氢溶液50mL。

② 开动抽气泵，调节空气流速约为500mL/min，并用氢氧化钠标准溶液调节过氧化氢溶液至亮绿色，玻璃三通活塞的侧管内注入约3mL水。

③ 称取灰样约0.1g（称准至0.0002g）、活性炭粉0.1g于燃烧舟中，用细镍铬丝充分混匀，放入燃烧管内，塞上带有镍铬丝推棒和T形玻璃管的塞子，用推棒将燃烧舟推入炉内中心恒温带，立即撤回推棒，以免变形。

④ 燃烧10min后，用氢氧化钠标准溶液滴定至定硫吸收器内的过氧化氢溶液由红变绿，拧动玻璃三通活塞，使在侧管内的水被吸入定硫吸收器内，冲洗存在于侧管内的酸，此时过氧化氢溶液又由绿变红，继续滴定至亮绿色为终点。

⑤ 关上抽气泵，取出燃烧舟，接着放入装有第二个灰样的燃烧舟，重复上述操作。

(4) 结果计算　三氧化硫的质量分数 $w(SO_3)$（%）按式(2-80)计算：

$$w(SO_3) = \frac{T(SO_3)V_2}{10m} \tag{2-80}$$

式中　$T(SO_3)$——氢氧化钠标准溶液对三氧化硫的滴定度，mg/mL；
　　　V_2——试液所耗氢氧化钠标准溶液的体积，mL；
　　　m——灰样的质量，g。

(5) 方法精密度　三氧化硫测定（燃烧中和法）结果的精密度见表2-32。

3. 库仑滴定法

(1) 方法提要　灰样在1150℃高温和催化剂作用下，于净化过的空气流中燃烧，煤灰中的硫酸盐分解为二氧化硫和少量的三氧化硫而逸出，被空气带到库仑定硫仪的电解池内，与水化合生成亚硫酸和少量硫酸。仪器立即以自动电解碘化钾溶液生成的碘来氧化滴定亚硫酸，电解产生碘所消耗的电量经仪器转换为相应的硫含量（mg）或质量分数（%），根据显示值计算出灰样中三氧化硫的含量。

(2) 分析步骤

① 将炉温升至1150℃。

② 将抽气泵的抽气速度调到1L/min，于抽气条件下，将250~300mL电解液倒入电解

池内。开动搅拌器后,再将旋钮转到自动电解位置。

③ 称取灰样 0.05g(称准至 0.0002g)于燃烧舟中(当三氧化硫含量大于 10%时,可将称样量减至 0.02~0.03g),在灰样上盖一薄层三氧化钨。将送样舟置于炉内的石英托盘上,开启程序控制器,石英托盘即自动进炉,库仑滴定即开始(对三氧化硫含量高的灰样需适当延长在高温区的停留时间),积分仪显示硫的值。

(3) 结果计算 三氧化硫的质量分数 $w(SO_3)$(%)按式(2-81)计算:

$$w(SO_3) = \frac{m(S)}{10m} \times 2.5 \tag{2-81}$$

式中 $m(S)$——积分仪显示的硫的质量,mg;

m——灰样的质量,g;

2.5——由硫换算成三氧化硫的因数。

(4) 方法精密度 三氧化硫测定(库仑滴定法)结果的重复性和再现性要求见表 2-33 规定。

表 2-33 三氧化硫测定(库仑滴定法)结果的重复性和再现性要求

质量分数/%	重复性限/%	再现性临界差/%
≤5.00	0.20	0.40
>5.00	0.40	0.80

五、五氧化二磷的测定(磷钼蓝分光光度法)

1. 方法一

(1) 方法提要 灰样用氢氟酸-高氯酸分解以脱除二氧化硅,吸取部分溶液加入钼酸铵和抗坏血酸混合溶液,生成磷钼蓝,用分光光度法进行测定。

(2) 分析步骤

① 待测样品溶液的制备。称取灰样 0.1000g(准确至 0.0002g)于 30mL 聚四氟乙烯坩埚中,用水润湿,加高氯酸 2mL、氢氟酸 10mL,置于电热板上低温缓缓加热(温度不高于 250℃),蒸至近干,再升高温度继续加热至白烟基本冒尽,溶液蒸至干涸但不焦黑为止。取下坩埚稍冷,加入盐酸溶液(1+1)10mL、水 10mL,再放在电热板上加热至近沸,并保温 2min。取下坩埚,用热水将坩埚中的试样溶液移入 100mL 容量瓶中,冷却至室温,用水稀释至刻度,摇匀。

② 空白溶液的制备。同待测样品溶液的制备,只是不加入灰样。

③ 工作曲线的绘制。准确吸取五氧化二磷标准工作溶液(0.02292g/L)0、1mL、2mL、3mL 分别注入 50mL 容量瓶中,加入钼酸铵和抗坏血酸混合溶液 5mL,放置 1~2min 后,用水稀释至刻度,摇匀。于 20~30℃下放置 1h 后,在分光光度计上,用 1~3cm 的比色皿在波长 650nm 处测定吸光度。

以五氧化二磷的质量(mg)为横坐标,吸光度为纵坐标,绘制工作曲线。

④ 测定。准确吸取待测样品溶液和空白溶液各 10mL,分别注入 50mL 容量瓶中,按上述步骤进行操作(若测得的吸光度超出工作曲线范围,应适当减少分取溶液的量)。从工作曲线上查得相应的五氧化二磷的质量(mg)。

(3) 结果计算 五氧化二磷的质量分数 $w(P_2O_5)$(%)按式(2-82)计算:

$$w(P_2O_5) = \frac{10m(P_2O_5)}{mV_1} \tag{2-82}$$

式中 $m(P_2O_5)$——由工作曲线上查得的五氧化二磷的质量,mg;

V_1——从灰样溶液总体积(100mL)中分取的溶液的体积,mL;

m——灰样的质量，g。

(4) 方法精密度　五氧化二磷测定结果的重复性和再现性要求见表2-34规定。

表 2-34　五氧化二磷测定结果的重复性和再现性要求

质量分数/%	重复性限/%	再现性临界差/%
≤1.00	0.05	0.15
1.00～5.00	0.15	0.50

2. 方法二

(1) 方法提要　灰样用氢氟酸-硫酸分解以脱除二氧化硅，吸取部分溶液加入钼酸铵和抗坏血酸混合溶液，生成磷钼蓝，用分光光度法进行测定。

(2) 分析步骤

① 待测样品溶液的制备。称取灰样 0.2000g（称准至 0.0002g），置于 30mL 聚四氟乙烯坩埚中，加氢氟酸 10mL、浓硫酸 0.5mL，于通风橱内，在电热板上低温缓缓加热，蒸至近干，再升高温度继续加热至白烟基本冒尽，溶液蒸至干涸但不焦黑为止。取下坩埚冷却后，用热水将坩埚中的熔融物洗入 100mL 烧杯中，加硫酸溶液 $\left[c\left(\frac{1}{2}H_2SO_4\right)=0.2\text{mol/L}\right]$ 20mL 和适量水，加热至盐类溶解，冷却至室温，移入 200mL 容量瓶中，并用水稀释至刻度，摇匀，澄清后备用。

② 空白溶液的制备。同待测样品溶液的制备，只是不加入灰样。

③ 工作曲线的绘制。准确吸取五氧化二磷标准工作溶液（22.9g/L）0、1mL、2mL、3mL 分别注入 50mL 容量瓶中，加入钼酸铵和抗坏血酸混合溶液 5mL，放置 1～2min 后，用水稀释至刻度，摇匀。于 20～30℃下放置 1h 后，在分光光度计上，用 1～3cm 的比色皿在波长 650nm 处测定吸光度。

以五氧化二磷的质量（mg）为横坐标，吸光度为纵坐标，绘制工作曲线。

④ 测定。准确吸取待测样品溶液和空白溶液各 10mL，分别注入 50mL 容量瓶中，加入硫酸溶液 $\left[c\left(\frac{1}{2}H_2SO_4\right)=4\text{mol/L}\right]$ 0.4mL。再按上述步骤进行操作（若测得的吸光度超出工作曲线范围，应适当减少分取溶液的量）。从工作曲线上查得相应的五氧化二磷的质量（mg）。

(3) 结果计算　五氧化二磷的质量分数 $w(P_2O_5)$（%）按式(2-83)计算：

$$w(P_2O_5)=\frac{20m(P_2O_5)}{mV_2} \tag{2-83}$$

式中　$m(P_2O_5)$——由工作曲线上查得的五氧化二磷的质量，mg；
　　　V_2——从灰样溶液总体积（200mL）中分取的溶液的体积，mL；
　　　m——灰样的质量，g。

(4) 方法精密度　同方法一。

六、氧化钾和氧化钠的测定（火焰光度法）

1. 方法提要

灰样经氢氟酸-硫酸分解，制成稀硫酸溶液，用火焰光度法测定。

2. 分析步骤

(1) 待测样品溶液和空白溶液的制备　同五氧化二磷测定中的相应步骤。

(2) 工作曲线的绘制

① 准确吸取氧化钾、氧化钠的标准混合溶液（0.4mg/mL）0、2mL、4mL、6mL、

8mL、10mL 分别注入 100mL 容量瓶中，加硫酸溶液 $\left[c\left(\frac{1}{2}H_2SO_4\right)=0.2\text{mol/L}\right]$ 10mL、合成灰溶液 10mL，用水稀释至刻度，摇匀。

合成灰溶液的配制：称取 0.5g 氧化铁、1.0g 氧化铝、0.5g 氧化钙、0.2g 氧化镁、0.2g 三氧化硫、0.01g 五氧化二磷、0.05g 四氧化三锰和 0.05g 二氧化钛等相应的试剂，分别溶解后，移入 1000mL 容量瓶中，用水稀释至刻度，摇匀，贮于聚乙烯瓶中。

② 预热火焰光度计 15min，调节最佳的空气压和燃气压，放入钾滤光镜，分别以零点调节液和满度调节液调节光栅使检流计指针读数分别在"0"和满度的位置上，反复调节到稳定为止。然后依次进行测定，记录钾的读数。

③ 换上钠滤光镜，分别以零点调节液和满度调节液重新调节光栅使检流计指针读数分别在"0"和"1/2"满度的位置上，反复调节到稳定为止。然后依次进行测定，记录钠的读数。

④ 分别以氧化钾、氧化钠的质量（mg）为横坐标，相应的读数为纵坐标，绘制工作曲线。

（3）测定　按上述步骤分别对样品溶液和空白溶液进行测定，记录钾和钠的读数，然后从工作曲线上查出氧化钾、氧化钠的质量（mg）。

3. 结果计算

氧化钾和氧化钠的质量分数 $w(K_2O)$（%）和 $w(Na_2O)$（%）分别按式(2-84)和式(2-85)计算：

$$w(K_2O)=\frac{0.2m(K_2O)}{m} \tag{2-84}$$

$$w(Na_2O)=\frac{0.2m(Na_2O)}{m} \tag{2-85}$$

式中　$m(K_2O)$——由工作曲线上查得的氧化钾的质量，mg；
　　　$m(Na_2O)$——由工作曲线上查得的氧化钠的质量，mg；
　　　m——灰样的质量，g。

4. 方法精密度

氧化钾和氧化钠测定结果的重复性和再现性要求分别见表 2-35 和表 2-36 规定。

表 2-35　氧化钾测定结果的重复性和再现性要求

质量分数/%	重复性限/%	再现性临界差/%
≤1.00	0.10	0.20
>1.00	0.20	0.30

表 2-36　氧化钠测定结果的重复性和再现性要求

质量分数/%	重复性限/%	再现性临界差/%
≤1.00	0.10	0.20
>1.00	0.20	0.30

七、钾、钠、铁、钙、镁、锰的测定方法（原子吸收法）

1. 方法提要

灰样经氢氟酸-高氯酸分解，在盐酸介质中，加入释放剂镧或锶消除铝、钛等对钙、镁的干扰，用空气-乙炔火焰进行原子吸收测定。

2. 分析步骤

（1）样品溶液的制备　称取灰样（0.10±0.01）g（称准至 0.0002g）于聚四氟乙烯坩埚中，用水润湿，加高氯酸 2mL、氢氟酸 10mL，置于电热板上低温缓缓加热（温度不高于

250℃），蒸至近干，再升高温度继续加热至白烟基本冒尽，溶液蒸至干涸但不焦黑为止。取下坩埚稍冷，加入盐酸溶液（1+1）10mL、水 10mL，再放在电热板上加热至近沸，并保温 2min。取下坩埚，用热水将坩埚中的试样溶液移入 100mL 容量瓶中，冷却至室温，用水稀释至刻度，摇匀。

（2）样品空白溶液的制备　分解一批样品应同时制备一个样品空白溶液，样品空白溶液的制备除不加样品外，其余操作同上。

（3）待测样品溶液的制备

① 铁、钙、镁待测样品溶液：准确吸取样品溶液及样品空白溶液各 5mL 于 50mL 容量瓶中，加镧溶液 2mL（如用锶作释放剂，加锶溶液 2mL）、盐酸溶液（1+3）1mL，加水稀释至刻度，摇匀。

② 钾、钠、锰待测样品溶液：准确吸取样品溶液及样品空白溶液各 5mL 于 50mL 容量瓶中，加盐酸溶液（1+3）1mL，加水稀释至刻度，摇匀。

（4）混合标准系列溶液的制备

① 铁、钙、镁混合标准系列溶液：分别吸取铁、钙、镁混合标准工作溶液 0、1mL、2mL、3mL、4mL、5mL、6mL、7mL、8mL、9mL、10mL 于 100mL 容量瓶中，加镧溶液 4mL（如用锶作释放剂，加锶溶液 4mL 和铝溶液 3mL）、盐酸溶液（1+3）4mL，用水稀释至刻度，摇匀。

② 钾、钠、锰混合标准系列溶液：分别吸取钾、钠、锰混合标准工作溶液 0、1mL、2mL、3mL、4mL、5mL、6mL、7mL、8mL、9mL、10mL 于 100mL 容量瓶中，加盐酸溶液（1+3）4mL，用水稀释至刻度，摇匀。

（5）铁、钙、镁、钾、钠、锰的测定

① 仪器工作条件的确定。除表 2-37 所规定的各元素的分析线和所使用的火焰气体外，将仪器的其他参数，如灯电流、通带宽度、燃烧器高度及转角、燃气和助燃气的流量、压力等调至最佳值。

表 2-37　推荐的仪器工作条件

元素	分析线/nm	火焰气体	元素	分析线/nm	火焰气体
K	766.5	乙炔-空气	Ca	422.7	乙炔-空气
Na	589.0	乙炔-空气	Mg	285.2	乙炔-空气
Fe	248.3	乙炔-空气	Mn	279.5	乙炔-空气

② 测定。按上述确定的仪器工作条件，分别测定标准系列溶液和待测样品溶液中相应元素的吸光度。

③ 工作曲线的绘制。以标准系列溶液中测定成分的质量浓度（μg/mL）为横坐标，相应的吸光度为纵坐标，绘制各成分的工作曲线。

3. 结果计算

各成分的质量分数 $w(R_xO_y)$（%）按式(2-86)计算：

$$w(R_xO_y)=\frac{\rho\times 0.001\times 100}{m} \tag{2-86}$$

式中　ρ——由工作曲线上查得的测定成分的质量浓度，μg/mL；

　　　m——灰样的质量，g。

4. 方法精密度

各成分测定（原子吸收法）结果的重复性和再现性要求见表 2-38 规定。

表 2-38 各成分测定（原子吸收法）结果的重复性和再现性要求

成分	质量分数/%	重复性限/%	再现性临界差/%
Fe_2O_3	<5.00	0.20	0.40
	5.00～10.00	0.40	0.80
	>10.00	0.80	1.50
CaO	<5.00	0.20	0.40
	5.00～10.00	0.40	0.80
	>10.00	0.80	1.50
MgO	≤2.00	0.10	0.20
	>2.00	0.20	0.40
K_2O	≤1.00	0.10	0.20
	>1.00	0.20	0.40
Na_2O	≤1.00	0.10	0.20
	>1.00	0.20	0.40
MnO_2	≤0.50	0.05	0.10
	>0.50	0.10	0.20

第十节 煤灰熔融性的测定方法

煤灰熔融性是指在规定条件下随加热温度而变化的煤灰变形、软化、半球和流动的特征物理状态。

煤灰熔融性是动力用煤和气化用煤的重要指标。

煤灰熔融性的测定方法根据试验结果表示方法的不同，可分为熔融曲线法和熔点法；根据所用试料形状的不同，分为角锥法和柱体法。由于柱体法（试料为立方体或圆柱体）的试料尺寸较小，往往要使用专门的仪器——热显微镜，所以通常称为显微镜法。目前，各国标准多采用熔点法（包括角锥法和柱体法）。

煤灰熔融性主要取决于其化学组成。但是，由于煤灰中总含有一定量的铁，它在不同的气体介质（氧化性或还原性）中将以不同的价态出现：在氧化性气氛介质中，它将转化成三价铁（Fe_2O_3）；在弱还原性气体介质中，它将转化成二价铁（FeO）；而在强还原性气体介质中，它将转化变成金属铁（Fe）。三者的熔点以 FeO 为最低（1420℃），Fe_2O_3 为最高（1560℃），Fe 居中（1535℃），加上 FeO 能与煤灰中的 SiO_2 生成熔点更低的硅酸盐，所以煤灰在弱还原性气氛介质中熔融温度更低。因此煤灰的熔融性除了取决于它的化学组成以外，试验气氛的氧化-还原性也是一个极其重要的影响因素，煤灰中含铁量越高，其影响越显著。

在工业锅炉和气化炉中，成渣部位的气体介质大都呈弱还原性，因此，煤灰熔融性的例常测定就在模拟工业条件的弱还原性气氛中进行。如果需要，也可在强还原性气氛或氧化性气氛中进行。

一、相关术语和定义

1. 变形温度（DT）

灰锥尖端或棱开始变圆或弯曲时的温度（见图 2-8 中 DT）。

注：如灰锥尖保持原形，则锥体收缩和倾斜不算变形温度。

2. 软化温度（ST）

灰锥弯曲至锥尖触及托板或灰锥变成球形时的温度（见图 2-8 中 ST）。

图 2-8　灰锥熔融特征示意图

3. 半球温度（HT）

灰锥形变至近似半球形，即高约等于底长的一半时的温度（见图 2-8 中 HT）。

4. 流动温度（FT）

灰锥熔化展开成高度在 1.5mm 以下的薄层时的温度（见图 2-8 中 FT）。

二、方法提要

将煤灰制成一定尺寸的三角锥，在一定的气体介质中，以一定的速度升温加热，观察灰锥在受热过程中的形态变化，观测并记录它的四个特征熔融温度：变形温度、软化温度、半球温度和流动温度。

三、试验准备

1. 试样形状和尺寸

试样为三角锥体，高 20mm，底为边长 7mm 的正三角形，锥体的一侧面垂直于底面。

2. 试验气氛及其控制

（1）弱还原性气氛　可用下述两种方法之一控制：

① 炉内通入 50%±10%（体积分数，余同）的氢气和 50%±10% 的二氧化碳混合气体，或 40%±5% 的一氧化碳和 60%±5% 的二氧化碳混合气体；

② 炉内封入含碳物质。

（2）氧化性气氛　炉内不放任何含碳物质，并使空气自由流通。

四、分析步骤

1. 灰的制备

取粒度小于 0.2mm 的空气干燥煤样，按有关规定将其完全灰化，然后用玛瑙研钵研细至 0.1mm 以下。

2. 灰锥的制作

取 1~2g 煤灰放在瓷板或玻璃板上，用数滴糊精溶液润湿并调成可塑状，然后用小尖刀铲入灰锥模中挤压成型。用小尖刀将模内灰锥小心地推至瓷板或玻璃板上，于空气中风干或于 60℃下干燥备用。

五、测定步骤

1. 在弱还原性气氛中测定

① 用糊精水溶液将少量氧化镁调成糊状，用它将灰锥固定在灰锥托板的三角坑内，并使灰锥垂直于底面的侧面与托板表面垂直。

② 将带灰锥的托板置于刚玉舟上。如用封碳法来产生弱还原性气氛，则预先在舟内放置足够量的含碳物质。

③ 打开高温炉炉盖，将刚玉舟徐徐推入炉内，至灰锥位于高温带并紧邻电偶热端（相距 2mm 左右）。

④ 关上炉盖，开始加热并控制升温速度为：900℃以下，15～20℃/min；900℃以上，(5±1)℃/min。

如用通气法产生弱还原性气氛，则从600℃开始通入氢气或一氧化碳和二氧化碳的混合气体，通气速度以能避免空气渗入为准。

⑤ 随时观察灰锥的形态变化（高温下观察时，需戴上墨镜），记录灰锥的四个熔融特征温度——变形温度、软化温度、半球温度和流动温度。

⑥ 待全部灰锥都达到流动温度或炉温升至1500℃时断电，结束试验。

⑦ 待炉子冷却后，取出刚玉舟，拿下托板，仔细检查其表面，如发现试样与托板作用，则另换一种托板重新试验。

2. 在氧化性气氛下测定

测定手续与还原性气氛相同，但刚玉舟内不放任何含碳物质，并使空气在炉内自由流通。

六、试验气氛性质的检查

定期或不定期地用下述方法之一检查炉内气氛性质。

1. 参比灰锥法

用参比灰制成灰锥并测定其熔融特征温度（DT、ST、HT和FT），如其实际测定值与弱还原性气氛下的参比值相差不超过50℃，则证明炉内气氛为弱还原性气氛；如超过50℃，则根据它们与强还原性或氧化性气氛下的参比值的接近程度以及刚玉舟中碳物质的氧化情况来判断炉内气氛。

2. 取气分析法

用一根气密刚玉管从炉子高温带以一定的速度（以不改变炉内气体组成为准，一般为6～7mL/min）取出气体并进行成分分析。如在1000～1300℃范围内，还原性气体（一氧化碳、氢气和甲烷等）的体积分数为10%～70%，同时1100℃以下它们的总体积和二氧化碳的体积比不大于1∶1，氧含量低于0.5%，则炉内气氛为弱还原性。

七、精密度

煤灰熔融性测定的重复性和再现性要求见表2-39规定。

表 2-39　煤灰熔融性测定的重复性和再现性要求

熔融特征温度	重复性/℃	再现性/℃	熔融特征温度	重复性/℃	再现性/℃
DT	≤60		HT	≤40	≤80
ST	≤40	≤80	FT	≤40	≤80

第十一节　煤的热稳定性测定方法

煤的热稳定性是指煤在高温燃烧或气化过程中对热的稳定性程度，也就是煤块在高温作用下保持原来粒度的性质。热稳定性好的煤在燃烧或气化过程中不破碎或破碎较少；热稳定性差的煤在燃烧或气化过程中迅速裂成小块或爆裂成煤粉。由于细粒度煤的增多，轻则增加炉内的阻力和带出物，降低气化和燃烧效率；重则破坏整个气化过程，甚至造成停炉事故。因此使用块煤作为气化原料时，应预先测定其热稳定性，以便选择合适的煤种或改变操作条件，来尽量减小因热稳定性差而对气化过程的影响，使运转正常。因此煤的热稳定性是生产、科研及设计单位确定气化工艺、技术、经济指标的重要依据之一。

煤的热稳定性测定方法的测定条件是依据煤加入煤气发生炉内首先进入干燥层表面,煤突然受热而发生不同程度的破裂;干燥层以下是干馏层,其表面温度一般在800~900℃,煤主要在干馏层受热破裂。经过反复试验后,确定试验温度为850℃,受热时间为30min。

一、方法提要

量取6~13mm粒度的煤样,在(850±15)℃的马弗炉中隔绝空气加热30min,称量,筛分,以粒度大于6mm的残焦质量占各级残焦质量之和的百分数作为热稳定性指标TS_{+6};以3~6mm和小于3mm的残焦质量分别占各级残焦质量之和的百分数作为热稳定性辅助指标$TS_{3\sim6}$、TS_{-3}。

二、测定步骤

① 按煤样制备方法的规定制备6~13mm粒度的空气干燥煤样约1.5kg,仔细筛去小于6mm的粉煤,然后混合均匀,分成两份。

② 用坩埚从两份煤样中各取500cm³煤样,称量(称准到0.01g)并使两份质量一致(±1g)。将每份煤样分别装入5个坩埚,盖好坩埚盖并将坩埚放入坩埚架上。

③ 迅速将装有坩埚的架子送入已升温到900℃的马弗炉恒温区内,关好炉门,将炉温调到(850±15)℃,使煤样在此温度下加热30min。煤样刚送入马弗炉时,炉温可能下降,此时要求在8min内炉温恢复到(850±15)℃,否则测定作废。

④ 从马弗炉中取出坩埚,冷却到室温,称量每份残焦的总质量(称准到0.01g)。

⑤ 将孔径6mm和3mm的筛子和筛底盘叠放在振筛机上,把称量后的一份残焦倒入6mm筛子内,盖好盖并将其固定。

⑥ 开动振筛机,筛分10min。

⑦ 分别称量筛分后粒度大于6mm、3~6mm及粒度小于3mm的各级残焦的质量(称准到0.01g)。

⑧ 将各级残焦的质量相加,与筛分前的总残焦质量相比,二者之差不应超过±1g,否则测定作废。

三、结果计算

煤的热稳定性指标和辅助指标按式(2-87)~式(2-89)计算:

$$TS_{+6} = \frac{m_{+6}}{m} \times 100 \tag{2-87}$$

$$TS_{3\sim6} = \frac{m_{3\sim6}}{m} \times 100 \tag{2-88}$$

$$TS_{-3} = \frac{m_{-3}}{m} \times 100 \tag{2-89}$$

式中 TS_{+6}——煤的热稳定性指标,%;
$TS_{3\sim6}$、TS_{-3}——煤的热稳定性辅助指标,%;
m——各级残焦质量之和,g;
m_{+6}——粒度大于6mm的残焦质量,g;
$m_{3\sim6}$——粒度为3~6mm的残焦质量,g;
m_{-3}——粒度小于3mm的残焦质量,g。

计算两次重复测定各级残焦指标的平均值。

将各级残焦指标的平均值按数据修约规则修约到小数点后一位,作为最后结果报告。

四、精密度

各项指标的两次重复测定的差值都不超过 3.0%。

第十二节 煤对二氧化碳化学反应性的测定方法

煤的化学反应性又称活性,是指在一定温度条件下,煤与不同气体介质如二氧化碳、氧或水蒸气相互作用的能力而言。因此煤的化学反应性直接反映煤在气化炉中还原层的化学反应能力。特别对于一些高效能的新型气化工艺(如沸腾床、悬浮床气化),要求用反应性强的煤以保证在气化和燃烧过程中反应速率快、效率高。反应性强弱还直接影响炉子的耗煤量、耗氧量及煤气中的有效成分等。

在流化燃烧新技术中,煤的化学反应性与其反应速率也有密切关系。因此煤的化学反应性是一项重要的气化和燃烧特性指标。随着气化、燃烧技术的发展,这项指标在生产中的应用日益广泛。

煤的化学反应性表示方式很多,总的来说有以下五种:
① 直接以反应速率表示(包括比速率及反应速率常数);
② 以反应物分解率或还原率表示;
③ 以活化能表示;
④ 以同一温度下产物的最大浓度或浓度与时间关系作图表示;
⑤ 以着火点或平均燃烧速率表示。

本方法是以 CO_2 作为气体介质,在一定温度下 CO_2 气体与煤中的碳进行反应,其中一部分被还原成 CO 的 CO_2 量占通入 CO_2 总量的百分数也就是二氧化碳还原率 $\alpha(\%)$ 作为煤对二氧化碳化学反应性的指标。

一、方法提要

先将煤样干馏,除去挥发物(如试样为焦炭,则不需要干馏处理)。然后将其筛分并选取一定粒度的焦渣装入反应管中加热。加热到一定温度后,以一定的流量通入二氧化碳与试样反应。测定反应后气体中二氧化碳的含量,以被还原成一氧化碳的二氧化碳量占通入的二氧化碳量的百分数,即二氧化碳还原率 $\alpha(\%)$,作为煤或焦炭对二氧化碳化学反应性的指标。

二、测定准备

1. 试样的制备与处理
① 按煤样制备方法的规定制备 3~6mm 粒度的试样约 300g。
② 用橡皮塞把热电偶套管固定在干馏管中,并使其顶端位于干馏管的中心。将干馏管直立,加入粒度为 6~8mm 的碎瓷片或碎刚玉片至热电偶套管露出瓷片约 100mm,然后加入试样至试样层的厚度达 200mm,再用碎瓷片或碎刚玉片充填干馏管的其余部分。
③ 将装好试样的干馏管放入管式干馏炉中,使试样部分位于恒温区内,将镍铬-镍硅热电偶插入热电偶套管中。
④ 接通管式干馏炉电源,以 15~20℃/min 的速度升温到 900℃时,在此温度下保持 1h,切断电源,放置冷却到室温,取出试样,用 6mm 和 3mm 的圆孔筛叠加在一起筛分试

样，留取3~6mm粒度的试样作测定用。黏结性煤处理后，其中大于6mm的焦块必须破碎使之全部通过6mm筛。

2. 反应性测定仪的安装

① 按图2-9连接各部件并使各连接处不漏气。

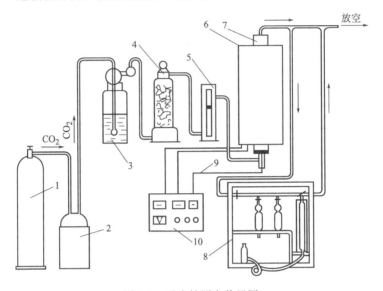

图2-9 反应性测定装置图

1—二氧化碳瓶；2—贮气筒；3—洗气瓶；4—气体干燥塔；5—气体流量计；
6—反应炉；7—反应管；8—奥氏气体分析器；
9—热电偶；10—温度控制器

② 用橡皮塞将热电偶套管固定在反应管中，使套管顶端位于反应管恒温区中心。将反应管直立，加入粒度为6~8mm的碎刚玉片或碎瓷片至热电偶套管露出碎刚玉片或碎瓷片约50mm。

三、测定步骤

① 将热处理后3~6mm粒度的试样加入反应管，使料层高度达100mm，并使热电偶套管顶端位于料层的中央，再用碎刚玉片或碎瓷片充填其余部分。

② 将装好试样的反应管插入反应炉内，用带有导出管的橡皮塞塞紧反应管上端，把铂铑$_{10}$-铂热电偶插入热电偶套管。

③ 通入二氧化碳气体检查系统有无漏气现象，确认不漏气后继续通二氧化碳2~3min赶净系统内的空气。

④ 接通电源，以20~25℃/min速度升温，并在30min左右将炉温升到750℃（褐煤）或800℃（烟煤、无烟煤），在此温度下保持5min。当气压在(101.33 ± 1.33)kPa$(760mmHg\pm10mmHg)$、室温在12~28℃时，以500mL/min的流量通入二氧化碳，通气2.5min时用奥氏气体分析器在1min内抽气清洗系统并取样。停止通入二氧化碳，分析气样中二氧化碳的浓度（若用仪器分析，应在通二氧化碳3min时记录仪器所显示的二氧化碳浓度）。

⑤ 在分析气体的同时，继续以20~25℃/min的速度升高炉温。每升高50℃按上述规定保温、通二氧化碳并取气样分析反应后气体中二氧化碳的浓度，直至温度达到1100℃时为止。特殊需要时，可测定到1300℃。

四、数据处理及结果报告

① 根据以下关系式绘制二氧化碳还原率与反应后气体中二氧化碳含量的关系曲线:

$$\alpha = \frac{100(100-a-V)}{(100-a)(100+V)} \times 100 \tag{2-90}$$

式中 α——二氧化碳还原率,%;
  a——钢瓶二氧化碳气体中杂质气体的含量,%;
  V——反应后气体中二氧化碳的含量,%。

注:当钢瓶二氧化碳的纯度改变时,必须重新绘制 α 与 V 的关系曲线。

② 根据测得的反应后气体中二氧化碳含量 V,从 α-V 曲线上查得相应的二氧化碳还原率 α。

③ 结果报告。每个试样做两次重复测定,按数据修约规则,将测得的反应后气体中二氧化碳的含量 V 修约到小数点后一位,从 α-V 曲线上查得相应的二氧化碳还原率 α,将测定结果填入表中。在以温度为横坐标、α 值为纵坐标的图上标出两次测定的各试验结果点,通过各点按最小二乘法原理绘一条平滑的曲线——反应性曲线。将测定结果表和反应性曲线一并报出。

五、精密度

任一温度下两次测定的 α 值与反应性曲线上相应温度下 α 值的差值应不超过 $\pm 3\%$。

第十三节 煤的结渣性测定方法

煤的结渣性是指煤在气化或燃烧过程中,煤灰受热软化、熔融而结渣的性能的量度。以在规定条件下,一定粒度的煤样燃烧后,大于 6mm 的渣块占全部残渣的质量百分数表示。

煤的结渣性是反应煤灰在气化和燃烧过程中成渣的特性。

在气化、燃烧过程中,煤中的碳与氧反应,放出热量产生高温使煤中的灰分熔融成渣。渣的形成一方面使气流分布不均匀,易产生风洞,造成局部过热,给操作带来一定的困难,结渣严重时还会导致停产;另一方面由于结渣后煤块被熔渣包裹,煤中碳未完全燃烧就排出炉外,增加了碳的损失。为了使生产正常运行,避免结渣,往往通入适量的水蒸气,但这样又会降低反应层的温度,使煤气质量和气化效率下降。因此,煤的结渣性对于用煤单位和设计部门都是不可忽视的重要指标。煤的结渣性测定方法是模拟工业发生炉的氧化层反应条件。煤在氧化层的反应方程式如下:

$$C + O_2 \longrightarrow CO_2 + 393.3 \text{kJ/mol}$$

此时煤中的灰在反应所产生的高温作用下发生软化和局部熔融而结渣。实验室以大于 6mm 的渣块占总灰渣质量的百分数来评价煤的结渣性的强弱。

一、方法提要

将 3~6mm 粒度的试样装入特制的气化装置中,用木炭引燃,在规定鼓风强度下使其气化(燃烧)。待试样燃尽后停止鼓风,冷却,将残渣称量和筛分,以大于 6mm 的渣块质量百分数表示煤的结渣性。

二、试样的制备

① 按煤样制备方法的规定,制备粒度为 3~6mm 的空气干燥试样 4kg 左右。

② 挥发分焦渣特征小于或等于 3 的煤样以及焦炭不需要经过破黏处理。

③ 挥发分焦渣特征大于 3 的煤，按下列方法进行破黏处理。

• 将马弗炉预先升温到 300℃。

• 量取煤样 800cm³（同一鼓风强度重复测定用样量）放入铁盘内，摊平，使其厚度不超过铁盘高的 2/3。

• 打开炉门，迅速将铁盘放入炉内，立即关闭炉门。

• 待炉温回升到 300℃ 以后，恒温 30min。然后将温度调到 350℃，并在此温度下加热到挥发物逸完为止。

• 打开炉门，取出铁盘，趁热用铁丝搅动煤样，使之松动，并倒在振筛机上过筛。遇有大于 6mm 的焦块时，轻轻压碎，使其全部通过 6mm 筛子。取 3～6mm 粒度煤样备用。

三、测定步骤

① 取试样 400cm³，并称量（称准到 0.01g）。

② 将试样倒入气化套内，摊平，将垫圈装在空气室和烟气室之间，用锁紧螺筒固紧。

③ 称取约 15g 木炭，放在带孔铁铲内，在电炉上加热至灼红。

④ 开动鼓风机，调节空气针形阀，使空气流量不超过 2m³/h。再将铁漏斗放在仪器顶盖位置处，把灼红的木炭从顶部倒在试样表面上，取下铁漏斗，摊平，拧紧顶盖，再仔细调节空气流量，使其达到规定值，开始计时。

⑤ 在测定过程中，随时观察空气流量是否偏离规定值，并及时调节，从与测压孔相接的压力计读出料层最大阻力，并记录。

⑥ 从观测孔观察到试样燃尽后，关闭鼓风机。记录反应时间。

⑦ 气化套冷却后取出全部灰渣，称其质量。

⑧ 将 6mm 筛子和筛底叠放在振筛机上，然后把称量后的灰渣全部转移到 6mm 筛子上，盖好筛盖。

⑨ 开动振筛机，振动 30s，然后称出粒度大于 6mm 渣块的质量。

⑩ 每个试样在 0.1m/s、0.2m/s 和 0.3m/s（相应于空气流量分别为 2m³/h、4m³/h、6m³/h）三种鼓风强度下分别进行重复测定。

以鼓风强度为 0.2m/s 和 0.3m/s 进行测定时，应先使风量在 2m³/h 下保持 3min，然后再调节到规定值。

四、结果计算

结渣率按式(2-91)计算：

$$C_{lin} = \frac{m_1}{m} \times 100 \tag{2-91}$$

式中 C_{lin}——结渣率，%；

m_1——粒度大于 6mm 渣块的质量，g；

m——总灰渣质量，g。

五、精密度

每一试样按 0.1m/s、0.2m/s、0.3m/s 三种鼓风强度进行重复测定，两次重复测定结果的差值不得超过 ±5.0%。

第十四节 烟煤黏结指数测定方法

黏结指数是由我国提出的煤的黏结力的度量,以在规定条件下,煤与专用无烟煤完全混合并炭化后,所得焦炭的机械强度来表征。

黏结指数是评价煤的塑性(黏结性、结焦性)的一个指标,以 G 或 $G_{R.I.}$ 表示。黏结指数是我国煤炭分类标准中确定烟煤工艺类别的主要指标之一。根据煤的黏结指数,可以大致确定该煤的主要用途;利用煤的挥发分和黏结指数图,可以理解各种煤在炼焦配煤中的作用,这对于指导配煤、确定经济合理的配煤比具有一定意义。

一、测定原理

以一定质量的试验煤样和专用无烟煤混合均匀,在规定条件下加热成焦,所得焦炭在一定规格的转鼓内进行强度检验,以焦块的耐磨强度表示试验煤样的黏结能力。因此,烟煤黏结指数实质上是试验烟煤样在受热后,煤颗粒之间或煤粒与惰性组分颗粒间结合牢固程度的一种度量,它是各种物理和化学变化的最终结果。

二、方法提要

将一定质量的试验煤样和专用无烟煤在规定的条件下混合,快速加热成焦,所得焦块在一定规格的转鼓内进行强度检验,用规定的公式计算黏结指数,以表示试验煤样的黏结能力。

三、试验煤样和专用无烟煤样的制备

1. 试验煤样的制备

试验煤样按煤样制备方法制备成粒度小于 0.2mm 的空气干燥煤样,其中 0.1~0.2mm 的煤粒占全部煤样的 20%~35%。煤样粉碎后并在试验前应混合均匀,装在密封的容器中。制样后到试验时间不应超过一星期。如超过一星期,应在报告中注明制样和试验时间。

2. 专用无烟煤样的制备

黏结指数测定中所用的专用无烟煤样必须使用经国家计量部门批准的国家标准煤样。

四、测定步骤

① 先称取 5g(称准至 0.001g)专用无烟煤,再称取 1g(称准至 0.001g)试验煤样放入坩埚中。

② 用搅拌丝将坩埚内的混合物搅拌 2min。搅拌方法:坩埚 45°左右倾斜,逆时针方向转动,每分钟约 15 转,搅拌丝按同样倾角作顺时针方向转动,每分钟约 150 转。搅拌时,搅拌丝的圆环接触坩埚壁与底相连接的圆弧部分。约经 $1'45''$ 后,一边继续搅拌,一边将坩埚与搅拌丝逐渐转到垂直位置,约 2min 时,搅拌结束。也可用达到同样搅拌效果的机械装置进行搅拌。在搅拌时,应防止煤样外溅。

③ 搅拌后,将坩埚壁上的煤粉用刷子轻轻扫下,用搅拌丝将混合物小心地拨平,并使沿坩埚壁的层面略低 1~2mm,以便压块将混合物压紧后,使煤样表面处于同一平面。

④ 用镊子夹压块于坩埚中央,然后将其置于压力器下,将压杆轻轻放下,静压 30s。

⑤ 加压结束后,压块仍留在混合物上,盖上坩埚盖。注意:从搅拌时开始,带有混合物的坩埚应轻拿轻放,避免受到撞击与振动。

⑥ 将带盖的坩埚放置在坩埚架中，用带手柄的平铲或夹子托起坩埚架，放入预先升温到850℃的马弗炉内的恒温区。6min 内炉温应恢复到850℃，以后炉温应保持在（850±10）℃。从放入坩埚开始计时，焦化 15min，之后，将坩埚从马弗炉中取出，放置冷却到室温。若不立即进行转鼓试验，则将坩埚放入干燥器中。马弗炉温度测量点，应在两排坩埚中央。炉温应定期校正。

⑦ 从冷却后的坩埚中取出压块。当压块上附有焦屑时，应刷入坩埚内。称量焦渣总质量，然后将其放入转鼓内，进行第一次转鼓试验。转鼓试验后的焦块用 1mm 圆孔筛进行筛分，再称量筛上物的质量，然后，将其放入转鼓进行第二次转鼓试验，重复筛分、称量操作。每次转鼓试验 5min，即 250 转。质量均称准到 0.01g。

五、结果计算

黏结指数（G）按式(2-92)计算：

$$G = 10 + \frac{30m_1 + 70m_2}{m} \tag{2-92}$$

式中 m_1——第一次转鼓试验后，筛上物的质量，g；
m_2——第二次转鼓试验后，筛上物的质量，g；
m——焦化处理后焦渣总质量，g。

计算结果修约到小数点后第一位。

六、补充试验

当测得的 G 小于 18 时，需重做试验。此时，试验煤样和专用无烟煤的比例改为 3：3，即 3g 试验煤样与 3g 专用无烟煤。其余试验步骤均同上，结果按式(2-93)计算：

$$G = \frac{30m_1 + 70m_2}{5m} \tag{2-93}$$

式中各符号意义均与式(2-92)相同。

七、精密度及结果报出

黏结指数测定结果的重复性和再现性要求见表 2-40 规定。

表 2-40　黏结指数测定结果的重复性和再现性要求

黏结指数(G值)	重复性(G值)	再现性(G值)
≥18	≤3	≤4
<18	≤1	≤2

以重复试验结果的算术平均值作为最终结果。报告结果取整数。

第十五节　烟煤胶质层指数测定方法

胶质层指数是判断烟煤结焦性的一项重要指标，也是煤炭分类的主要指标之一。

① 胶质层指数的测定过程反映了工业焦炉炼焦的全过程，通过研究胶质层指数的测定过程，可研究炼焦过程的机理。

② 胶质层最大厚度 Y 值直接反映了煤的胶质体的特性和数量，是煤的结焦性能好坏的一个标志，是我国烟煤分类的一项工艺性指标。

③ 由于 Y 值表征煤的结焦性能，并有较好的加和性，所以对于指导配煤炼焦有着重要的作用。

本法是一个多指标的测定方法，能近似地反映工业炼焦过程，所以本法的测定也成为研究煤的焦化性质的一个重要手段。但也有其局限性，即对瘦煤和肥煤的试验条件不易掌握。

一、基本原理

煤在规定条件（升温速度 3℃/min、在 9.8×10^4 Pa 压力下、用特定煤杯和单侧加热方式）下测得的胶质体（软化后的塑性体）的最大厚度为胶质层最大厚度 Y 值（mm），其体积曲线的最终位置与起始位置之间的距离为最终收缩度 X 值（mm），在坐标纸上记录下来的加热过程的体积变化曲线为体积曲线类型。

胶质层指数的测定主要是测定胶质层最大厚度 Y 值、最终收缩度 X 值和体积曲线类型三个主要参数和描述焦炭的特性等。

胶质层指数测定方法是模拟工业焦炉的炼焦条件而设计出来的。煤样在钢杯中，上加恒压，由底面单侧加热。钢杯置入一定规格和技术指标的带孔耐火砖中，以一定的加热速度升温，此时传至杯内的温度由上而下依次递增。

因为用单侧加热时，周围散热条件较好，在煤杯内的煤样就形成了一系列温度自下而上传递的等温面。当加热到一定温度时，因为最上面的煤样还不到软化温度，所以保持原样不变，中间一部分则因为到了软化温度而变成沥青状的胶体——胶质体；而下面一部分则因为到达固化温度，而由胶质体变成了半焦。因此，煤样中形成了半焦层、胶质层和未软化的煤样层三部分，这就是胶质层指数测定的全过程。

试验开始，从室温到 250℃ 是干燥阶段，主要是预热、烘干水分。升温到 300～350℃ 时煤样开始软化，此时，发生热分解，产生气体，煤样逐渐形成胶质体，并出现膨胀，收缩等现象。起初胶质层逐渐由薄增厚，随着温度递增，由于胶质体固化速度大于生成速度，则又重新变薄，直至胶质体完全消失，即煤样全部固化（550～600℃）生成半焦。继续加热至 730℃，试验即告结束。

在试验过程中，用一特制的胶质层探针来测量胶质层的厚度，以得到胶质层最大厚度 Y 值。

在试验过程中，随着温度的升高，煤杯内的煤样发生热解、产生气体、形成胶质体、出现膨胀和收缩等情况，这些变化被记录在坐标纸上，得到体积变化曲线。不同的煤种由于热分解等性质的不同而得到相异的体积曲线类型。不同的体积曲线反映了不同的结焦性能。本方法中只取八种典型的体积曲线作为表征胶质层的指标，并以体积曲线的名称作为结果报出。

当煤杯内的全部煤样都形成半焦后，由于体积收缩，煤的体积曲线出现最低点。以试验结束（730℃）时煤样收缩所显示在体积曲线上的距离作为最终收缩度 X 值。X 值取决于煤的挥发分、软化、固化、收缩等性质。

由于胶质层指数的测定是一项规范性很强的试验，诸如升温速度、煤样粒度、压力、煤杯的材质和煤杯外围炉砖耐火材料的热性质等试验条件均会影响测定结果，因此，必须使仪器、制样和操作都严格符合统一的规定，才能得出一致的结果。

二、方法提要

按规定将煤样装入煤杯中，煤杯放在特制的电炉内以规定的升温速度进行单侧加热，煤样则相应形成半焦层、胶质层和未软化的煤样层三个等温层面。用探针测量出胶质体的最大厚度 Y，从试验的体积曲线测得最终收缩度 X。

三、煤样的制备

① 胶质层测定用的煤样应符合下列规定：煤样应按照煤样的制备方法缩制并达到空气干燥状态；煤样应用对辊式破碎机破碎到全部通过 1.5mm 的圆孔筛，但不得过度粉碎。

② 供确定煤炭牌号的煤样，应一律按我国煤炭分类标准中的有关规定进行减灰。

③ 为防止煤的氧化对测定结果的影响，试样应装在磨口玻璃瓶或其他密闭容器中，且放在阴凉处，试验应在制样后不超过半个月内完成。

四、试验准备

① 热电偶管及压力盘上遗留的焦屑等用金刚砂布（$1\frac{1}{2}$ 号为宜）清除干净，杯底及压力盘上各析气孔应畅通，热电偶管内不应有异物。

② 纸管制作。在一根细钢棍上用香烟纸粘制成直径为 2.5～3.0mm、高度约为 60mm 的纸管。装煤杯时将钢棍插入纸管，纸管下端折约 2mm，纸管上端与钢棍贴紧，防止煤样进入纸管。

③ 滤纸条。宽约 60mm，长 190～200mm。

④ 石棉圆垫。用厚度为 0.5～1.0mm 的石棉纸做两个直径为 59mm 的石棉圆垫。在上部圆垫上有供热电偶铁管穿过的圆孔和纸管穿过的小孔；在下部圆垫上对应压力盘上的探测孔处作一标记。

⑤ 体积曲线记录纸。用毫米方格纸作体积曲线记录纸，其高度与记录转筒的高度相同，其长度略大于转筒圆周。

⑥ 装煤杯。

- 将杯底放入煤杯使其下部凸出部分进入煤杯底部圆孔中，杯底上放置热电偶铁管的凹槽中心点与压力盘上放热电偶的孔洞中心点对准。

- 将石棉圆垫铺在杯底上，石棉垫上圆孔应对准杯底上的凹槽，在杯内下部沿壁围一条滤纸条。将热电偶铁管插入杯底凹槽，把带有香烟纸管的钢棍放在下部石棉圆垫的探测孔标志处，用压板把热电偶铁管和钢棍固定，并使它们都保持垂直状态。

- 将全部试样倒在缩分板上，掺和均匀，摊成厚约 10mm 的方块。用直尺将方块划分为许多 30mm×30mm 左右的小块，用长方形小铲，按棋盘式取样法隔块分别取出两份试样，每份试样质量为（100.0±0.5）g。

- 将每份试样用堆锥四分法分为四部分，分四次装入杯中。每装 25g 之后，用金属针将煤样摊平，但不得捣固。

- 试样装完后，将压板暂时取下，把上部石棉圆垫小心地平铺在煤样上，并将露出的滤纸边缘折复于石棉圆垫之上，放入压力盘，再用压板固定热电偶铁管。将煤杯放入上部砖垛的炉孔中，把压力盘与杠杆连接起来，挂上砝码，调节杠杆到水平。

- 如试样在试验中生成流动性很大的胶质体溢出压力盘，则应按上述步骤重新装样试验。重新装样的过程中，须在折复滤纸后，用压力盘压平，再用直径 2～3mm 的石棉绳在滤纸和石棉圆垫上方沿杯壁和热电偶铁管外壁围一圈，再放上压力盘，使石棉绳把压力盘与煤杯、压力盘与热电偶铁管之间的缝隙严密地封闭。

- 在整个装样过程中香烟纸管应保持垂直状态。当压力盘与杠杆连接好后，在杠杆上挂上砝码，把细钢棍小心地由纸管中抽出来（可轻轻旋转），勿使纸管留在原有位置。如纸管被拔出，或煤粒进入了纸管（可用探针试出），须重新装样。

⑦ 用探针测量纸管底部时，将刻度尺放在压板上，检查指针是否指在刻度尺的零点，

如不在零点,则有煤粒进入纸管内,应重新装样。

⑧ 将热电偶置于热电偶铁管中。检查前杯和后杯热电偶连接是否正确。

⑨ 把毫米方格纸装在记录转筒上,并使纸上的水平线始、末端彼此连接起来。调节记录转筒的高低,使其能同时记录前、后杯两个体积曲线。

⑩ 检查活轴轴心到记录笔尖的距离,并将其调整为600mm,将记录笔充好墨水。

⑪ 加热之前按式(2-94)求出煤样的装填高度:

$$h = H - (a-b) \tag{2-94}$$

式中 h——煤样的装填高度,mm;

H——由杯底上表面到杯口的高度,mm;

a——由压力盘上表面到杯口的距离,mm;

b——压力盘和两个石棉圆垫的总厚度,mm。

a 值测量时,沿煤杯周围在四个不同地方共测量四次,取平均值。H 值应在每次装煤前实测,b 值可用卡尺实测。

⑫ 同一煤样重复测定时装煤高度的允许差为1mm,超过允许差时应重新装样。报告结果时应将煤样的装填高度的平均值附注于 X 值之后。

五、测定步骤

① 当上述准备工作就绪后,打开程序控温仪开关,通电加热,并控制两煤杯杯底升温速度如下:250℃之前为8℃/min,并要求30min内升到250℃;250℃之后为3℃/min,每10min记录一次温度。在350~600℃期间,实际温度与应达到的温度之差不应超过5℃,在其余时间内不应超过10℃,否则,试验作废。

在试验中应按时记录时间和温度。时间从250℃起开始计算,以 min 为单位。

② 温度到达250℃时,调节记录笔尖使之接触到记录转筒上,固定其位置,并旋转记录转筒一周,划出一条"零点线",再将笔尖对准起点,开始记录体积曲线。

③ 对一般煤样,测量胶质层层面在体积曲线开始下降后几分钟开始,到温升至约650℃时停止。当试样的体积曲线呈山形或生成流动性很大的胶质体时,其胶质层层面的测定可适当地提前停止,一般在胶质层最大厚度出现后再对上、下部层面各测2~4次即可停止,并立即用石棉绳或石棉绒把压力盘上探测孔严密地密封,以免胶质体溢出。

④ 测量胶质层上部层面时,将探针刻度尺放在压板上,使探针通过压板和压力盘上的专用小孔小心地插入纸管中,轻轻往下探测,直到探针下端接触到胶质层层面(手感到有阻力时为上部层面)。读取探针刻度(层面到杯底的距离,mm),将读数填入记录表中"胶质层上部层面"栏内,并同时记录测量层面的时间。

⑤ 测量胶质层下部层面时,用探针首先测出上部层面,然后轻轻穿透胶质体到半焦表面(手感到阻力明显加大时为下部层面),将读数填入记录表中"胶质层下部层面"栏内,同时记录测量层面的时间。探针穿透胶质层和从胶质层中抽出时,均应小心缓慢从事。在抽出时还应轻轻转动,防止带出胶质体或使胶质层内积存的煤气突然逸出,以免破坏体积曲线形状和影响层面位置。

⑥ 根据转筒所记录的体积曲线的形状及胶质体的特性,来确定测量胶质层上、下部层面的频率。

• 当曲线呈"之"字形或波形时,在体积曲线上升到最高点时测量上部层面,在体积曲线下降到最低点时测量上部层面和下部层面(但下部层面的测量不应太频繁,每8~10min测量一次)。如果曲线起伏非常频繁,可间隔一次或两次起伏,在体积曲线的最高点和最低点测量上部层面,并每隔8~10min在体积曲线的最低点测量一次下部层面。

- 当体积曲线呈山形、平滑下降形或微波形时，上部层面每5min测量一次，下部层面每10min测量一次。
- 当体积曲线分阶段符合上述典型情况时，上、下部层面测量应分阶段按其特点依上述规定进行。
- 当体积曲线呈平滑斜降形时（属结焦性不好的煤，Y值一般在7mm以下），胶质层上、下部层面往往不明显，探测针总是一探即达杯底。遇此种情况时，可暂停20～25min，使层面恢复。然后，以每15min不多于一次的频率测量上部和下部层面，并力求准确地探测出下部层面的位置。
- 如果煤在试验时形成流动性很大的胶质体，下部层面的测定可稍晚开始，然后每隔7～8min测量一次，620℃时也应封孔。在测量这种煤的上、下部胶质层层面时，应特别注意，以免探针带出胶质体或胶质体溢出。

⑦ 当温度到达730℃时，试验结束。此时调节记录笔使之离开转筒，关闭电源，卸下砝码，使仪器冷却。

⑧ 当胶质层测定结束后，必须等上部砖垛完全冷却，或更换上部砖垛方可进行下一次试验。

⑨ 在试验过程中，当煤气大量从杯底析出时，应不时地向电热元件吹风，使从杯底析出的煤气和炭黑烧掉，以免发生短路、烧坏硅碳棒、镍铬线或影响热电偶正常工作。

⑩ 如试验时煤的胶质体溢出到压力盘上，或在香烟纸管中的胶质层层面骤然升高，则试验应作废。

六、结果表述

1. 曲线的加工及胶质层测定结果的确定

① 取下记录转筒上的毫米方格纸，在体积曲线上方水平方向标出"温度"，在下方水平方向标出"时间"作为横坐标。在体积曲线下方，温度和时间坐标之间留一适当位置，在其左侧标出层面距杯底的距离作为纵坐标。根据记录表上所记录的各个上、下部层面位置和相应的"时间"的数据，按坐标在图纸上标出"上部层面"和"下部层面"的各点，分别以平滑的线加以连接，得出上、下部层面曲线。如按上法连成的层面曲线呈"之"字形，则应通过"之"字形部分各线段的中部连成平滑曲线作为最终的层面曲线（见图2-10）。

② 取胶质层上、下部层面曲线之间沿纵坐标方向的最大距离（读准到0.5mm）作为胶质层最大厚度Y。

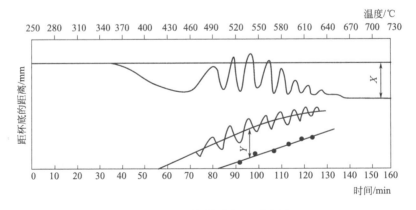

图2-10　胶质层曲线加工示意图

③ 取 730℃时体积曲线与零点线间的距离（读准到 0.5mm）作为最终收缩度 X（见图 2-10）。

④ 将整理完毕的曲线图标明试样的编号，贴在记录表上一并保存。

⑤ 体积曲线类型用下列名称表示（见图 2-11）：平滑下降形、平滑斜降形、波形、微波形、"之"字形、山形、"之"山混合形。

⑥ 按下述方法鉴定焦块的技术特征，并记入试验记录表中。

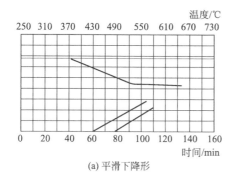
(a) 平滑下降形

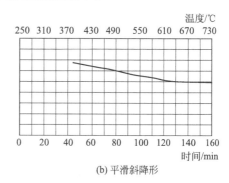
(b) 平滑斜降形

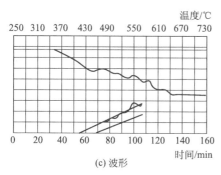
(c) 波形

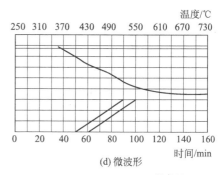
(d) 微波形

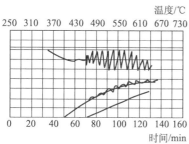
(e) "之"字形

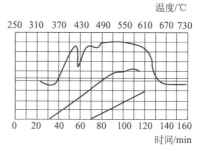
(f) 山形

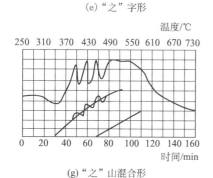
(g) "之"山混合形

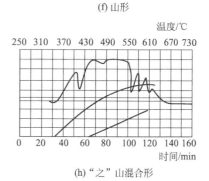
(h) "之"山混合形

图 2-11　胶质层体积曲线类型图

⑦ 在报告 X 值时，应按有关规定注明试样装填高度。如果测得的胶质层厚度为零，在报告 Y 值时应注明焦块的熔合状况。必要时，应将体积曲线及上、下部层面曲线的复制图附在结果报告上。

2. 试验结果

取前杯和后杯重复测定的算术平均值，计算到小数点后一位，然后修约到 0.5mm，作为试验结果报告。

七、精密度

烟煤胶质层指数测定结果的重复性要求见表 2-41 规定。

表 2-41　烟煤胶质层指数测定结果的重复性要求

参 数		重 复 性 限
Y 值	≤20mm	1mm
	>20mm	2mm
X 值		3mm

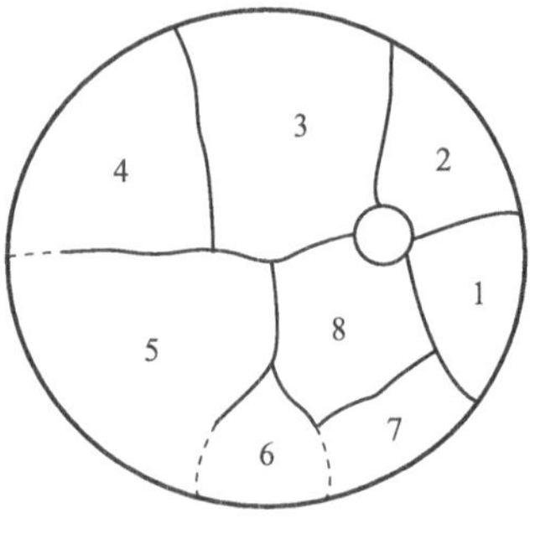

图 2-12　单体焦块和缝隙示意图
——缝隙；------不完全缝隙

八、焦块技术特征的鉴定

1. 缝隙

缝隙的鉴定以焦块底面（加热侧面）为准，一般以无缝隙、少缝隙和多缝隙三种特征表示，并附以底部缝隙示意图（见图 2-12）。

无缝隙、少缝隙和多缝隙按单体焦块的块数多少区分如下（单体焦块块数是指裂缝把焦块底面划分成的区域数。当一条裂缝的一小部分不完全时，允许沿其走向延长，以清楚地划出区域。如图 2-12 所示焦块的单体焦块数为 8，虚线为裂缝沿走向的延长线）：

单体焦块数为 1 块——无缝隙；
单体焦块数为 2~6 块——少缝隙；
单体焦块数为 6 块以上——多缝隙。

2. 孔隙

指焦块剖面的孔隙情况，以小孔隙、小孔隙带大孔隙和大孔隙很多来表示。

3. 海绵体

指焦块上部的蜂焦部分，分为无海绵体、小泡状海绵体和敞开的海绵体。

4. 绽边

指有些煤的焦块由于收缩应力裂成的裙状周边（见图 2-13）。根据其高度分为无绽边、低绽边（约占焦块全高 1/3 以下）、高绽边（约占焦块全高 2/3 以上）和中等绽边（介于高、低绽边之间），见图 2-13。

海绵体和焦块绽边的情况应记录在表上，以剖面图表示。

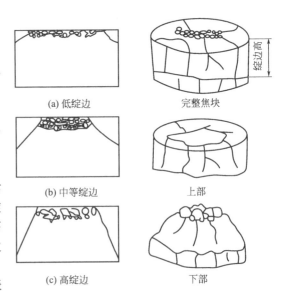

图 2-13　焦块绽边示意图

5. 色泽

以焦块断面接近杯底部分的颜色和光泽为准。焦色分黑色（不结焦或凝结的焦块）、深灰色、银灰色等。

6. 熔合情况

分为粉状（不结焦）、凝结、部分熔合、完全熔合等。

第十六节　煤岩分析样品的制备方法

煤是一种固体可燃矿物，它由多种性质不同的显微组分组成，其物理组成具有明显的不均一性，这些显微组分的不同组合反映出了煤在外表形态、硬度、光学性质及其显微结构上的差异，也造成了煤的物理性质、化学性质及其在加工利用中工艺性质的不同。通过应用煤岩学特别是煤岩鉴定测试指标与煤变质程度之间关系的研究，有助于认识煤岩成分性质，加深对煤质特征的了解。

本节主要讲述煤岩鉴定样品的制备方法。显微镜下鉴定用的样品，根据煤岩鉴定目的不同，可制成在透射光下用的薄片和在反射光下用的煤砖光片（粉煤光片）、块煤光片及透射光和反射光下均可供煤岩分析的光薄片。

一、煤砖光片的制备方法

1. 方法提要

把破碎到规定粒度、有代表性的煤样，按一定配比与混合剂混合，冷凝或加温压制成煤砖，然后将一个端面研磨、抛光成合格的光面。

2. 煤粉样的制备

(1) 破碎煤样　通过反复过筛和反复破碎筛上煤样，直至完全通过试验筛，使粒度小于 0.1mm 的煤样量不超过 10%。

(2) 煤样缩制　称取粒度小于 1mm 的空气干燥煤样 100~200g，用堆锥四分法将其缩分至 10~20g。

3. 煤砖的制备

(1) 热胶法

① 按煤样与黏结剂体积比为 2:1 取料，掺和均匀后拨入底部粘有纸的环形金属模具内。

② 将装有煤和黏结剂混合物的模具放入环状电加热器内加热，模具内温度不超过 100℃，不断搅拌直至黏结剂完全熔融。

③ 迅速将装有混合物的模具放入镶嵌机内加压（3.5MPa），停留约 30s，取出煤砖，编号。

④ 及时清理模具和工具。

(2) 冷胶法　不饱和聚酯树脂冷胶的配制：不饱和聚酯树脂、固化剂［过氧化环己酮和二丁酯溶液（1+1）］和促进剂（钴皂液在苯乙烯中的 6% 溶液）按质量配比（100+4+4）。

称取 10g 煤样倒入冷胶模具槽内，将配好的不饱和聚酯树脂往每个煤样中倒入 7g，边倒入边搅拌，使煤胶混合均匀，胶变稠至可以阻止煤粒下沉时停止搅拌，放置约 2h，待气泡排出后放入不高于 60℃ 的恒温箱内固结成煤砖，取出后立即编号。

配胶及胶结过程均应在通风橱内完成。煤与胶的混合物必须充满模槽，以确保凝固、研磨和抛光之后的煤砖光片的表面尺寸为 25mm×25mm。

4. 研磨

(1) 细磨　依顺序用 320 号金刚砂和 W_{20} 白刚玉粉在研磨机上掺水研磨。研磨时，手执煤砖作与转盘旋转反向的运动并稍加压力，冷成型煤砖的磨制面应为煤砖中的最大一个侧面。研磨至煤砖表面平整、煤粒显露时，停止研磨。将煤砖端面倒角（小于 1mm），用强喷水嘴冲洗净煤砖上的残砂，然后用超声波清洗器把煤砖清洗到无磨料、无污物为止。

(2) 精磨　按顺序用 W_{10}、W_5、$W_{3.5}$ 或 W_1 白刚玉粉与少许水的混合浆在毛玻璃板上逐级研磨，每级研磨后的煤砖均需冲洗干净，方可进入下一道工序。精磨后的煤砖在斜射光下检查，要求煤砖表面无擦痕、有光泽感、无明暗之分、煤颗粒界线清楚。

5. 抛光

(1) 细抛光

① 加抛光料：为了使抛光料均匀地分布在抛光布上，需从抛光盘中心开始将浸满抛光液的毛笔尖接触抛光布，慢速均匀地沿一个方向向边缘挪动。抛光一个煤砖时，加抛光料的次数取决于煤的硬度，但一般为 2～4 次。

② 抛光：用手执煤砖光片，使其表面平行接触旋转的抛光盘。下片位置在距抛光盘中心较近的 90°～140°方位。抛光盘的理想转速为 1300r/min。

抛光煤砖有两种方法：一是煤砖与抛光盘作反向旋转（煤砖的转速为 20～30r/min）；另一是煤砖在抛光盘的 90°位线附近作左右摆动，同时不断地旋转光片，以使煤砖表面抛光均匀，并无方向性划道。

起片前应减小施于煤砖上的压力。

(2) 精抛光　选择更细的抛光盘布，用酸性硅溶胶作抛光料。上料和抛光工艺与上述步骤相同。

细抛光和精抛光的每道工序完成后，均要用高压喷水嘴、超声波清洗器将煤砖上的残渣和污物清洗干净。抛光的全过程必须在防尘的环境中进行。

(3) 抛光面检查　用（×20）～（×50）的干物镜检查煤砖抛光面。抛光面需满足下列要求：

① 表面平整，无明显突起；

② 煤粒表面无明显凹痕；

③ 表面无明显划痕；

④ 表面清洁，无污点和磨料。

把检验合格的光片放置于干燥器内。如果抛光面没有达到①和③的要求，则需重新清洗一次。

二、块煤光片的制备方法

1. 方法提要

将块煤煮胶，按要求的方向切片、研磨、抛光成合格的光片。

2. 煤样加固

(1) 冷胶灌注法　将煤块放在模具内，将配制好的黏结剂倒入模具内或煤块研磨面上，使其渗入裂缝直至黏结剂凝固。

如果煤样水分过大，灌注前先置入不高于 60℃ 的恒温箱内干燥。

(2) 煮胶法

① 选取块煤样的目标部位，标明方向并编号，煤块过大或不规则时，应适当切下多余的或不规则的部分。如煤样易碎，应用纱布捆扎加固。

② 松香与石蜡配比一般为（10+1）～（10+2），以煤样的裂隙能充分渗入胶为准。如果配制的胶还达不到要求，可加入少量松节油，用量为松香的 10% 或 20%。

③ 用线绳或金属线的一端沿垂直层理的方向捆牢煤样，浸没在胶锅中，另一端系上标签留在容器外。

④ 胶的温度不超过 130℃，煮胶时间的长短以煤样不再冒出气泡为准，停止加温 10min 后取出煤样。煮胶应在带有封闭式可调变压器的电炉上进行，并在有防火设备的通风橱内进行。

一次配煮，可以多次使用。当胶的脆度增大而不再适用时，则可加入适量的石蜡或另配新胶。

3. 切片

沿垂直层面的方向，在切片机上将煤样切成长 40mm、宽 35mm、厚 15mm 的长方体煤块，如有特殊需要，按所需的规格切片。

4. 研磨

分粗磨、细磨和精磨。粗磨是用 180 号或 200 号金刚砂研磨煤砖面，使其成为平整的粗糙平面。细磨、精磨的要求分别同上述步骤。

5. 抛光

分细抛光和精抛光。其抛光方法和抛光面的检查按上述相关步骤进行。

三、煤岩薄片、光薄片的制备方法

1. 方法提要

① 块煤通过加固、切片、研磨、粘片、再研磨、修饰、盖片等工序制成合格的煤岩薄片。

② 块煤通过加固、切片、第一个面的研磨、粘片、第二个面的研磨和抛光等工序制成合格的光薄片。

2. 煤样加固

分冷胶灌注法和煮胶法两种方法。具体按上述相关步骤进行。

3. 切片

沿垂直层面的方向，在切片机上将块煤切割成长 45mm、宽 25mm、厚 15mm 的煤块。如有特殊要求，可按所要求的规格切片。

4. 第一个面的研磨

分粗磨、细磨和精磨。具体按上述相关步骤进行。

5. 粘片

（1）冷粘　将黏结剂均匀地滴在精磨或抛光好的、放置在工作台上的煤块粘合面上，使之与载玻片的毛面粘合，来回轻微推动块煤，以驱赶气泡并使胶均匀分布。

（2）热粘　加热载玻片上的黏结剂，使其充分熔化并均匀分布后，将煤样的精磨面或抛光面与载玻片粘合。来回轻微推动煤块，使黏结剂均匀分布并驱赶气泡，在常温下冷却凝固。

6. 第二个面的研磨

（1）粗磨　具体按上述相关步骤进行。磨至约 0.5mm。

（2）细磨　具体按上述相关步骤进行。磨至 0.15～0.20mm 厚时，煤片开始出现透明。

（3）精磨　具体按上述相关步骤进行。磨至煤片基本全部透明，大致均匀，无划痕，组分界线清晰，四角平整。

在以上研磨的每道工序之前，用喷水和超声波清洗器彻底清洗煤片。同时，在研磨时不能将煤片周围的胶磨掉，因为胶能对煤片起保护作用。此外，研磨时压力应加在煤片的中部。

7. 修饰

在修饰台上用软木条或玻璃棒沾上 W_5、$W_{3.5}$ 或 W_1 白刚玉粉浆修饰薄片上较厚的不均匀的部位。

8. 薄片检查

在（×10）～（×20）透光显微镜下检查，合格的薄片应达到：四角平整、厚薄均匀、透明良好、无划痕、组分界线清晰。

9. 剔胶与整形

① 用锋利小刀将载玻片上的余胶剔除干净。

② 将薄片或光薄片整形，其尺寸不小于 32mm×24mm。

10. 盖片

① 煮胶，将适量的光学树脂放在坩埚内煮至不粘手、可拉成线时表明胶已煮好。

② 取适量胶放在薄片上，放上盖片，加热推移盖片，以排除余胶和气泡，并使煤薄片与盖片之间的胶均匀分布，置常温下冷凝。

11. 光薄片的制备

光薄片的块煤加固、切片、第一个面的研磨、粘片、第二个面的研磨、修饰、剔胶、整形与薄片的制备方法相同，其不同点是精磨后的光薄片的两个面均需要抛光。

① 将光薄片装在光薄片夹具中操作。

② 细抛、精抛。方法同上述相关步骤。抛光时间较煤砖光片稍短，所加压力也较小，以避免光面产生凸起。第二个面的抛光过程中改变光薄片的方位时，应提起光薄片后再改变方位。

抛光盘的直径要求不小于 300mm，抛光盘转速为 200～500r/min。

③ 光薄片的检查同薄片的检查，按上述相关步骤进行。

第十七节　煤的显微组分和矿物测定方法

本方法规定了在反射偏光显微镜下用白光测定煤的显微组分（或显微组分组）和矿物的体积百分数的方法，适用于褐煤、烟煤和无烟煤制成的粉煤光片。

一、方法提要

将粉煤光片置于反射偏光显微镜下，用白光入射。在不完全正交偏光或单偏光下，以能准确识别显微组分和矿物为基础，用数点法统计各种显微组分组和矿物的体积分数。

二、煤样制备

粉煤光片的制备应按煤岩分析样品的制备方法进行。

三、测定步骤

① 在整平后的粉煤光片抛光面上滴上油浸液，并置于反射偏光显微镜载物台上，聚焦，校正物镜中心，调节光源、孔径光圈和视域光圈，应使视域亮度适中、光线均匀、成像清晰。

若需测定矿物种类时，应在滴油浸液前按相关步骤在干物镜下测定显微组分组总量及矿物种类。

② 确定推动尺步长，应保证不少于 500 个有效测点均匀布满全片，点距一般以 0.5～

0.6mm 为宜，行距应不小于点距。

③ 从试样的一端开始，按预定的步长沿固定方向移动，并鉴定位于十字丝交点下的显微组分组或矿物，记入相应的计数键中。若遇胶结物、显微组分中的细胞空腔、空洞、裂隙以及无法辨认的微小颗粒，则作为无效点，不予统计。当一行统计结束时，以预定的行距沿固定方向移动一步，继续进行另一行的统计，直至测点布满全片为止。

对显微组分的识别，可在不完全正交偏光或单偏光下，根据油浸物镜下的反射色、反射力、结构、形态、突起、内反射等特征进行。

对褐煤和低阶烟煤，宜借助荧光特征来区分壳质组和其他显微组分组。

对无烟煤，宜在正交或不完全正交偏光下转动载物台鉴定出镜质组、惰质组及其他可识别的成分后，再进行测定。

④ 当十字丝落在不同成分的边界上时，应从右上象限开始，按顺时针的顺序选取首先充满象限角的显微成分为统计对象，如图 2-14 所示。

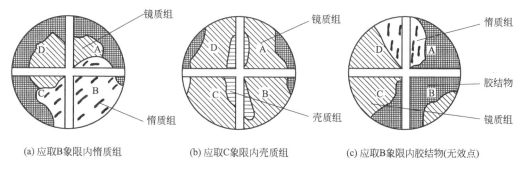

图 2-14 显微组分之间或显微组分与胶结物之间的边界情况

四、结果表述

以各种显微组分组和矿物的统计点数占总有效点数的百分数（体积分数）为最终测定结果，数值保留到小数点后一位。测定结果以如下几种形式报告。

1. 去矿物基

$$\text{镜质组}+\text{半镜质组}+\text{壳质组}+\text{惰质组}=100\% \tag{a}$$

2. 含矿物（M）基

$$\text{镜质组}+\text{半镜质组}+\text{壳质组}+\text{惰质组}+\text{矿物}(M)=100\% \tag{b}$$

$$\text{显微组分组总量}+\text{黏土矿物}+\text{硫化物矿物}+\text{碳酸盐矿物}+\text{氧化硅类矿物}+\text{其他矿物}=100\% \tag{c}$$

3. 计算矿物质（MM）

$$\text{镜质组}+\text{半镜质组}+\text{壳质组}+\text{惰质组}+\text{矿物质}(MM)=100\% \tag{d}$$

其中，式（b）中矿物（M）为显微组分组测定时，将矿物作为单独的一类统计而得；式（c）为干物镜下统计而得；式（d）为显微组分组测定时，不统计矿物。

矿物质（MM，体积分数）含量可根据下列公式计算而得：

$$MM = \frac{100[(1.08A_d+0.55S_{t,d})/2.8]}{[100-(1.08A_d+0.55S_{t,d})]/1.35+[(1.08A_d+0.55S_{t,d})/2.8]} \tag{2-95}$$

式中　A_d——空气干燥基的灰分产率（质量分数）；

$S_{t,d}$——空气干燥基的全硫含量（质量分数）。

式（2-95）假定显微组分和矿物质的相对密度分别为 1.35 和 2.8。通过式（2-95）得到矿物的体积分数后，再将显微组分组百分含量换算成含矿物基。

五、精密度

煤的显微组分和矿物测定结果的重复性和再现性要求见表 2-42 规定。

表 2-42 煤的显微组分和矿物测定结果的重复性和再现性要求

某种成分的体积分数(P)/%	重复性/%	再现性/%
$P \leqslant 10$	2.0	3.0
$10 < P \leqslant 30$	3.0	4.5
$30 < P \leqslant 60$	4.0	6.0
$60 < P \leqslant 90$	4.5	6.8
$P > 90$	4.0	6.0

若某一成分的第一次测定值为 9.0%，第二次为 12.0%，两次平均为 10.5%，未超过表 2-42 中规定的 3.0% 的重复性，应以平均值 10.5% 为最终结果报告。

若某一成分的第一次测定值为 8.0%，第二次为 11.0%，两次平均为 9.5%，差值为 3.0%，已超过表 2-42 中规定的 2.0% 的重复性，需测第三次，三次测定值的最大值与最小值之差若不大于表 2-42 中规定重复性的 1.2 倍，则取三次测定值的平均值作为最终结果报告。否则应将所有测定值全部作废，重新测定，直至测定结果满足上述要求为止。

第十八节　煤的镜质体反射率显微镜测定方法

本方法规定了在显微镜油浸物镜下测定粉煤光片的镜质体最大反射率和随机反射率的方法，适用于褐煤、烟煤和无烟煤之单煤层煤的反射率测定。

一、基本原理

镜质体反射率是指由褐煤、烟煤或无烟煤制成的粉煤光片在显微镜油浸物镜下，镜质体抛光面的反射光（$\lambda = 546nm$）强度对其垂直入射光强度之百分比。

测定原理：在显微镜油浸物镜下，对镜质体抛光面上的限定面积内垂直入射光的反射光（$\lambda = 546nm$）用光电倍增管测定其强度，与已知反射率标准物质在相同条件下的反射光强度进行对比。

由于单煤层煤中各镜质体颗粒之间光学性质总是有微小的差别，故须从不同颗粒上取得足够测值，以保证结果的代表性。

二、样品制备

按煤岩分析样品的制备方法制备粉煤光片。

样品抛光后，应在干燥器中干燥 10h 后，或在 30～40℃ 的烘箱中干燥 4h 后，方可进行反射率测定。待测样品应存放在干燥器中。

三、测定步骤

1. 仪器调节和校准

（1）仪器启动　维持室温在 18～28℃ 之间。依次打开电源、灯和仪器的其他电器部件开关，并调到规定的数值上。经过一定时间（需超过 30min）使仪器在测量前达到稳定。

（2）显微镜调节　若显微镜中有检偏器，首先将它移出光路。测定镜质体随机反射率时，应从光路中移去起偏器。测定镜质体最大反射率时，若采用平面玻璃或史密斯

(Smith) 垂直照明器时,应把起偏器放在 0°位置;若采用贝瑞克 (Berek) 棱镜垂直照明器时,则将起偏器置于 45°位置;若采用的是片状起偏器,当它有明显褪色时,应检查并更换。

(3) 照明　把油浸液滴在已整平于载玻片上的样品的抛光面上,并将样品放到载物台上。检查显微镜灯是否已正确地调节成克勒 (Kohler) 照明。用视域光圈调节照明视域,使其直径小于全视域的 1/3,调节孔径光圈,以减少耀光。但不必过分降低光的强度,一旦调节好,就不能再改变其孔径大小。

克勒照明的调节方法是：移开灯前的毛玻璃,推入镜筒上的勃氏镜 (或取下目镜),观察物镜后焦面,调节聚焦到孔径光圈上的灯丝像,使其对准十字丝,并均匀充满孔径光圈,然后使毛玻璃复位。

推入勃氏镜 (或取下目镜),观察物镜后焦面,若用平面玻璃照明器或史密斯照明器时,使孔径光圈像向十字丝中心对中 [见图 2-15(a)];若使用贝瑞克棱镜照明器时,孔径光圈像的中心偏离物镜中心 [见图 2-15(b)]。在保证足够分辨率的前提下,尽可能缩小孔径光圈,以便缩小物镜的有效孔径角。然后关上半挡板以进一步除去杂散光。

 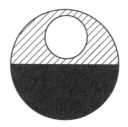

(a) 平面玻璃照明器　　　　　　(b) 贝瑞克棱镜照明器

图 2-15　孔径光圈像的位置

(4) 对中　使物镜向载物台旋转轴对中,使视域光圈的像准焦并对中。调节测量光圈,使其中心与十字丝中心重合,如果看不见测量光圈叠加在样品上的像时,在视域中选一光亮的包裹体,如黄铁矿晶体等,使其正对十字丝中心,调节测量光圈的中心位置,直到光电倍增管信号达到最高值为止。

(5) 仪器的稳定性　将反射率值较高的标准物质放在显微镜油浸物镜下准焦。调节光电倍增管的放大器或电压,在其分辨率等于或小于 0.01% 反射率条件下,使显示器的读数等于或大于标准物质的反射率值。在 15min 内反射率值的变化应小于其计算值或标定值的 2%。

(6) 反射率标准物质在载物台上旋转时读数的变化　把反射率为 1.60%~2.00% 之间的一个标准物质放到载物台上,并在油浸下准焦,缓慢转动载物台,检验其反射率值的最大变化是否小于计算值或标定值的 2%,如果超过此数值,应检查该标准物质的整平度,以确保载物台垂直于光学主轴且在一个固定的平面中旋转。如果这些检查尚不能使变化值降低至小于计算值或标定值的 2%,显微镜载物台的机械稳定性和几何形状必须由厂家来检查。

(7) 杂散反射光和光电倍增管暗电流的校正　将零标准物质置于载物台上,出现的读数代表暗电流和杂散反射光的总和。如果此总和超过 0.04% 反射率时,应检查其原因 (如控光孔径的安装不当、光电倍增管暗电流过大或物镜耀光过强等),采取措施,使电信号总值低于 0.04% 反射率。然后,用显示器上的反向控制器调回到零,以消除此信号。然后继续用较高反射率标准物质和零标准物质反复调节,直到读数小于 0.04% 反射率为止。

(8) 光电倍增管信号的线性　保持电压和控光孔径恒定的情况下,测量一套标准物质的反射率,以便检验测量系统在测量范围内的线性反应和标准物质与其计算值或标定值的符合程度。转动每个标准物质,保证其平均读数与计算值或标定值相符。如果任一标准物质的读数与计算值或标定值之差超过 2% 时,应清洗标准物质并重复校验。重新抛光那些反射率显示值与计算值之差仍大于计算值的 2% 的标准物质。

经上述处理后,若这些标准物质的反射率仍不成线性,可继续用其他方法。例如,用其他来源的标准物质检查,用几个校正过的中密度滤光片,按已知的数值逐步降低照度进行检查;降低光电倍增管的电压 50V;检查测量光圈的大小是否适当。若信号仍无线性时,更换光电倍增管,并进一步检测,直至达到信号的线性为止。

(9)仪器的校准　仪器可靠性确立之后,在测定样品之前,选三个与所测煤的反射率邻近的标准物质和零标准物质,按上述规定的步骤校准仪器,每个标准物质所显示的反射率值与其计算值或标定值之差不得大于计算值或标定值的 2%。

2. 镜质体反射率的测定

(1)测定对象　在烟煤和无烟煤中,选择均质镜质体或基质镜质体,在褐煤中选择均匀凝胶体或充分分解腐木质体作为反射率测定对象。对最大反射率小于 1.40%、随机反射率小于 1.30% 的煤,在哪些亚组分上测定反射率,应在报告结果时把它们的百分比标记出来。

(2)在油浸物镜下测定镜质体最大反射率　按上述规定,确保起偏器装在显微镜上。在仪器校准之后,将样品整平,放到推动尺中,滴上浸油并准焦。

从测定范围的一角开始测定,用推动尺微微移动样品,直到十字丝中心对准一个合适的镜质体测区。确保测区内不包含裂隙、抛光缺陷、矿物包体和其他显微组分碎屑,而且应远离显微组分的边界和不受突起影响,测区外缘 10μm 以内无黄铁矿、惰质体等高反射率物质。

将光线投到光电倍增管上去,同时缓慢转动载物台 360°,记录旋转中出现的最高反射率读数。

根据样品中镜质体的多少来确定点距和行距,以保证所有测点均匀布满全片,一般点距和行距为 0.5~1.0mm。以固定步长推动样品,当十字丝中心落到一个煤粒上,不适于测量时,可用推动尺微微推动样品,以便寻找一个适当的测区,测定之后,推回原来的位置,按设定步长继续前进。到测线终点时,把样品按设定行距移向下一测线的起点,继续进行测定。

一般情况下,每隔 15min(或不多于 50 个测数)用与样品反射率最高值接近的反射率标准物质重新检查仪器,如果它的测值与计算值或标定值的差大于计算值或标定值的 2%,应放弃样品的最后一组读数。再用全套标准物质校验仪器,合格后,重新测定。

(3)在油浸物镜下测定镜质体随机反射率　移开显微镜上的起偏器,以自然光入射,不旋转样品。其余测定步骤与上述步骤相同。

四、结果表述

测定结果可以单个测值或以 0.05% 的反射率间隔(半阶)或以 0.1% 的反射率间隔(阶)的点数来计算,写出报告。

(1)按单个测值计算最大反射率或随机反射率的平均值和标准差　其计算公式如下:

$$\overline{R} = \frac{\sum\limits_{i=1}^{n} R_i}{n} \tag{2-96}$$

$$s = \sqrt{\frac{n\sum\limits_{i=1}^{n} R_i^2 - \left(\sum\limits_{i=1}^{n} R_i\right)^2}{n(n-1)}} \tag{2-97}$$

式中 $\overline{R}$——平均最大反射率或平均随机反射率百分数；
R_i——第 i 个反射率测值；
n——测点数目；
s——标准差。

（2）按阶或半阶计算最大反射率和随机反射率的平均值和标准差　按 0.1% 的反射率间隔为单位划分阶；按 0.05% 的反射率间隔为单位划分半阶。分别统计各阶（或半阶）的测点数及其占总数的百分数，作出反射率分布直方图，计算出平均值和标准差，计算公式如下：

$$\overline{R} = \frac{\sum_{j=1}^{n} R_j X_j}{n} \tag{2-98}$$

$$s = \sqrt{\frac{n \sum_{j=1}^{n} (R_j^2 X_j) - n\overline{R}^2}{n-1}} \tag{2-99}$$

式中 R_j——第 j 阶（或半阶）的中间值；
X_j——第 j 阶（或半阶）的测点数。

注：阶的表示法：0.50～0.59，0.60～0.69，0.70～0.79，…
阶的中间值：0.545，0.645，0.745，…
半阶的表示法：0.50～0.54，0.55～0.59，0.60～0.64，…
半阶的中间值：0.52，0.57，0.62，0.67，…

第十九节　商品煤反射率分布图的判别方法

本方法适用于烟煤和低阶烟煤，褐煤也可参照使用，但不适用于无烟煤。

一、镜质体随机反射率的测定

1. 仪器

配有微机和控制系统的显微镜光度计，也可使用一般显微镜光度计，总放大倍数不小于 500 倍。

2. 显微镜光度计的调节、检验和标定

标准片和油浸液以及光片要求、测定条件等均按 GB 6948 的规定执行。

3. 点线距和测点数的确定

点线距采用 0.4mm×0.4mm 或 0.5mm×0.5mm。当点线距测完之后，如不足规定测点时，应在报告中加以说明，测点数用直径 25mm 或边长 25mm 的煤砖光片，测定 250 点以上。如有 98% 及以上的测定值变动范围大于 0.4%，应测第二块煤砖光片。如 250 点的测定值能满足要求，可不测第二块煤砖光片。

二、结果计算

随机反射率的平均值和标准偏差按下式计算：

$$\overline{R}_{\text{ran}} = \frac{\sum_{i=1}^{n} R_i}{n} \tag{2-100}$$

$$s = \sqrt{\frac{\sum_{i=1}^{n}(R_i - \overline{R}_{\text{ran}})^2}{n-1}} \tag{2-101}$$

式中 $\overline{R}_{\text{ran}}$——平均随机反射率，%；
　　　R_i——第 i 个测点的反射率测值，$i=1$、2、3、…、n；
　　　n——测点数目；
　　　s——标准偏差。

三、反射率分布图的绘制

以反射率间隔 0.05% 为半阶，分别统计各间隔的测点数并计算出频率 f。以频率为纵坐标，随机反射率 R_{ran} 为横坐标，绘制出反射率分布图。

四、反射率分布图的判别及测定值的精密度

1. 反射率分布图

按表 2-43 的规定进行判别。

表 2-43　商品煤反射率分布图编码系统

编　码	标准偏差 s	凹口数	类　型
0	≤0.1	无凹口	单一煤层煤
1	>0.1~0.2	无凹口	简单混合煤
2	>0.2	无凹口	复杂混合煤
3		1 个凹口	具 1 个凹口的混合煤
4		2 个凹口	具 2 个凹口的混合煤
5		2 个以上凹口	具 2 个凹口以上的混合煤

注：具编码 1 特征的反射率分布图也可由贫煤、无烟煤的单一煤层煤得出。

2. 精密度

测定值的重复性要求见表 2-44 规定。

表 2-44　测定值的重复性要求

编　码	重复性限/%
0	≤0.06
1	≤0.10

第二十节　显微煤岩类型的测定

显微煤岩类型是指在显微镜下所见煤的显微组分的天然组合。不同的类型反映了煤的地质成因、煤相、原始植物和煤的化学工艺性质的差别。因此，显微煤岩类型的测定，对研究煤的沉积环境、煤岩变化、煤层对比以及煤的可选性和炼焦工艺性质等方面都有实际意义。

该方法只适用于在烟煤和无烟煤的块煤光片和粉煤光片上测定显微煤岩类型的体积分数。

一、方法提要

在反光显微镜目镜中放入 20 点网格片，在油浸物镜下观察粉煤光片或块煤光片。根据

各种显微组分组（或显微组分）和矿物在网格交点下的数量来鉴定显微煤岩类型、显微矿化类型和显微矿质类型，用数点法统计每种类型的体积分数。

二、试样准备

煤样和试样按煤岩分析样品的制备方法制备。

三、测定步骤

1. 测定前的准备

把相应规格的20点网格片放入显微镜目镜中，调节显微镜为克勒照明方式，把待测定的试样压平后放在装有移动尺的载物台上，加浸油到光片表面上，并使之准焦。

2. 在粉煤光片上的测定

从试样的一端开始，观察视域中落到煤粒上的网格交点数目。若一个视域中煤粒上的交点数目小于10个，则为无效点，同时使推动尺前进一个步长；如果煤粒上的交点数目大于或等于10个，该视域应验收为有效点。然后根据表2-45的规定来确定有效测点的显微煤岩类型。当落在矿物上的交点数在表2-45的规定范围内时，按表2-46的规定确定显微煤岩类型；超过表2-45给定的界限时，按表2-47的规定确定显微煤岩类型；大于表2-47中上限时为显微矿质类型。

表2-45　显微煤岩类型中矿物上的允许交点数

煤粒上的交点总数	黏土、石英、碳酸盐矿物上的交点数	硫化物矿物上的交点数
16～20	3	0
11～15	2	0
10	1	0

表2-46　显微煤岩类型判别标准

显微煤岩类型	落在显微组分组上的交点数（不含矿物上的交点）
微镜煤	所有交点都在镜质体上
微壳煤	所有交点都在壳质体上
微惰煤	所有交点都在惰质体上
微亮煤	所有交点都在镜质体和壳质体上，每组至少有一点
微暗煤	所有交点都在惰质体和壳质体上，每组至少有一点
微镜惰煤	所有交点都在镜质体和惰质体上，每组至少有一点
微三合煤	所有交点都在镜质体、壳质体和惰质体上，每组至少有一点

表2-47　显微矿化类型判别标准

煤粒上的交点总数	落在黏土、石英、碳酸盐矿物上的交点数	落在硫化物矿物上的交点数	落在硫化物矿物的复矿质煤中其他矿物上的交点数	
			硫化物矿物交点为1个时	硫化物矿物交点为2个时
19～20	4～11	1～3	1～7	
17～18	4～10	1～3	1～6	
16	4～9	1～3	1～5	1～3
14～15	3～8	1～2	1～4	1～2
12～13	3～7	1～2	1～3	1
11	3～6	1～2	1～2	
10	2～5	1	1	

鉴定完一个视域（即一个测点）之后，按预订方向和步长移动试样，继续观察下一个视域，直至500个以上的测点均匀布满全片为止。点距和行距为0.4～0.6mm。

当20点网格交点落在某一显微组分的空腔（不是矿物）或原生裂隙上时，按落在该种显微组分上处理；

当 20 点网格某一点落在不同显微组分或矿物的边界上时，按上述相关规定处理；

当 20 点网格交点落在两个不同的煤粒上时，选大于或等于 10 个交点的煤粒作为测定点。

3. 在块煤光片上测定

当必须在块煤光片上测定时，除按在粉煤光片上测定显微某一裂隙规定进行外，布置测线应垂直层理，在测定面积为 25mm×25mm 范围内，点距为 0.2~0.4mm，行距为 3~5mm，总点数不应少于 500 点。

4. 显微煤岩类型测定

显微煤岩类型测定也可与显微组分组的测定联合进行。

四、结果表述

显微煤岩类型、显微矿化类型和显微矿质类型的体积分数以其统计的测点数占总有效测点数的百分数来表示，计算结果取小数点后两位，修约至小数点后一位。

五、精密度

显微煤岩类型测定结果的重复性见表 2-48 规定，再现性临界差不应超过重复性限的 1.5 倍。

表 2-48 显微煤岩类型测定结果的重复性要求

某种显微煤岩类型的体积分数(P)/%	重复性限/%
$P \leqslant 10$	2.0
$10 < P \leqslant 30$	3.0
$30 < P \leqslant 60$	4.0
$60 < P \leqslant 90$	4.5
$P > 90$	4.0

六、显微煤岩类型和显微组分组联合测定

1. 测定步骤

按上述测定步骤的规定测定显微煤岩类型的同时，用 20 点网格片中某一邻近中心的固定交点，测定显微组分组和矿物的体积分数。

2. 测点统计的规定

① 当 20 点网格的固定交点和其他的 9 个以上交点落在某一煤粒上时，除统计显微类型外，同时统计固定交点下的显微组分组（或矿物），并计入两者相对应的栏目中（见表 2-49），对每个试样，这种联合测点的总数应大于 500 点。

② 当视域中一粒煤上落有 10 个以上交点，但确定显微组分的固定交点不在煤粒上时，这种测点称为"单独的显微煤岩类型"，只作显微煤岩类型的统计。

③ 当确定显微组分的固定交点落在一粒煤上，但落在任一煤粒上的总交点不足 10 个时，这种测点称为"单独的显微组分"，只作显微组分组的统计。

④ 当 20 点网格交点同时落在两个煤粒上，其中一个煤粒上有 10 个以上的交点，而确定显微组分的固定交点却落在另一个煤粒上时，分别称作"单独的显微煤岩类型"和"单独的显微组分"统计。

3. 结果表述

联合测定结果填入表 2-49 和表 2-50 内。

表 2-49 显微煤岩类型和显微组分组联合测定记录表

显微煤岩类型 \ 显微组分组和矿物	镜质组	壳质组	惰质组	黏土矿物	石英	碳酸盐矿物	硫化物矿物	其他矿物	单独的显微煤岩类型	合计
单独的显微组分	82	1	51							134
微镜煤	136								11	147
微壳煤										
微惰煤			62						9	71
微亮煤	23	6							2	31
微暗煤		4	9						1	14
微镜惰煤	239		154						25	418
微三合煤	75	21	37						4	137
显微矿化类型	1			3					1	5
显微矿质类型										
合计	556	32	313	3					53	957

表 2-50 显微煤岩类型和显微组分组联合测定报告表

送样单位：　　　　　　　　送样编号：
送样日期：　　　　　　　　试样编号：
采样地点和煤层名称：

显微组分组和矿物	体积分数/%	显微煤岩类型	体积分数/%	镜质组	壳质组	惰质组	黏土矿物	石英	碳酸盐矿物	硫化物矿物	其他矿物
镜质组	61.5	微镜煤	17.8	100							
壳质组	3.6	微壳煤									
惰质组	34.5	微惰煤	8.6			100					
黏土矿物	0.3	微亮煤	3.8	79.3	20.6						
石英		微暗煤	1.6		30.8	69.2					
碳酸盐矿物		微镜惰煤	50.8	60.8		39.2					
硫化物矿物		微三合煤	16.6	56.8	15.1	28.0					
其他矿物		显微矿化类型	0.6	50			50				
合计	99.9	显微矿质类型									
		合计	99.8								

思 考 题

1. 煤工业分析的项目有哪些？每个项目测定的原理和方法是什么？
2. 煤发热量测定的意义是什么？测定的方法和主要步骤是什么？
3. 煤元素分析的项目有哪些？每个项目测定的原理和方法是什么？
4. 煤灰成分分析的意义是什么？每个项目测定的原理和方法是什么？
5. 烟煤胶质层指数、黏结指数测定的方法是什么？主要步骤有哪些？
6. 煤热稳定性、反应性测定的意义是什么？测定的方法是什么？
7. 煤显微组分测定的意义是什么？测定的方法是什么？

第三章　煤炭洗选检测

煤的洗选又称作选煤。选煤是指将煤按需要分成不同质量、不同规格的产品的加工过程。选煤的目的是为了合理利用煤炭资源和保护环境。按分选的介质状态，可分为湿法选煤和干法选煤两大类。对炼焦用煤一般采用湿法选煤。

煤炭通过洗选，可除去原煤中的杂质，降低灰分、硫分、磷分和其他有害元素，提高煤炭质量以适应用户的需要；同时，由于洗选能脱除50%～70%的黄铁矿硫，减少了对大气的污染；可把煤炭分成不同质量、不同规格的产品，供不同用户的需要，以便合理、有效地利用煤炭，节约能源；可以把矸石弃掉，以减少无效运输。

为了做好煤的洗选，提高煤炭质量，就需要了解煤中粒度和密度分布、可选性等及其测试方法。本章重点介绍煤炭（煤粉）的筛分和浮沉试验方法、煤的可选性评定方法、煤粉实验室单元浮选试验方法、絮凝剂性能试验方法以及选煤用磁铁矿粉试验方法等。

第一节　煤炭筛分试验方法

煤炭筛分试验是测定煤炭粒度组成的一种基本方法。通过筛分试验，可了解各生产煤层的产块率和各粒级煤的质量特征。所得的筛分资料是合理利用煤炭和制定煤炭产品质量标准的重要依据，也是指导筛选厂生产的依据。

一、方法提要

煤炭的筛分试验是指按规定的采样方法采取一定数量的煤样，为了解煤的粒度组成和各粒级产物的特征，按规定的操作方法进行的筛分和测定。将原料煤通过规定的大小不同筛孔的筛子，分成各种不同粒度的级别，然后分别测定各粒级的质量（如灰分、水分、挥发分、硫分等）。

煤炭筛分试验根据国家标准的规定进行。煤样可按下列尺寸筛分成不同粒级：100mm、50mm、25mm、13mm、6mm、3mm和0.5mm。根据煤炭加工利用的需要可增加（或减少）某一或某些级别，或以生产中实际的筛分级代替其中相近的筛分级。由以上7个级别筛孔的筛子将试样分成：＞100mm、100～50mm、50～25mm、25～13mm、13～6mm、6～3mm和3～0.5mm、0.5～0mm粒度级。其中大于50mm各粒级煤应手选出煤、矸石、中间煤和硫铁矿4种产品。筛分后对各粒级和各手选产品分别测定产率和质量，将试验结果填入筛分试验报告表中。

为保证筛分试验具有充分代表性，试验煤样应按国家标准的规定或其他取样检查的规定采取。筛分试验各粒级所需试样质量见表3-1规定。

表3-1　筛分试验各粒级所需试样质量要求

最大粒度/mm	＞100	100	50	25	13	6	3	0.5
最小质量/kg	150	100	30	15	7.5	4	2	1

筛分试验应在筛分实验室内进行，室内面积一般为120m²，地面为光滑的水泥地。人工破碎和缩分煤样的地方应铺有钢板（厚度≥8mm）。

筛分时煤样应是空气干燥状态。变质程度低的高挥发分的烟煤可以晾干到接近空气干燥状态，再进行筛分。

煤炭筛分煤样的称量设备用最大称量为500kg（或200kg）、100kg、20kg、10kg和5kg的台秤或案秤各一台，其最小刻度值应符合表3-2的规定。每次过秤的物料质量不得少于台秤或案秤最大称量的1/5。

表3-2 煤炭筛分煤样的称量设备的最小刻度值要求

最大称量/kg	500	100	20	10	5
最小刻度值/kg	0.2	0.05	0.01	0.005	0.005

筛分时孔径为25mm和25mm以上的可用圆孔筛，筛板厚度为1~3mm。25mm以下的煤样可以采用金属丝编织的方孔筛网进行筛分分级。

筛分试验所得产物的各粒度级别，一般采用按筛序相邻的两个筛孔尺寸表示。如25~13mm粒级是表示在筛分过程中物料能通过25mm的筛孔而不能通过13mm筛孔筛子的这部分物料。试验后其粒度下限若详，则以">"号表示，如">25mm"级的煤即指最小粒度为25mm；如粒度下限不详，则以"<"号表示，如"<25mm"即指煤样的最大粒度为25mm，这一级别也可用25~0mm表示。

二、试验步骤

1. 筛分试验煤样的准备

（1）筛分试验煤样的总质量 应根据粒度组成的历史资料和其他特殊要求确定。规定筛分煤样总质量的目的，是为了保证各筛分粒级的代表性，煤的粒度越大，要求煤样总质量也越大。一般情况如下：

① 设计用煤样不少于10t。

② 矿井生产用煤样不少于5t。

③ 选煤厂入选原料及其产品煤样的质量按粒度上限确定：最大粒度大于300mm，煤样的质量不少于6t；最大粒度大于100mm，煤样的质量不少于2t；最大粒度大于50mm，煤样的质量不少于1t。

（2）筛分煤样的缩制 筛分煤样为13~0mm时，煤样缩分到质量不少于100kg，其中3~0mm的煤样缩分到质量不少于20kg。

2. 筛分程序

筛分操作一般从最大筛孔向最小筛孔进行。如果煤样中大粒度含量不多，可先用13mm或25mm的筛子筛分，然后对其筛上物和筛下物，分别从大的筛孔向小的筛孔逐级进行筛分，各粒级产物分别称重。

3. 筛分操作

筛分试验时，往复摇动筛子，速度均匀合适，移动距离为300mm左右，直到筛净为止。每次筛分时，新加入的煤量应保证筛分操作完毕时，筛上煤粒能与筛面接触。

煤样潮湿且急需筛分时，则按以下步骤进行：

① 采取外在水分样，并称量煤样总量。

② 先用筛孔为13mm的筛子筛分，得到大于13mm和小于13mm的湿煤样。

③ 小于13mm的湿煤样，采取外在水分样。

④ 大于13mm的煤样晾干至空气干燥状态后，再用筛孔为13mm的筛子复筛，然后将

大于 13mm 煤样称重，并进行各粒级筛分和称量，小于 13mm 煤样掺入到小于 13mm 的湿煤样中。

⑤ 从小于 13mm 的煤样中缩取不少于 100kg 的试样，然后晾至空气干燥状态，称量。对试样进行 13mm 以下各粒级的筛分并称量。

必要时对 50mm 和小于 50m 各粒级的筛分，用下列方法检查其是否筛净：将煤样在要求的筛子中过筛后，取部分筛上物检查，符合表 3-3 规定的则认为筛净。

表 3-3 小于或等于 50mm 各粒级的筛分要求

筛孔/mm	入料量/(kg/m²)	摇动次数 （一个往复算两次）	筛下量（占入料）/%
50	10	2	<3
25	10	3	<3
13	5	6	<3
6	5	6	<3
3	5	10	<3
0.5	5	20	<3

三、结果表述

在整理资料的过程中，要检查试验结果是否超过 GB 477—87《煤炭筛分试验方法》中所规定的允许差。如超过了允许差，则试验结果不准确，应予以报废，重新做试验。

1. 质量校核

① 筛分试验前煤样总质量（以空气干燥状态为基准，下同）与筛分试验后各产物质量（13mm 以下各粒级换算成缩分前的质量，下同）之和的差值，不得超过筛分试验前煤样质量的 2%，否则该次试验无效，即

$$\frac{|m-\overline{m}|}{m}\times 100\% \leqslant 2\% \tag{3-1}$$

式中 m——筛分试验前煤样总质量，kg；
$\overline{m}$——筛分试验后各粒级煤样质量之和，kg。

② 以筛分后各粒级产物质量之和作为 100%，分别计算各粒级产物的产率。各粒级产物的产率（%）取小数点后三位，灰分（%）取小数点后两位。

2. 灰分校核

筛分配制总样的灰分与各粒级产物灰分的加权平均值的差值，应符合下列规定，否则该次试验无效。

① 煤样灰分小于 20% 时，相对差值不得超过 10%，即

$$\left|\frac{A_d-\overline{A}_d}{A_d}\right|\times 100\% \leqslant 10\% \tag{3-2}$$

② 煤样灰分大于或等于 20% 时，绝对差值不得超过 2%，即

$$|A_d-\overline{A}_d|\leqslant 2.0\% \tag{3-3}$$

式中 A_d——筛分后各产物配制总样的灰分，%；
$\overline{A}_d$——筛分后各级产物的加权平均灰分，%。

3. 试验结果

试验结果填入筛分试验报告表中。表 3-4 为某次筛分试验结果，表 3-5 为筛分总样及各粒度级产物的化验项目。其他煤样的筛分试验结果报告表可参照表 3-4 和表 3-5 编制。

表 3-4　某次筛分试验报告表

生产煤样编号：　　　　　　　　试验日期：　年　月　日
筛分试验编号：　　　　　　　　筛分总样化验结果：
矿务局：　　　矿层：　　　工作面：　　　采样说明：

煤样 \ 化验项目	$M_{ad}/\%$	$A_d/\%$	$V_{daf}/\%$	$S_{t,ad}/\%$	$Q_{gr,ad}/(MJ/kg)$	胶质层 X/mm	胶质层 Y/mm	黏结性指数
毛煤	5.56	19.50	37.73	0.64	25.686	71		
浮煤	5.48	10.73	37.28	0.62				

筛分前煤样总质量为 19459.5kg，最大粒度为 730mm×380mm×220mm

粒级/mm	产物名称		产率 质量/kg	产率 占全样/%	产率 筛上累计/%	质量 $M_t/\%$	质量 $A_d/\%$	质量 $S_{t,ad}/\%$	$Q_{gr,ad}/(MJ/kg)$
100	手选	夹矸煤	102.6	0.53		2.86	31.21	1.43	20.87
		矸石	162.9	0.84		0.85	80.93	0.11	
		硫铁矿							
		小计	2882.0	14.85	14.85	3.39	16.04	1.06	
100～50	手选	煤	2870.4	14.79		4.08	13.72	0.78	28.12
		夹矸煤	80.6	0.41		3.09	34.47	0.95	19.67
		矸石	348.7	1.80		0.92	80.81	0.13	
		硫铁矿							
		小计	3299.7	17.00	31.85	3.72	21.32	0.72	
≥50 合计			6181.7	31.85	31.85	3.57	18.86	0.88	
50～25	煤		2467.1	12.71	44.56	3.73	24.08	0.54	23.78
25～13	煤		3556.7	18.32	62.88	2.56	22.42	0.61	24.13
13～6	煤		2624.2	13.52	76.40	2.40	23.85	0.55	23.48
6～3	煤		2399.4	12.36	88.76	4.40	19.51	0.74	24.80
3～0.5	煤		1320.5	6.80	95.56	2.94	16.74	0.74	26.29
0.5～0	煤		862.6	4.44	100.00	2.98	17.82	0.89	25.45
50～0 合计			13230.5	68.15		3.08	21.62	0.64	
毛煤总计			19412.2	100.00		3.24	20.74	0.72	
原煤总计（除去大于50mm级矸石和硫铁矿）			18900.6	97.36		3.30	19.11	0.74	

表 3-5　筛分总样及各粒度级产物的化验项目

总样	煤样	化验项目		
总样	原煤	水分(M_{ad})	灰分(A_d)	挥发分(V_{daf})
		全硫($S_{t,d}$)	发热量($Q_{gr,V,d}$)	
	浮煤	水分(M_{ad})	灰分(A_d)	挥发分(V_{daf})
		全硫($S_{t,d}$)	胶质层(X,Y)	黏结指数($G_{R.I.}$)
筛分各粒级产物		水分(M_{ad})	灰分(A_d)	发热量($Q_{gr,V,d}$)

注：1. 原煤总样全硫超过 1.5% 时，总样应测定全硫和成分硫，各筛分粒级只测定全硫。
2. 动力煤总样只做原煤化验项目。
3. 根据用户需要，化验项目可以有所增减。
4. 浮煤是指密度小于 1.4kg/L 的产物。

第二节 煤炭浮沉试验方法

一、方法提要

煤炭浮沉试验是指根据煤的密度的差异,在介质中使其分离,从而了解各密度级产物的质量指标。其目的是根据不同密度级煤的产率及质量特征了解煤的可选性,从而为选煤厂的设计确定分选方法、工艺流程和设备要求等方面提供技术依据。同时在生产中,通过对入选原煤的浮沉试验,确定精煤的理论产率和生产过程中的实际精煤产率,并可计算出选煤厂对该种煤炭的分选效率(数量效率等)。

浮沉试验应在浮沉室内进行,室内面积一般为 $36m^2$。

为保证浮沉试样的代表性,浮沉试验用的煤样从筛分后的各粒度级产物中缩取,缩取后再对各粒级产物分别进行浮沉,这样做会得到更准确的结果。浮沉试验用煤样的质量根据每个粒级的粒度大小而定,质量应符合表 3-6 的规定。

表 3-6 浮沉试验用煤样质量和粒度关系

粒级/mm	最小质量/kg	粒级/mm	最小质量/kg
>100	150	13~6	7.5
100~50	100	6~3	4
50~25	30	3~0.5	2
25~13	15	<0.5	1

取样步骤如下:①大于 50mm 的各粒级浮沉试验煤样,应用堆锥四分法从各手选产物中缩取,按比例配成该粒级的浮沉试验煤样,必要时矸石与硫化铁可以不配入该粒级浮沉试验煤样中,但须加以说明;②小于 50mm 的各粒级产物浮沉试验煤样,用堆锥四分法或缩分器从相应的粒级中缩取。

浮沉试验用的煤样必须为空气干燥状态。

二、重液配制

试剂主要有氯化锌、苯、四氯化碳和三溴甲烷等(均属工业品)。

浮沉试验用的重液一般为氯化锌水溶液。用氯化锌浮沉有困难时可以采用四氯化碳、三溴甲烷和苯等有机重液。

如果氯化锌水溶液含有较多的固体杂质,在测定密度以前用沉淀法去除。在试验过程中如果煤泥混入重液太多,也要用沉淀法去除。当室温很低,氯化锌重液有结晶析出时,需将重液加热溶解后方可进行浮沉试验。

可按下列密度分成不同密度级:1.30kg/L、1.40kg/L、1.50kg/L、1.60kg/L、1.70kg/L、1.80kg/L、2.00kg/L。必要时增加 1.25kg/L、1.35kg/L、1.45kg/L、1.55kg/L、1.90kg/L 或 2.10kg/L 等密度。当小于 1.30kg/L 密度级的产率大于 20% 时,必须增加 1.25kg/L 密度级。无烟煤可根据具体情况适当减少或增加某些密度级。各密度级重液的配制见表 3-7。

配制方法:取 1.014kg 氯化锌,溶于 1.586kg 水中,然后用 1.30kg/L 的密度计测其密度。根据密度计指示值高低,加入适量的水,或加入适量的氯化锌,直至密度计指示值到 1.30 为止。

表 3-7　主要重液的配制

重液的密度 /(kg/L)	水溶液中氯化锌的含量/%	四氯化碳和苯配制的重液(体积分数)/%		三溴甲烷和四氯化碳配制的重液(体积分数)/%	
		四氯化碳	苯	三溴甲烷	四氯化碳
1.30	31	60	40		
1.40	39	74	26		
1.50	46	89	11		
1.60	52			2	98
1.70	58			1	99
1.80	63			21	79
1.90	68			1	1
2.00	73			41	59

测定方法：测定重液的密度时，应先用木棒轻轻搅动，待其均匀后取部分重液倒入量筒中，然后将密度计放入（也可直接放入浮沉桶）让其自由浮沉，平稳后读取其密度值。如密度高则加水稀释，反复测定直至达到要求的密度为止。

三、试验步骤

① 将配好的重液（密度值准确到 0.003kg/L）装入重液桶中并按密度大小顺序排好，每个桶中重液液面不低于 350mm。把最低密度的重液再分装入另一个重液桶中，作为每次试验的缓冲液使用。

② 浮沉顺序一般是从低密度级向高密度级逐步进行。如果煤样中易泥化的矸石或高密度物含量多时，可先在最高的密度液内浮沉，捞出的浮物仍按由低密度到高密度顺序进行浮沉。

③ 浮沉试验之前先将煤样称量，放入网底桶内，每次放入的煤样厚度一般不超过100mm，用水洗净附着在煤块上的煤泥，滤去洗水再进行浮沉试验。收集同一粒级冲洗出的煤泥水，用澄清法或过滤法回收煤泥，然后干燥称重。此煤泥通常称为浮沉煤泥。

④ 进行浮沉试验时，先将盛有煤样的网底桶在最低一个密度的缓冲液内浸润一下（同理，如先浮沉高密度物，也应在该密度的缓冲液内浸润一下），然后提起斜放在桶边上滤尽重液，再放入浮沉用的最低密度的重液桶内，用木棒轻轻搅动或将网底桶缓缓地上下移动，然后使其静止分层，分层时间不少于下列规定：粒度大于 25mm 时，分层时间为 1~2min；最小粒度为3mm 时，分层时间为 2~3min；最小粒度为 1~0.5mm 时，分层时间为 3~5min。

⑤ 小心地用捞勺按一定方向捞取浮物。捞取深度不得超过 100mm。捞取时应注意勿使沉物搅起混入浮物中，待大部分浮物捞出后，再用木棒搅动沉物，然后仍用上述方法捞取浮物，反复操作直到捞尽为止。

⑥ 把装有沉物的网底桶慢慢提起，斜放在桶边上滤尽重液，再把它放入下一个密度的重液桶中，用同样方法逐次按密度顺序进行，直到该粒级煤样全部做完为止，最后将沉物倒入盘中。在整个试验过程中应随时调整重液的密度，保证密度值的准确，且应注意回收氯化锌溶液。

⑦ 各密度级产物应分别滤去重液，用水冲净产物上残存的氯化锌（最好用热水冲洗），然后放入温度不高于 100℃ 的干燥箱内干燥，干燥后取出冷却，达到空气干燥状态再进行称重。

四、结果表述

浮沉试验得出的结果，应整理到规定的表格中去，以备查用和分析。在整理资料时，首先应检查试验结果的准确性,看结果是否超过了规定的允许差。如果超过了允许差,该次试验失败,需重做。检查时应根据 GB 478—87《煤炭浮沉试验方法》的规定对煤炭浮沉试验结果进行校核。

1. 煤炭浮沉试验数量、质量检查方法

(1) 质量校核　浮沉试验前空气干燥状态的煤样质量与浮沉试验后各密度级产物的空气干燥状态质量之和的差值,不得超过浮沉试验前煤样质量的 2%,否则应重新进行浮沉试验。

(2) 灰分校核　浮沉试验前煤样灰分与浮沉试验后各密度级产物灰分的加权平均值的差值,应符合下列规定。

① 煤样中最大粒度大于或等于 25mm。

- 煤样灰分小于 20% 时,相对差值不得超过 10%,即

$$\left|\frac{A_d - \overline{A}_d}{A_d}\right| \times 100\% \leqslant 10\% \tag{3-4}$$

- 煤样灰分大于或等于 20% 时,绝对差值不得超过 2%,即

$$|A_d - \overline{A}_d| \leqslant 2\% \tag{3-5}$$

② 煤样中最大粒度小于 25mm。

- 煤样灰分小于 15% 时,相对差值不得超过 10%,即

$$\left|\frac{A_d - \overline{A}_d}{A_d}\right| \times 100\% \leqslant 10\% \tag{3-6}$$

- 煤样灰分大于或等于 15% 时,绝对差值不得超过 1.5%,即

$$|A_d - \overline{A}_d| \leqslant 1.5\% \tag{3-7}$$

式中　A_d——浮沉试验前煤样的灰分,%;
　　　$\overline{A}_d$——浮沉试验后各密度级产物的加权平均灰分,%。

各密度级产物的产率和灰分取到小数点后两位。

2. 煤炭浮沉试验资料的整理

如试验结果符合上述数量、质量规定的要求,即可将各粒级浮沉试验结果填入浮沉试验报告表中,将各粒级浮沉资料(包括自然级和破碎级)汇总出 50~0.5mm 粒级原煤浮沉试验综合表,并绘制可选性曲线。根据要求也可汇总出 100~0.5mm 或其他粒级的浮沉试验综合表。

原煤浮沉试验是分粒级进行的,如一般选煤厂入洗原煤的粒度为 50~0mm,浮沉时一般是把(原煤)试验分成 50~13mm、13~6mm、6~3mm、3~0.5mm 和 <0.5mm 粒级,所以整理时也应分粒级进行。各粒级又包括自然级、破碎级和综合级。下面就以 25~13mm 级的某次试验资料整理为例,先将 25~13mm 粒级的自然级(未经破碎的)浮沉试验得到的各密度级物的质量和灰分填入表 3-8 中。

表 3-8 中各栏的意义和计算方法如下。

第 1 栏"密度级"按规定的浮沉试验填写密度级:<1.30kg/L、1.30~1.40kg/L、…、>2.00kg/L。

第 1 栏"煤泥"是指浮沉试验前从煤样中冲洗掉的附着在煤粒表面的 <0.5mm 的煤粉。如表中 25~13mm 粒级浮沉时除去了 0.238kg 煤粉(原生煤泥)。

第 2 栏"质量"是指由浮沉试验得出的各密度级的浮物质量。如 <1.30kg/L 密度级的浮沉物质量为 1.645kg,则在 <1.30kg/L 密度级的"质量"栏中填写,其余密度级的质量同理填写。

总计质量=合计质量+煤泥质量,即

$$24.732\text{kg} = 24.494\text{kg} + 0.238\text{kg}$$

表 3-8 自然级浮沉试验报告表

浮沉试验编号：　　　　　试验日期：　　年　月　日
煤样粒级：25～13mm（自然级）　本级占全样产率：18.322%　灰分：22.42%
全硫（$S_{t,d}$）：　　%　试验前煤样质量（空气干燥状态）：24.965kg

密度级/(kg/L)	质量			指标		累计			
						浮物		沉物	
	质量/kg	占本级产率/%	占全样产率/%	灰分/%	全硫/%	产率/%	灰分/%	产率/%	灰分/%
1	2	3	4	5	6	7	8	9	10
<1.30	1.645	6.72	1.219	3.99		6.72	3.99	100.00	22.14
1.30～1.40	11.312	46.18	8.380	7.99		52.90	7.48	93.28	23.45
1.40～1.50	5.280	21.56	3.912	15.93		74.46	9.93	47.10	38.60
1.50～1.60	1.370	5.59	1.014	26.61		80.05	11.09	25.54	57.74
1.60～1.70	0.660	2.70	0.490	34.65		82.75	11.86	19.95	66.47
1.70～1.80	0.456	1.86	0.338	43.31		84.61	12.56	17.25	71.45
1.80～2.00	0.606	2.47	0.448	54.47		87.08	3.74	15.39	74.84
>2.00	3.165	12.92	2.345	78.73		100.00	22.14	12.92	78.73
合计	24.494	100.00	18.146	22.14					
煤泥	0.238	0.96	0.176	19.16					
总计	24.732	100.00	18.322	22.11					

第 3 栏"占本级产率"是指产品数量与原料数量的百分比或某一成分的数量与总量的百分比。即

$$\gamma_{占本级} = \frac{某密度级的质量}{本粒级煤样质量(不计煤泥)} \times 100\%$$

如表 3-8 中<1.30kg/L 密度级占本级产率为

$$\gamma_{占本级} = \frac{1.645}{24.494} \times 100\% = 6.72\%$$

其余各密度级"占本级产率"的计算方法依此类推。

合计产率，即除掉原生煤泥后占本级产率，如表 3-8 中去除煤泥的试样合计质量为 24.494kg，将 24.494kg 看作是本粒级试样的 100，并于第 3 栏各密度级浮沉物合计栏反映出累计产率为 100%。

$$煤泥占本级产率 = \frac{煤泥质量}{总计} \times 100\% = \frac{0.238}{24.732} \times 100\% = 0.96\%$$

第 4 栏"占全样产率"是指本粒级占全部浮沉煤样的质量分数（产率）。如表 3-8 中 <1.30kg/L 密度级"占全样产率"为

$$\gamma_{<1.30(占全样)} = 18.146\% \times 6.72\% = 1.219\%$$

其余各密度级"占全样产率"的计算方法依此类推。

第 5 栏"灰分"指各密度级的化验灰分，以百分数表示。将该粒级煤样中各密度级的化验灰分填入后还应计算合计灰分和总计灰分，才可得出第 5 栏的全部数据。

第 6 栏"全硫"是各密度级产物在煤质分析化验中所测得的。

第 7 栏"浮物累计产率"是将第 3 栏数据由上到下逐级相加而得，如分选密度为 1.50kg/L 时，浮物产率为

$$\gamma_{<1.50} = \gamma_{<1.30} + \gamma_{1.30\sim1.40} + \gamma_{1.40\sim1.50} = 6.72\% + 46.18\% + 21.56\% = 74.46\%$$

同理，可以计算出其他各密度级的浮物累计产率。

第 8 栏"浮物各密度级累计加权平均灰分"是指某分选密度下，全部浮物灰分量的累计之和与相应密度下产率之和的比值。如表 3-8 中<1.40kg/L 密度级的浮物累计灰分为

$$A_{d(<1.40)} = \frac{6.72\times3.99+46.18\times7.99}{6.72+46.18}\times100\% = 7.48\%$$

第7栏和第8栏中最下行的数据与相应的第3、5栏的合计值应相等。

第9栏"沉物累计产率"是将第3栏的数据自下而上逐级累计相加(从合计栏开始)所得。如当分选密度为1.6kg/L时,其沉物累计产率为

$$\gamma_{>1.60} = \gamma_{>2.00} + \gamma_{1.80\sim2.00} + \gamma_{1.70\sim1.80} + \gamma_{1.60\sim1.70}$$
$$= 12.92\% + 2.47\% + 1.86\% + 2.70\% = 19.95\%$$

第10栏"沉物各密度级累计加权平均灰分"即沉物在某一分选密度下累计的灰分量与在此分选密度下沉物的产率之比值。如当分选密度为1.60kg/L时,其沉物的加权平均灰分为

$$A_{d(>1.60)} = \frac{12.92\times78.73+2.47\times54.47+1.86\times43.41+2.70\times34.65}{12.92+2.47+1.86+2.70}\times100\% = 66.47\%$$

以上所述为25~13mm粒级的自然级浮沉试验的综合整理方法。25~13mm粒级的破碎级浮沉试验资料的整理综合与其自然级的方法相同(见表3-9)。破碎级是指大于50mm的物料经破碎后所产生的小于50mm的各粒级物料。

表3-9 破碎级浮沉试验报告表

浮沉试验编号:　　　　　试验日期:　　年　月　日
煤样粒级:25~13mm(破碎级)　　本级占全样产率:6.283%　　灰分:19.32%
全硫($S_{t,d}$):　　%　　试验前煤样质量(空气干燥状态):24.364kg

密度级/(kg/L)	质量			指 标		累 计			
	质量/kg	占本级产率/%	占全样产率/%	灰分/%	全硫/%	浮 物		沉 物	
						产率/%	灰分/%	产率/%	灰分/%
1	2	3	4	5	6	7	8	9	10
<1.30	3.437	14.26	0.893	4.840		14.26	4.84	100.00	20.37
1.30~1.40	11.768	48.82	3.057	9.20		63.08	8.21	85.74	22.96
1.40~1.50	3.967	16.46	1.031	15.89		79.54	9.80	36.92	41.15
1.50~1.60	1.107	4.59	0.287	26.74		84.13	10.73	20.46	61.47
1.60~1.70	0.372	1.54	0.097	37.42		85.67	11.21	15.87	71.52
1.70~1.80	0.270	1.12	0.070	43.34		86.79	11.62	14.33	75.19
1.80~2.00	0.458	1.90	0.119	54.96		88.69	12.55	13.21	77.89
>2.00	2.725	11.31	0.708	81.74		100.00	20.37	11.31	81.74
合计	24.104	100.00	6.262	20.37					
煤泥	0.082	0.34	0.021	15.78					
总计	24.186	100.00	6.283	20.35					

将25~13mm的自然级和破碎级的浮沉资料均整理好后,即可把同一粒级的自然级和破碎级的资料综合(合并)到25~13mm粒级的综合级浮沉试验报告表中(见表3-10)。综合的方法是将自然级和破碎级两表中相对应的"占全样产率"相加,得出表3-10中"占全样产率"栏中各相对应的产率,而表3-10中"占本级产率"栏中各相对应的产率应按下列方法计算,如<1.30kg/L密度级的"占本级产率"为

$$\gamma_{<1.30} = \frac{<1.30\text{kg/L 密度级占全样产率}}{\text{占全样的合计产率}}\times100\%$$
$$= \frac{2.112}{24.408}\times100\% = 8.65\%$$

而"灰分"栏的数据是根据自然级和破碎级两表中相对应的各密度级灰分加权平均计算得出。

表 3-10 综合级浮沉试验报告表

浮沉试验编号：　　　　　　　　试验日期：　　年　月　日
煤样粒级：25～13mm（综合级）　本级占全样产率：24.605%
全硫（$S_{t,d}$）：　　　%　　　　灰分：21.63%

密度级/(kg/L)	质量			指标		累计			
	质量/kg	占本级产率/%	占全样产率/%	灰分/%	全硫/%	浮物		沉物	
						产率/%	灰分/%	产率/%	灰分/%
1	2	3	4	5	6	7	8	9	10
<1.30		8.65	2.112	4.35		8.65	4.35	100.00	21.69
1.30～1.40		46.86	11.437	8.31		55.51	7.70	91.35	23.33
1.40～1.50		20.25	4.943	15.92		75.76	9.89	44.49	39.15
1.50～1.60		5.33	1.01	26.64		81.09	11.00	24.24	58.55
1.60～1.70		2.41	0.587	35.11		83.50	11.69	18.91	67.55
1.70～1.80		1.67	0.408	43.39		85.17	12.31	16.50	72.29
1.80～2.00		2.32	0.567	54.57		87.49	13.43	14.83	75.54
>2.00		12.51	3.053	79.43		100.00	21.69	12.51	79.43
合计		100.00	24.408	21.69					
煤泥		0.80	0.197	18.80					
总计		100.00	24.605	21.67					

以上是 25～13mm 粒级的自然级、破碎级和综合级的整理方法。其他各粒级资料的整理同此方法。若上述"三种级"的资料整理后，还应将各种粒级的浮沉资料进行综合。

各个粒级的浮沉试验的综合级表整理出以后，应将各粒级的综合资料汇总到表 3-11 中。表 3-11 中各筛分栏的第 3 行为"筛分试验"所得，各数据是指原煤试样在未做浮沉试验前筛分成各粒度级别的质量分数（产率）和相应的灰分。这些粒级的产率相加为 95.049%，也就是各粒级的总产率，即不含<0.5mm 原生煤泥（粉）。

这五个粒级的浮沉试验结果整理好后，还必须进一步用计算的方法把它们综合，才能得到 50～0.5mm 这部分原煤的密度组成（见表 3-12），综合步骤如下：

① 根据各粒度级综合级浮沉试验（如表 3-10）中的"占本级产率"、"占全样产率"及"灰分"3 栏数据而得表 3-11 中的第 4～6 栏（抄得）数据。

② 将各粒级相应密度的"占全样产率"相加得第 19 栏（50～0.5mm 级）"占全样产率"。如表 3-11 中<1.30kg/L 密度级 50～0.5mm 级占全样产率应为

$$\gamma_{50\sim0.5(占全样)}^{-1.30} = \gamma_{50\sim25} + \gamma_{25\sim13} + \gamma_{13\sim6} + \gamma_{6\sim3} + \gamma_{3\sim0.5}$$
$$= 2.519\% + 2.112\% + 1.478\% + 2.047\% + 1.906\% = 10.062\%$$

各密度级 50～0.5mm 级占全样产率的计算方法依此类推。

因为最终分析 50～0.5mm 级（大浮沉试验）资料时，应把 50～0.5mm 级的产率 95.094% 视为一个整体，即 100%，所以还必须把占全样产率换算成占本级产率（50～0.5mm 级的产率），换算方法参考表 3-11。

③ "灰分"（最后一栏）的计算是将各粒度级相应的密度级的占全样产率乘以灰分和该密度级的 50～0.5mm 级占全样产率之比值。

表 3-11 是通称的浮沉试验综合表，它包括了全部浮沉试验结果及综合计算的结果。但上述浮沉试验综合表（见表 3-11）只能表示各个密度级数（产率）、质（灰分）量关系，如果要知道在某一密度时的全部浮物和沉物的数量、质量时，必须对表 3-11 进行累计计算。

表 3-12 为原煤 50～0.5mm 级浮沉累计表。表中第 2、3 栏数据取自表 3-11 中的第 18、

表 3-11 筛分浮沉试验综合报告表

煤样粒级：50～0.5mm　　　　　　煤样名称：
取样日期：　　年　　月　　日　　试验日期：　　年　　月　　日

密度级 /(kg/L)	50～25mm						25～13mm						13～6mm					
	产率/%		灰分/%				产率/%		灰分/%				产率/%		灰分/%			
	33.029		21.71				24.605		21.63				15.874		22.83			
	占本级产率/%	占全样产率/%	灰分/%				占本级产率/%	占全样产率/%	灰分/%				占本级产率/%	占全样产率/%	灰分/%			
1	2	3	4				5	6	7				8	9	10			
＜1.30	7.67	2.519	4.49				8.65	2.112	4.35				9.35	1.478	2.97			
1.30～1.40	52.94	17.380	9.29				46.86	11.437	8.31				43.30	6.847	7.12			
1.40～1.50	19.50	6.401	17.03				20.25	4.943	15.92				20.48	3.238	14.77			
1.50～1.60	3.63	1.191	26.68				5.33	1.301	26.64				6.37	1.007	24.87			
1.60～1.70	2.08	0.683	34.92				2.41	0.587	35.11				2.99	0.473	33.67			
1.70～1.80	1.36	0.447	44.33				1.67	0.408	43.39				1.85	0.292	42.08			
1.80～2.00	1.96	0.642	53.46				2.32	0.567	54.57				2.17	0.344	52.32			
＞2.00	10.86	3.566	81.12				12.51	3.053	79.43				13.49	2.133	79.29			
合计	100.00	32.829	24.74				100.00	24.408	21.69				100.00	15.812	21.59			
煤泥	0.61	0.200	17.24				0.80	0.197	18.80				0.39	0.062	21.16			
总计	100.00	33.029	20.72				100.00	24.605	21.67				100.00	15.874	21.59			

密度级 /(kg/L)	6～3mm						3～0.5mm						50～0.5mm					
	产率/%		灰分/%				产率/%		灰分/%				产率/%		灰分/%			
	13.238		19.24				8.303		15.94				55.094		21.03			
	占本级产率/%	占全样产率/%	灰分/%				占本级产率/%	占全样产率/%	灰分/%				占本级产率/%	占全样产率/%	灰分/%			
11	12	13	14				15	16	17				18	19	20			
＜1.30	15.51	2.047	2.69				21.17	1.906	2.32				10.69	10.062	3.46			
1.30～1.40	38.78	5.117	6.83				33.68	2.656	6.47				46.15	43.437	8.23			
1.40～1.50	20.94	2.764	13.65				20.41	1.610	12.72				20.14	18.956	15.50			
1.50～1.60	6.40	0.844	24.39				6.64	0.524	23.01				5.17	4.867	25.50			
1.60～1.70	3.11	0.410	34.05				3.13	0.247	32.07				2.55	2.400	34.28			
1.70～1.80	1.92	0.254	42.34				1.62	0.128	39.81				1.62	1.529	42.94			
1.80～2.00	2.17	0.286	50.88				2.16	0.170	49.94				2.13	2.009	52.91			
＞2.00	11.17	1.474	78.19				8.19	0.646	76.99				11.55	10.872	79.64			
合计	100.00	13.196	19.19				100.00	7.887	15.90				100.00	94.132	20.50			
煤泥	0.65	0.087	21.59				5.01	0.416	17.13				1.01	0.962	18.16			
总计	100.00	13.283	19.21				100.00	8.303	15.96				100.00	95.094	20.48			

表 3-12 50～0.5mm 粒级浮沉试验综合报告表

密度级 /(kg/L)	产率/%	灰分/%	累计				分选密度	
			浮物		沉物		密度 /(kg/L)	产率/%
			产率/%	灰分/%	产率/%	灰分/%		
1	2	3	4	5	6	7	8	9
＜1.30	10.69	3.46	10.69	3.46	100.00	20.50	1.30	56.84
1.30～1.40	46.15	8.23	56.84	7.33	22.54	22.54	1.40	66.29
1.40～1.50	20.14	15.50	76.98	9.47	37.85	37.85	1.50	25.31
1.50～1.60	5.17	25.50	82.15	10.48	57.40	57.40	1.60	7.72
1.60～1.70	2.55	34.28	84.70	11.19	66.64	66.64	1.70	4.17
1.70～1.80	1.62	42.94	86.32	11.79	72.04	72.04	1.80	2.69
1.80～2.00	2.13	52.91	88.45	12.78	75.48	75.48	2.00	2.13
＞2.00	11.55	79.64	100.00	20.50	79.64	79.64		
合计	100.00	20.50						
煤泥	1.01	18.16						
总计	100.00	20.48						

20栏数据。第4栏是第2栏从上到下逐级相加的结果,表示在某一密度时的浮物产率,当分选密度为1.40kg/L时,浮物产率为

$$\gamma_{<1.40}=\gamma_{<1.30}+\gamma_{1.30\sim1.40}=10.69\%+46.15\%=56.84\%$$

其他各密度级的累计同理。

第5栏是浮物的加权平均灰分,计算方法和前述各粒级浮沉试验表中的累计方法相同,也是自上而下加权平均的结果。但不同的是它可反映出在某一密度下的浮煤平均灰分,对分选过程和生产均有指导意义。

第6栏和第7栏是沉物的累计产率和累计灰分。产率累计的方法是用第2栏的数据从最高密度级逐级向上累计的结果,而灰分则是自下而上加权平均计算得出的。

第8栏是分选密度值。

第9栏为某分选密度下的±0.1含量,其计算方法是将某分选密度邻近的±0.1含量相加。

浮沉试验结果综合表能够比较系统地表示煤炭的密度组成和质量特征。但如果想知道在任意一个理论分选密度下各种产物的数量、质量指标或在任意灰分下的理论分选密度及其他各种产物的产率和灰分是不可能的。例如:如果精煤灰分要求10.0%时,若想知道这种灰分下的理论分选密度和精煤产率,以及在这种分选条件下分选的难易程度(可选性),单纯地依靠综合表是很难解决的,这就需要通过此表绘制可选性曲线,来对煤炭的可选性进行评定。

第三节 煤炭可选性评定方法

一、可选性曲线

可选性曲线是根据物料浮沉试验结果而绘制出的一组曲线,它综合地反映了原料煤的性质,为选煤厂的初步设计及选后产品质量的检验提供了依据。可选性曲线的用途主要有三个方面:确定选煤理论工艺指标、定性评定原煤的可选性难易、计算分选的数量效率和质量效率。根据绘制方法的不同,目前来说有两种:① H-R 曲线,由亨利(Henry)于1905年提出,后经列茵卡尔特(Reinhard)补充;② M 曲线,由迈耶尔(Mayer)于1950年提出。实际使用时,两种曲线任选一种即可,但相比之下,H-R 曲线使用得更普遍一些。H-R 曲线是一组曲线,包括灰分特性曲线(λ曲线)、浮物曲线(β曲线)、沉物曲线(θ曲线)、密度曲线(δ曲线)和密度±0.1曲线(ε曲线)等五条曲线,是根据表3-12的数据绘制出来的,如图3-1所示。

二、评定方法

煤炭可选性评定即采用"分选密

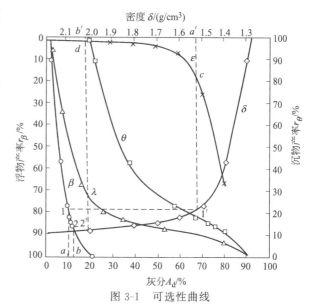

图 3-1 可选性曲线

度±0.1含量法"（简称"δ±0.1含量法"）。所用浮沉试验资料应符合国家标准的规定。

1. δ±0.1 含量的计算

① δ±0.1 含量按理论分选密度计算。

② 理论分选密度在可选性曲线上按指定精煤灰分确定（准确到小数点后两位）。

③ 理论分选密度小于 $1.7g/cm^3$ 时，以扣除沉矸（>$2.00g/cm^3$）为 100% 计算 δ±0.1 含量；理论分选密度等于或大于 $1.7g/cm^3$ 时，以扣除低密度物（<$1.5g/cm^3$）为 100% 计算 δ±0.1 含量。

④ δ±0.1 含量以百分数表示，计算结果取小数点后一位。

2. 等级命名和划分

按照分选的难易程度，把煤炭可选性划分为五个等级，各等级的名称及 δ±0.1 含量指标见表 3-13。

表 3-13 煤炭可选性等级的划分指标

δ±0.1 含量/%	可选性等级	δ±0.1 含量/%	可选性等级
≤10.0	易选	30.1～40.0	难选
10.1～20.0	中等可选	>40.0	极难选
20.1～30.0	较难选		

三、煤炭可选性评定示例

1. 浮沉试验资料

某原煤 50～0.5mm 粒级（综合级）浮沉试验资料如表 3-12 所示。该资料应符合 GB 478—87 的规定。

2. 确定精煤灰分

用 δ±0.1 含量法评定的原煤可选性，是指在某一精煤灰分时的可选性。精煤灰分由用户提出或根据有关资料假定一个或几个精煤灰分值。本例中假定精煤灰分为 10.0% 和 13.0%，评定这两种条件下的煤炭可选性。

3. 绘制可选性曲线

按照 GB 478—87 的规定，依照表 3-12 绘制五条可选性曲线（H-R 曲线），如图 3-1 所示。可选性曲线绘制在 200mm×200mm 的坐标纸上。

4. 计算 δ±0.1 含量

（1）确定理论分选密度 在灰分坐标轴上分别标出灰分为 10.0% 和 13.0% 的两点（a 和 b）。从 a 和 b 点向上引垂线分别交 β 曲线于 1 和 2 点。由 1 和 2 点引水平线分别交 δ 曲线于 $1'$ 和 $2'$ 两点。再由 $1'$ 和 $2'$ 两点向上引垂线分别交密度坐标轴于 a' 和 b' 两点，交 ε 曲线于 c 和 d 两点。a' 和 b' 两点代表的密度值即为精煤灰分分别为 10.0% 和 13.0% 时的理论分选密度，即 $1.53g/cm^3$ 和 $2.01g/cm^3$。

（2）计算 δ±0.1 含量

① 确定 δ±0.1 含量（初始值）：图 3-1 中 δ 曲线上 c 和 d 两点左侧纵坐标的产率值 18.3% 和 1.7% 即为所求的 δ±0.1 含量（未扣除沉矸）。

② 计算 δ±0.1 含量（最终值）：将上边求得的 δ±0.1 含量按照上述规定扣除沉矸或低密度物。

当精煤灰分为 10.0% 时，理论分选密度为 $1.53g/cm^3$，小于 $1.70g/cm^3$。所以此时所求得的 δ±0.1 含量（18.3%）应当扣除沉矸。

从表 3-12 可知，沉矸数值为 11.6%，故 δ±0.1 含量为：

$$\frac{18.3}{100.0-11.6}\times 100\% = 20.7\%$$

当精煤灰分为 13.0% 时，理论分选密度为 2.01g/cm³，大于 1.70g/cm³。所以此时所求得的 δ±0.1 含量（1.7%）应当扣除低密度物：

$$\frac{1.7}{100.0-77.0}\times 100\% = 7.4\%$$

5. 确定可选性等级

① 当精煤灰分为 10.0% 时，扣除沉矸后的 δ±0.1 含量为 20.7%，可选性等级为"较难选"。

② 当精煤灰分为 13.0% 时，扣除低密度物后的 δ±0.1 含量为 7.4%，可选性等级为"易选"。

第四节　煤的快浮试验方法

一、方法提要

煤的快速浮沉试验（简称快浮试验）是为了指导洗煤操作、及时掌握原煤可选性和选煤厂生产检查煤样的密度组成。试验前后煤样都是带水称重（虽用湿煤样，但是要将煤样带的水滤干后方可称量），用量较少。原料煤浮沉时，要先脱泥，产品做浮沉时不需要脱泥。重液密度一般为两级，一级近似精煤分选密度，另一级近似矸石分选密度。由于只做两个密度级试验，因此在短时间内就可以取得浮沉结果，一般要求由采样到得出结果不得超过 15~20min；如果是一级浮沉，浮沉前要称取浮沉物总质量；如果是三级浮沉，可不称浮沉物的总质量，用浮沉后三个密度物质量之和作为浮沉物总质量。

二、试验步骤

① 用密度计（分度值为 0.02kg/L）检查密度液（重液），使之达到规定的密度。

② 做原料煤三级浮沉时，把煤样放在网底桶中脱泥，然后在略低于或等于规定密度的重液中浸润一下，把桶拿出稍稍滤去一部分重液，再放入试验用的低密度重液中使煤粒松散。静止片刻后，用网勺沿同一方向捞起浮物，将其放入带有网底的小盘中，在桶内捞起浮物的深度不能过深，以免搅起沉物。把重液表面上浮起的大部分煤用网勺捞出后，再上下移动网底桶，使沉下物中夹杂的浮物放出。等液面稳定后，再一次捞起浮物，直至全部捞完为止。

③ 捞尽浮物后把盛有沉物的网底桶缓慢提起，滤去重液，然后放入盛有高密度重液的桶中，重复低密度浮沉试验的操作方法。

④ 捞出高密度重液中的浮物与沉物充分分离，先后得到三个密度级的产物，滤去重液，用水冲洗产物表面残留的氯化锌溶液，滤干后称量。

三、结果表述

计算各产物的产率（%）：设浮起物质量为 A，中间物质量为 B，沉下物质量为 C，则

$$浮物产率 = \frac{A}{A+B+C}\times 100\% \tag{3-8}$$

$$中间物产率 = \frac{B}{A+B+C} \times 100\% \tag{3-9}$$

$$沉物产率 = \frac{C}{A+B+C} \times 100\% \tag{3-10}$$

$(A+B+C=100\%$ 用以校正计算)

各级产物（浮沉物）的质量分数取到小数点后两位，第二位四舍五入。

第五节 煤粉筛分试验方法

一、方法提要

煤粉筛分试验又称为小筛分试验，也叫标准筛分法，用于测定粒度小于 0.5mm 的烟煤和无烟煤煤粉的各粒级的产率和质量。其目的是测定煤粉粒度组成，了解煤粉中各粒级的质量特征。

煤粉筛分试验必须用标准筛进行筛分，方法分为湿法筛分和干法筛分两种。易于泥化的煤样采用干法筛分，所需煤样数量应符合规定，试验用煤样必须是空气干燥状态，煤样质量不得少于 200g，筛子采用 0.500mm、0.250mm、0.125mm、0.075mm 和 0.045mm 的筛孔，筛分时禁止用刷子用力刷筛网和筛物，以免影响筛分结果的正确性。过筛后将物料筛分成 ＞0.500mm、0.500～0.250mm、0.250～0.125mm、0.125～0.075mm、0.075～0.045mm 和 ＜0.045mm 等六个粒度级，各粒级产物严禁相互污染和丢失（分粒级放置）。

二、试验步骤

1. 干洗筛分

把煤样在温度不高于 75℃ 的恒温箱内烘干，取出冷却至空气干燥状态后，缩分称取至少 200g，然后把标准筛按筛孔由大到小的次序排好，套上筛座，把称好的煤样倒入最上层筛内，盖上盖，放到振筛机上（或人工筛）进行筛分。筛分完毕后，逐级称量并记录质量，把各粒级产物缩制成化验用煤样。

2. 湿法筛分

煤样的制取和干法筛分相同，然后取搪瓷盆或塑料盆 4～5 个，盆里盛水的高度约为筛子高度的 1/3，在第一个盆内放入该次筛分中孔径最小的筛子，把煤样倒入烧杯内，加入少量清水，用玻璃棒充分搅拌使煤样完全湿润，然后倒入筛子内，用洗瓶冲洗净烧杯和玻璃棒上所黏附的煤粒。如煤样质量较大，可分几次进行筛分。将盛煤样的筛子在水中轻轻摇动进行筛分，在第一盆水中尽量筛净，然后再把筛子放入第二盆水中，依次筛分直至水清为止。筛完后，把筛上物倒入盘子中，并冲洗净粘在筛子上的筛上物。筛下的煤泥水待澄清后，用虹吸管吸去清水（勿使煤泥吸出，以免造成损失），沉淀的煤泥经过滤放入另一个盘内，然后把筛上物和筛下物分别放入温度不高于 75℃ 的恒温箱内烘干。把套筛按筛孔由大到小的次序排列好，套上筛底。把烘干的筛上物倒入最上层筛子内，盖上筛盖。把套筛置于振筛机上，开动机器，每隔 5min 停下机器，用手筛检查 1 次。检查时，依次从上至下取下筛子放在搪瓷盘上手筛，手筛 1min 后筛下的量不超过筛上物质量的 1%，即为筛净。筛下物须倒入下一粒级中，各粒级都依次进行检查。

筛分完后，逐级称量并记录下质量。把各粒级产物缩制成化验用煤样，装入煤样瓶内，送往化验室测定灰分。

三、结果表述

将各粒级产物称重,计算出各粒级占该试样的质量分数,并测定各粒级煤样的灰分和水分。试验结果填入煤粉筛分试验表(见表 3-14)中。

表 3-14 煤粉筛分试验结果表

煤样名称:　　　　　　　　煤样粒度:　　　　　　　　煤样质量:　　　g
试验编号:　　　　　　　　采煤地点:　　　　　　　　煤样灰分:　　　%
试验日期:

粒度/mm	质量/g	产率/%	灰分/%	累　　计	
				产率/%	灰分/%
>0.50					
0.500～0.250					
0.250～0.125					
0.125～0.075					
0.075～0.045					
<0.045					

试验负责人:　　　　　　核对:　　　　　　计算:

第六节　煤粉浮沉试验方法

一、方法提要

煤粉浮沉是指小于 0.5mm 粒级煤的浮沉,又称为煤泥浮沉或小浮沉试验,其目的是为了测定粒度小于 0.5mm 煤样各密度级的产率和质量,研究其可选性,确定它的理论回收率。与煤炭浮沉试验方法不同的是,煤粉粒度很细,在氯化锌溶液中自然沉降分层速度很慢,一般为了提高分层速度都在离心机内进行试验,该试验方法为连续浮沉法。离心机的转速、离心时间、重液与煤样之比例参照表 3-15。

表 3-15 离心机转速、离心时间、重液与煤样比例

煤样性质	离心机转速 /(r/min)	离心时间 /min	重液与煤样比例 (mL:g)
煤样灰分大于20%,小于1.40kg/L 密度物含量小于40%,粒度较粗	2000 2500	12 6	14:1
煤样灰分小于20%,小于1.40kg/L 密度物含量大于40%,粒度较细	2500	12	18:1

试验用煤样必须是空气干燥状态,质量不得少于 200g。如果某密度级产物质量不够化验用时,该密度级应增做一次浮沉试验。

试验用重液为氯化锌(工业品)的水溶液。如要求重液的密度较高或煤样的粒度过细,用氯化锌浮沉有困难时,可以采用四氯化碳、苯及三溴甲烷等有机溶剂配制。重液的密度为 1.300kg/L、1.400kg/L、1.500kg/L、1.600kg/L 和 1.800kg/L 五种,必要时可以增加或减少某些密度。

二、试验前的准备工作

(1) 按图 3-2 组装过滤系统,在烧杯、大口瓶等仪器上贴上相应的标签。

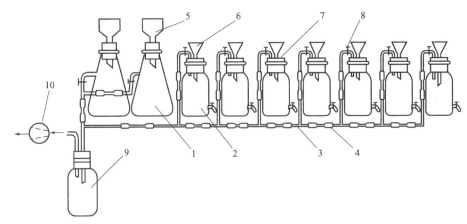

图 3-2 过滤系统组装方法示意图

1—过滤瓶（回收氯化锌重液用）；2—下口瓶（过滤冲洗浮沉产物用）；3—T形三通玻璃管；
4—乳胶管；5—陶瓷布氏过滤漏斗；6—短颈漏斗；7—橡皮塞；8—直形两通活塞玻璃管；
9—气液分离器；10—真空泵

（2）配制重液

① 配制氯化锌重液时，应穿工作服，戴眼镜、胶皮手套和口罩，以免重液腐蚀皮肤。

② 配制氯化锌重液时，将固体氯化锌放入耐酸容器内加水煮溶，冷却后，滤掉杂质。

③ 用有机溶液作重液时，因有机溶剂是有毒物品，整个试验必须在通风橱内进行。

④ 将过滤后的重液倒入 2500mL 烧杯内，加水分别配制成密度为 1.300kg/L、1.400kg/L、1.500kg/L、1.600kg/L、1.800kg/L 和 2.000kg/L 的重液。配制时，用玻璃棒轻轻搅动重液，然后放入密度计让其自由浮沉，平稳后读取密度。将配好的溶液倒入大口瓶内。重液的配制可参照表 3-7 进行。

（3）在量筒内配制浓度为 10%（或更稀些）的盐酸，倒入滴瓶内。

（4）烧好热水，以备冲洗浮沉产物时用。

（5）称量煤样

① 将煤样充分掺和缩分，称取所需的煤样。

② 先在托盘天平上称量煤样的质量，然后再在分析天平上称准。

（6）称量滤纸

① 滤纸应先在恒温箱内烘干，取出后放在干燥器内冷却至室温。

② 用分析天平称量滤纸的质量，并把质量写在滤纸外侧的边上。

三、试验步骤

① 试验开始前，对配制好的各重液的密度进行一次校测。

② 称量煤样 4 份，每份 15g，分别倒入离心管内，加入少量密度为 1.300kg/L 的重液，用玻璃棒充分搅拌，使煤样充分湿润，之后按比例倒入同一密度的重液，使液面的高度约为离心管高度的 85% 为止，倒时边搅拌边冲洗净玻璃棒及离心管壁上的煤粒。

③ 将离心管连同金属套管分别放在托盘天平两边平衡质量，较轻的一端加入相应的重液使之平衡，然后分别置于离心机的对称位置上。

④ 启动离心机，使转速平稳上升，达到 2000r/min 以上的转速时开始计时。

⑤ 12min 后，切断电源，让其自行停止。

⑥ 打开盖子，小心取出离心管，放在离心管架上。

⑦ 依次用玻璃棒沿离心管拨动一下浮物的表面，然后仔细而又迅速地将浮物倒入同一

烧杯内。用洗瓶中的热水冲洗净（或用毛笔刷净）管壁上的浮物，但勿使浮物冲入管底。

⑧ 重复前述步骤，在存有沉物的离心管内加入密度为 1.400kg/L 的重液，进行离心分离。以此类推，直至加入密度为 2.000kg/L 的重液为止。

⑨ 在布氏漏斗内铺上滤纸，并加水湿润，开动真空泵将滤纸抽紧。把浮物倒入布氏漏斗内过滤，并用洗瓶冲洗净烧杯。滤瓶内氯化锌重液经过滤、浓缩后重新使用。

⑩ 取下布氏漏斗，用洗瓶把滤纸上的浮物冲洗在原烧杯内。滴入已配制好的稀盐酸，边滴边搅拌，使氢氧化锌白色沉淀消失，呈微酸性为止。

⑪ 将预先称量好的滤纸折叠成三角形放在玻璃漏斗上，加入湿润滤纸，打开两通活塞将滤纸抽紧，然后把浮物小心地倒入漏斗内过滤，同时用洗瓶中的热水冲洗烧杯，直至冲净为止。各密度级浮物都按步骤⑨、⑩和本步骤处理。

⑫ 最后将离心管内大于 2.000kg/L 密度的沉物用洗瓶中的水冲洗在烧杯内，用同样方法滴入稀盐酸后，按步骤⑪进行冲洗过滤。

⑬ 将浮沉物连同滤纸从漏斗上取下放在棋盘格上，在 75℃ 的恒温箱内烘干。

⑭ 烘干后，放在干燥箱内冷却至室温，连同滤纸在分析天平上称量，记录下质量。

⑮ 浮沉前煤样质量与浮沉后各密度级产物空气干燥状态的总质量之差不得超过浮沉前煤样质量的 2.5%，否则应重做浮沉试验。

⑯ 将各产物分别在研钵内研至 0.2mm 以下，装入煤样瓶内送往化验室测定灰分 A_d，必要时测定硫分（$S_{t,d}$）。

四、结果表述

煤粉浮沉试验得出的结果，需要必要的综合整理，整理到规定的表格中，以备查用和分析。在整理资料时，首先应检查试验结果的准确性，看结果是否超过了规定的允许差。如果超过了允许差，该次试验应作废，重新做该项试验。检查时应根据国家标准的规定对小于 0.5mm 级的煤粉浮沉试验结果进行校核。

1. 煤粉浮沉试验的数量、质量校核

（1）质量校核　浮沉前煤样质量与浮沉后各密度级产物空气干燥状态的总质量之差值不得超过浮沉前煤样质量的 2.5%，否则应重做浮沉试验。

（2）灰分校核　浮沉前煤样灰分与浮沉后各密度级产物灰分加权平均值的差值，应符合下列规定：

① 煤样灰分小于 20% 时，相对差值不得超过 10%，按式(3-2) 计算。

② 煤样灰分为 20%～30% 时，绝对差值不得超过 2%，即

$$|A_d - \overline{A}_d| \leqslant 2\% \tag{3-11}$$

③ 煤样灰分大于 30% 时，绝对差值不得超过 3%，即

$$|A_d - \overline{A}_d| \leqslant 3\% \tag{3-12}$$

式中　A_d——浮沉试验前煤样的灰分，%；

　　　$\overline{A}_d$——浮沉试验后各密度级产物的加权平均灰分，%。

各密度级产物的产率和灰分在计算时取至小数点后三位，最终结果按数字修约规则取小数点后两位。

2. 煤粉浮沉试验资料的整理

如果试验结果均符合上述数量、质量要求，即可将试验结果填入原始记录表 3-16 中，并计算、填写煤粉浮沉试验结果表 3-17。

煤粉浮沉资料的整理与计算较为简单，在浮沉试验结束以后，把原始记录首先填好，得出煤粉的质量，把煤粉质量换算成煤粉的产率，再将各密度级的灰分化验结果填入。然后再

把表 3-16 中各密度级的产率和灰分值抄到表 3-17 相应栏中，最后进行浮沉物的累计计算，计算方法和大于 0.5mm 级的计算相同。

表 3-16　煤粉浮沉试验原始记录表

煤样名称：
煤样质量：　　　g　　　煤样粒度：　　　mm　　　试验编号：
煤样灰分：　　　%　　　采样地点：　　　　　　　　试验日期：

密度级/(kg/L)	滤纸质量/g	煤+滤纸质量/g	煤样质量/g	产率/%	灰分/%
<1.3					
1.3~1.4					
1.4~1.5					
1.5~1.6					
1.6~1.7					
1.7~1.8					
1.8~2.0					
>2.0					
合计					

表 3-17　煤粉浮沉试验结果表

煤样名称：
煤样质量：　　　g　　　煤样粒度：　　　mm　　　试验编号：
煤样灰分：　　　%　　　采样地点：
　　　　　　　　　　　　煤样硫分：　　　%　　　试验日期：

密度级/(kg/L)	产率/%	灰分/%	累计			
			浮物		沉物	
			产率/%	灰分/%	产率/%	灰分/%
<1.3						
1.3~1.4						
1.4~1.5						
1.5~1.6						
1.6~1.7						
1.7~1.8						
1.8~2.0						
>2.0						
合计						

第七节　煤粉（泥）实验室单元浮选试验方法

煤粉（泥）实验室单元浮选试验是全面了解煤的可浮性以及与其有关的物理化学性质的标准试验方法（参见 GB 4757—84），这种方法适用于粒度小于 0.5mm 的烟煤和无烟煤，由可比性浮选试验和最佳浮选参数试验两部分组成。

一、试验煤样的采取

煤样可来自生产煤样和选煤厂的浮选入料。若煤样取自选煤厂，则必须在正常生产条件下采取未添加任何浮选药剂的浮选入料，一般每小时采一次，至少采 8 次。每次采样量根据试验的用煤量而定。若是来自生产煤样，应按 GB 477—87《煤炭筛分试验方法》和 GB 478—87《煤炭浮沉试验方法》的规定，分别缩取自然级和破碎级中的小于 0.5mm 部分,并按其占原煤的比例掺和,其质量一般不小于25kg。若不可能采取生产煤样时,也可使用煤层煤样或钻孔煤芯煤样,其质量不应小于1kg(至少做可比性浮选试验及相应的分析项目)。煤样过筛(0.5mm)后,置于不超过75℃的恒温干燥箱内烘干并冷却至常温。然后置于带盖铁皮桶内或外罩尼龙编织袋的塑料袋内存放,存放地点要保持干燥,存放时间不得超过10个月(包括试验时间在内)。对煤样应进行灰分(A_d)、硫分($S_{t,d}$)、筛分(见表3-18)、浮沉(见表3-19)和煤岩分析等项目的分析,分析项目可根据需要增减。

二、可比性浮选试验(必做试验)

1. 设备

浮选机、计时装置(0~10min,精度1s)。

2. 试验步骤

① 首先调试浮选机,使转速、充气量达到规定值。

② 称量计算好的煤样(称准至0.1g)。

试验煤样量按下式计算:

$$m_1 = \frac{150 \times 100}{100 - M_t} \tag{3-13}$$

式中 m_1——试验煤样量,g;

M_t——煤样全水分,%。

③ 用微量注射器吸取十二烷0.2mL。

④ 用微量进样器吸取甲基异丁基甲醇0.0185mL。

加入药剂的体积按下式计算:

$$V = \frac{W \times 150}{d \times 10^6} \tag{3-14}$$

式中 V——加入药剂的体积,mL;

W——药剂单位消耗量,g/t;

d——药剂密度,十二烷为0.750g/mL,甲基异丁基甲醇为0.813g/mL。

⑤ 向浮选机内先加入约1/3容积的水,使水位达到第一道标线。

⑥ 开动浮选机,加入称好的干煤样,搅拌。

⑦ 待搅拌至煤全部润湿后,再加入清水,使矿浆液面达到第二道标线,此时矿浆净体积约为1.5L。

⑧ 开动计时器,预搅拌2min后,向矿浆液面下加入预先量好体积的十二烷。

⑨ 1min后,再向矿浆液面下加入预先量好体积的甲基异丁基甲醇。

⑩ 10s后,沿浮选槽整个泡沫生成面,以30次/min的速度,按一定的刮泡深度刮泡3min,泡沫产品集中于一个器皿中。

⑪ 在矿浆中适当补水,使整个刮泡期间保持矿浆液面恒定。

⑫ 刮泡阶段后期,应用洗瓶将粘在浮选槽壁上的颗粒清洗至矿浆中。

⑬ 清洗3min后,关闭浮选机,并停止补水,把尾煤排放至专门容器内。

⑭ 粘在浮选槽壁上的颗粒,要清洗至尾煤容器中。

⑮ 粘在刮板及浮选槽边的颗粒,应清洗至精煤产品中。

⑯ 向浮选槽加入清水,并开动浮选机搅拌清洗,直至浮选槽干净为止。

⑰ 试验后所得的精煤和尾煤分别脱水,置于不超过75℃的恒温干燥箱中进行干燥。冷却至空气干燥状态后,分别称重、测定灰分,必要时(当浮选入料硫分超过1%时)测定硫分。重复试验一次(按上述相同的方法)。

各道浮选工序的操作时间,要严格按照上述方法操作,误差不超过 2s。

3. 结果表述

将试验步骤⑰所得试验结果分别记录于可比性浮选试验结果表 3-20 中。以精煤和尾煤质量之和作为 100%,分别计算其产率。精煤和尾煤质量之和(即计算入料质量)与实际浮选入料质量相比,其损失率不得超过 2%。

表 3-18 入料筛分试验结果

粒级/mm	产品			累计		
	产率/%	灰分/%	全硫/%	产率/%	灰分/%	全硫/%
0.500~0.250						
0.250~0.125						
0.125~0.075						
0.075~0.045						
<0.045						
合计						

表 3-19 入料浮沉试验结果

密度级 /(kg/L)	产品			累计					
				浮煤			沉煤		
	产率/%	灰分/%	全硫/%	产率/%	灰分/%	全硫/%	产率/%	灰分/%	全硫/%
<1.3									
1.3~1.4									
1.4~1.5									
1.5~1.6									
>1.8									
合计									

表 3-20 可比性浮选试验结果

煤样名称:　　　　　采样日期:　　　　　试验日期:

产品名称	第一次试验结果				第二次试验结果				综合结果		
	质量/g	产率/%	灰分/%	硫分/%	质量/g	产率/%	灰分/%	硫分/%	产率/%	灰分/%	硫分/%
入料											
精煤											
尾煤											
计算入料											

(1) 浮选入料的加权平均灰分与化验灰分之差应符合下列规定:

① 煤样灰分小于 20% 时,相对误差不得超过 ±5%;

② 煤样灰分大于或等于 20% 时,绝对误差不得超过 ±1%。

(2) 两次重复试验的精煤产率允许差应小于或等于 1.6%。精煤灰分允许差:当精煤灰分小于或等于 10% 时,绝对误差小于或等于 0.4%;当精煤灰分大于 10% 时,绝对误差小于或等于 0.5%。

三、最佳浮选参数试验

该试验方法适用于为选煤厂设计提供参数和评定煤粉浮选性质，选煤厂可参考应用。该试验分四个阶段进行。

1. 浮选药剂选择试验

选煤厂对浮选药剂的要求是微毒无害（符合环保要求）、成分稳定、来源丰富、价格低廉、作用效果良好、能得到合乎质量要求的精煤及尾煤产品。

为寻求合适的药剂配方和药剂耗量，一般进行煤油＋仲辛醇、煤油＋190浮选剂、FS202捕收剂＋仲辛醇、FS202捕收剂＋190浮选剂、0号轻柴油＋190浮选剂等5组药剂配方，药剂耗量取700g/t、1000g/t、1300g/t三个水平。对仲辛醇、190浮选剂等起泡剂的耗量取70g/t、100g/t、130g/t三个水平（或者先进行探索性试验，确定其试验水平）。在《浮选效率评定方法》（专业标准）颁布以前，用精煤灰分一定时产率的高低来评定浮选结果的优劣，据此找出较好的配方。也可用测定泡沫精煤浓度来选择药剂。

选择药剂的试验条件：采用粗选浮选系统（精煤-尾煤），浮选槽的容积为1.5L，矿浆浓度为100g/L，叶轮转速为1800r/min，充气量为$0.25m^3/(m^2 \cdot min)$（2.75L/min）。矿浆预搅拌2min，与捕收剂接触1min，与起泡剂接触10s，浮选完为止。对选中的药剂配方，应验正。

2. 浮选条件选择试验

本组试验是在确定了药剂品种及其药剂耗量的基础上进行的，一般进行下列条件试验（根据实际可增减试验条件及试验水平）。

① 矿浆浓度：80g/L、100g/L、120g/L。
② 充气量：$0.15m^3/(m^2 \cdot min)$、$0.25m^3/(m^2 \cdot min)$、$0.35m^3/(m^2 \cdot min)$。
③ 浮选机叶轮转速：1600r/min、1800r/min、2000r/min。
④ 捕收剂与矿浆接触时间：1min、1.5min、2min。

3. 分次加药试验及流程试验

(1) 分次加药试验　一般是指起泡剂，有时也用于捕收剂。一般分两次加药，其中每次加药量的百分数可以为70％＋30％、50％＋50％、30％＋70％。其浮选时间分配可以为1min＋3min、2min＋2min、3min＋1min。通常分次加药的总浮选时间略长于一次加药的浮选时间。

(2) 流程试验　当一次浮选系统不能选出合乎质量要求的精煤时，应进行初选精煤的精选试验。精选时不加药剂或加少量药剂（如煤油不超过200g/t）。对所选中的加药方式和流程要进行验证试验。

4. 浮选特性及产品分析试验

(1) 浮选速率试验（又称鉴定试验）　按选好的最佳条件进行试验。其方法与普通浮选试验相同，只是采矿次数较多。前两个精煤产品的浮选时间各为0.5min，第三、四个产品各为1min，第五个产品为2min。分别称量，填入表3-21浮选速率试验记录中，根据浮选速率试验结果可绘出可浮性曲线图。

(2) 产品分析试验　对最终产品，应测定其灰分（A_d）、水分（M_{ad}）、硫分（$S_{t,d}$）、挥发分（V_{daf}）、胶质层指数（X, Y）或黏结性指数（后3项只限于精煤），并进行筛分分析。筛分分析时精煤所需煤样数量应符合煤粉筛分试验的取样量规定，至少有0.500～0.125mm、0.125～0.045mm和小于0.045mm三个筛分级别。尾煤产品所需煤样数量不得少于50g，其筛分级别同尾煤产品。

对最终产品应进行煤岩分析，对产品中的有机质（镜质组、壳质组、惰质组）及无机质（黏土、氧化硅、硫化物和碳酸盐）要有数量分析和各组分嵌布状态的描述。

表 3-21 浮选速率试验记录

试验编号：　　　　　　　　煤样名称：　　　　　　　　煤样粒度：　　　　mm
浮选机容积：　　　L　　　　药剂名称：
捕收剂单位消耗量：　　　g/t　　转速：　　　r/min　　起泡剂单位消耗量：　　　g/t
比例：　　　　　充气量：　　　　浓度：　　　g/L　　　试验日期：

产品编号	盘号	浮选产品	质量/g	产率/%	灰分/%	累计产率/%	平均灰分/%
		第一精煤					
		第二精煤					
		第三精煤					
		第四精煤					
		第五精煤					
		尾煤					
		总计					

5. 结果表述

① 把最佳浮选参数及试验结果填入表 3-22 和表 3-23 中。

表 3-22 最佳浮选参数

参 数 名 称	单 位	数　　量
捕收剂名称及消耗量	g/t	
起泡剂名称及消耗量	g/t	
矿浆浓度	g/L	
浮选机充气量	$m^3/(m^2 \cdot min)$	
浮选机叶轮转速	r/min	
矿浆与捕收剂接触时间	min	
加药方式		
浮选流程		

表 3-23 最佳浮选参数试验结果

名　　称	产率/%	灰分/%	硫分/%
入料			
精煤			
中煤			
尾煤			
泡沫精煤浓度/%			
可浮性曲线			

② 试验结果整理。
- 误差校对，与前述可比性浮选试验的误差校对要求相同。
- 汇报最佳浮选参数，概述试验结果。
- 根据试验结果对煤质、工艺过程进行分析，评定煤炭的可浮性。

第八节　絮凝剂性能试验方法

一、方法原理

对选煤厂煤泥水来说，絮凝剂性能表现为沉降速率、上清液澄清度和沉淀物体积的差异。将絮凝剂溶液加入盛有煤泥水的量筒中,混匀,上清液和絮团之间形成界面,测定自由沉降速率(或初始沉降速率)、上清液澄清度和沉淀物体积,表征絮凝剂性能。絮凝沉降分为诱导区、自由沉降区和压缩沉降区,即絮凝过程中,在上清液和絮团界面形成初期,通常有诱导期,诱导期后是自由沉降期,然后是压缩沉降期。自由沉降速率指自由沉降区的沉降速率。

二、试验材料

1. 选煤厂煤泥水的采取和缩制

(1) 煤泥水的采取 选煤厂煤泥水在采取时,煤泥水为未加任何絮凝剂或凝聚剂的煤泥水。稳定生产 2h 以后取样,至少分段取 10 个子样,总体积不少于 50L。

煤泥水试样在采取后放入惰性容器中,在室温下贮存。贮存时间会影响煤泥水特性,所以,应尽可能在 24h 内进行试验。

(2) 煤泥水固体含量、灰分和粒度的测定

(3) 煤泥水子样的缩制(500mL 子样) 用搅拌器将煤泥水搅拌均匀,在搅拌过程中,用 50mL 烧杯取小样,循环倒入每一量筒约 50mL,重复取样,至试验量筒满刻度。取量筒的数量与试验次数相符。

2. 水

制备絮凝剂溶液的水应该采用选煤厂清水。取水量应充分完成所有絮凝剂性能试验。

3. 絮凝剂

选煤用絮凝剂可以是粉体、乳化液、胶体或溶液状态。乳化液、胶体或溶液状态的絮凝剂统称液态絮凝剂。对絮凝剂样品应按照下列规定使用:

① 使用絮凝剂不超过 6 个月的生产期。

② 絮凝剂样品应在室温下密封贮存,远离日光直射和热源。粉体絮凝剂应该存放在通风干燥处。

③ 样品容器应避免不必要的开启。

④ 试验时应该一次性取出足够量的絮凝剂。

三、絮凝剂溶液的制备

1. 粉体絮凝剂溶液的制备

用药勺取子样于称量瓶中,称取絮凝剂 (0.25 ± 0.01)g。

低分子量(600 万以下)粉体絮凝剂溶液的制备是在 500mL 烧杯中加入 (250.0 ± 0.5)g 水,高分子量(600 万以上)粉体絮凝剂溶液的制备是在 1000mL 烧杯中加入 (500.0 ± 0.5)g 水,然后搅拌水形成足够大的涡流,将预先称好质量的絮凝剂均匀地分散在涡流表面上,继续搅拌分散,然后慢速(溶液形成旋流)搅拌,直至完全溶解。溶解时间应不少于 2h。低分子量(600 万以下)絮凝剂溶液的浓度为 0.1%,高分子量(600 万以上)絮凝剂溶液的浓度为 0.05%。该溶液在 24h 内使用。

2. 液态絮凝剂溶液的制备

(1) 液态絮凝剂浓度的测定 取液态絮凝剂约 5g 放入已恒重的称量瓶(ϕ60mm×30mm)中,称量(精确至 0.0001g),记录液态絮凝剂的质量(m_{LF})。在 105℃烘箱中干燥至恒重,称量。记录烘干后絮凝剂的质量(m_{SF})。

液态絮凝剂的浓度(c_F)按式(3-15)计算:

$$c_F = \frac{m_{SF}}{m_{LF}} \times 100 \tag{3-15}$$

式中 c_F——液态絮凝剂的浓度,%;
　　m_{SF}——烘干后絮凝剂的质量,g;
　　m_{LF}——液态絮凝剂的质量,g。

(2) 低黏度液态絮凝剂溶液的制备　用 5mL 人工注射器吸满低黏度液态絮凝剂,称量 (精确到 0.01g)。在 500mL 烧杯中加入 (250.0±0.5)g 水,搅拌形成涡流。根据絮凝剂浓度估算加入量 (体积),将注射器中的絮凝剂推入涡流表面,回称注射器,记录加入液态絮凝剂的质量。在该搅拌速度下继续搅拌 5min,然后慢速 (溶液能形成旋流) 搅拌至絮凝剂完全溶解。该溶液在 24h 内使用。

絮凝剂溶液的浓度按式(3-16)计算:

$$c = \frac{m_F}{m_w} \times 100 \tag{3-16}$$

式中 c——絮凝剂溶液的浓度,%;
　　m_F——溶解的絮凝剂质量,$m_F = m_{LF} c_F$,g;
　　m_w——水的质量,g。

(3) 高黏度液态絮凝剂溶液的制备　取约 3g 高黏度液态絮凝剂于称量瓶中,称重 (精确至 0.01g)。其他步骤与 (2) 完全相同。

四、试验步骤

1. 试验准备

① 将装满煤泥水的量筒双向翻转 5 回合。

② 用注射器取适量的絮凝剂溶液,加入量筒中煤泥水表面上,双向翻转量筒 5 回合,静置。

2. 沉降速率的测定

(1) 自由沉降速率的测定　静置量筒,可以观察到上清液和絮团清晰的界面,记录界面从量筒第一刻度 (450mL) 降至下一刻度 (250mL) 的时间,测量两个刻度间距。

自由沉降速率按式(3-17)计算:

$$v_f = \frac{d}{t} \times 3.6 \tag{3-17}$$

式中 v_f——自由沉降速率,m/h;
　　d——量筒 450mL 刻度至 250mL 刻度的间距,mm;
　　t——界面从 450mL 刻度下降至 250mL 刻度的时间,s。

用同一絮凝剂溶液,加不同量重复以上步骤。

如果比较不同絮凝剂性能,用每种絮凝剂溶液重复以上试验。

(2) 初始沉降速率的测定　静置量筒,可以观察到上清液和絮团清晰的界面,记录界面通过量筒每 50mL 分度值的时间,测量 50mL 分度值间距。按式(3-17)计算一系列沉降速率 (m/h),计算出最大平均沉降速率,即为初始沉降速率,计算方法如下:

选择 500mL 量筒,50mL 分度值的间距是 25mm。煤泥水浓度为 30.4g/L。上清液-絮团界面通过不同刻度的时间和沉降速率计算见表 3-24。

结果表明,煤泥水絮凝沉降随时间延长,经过沉降速率增加,到最大后又降低的过程。表明煤泥水的沉降经历了诱导期、自由沉降期和压缩沉降期。根据这一系列沉降速率,逐级对沉降速率平均,结果如下:

$$A_1 = (v_1 + v_2)/2 = 21.43 \text{m/h}$$
$$A_2 = (v_1 + v_2 + v_3)/3 = 24.28 \text{m/h}$$

$$A_3=(v_1+v_2+v_3+v_4)/4=23.84\text{m/h}$$

按同一方法计算：

$$A_4=23.57\text{m/h}$$
$$A_5=23.39\text{m/h}$$
$$A_6=23.27\text{m/h}$$
$$A_7=22.23\text{m/h}$$

因此最大平均沉降速率，即初始沉降速率 $A_{\max}=24.28\text{m/h}$。

用同一絮凝剂溶液，加不同絮凝剂量，重复以上步骤。

如果比较不同絮凝剂性能，用每种絮凝剂溶液重复以上试验。

表 3-24 沉降速率计算

间隔/mL	累计沉降时间/s	界面通过每 50mL 分度值的时间/s	沉降速率/(m/h)
500~450	7	7	$v_1=25/7\times3.6=12.86$
450~400	10	3	$v_2=25/3\times3.6=30.00$
400~350	13	3	$v_3=25/3\times3.6=30.00$
350~300	17	4	$v_4=25/4\times3.6=22.50$
300~250	21	4	$v_5=25/4\times3.6=22.50$
250~200	25	4	$v_6=25/4\times3.6=22.50$
200~150	29	4	$v_7=25/4\times3.6=22.50$
150~100	35	6	$v_8=25/6\times3.6=15.00$

注：沉降速率计算式为 $v=d/t\times3.6$，d 为 50mL 分度值间距，$d=25\text{mm}$，t 为界面通过每 50mL 分度值的时间。

3. 沉淀物体积和澄清度的测定

静置沉降 30mm 后，测量沉淀物的体积，然后用倾析法将上清液倒入澄清度测定仪中，读取最大清晰的数值。

五、絮凝剂用量

絮凝剂用量（D_F）按式(3-18)计算：

$$D_F=2000\times\frac{m_F V_F}{m_w V_s} \tag{3-18}$$

式中　D_F——絮凝剂用量，kg/t（干煤泥）；

　　　V_F——加入量筒中的絮凝剂溶液体积，mL；

　　　V_s——矿浆的体积，L。

六、试验记录

1. 自由沉降试验记录

见表 3-25，初始沉降试验记录见表 3-26。表中记录煤泥水、絮凝剂和水的特性以及试验日期、试验者等。

通过对初始沉降速率的计算，找出最大自由沉降速率（或初始沉降速率）时絮凝剂的用量，绘制自由沉降速率（或初始沉降速率）与每种絮凝剂用量的关系曲线，如图3-3所示。

2. 试验结果校核

同一试验者两次试验结果允许偏差不超过 10%。

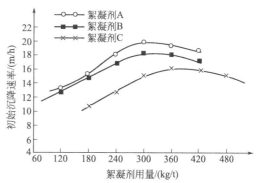

图 3-3　初始沉降速率与絮凝剂用量的关系曲线

表 3-25 自由沉降试验记录

煤泥水特性：				试验人员：						
煤泥水来源：				试验日期：						
采样日期：										
煤泥水悬浮物浓度/(g/L)：				絮凝剂特性：						
粒度组成				絮凝剂名称：						
筛分粒级/mm	产率/%	灰分/%								
>0.500				分子量：						
0.500~0.250										
0.250~0.125				离子性：						
0.125~0.075										
0.075~0.045				粉剂/液态：						
<0.045										
合计										
试验次数	1	2	3	4	5	6	7	8	9	10
絮凝剂溶液浓度/%										
絮凝剂溶液体积/mL										
絮凝剂用量/(kg/t)										
界面沉降时间/s										
自由沉降速率/(m/h)										
澄清度测定仪读数										
30min后沉淀物体积/mL										
沉淀物浓度/(g/L)										
备注										

3. 试验报告

试验报告包括以下几方面内容：

① 试验日期；

② 絮凝剂特性；

③ 煤泥水特性；

④ 参照试验标准；

⑤ 沉降速率；

⑥ 上清液澄清度；

⑦ 30min后沉淀物体积；

⑧ 絮凝剂用量。

表 3-26 初始沉降试验记录

煤泥水特性：				试验人员：						
煤泥水来源：				试验日期：						
采样日期：				絮凝剂特性：						
煤泥水悬浮物浓度/(g/L)：				絮凝剂名称：						
粒度组成				分子量：						
筛分粒级/mm	产率/%		灰分/%	离子性：						
>0.500				粉剂/液态：						
0.500~0.250				水特性：						
0.250~0.125				水样来源：						
0.125~0.075				取样日期：						
0.075~0.045										
<0.045										
合计										
试验次数	1	2	3	4	5	6	7	8	9	10
50mL 分度值间距/mm										
絮凝剂溶液浓度/%										
絮凝剂溶液体积/mL										
絮凝剂用量/(kg/t)										
累计沉降时间/s										
450mL										
400mL										
350mL										
300mL										
250mL										
200mL										
150mL										
100mL										
界面沉降时间/s										
自由沉降速率/(m/h)										
澄清度测定仪读数										
30min 后沉淀物体积/mL										
沉淀物浓度/(g/L)										
备 注										

第九节 选煤用磁铁矿粉试验方法

一、取样及样品制备

1. 取样

(1) 在铁矿石粉输送过程中应使用常规手工小样铲取样 份样质量及份样个数应按表

3-27 执行。

表 3-27 批量大小与最少份样数（固体： t；液体：1000L）

批量大小	最少份样数	批量大小	最少份样数
<1	5	≥100	30
≥1	10	≥500	40
≥5	15	≥1000	50
≥30	20	≥5000	60
≥50	25	≥10000	80

（2）料堆和车厢中应使用螺旋取样器取样 份样质量及份样个数也按表 3-27 执行。

（3）对密封袋装的磁铁矿粉取样可使用取样探锥 在密封袋装的磁铁矿粉中取样步骤如下。

① 按照表 3-28 的要求选择若干个袋子。

表 3-28 对取样袋数的最低要求

一批物料袋数要求	要求最少的取样袋数
<5	全部取样
5～250	5
>250	每 50 取 1 袋

② 打开这些袋子并使其倾斜，以便尽可能地使探锥能以接近水平的角度插入，探锥上的槽完全向下，然后将探锥转两圈。

③ 再次旋转 180°，使槽口完全向上，将装有份样的探锥抽出。

④ 将份样装入一个带有气密盖的容器中。

⑤ 重复上述步骤，直到完成所有需要取样袋子的取样。

（4）大样质量不少于 4kg

2. 试样制备

① 当大样太湿，难以进行缩分时，需将大样风干至空气干燥状态，并测出干燥前水分。

② 如合同双方出于比较目的而取样，则至少需要制备 4 份试样，每份质量不少于 1kg，其中 3 份交买方、卖方和仲裁机构，另一份用于保存。

③ 使用符合 GB 2007.2 规定的二分器，或没有明显偏差的其他类似设备，或采用随机布点取样法将试样分组，分别用于不同试验项目。

④ 试样应存放于密闭容器中。

二、水分测定

1. 方法提要

用一步法测定全水分。在需要分别测定外在水分和空气干燥水分时，则应采用两步水分测定法。当涉及大量物料或需预先干燥时，为进行试样制备应采用后一种方法。

为了确定一批磁铁矿粉的水分，试样质量约为 1kg；对于实验室试样水分的测定，试样质量为 100g。

2. 一步测定法

（1）试样 根据取样要求，从试样中取出约 1kg 或 100g 的试样。

（2）测定步骤

① 称量一个清洁干燥的托盘。

② 将试样均匀铺在托盘上并再次称量。

③ 将不加盖的托盘放入干燥箱中，在 105～110℃ 温度下干燥至质量恒定。对于 1kg 的试样，取出，冷却至室温后立即称量；对于 100g 的试样，将托盘和试样在干燥器中冷却后称量。

(3) 结果计算　以干燥前后质量损失的百分比来表示试样的全水分 M_t，其计算公式如式(3-19)：

$$M_t = \frac{m_2 - m_3}{m_2 - m_1} \times 100 \tag{3-19}$$

式中　M_t——全水分，%；
　　　m_1——托盘的质量，g；
　　　m_2——干燥前托盘加试样的质量，g；
　　　m_3——干燥后托盘加试样的质量，g。

报告结果精确到小数点后一位。

3. 两步测定法

(1) 外在水分的测定　试样质量的称量方法和测定步骤与一步测定法大致相同，不同之处在于这种方法是在环境温度下将试样暴露在空气中直到质量恒定，而不在干燥箱中加热干燥。

在该项测定中，只需试样达到一种近似平衡状态。因为残留水分都将包括到第二步空气干燥水分的测定中。以干燥前后质量损失百分比表示试样的外在水分，其计算公式如式(3-20)：

$$M_f = \frac{m_2 - m_f}{m_2 - m_1} \times 100 \tag{3-20}$$

式中　M_f——外在水分，%；
　　　m_f——干燥后托盘加试样的质量（最终质量），g。

(2) 空气干燥水分的测定　从外在水分测定后的空气干燥物料中取出约 100g 试样，按照一步测定法给出的步骤操作。以干燥前后试样质量损失的百分比来表示其空气干燥水分，计算公式如式(3-21)：

$$M_{ad} = \frac{m_5 - m_6}{m_5 - m_4} \times 100 \tag{3-21}$$

式中　M_{ad}——空气干燥水分，%；
　　　m_4——托盘的质量，g；
　　　m_5——干燥前托盘加试样的质量（初始质量），g；
　　　m_6——干燥后托盘加试样的质量（最终质量），g。

4. 结果计算

以外在水分（M_f）与空气干燥水分（M_{ad}）之和表示全水分（M_t），计算公式如式(3-22)：

$$M_t = M_f + M_{ad} \times \frac{100 - M_f}{100} \tag{3-22}$$

报告结果精确到小数点后一位。

三、试样处理

① 无论在试样制备阶段，还是在以后的磁铁矿粉干燥阶段都可能使磁铁矿粉形成团块，需要将物料恢复到颗粒离散状态。最好用一个包裹着橡胶的滚子将团块压碎，为便于将团块压碎，还可用一个筛孔尺寸为 106μm 的试验筛先将较大的团块筛出。当需要对试样进行粒

度组成测定时，应特别注意不要改变试样原来的粒度。如果团块黏结得很结实，或者物料结饼致无法恢复到原来状态的程度，应将这种试样弃去不用，在空气干燥状态下再制备一份试样进行后续的分析测定。

② 分析前将制备好的试样脱磁有助于分析工作。但绝不能把脱磁的试样用来测定磁性物含量。

③ 除非另有规定，在二次取样以获得所需试样前，将全部制备的实验室分析试样干燥至质量恒定状态并立即放入干燥器冷却。如果使用空气干燥试样进行后续的分析测定，则必须测定空气干燥水分，并计算试样的干燥质量，以便将分析结果换算为干燥基。用式(3-23)计算试样干燥质量：

$$m_d = m_{ad} \times \frac{100 - M_{ad}}{100} \tag{3-23}$$

式中 m_d——干基质量，g；
m_{ad}——空气干燥基质量，g。

四、粒度组成测定

1. 方法提要

利用试验筛湿法筛分测定粒度组成。

2. 测定步骤

① 根据取样规定缩取约200g试样，放在温度不高于75℃的干燥箱内烘干，取出冷却至空气干燥状态后缩分并称取100g（称准至0.01g）。

② 搪瓷盆盛水的高度约为筛子高度的1/3。在第一个盆内放入该次筛分中孔径最大的筛子。

③ 把试样倒入玻璃烧杯内，加入少量清水，用玻璃棒充分搅拌使试样完全润湿，然后倒入第一个筛子内。用清水冲洗净烧杯及玻璃棒上黏附的固体颗粒。

④ 在水中轻轻摇动试验筛进行筛分。先在第一盆清水内尽量筛净，然后再把试验筛放入第二盆清水内，依次筛分至水清为止。

⑤ 把筛上物倒入搪瓷或金属盘子内，并冲洗净粘在试验筛上的矿粒。将盘中物置于温度不高于75℃的干燥箱内烘干并称量，得到最大粒级质量。

⑥ 把所有筛下物作为原料，重复②、③、④和⑤步骤，进行第二级湿法筛分，并取得次大粒级质量。以此类推，取得全部级别质量。

3. 结果表述

(1) 试验结果校核　各粒级质量之和与试验前试样质量的相对误差不得大于2.5%。

(2) 试验结果汇报　以表3-29形式或以作图方式表达。以试验筛相邻粒级质量百分比来表达试样粒度组成。

表 3-29　磁铁矿粉粒度组成

样品产地及名称：　　　采样时间：　　　试验人员：
制样时间：　　　审核人员：　　　报告提交时间：

粒级/μm	质量/g	产率/%	筛下物累计产率/%
>125			
125～75			
75～63			
63～45			
45～38			
<38			

作图方法应采用粒级-筛下物累计产率线性坐标表达。

五、磁性物含量的测定

1. 方法提要

采用磁选管法测定试样的磁性物含量。磁选管法的工作原理是在 C 形电磁铁的两极之间装有玻璃管,并作往复移动和旋摆运动。当磁选管中的试样通过磁场区时,磁性物即附着于管壁,非磁性物在机械运动中被水冲刷而排出,使磁性物与非磁性物分离。以磁性物质量占试样质量的百分比来表示磁性物含量。

2. 测定步骤

① 根据取样要求缩取 (20.00±0.02)g 试样,将试样装入一个容积为 1000mL 的烧杯中,加入适量酒精和约 500mL 水,搅匀并静置约 5min,搅拌时要确保颗粒被充分地润湿。

② 组装全套装置,接通电源,调节激磁电流使其达到预定的磁场强度。向磁选管中加水直至距漏斗处约 5cm,然后将烧杯中的混合物缓慢地倒入漏斗,打开磁选管下面的螺旋夹,使液体以 50mL/min 的流量流入容积为 2500mL 的烧杯中。磁选管在运动中,非磁性物随水流下沉直至排出管外,磁性颗粒将附着于两磁极处管壁内。为使被吸持的磁铁矿粉始终浸没在水中,必要时向漏斗中加水。

③ 将螺旋夹关闭,关闭激磁电源,使被吸持的磁性物脱开,打开螺旋夹,将磁性物冲入一个 500mL 的烧杯中。当磁性物完全沉淀后,慢慢倒出烧杯中的水,同时用一块强磁铁放在烧杯杯底,以防止杯中磁性物有任何损失。

④ 打开激磁电源,关闭螺旋夹,向磁选管中加水。打开螺旋夹,使水流动,把第一个 2500mL 烧杯中的液体和固体慢慢地加入漏斗,使混合液通过磁选管进入第二个 2500mL 烧杯,并收集由磁铁吸持的磁铁矿粉。

⑤ 检查第二个 2500mL 烧杯中的液体中有无残存的磁性物,方法是将其放在一块强磁铁上,使烧杯慢慢移动,观察其中有无磁性颗粒,如果杯中没有磁性物,将杯中液体倒掉。如果发现还有磁性物,应将杯中液体倒回磁选管,使其再通过一次检查,直至杯中不存在磁性物为止。

⑥ 将一个空的 2500mL 烧杯放在磁选管下,向磁选管中加水冲洗被磁铁吸持的磁性物(在关闭激磁电源后),将磁选管拆下并左右转动,直至排出的液体变清。按步骤③所述方法回收磁铁矿粉,并将其收集至一个 500mL 的烧杯中。

⑦ 每次用步骤⑥收集的 2500mL 烧杯中的固液混合物,重复步骤④、⑤、⑥,直至步骤④中没有磁性物被磁极吸持住为止。

注:为充分完成该过程,一般需做两个循环。

⑧ 把收集的全部磁性物干燥到质量恒定状态,在干燥器中取出后立即称量,精确到 ±10mg。

3. 结果计算

用磁性物和试样的质量百分比来表示磁性物含量,其计算公式如式(3-24):

$$\beta = \frac{m_8}{m_7} \times 100 \tag{3-24}$$

式中 β——磁性物含量,%;

m_7——试样质量,g;

m_8——磁性物质量,g。

平行测定允许差为 0.5%(绝对差值)。报告结果精确到小数点后一位。

六、相对密度的测定

1. 方法提要

使磁铁矿粉试样在密度瓶中润湿沉降并排除吸附的气体,根据试样排出的同体积的水的质量算出磁铁矿粉的真相对密度。

2. 试样

应采用在105~110℃温度下干燥至质量恒定的试样进行测定。按取样要求,二次取样。从干燥的试样中缩取不少于15g,用作待测试样。

注:试样中有任何水分,都会使测得的密度有较大误差。

3. 测定步骤

① 称带瓶塞的密度瓶的质量,然后将试样放入瓶中,盖上瓶塞再称量,两次称量均准确至1mg。

② 往密度瓶内加入半瓶水,将瓶放到抽气容器中抽出夹在磁铁矿粉中的空气,然后让空气逐渐地进入容器。

③ 从抽气容器中取出密度瓶,并加入脱气的水,直至接近加满。

注:不能将瓶子完全加满,以便液体在温度平衡中有膨胀余地。

④ 把密度瓶放入水浴中,将温度控制在(25.0±0.1)℃至少45min。当瓶子还在水浴中时盖上瓶塞(不要夹带任何气泡)。然后用滤纸除掉瓶塞顶上的过量水。

⑤ 把瓶子从水浴中取出并擦干瓶子表面带的水分。要特别注意不要使瓶中的液体由于外部压力或因为手把瓶子加热而溢出。

⑥ 称量带瓶塞和水及试样的密度瓶的质量,准确至1mg。

4. 标定(空白试验)

标定用蒸馏水进行。标定步骤基本和上述测定步骤相同,不同的是瓶内仅加蒸馏水。标定要特别仔细,将瓶子从水浴中取出至最后称量的时间间隔越短越好。这样可以使因瓶子受热产生对流作用和瓶中液体蒸发造成的误差降至最低。

5. 结果计算

25℃温度下磁铁矿粉的真相对密度可通过式(3-25)算出:

$$d_{25℃}^{25℃} = \frac{m_{10} - m_9}{(m_{10} - m_9) - (m_{11} - m_{12})} \tag{3-25}$$

式中 $d_{25℃}^{25℃}$——25℃时磁铁矿粉的真相对密度;

m_9——密度瓶和瓶塞的质量,g;

m_{10}——密度瓶和瓶塞加试样的质量,g;

m_{11}——密度瓶和瓶塞加试样和蒸馏水的质量,g;

m_{12}——密度瓶和瓶塞加蒸馏水的质量,g。

应计算出两次平行测定结果的平均值。报告结果精确到小数点后两位。

七、全铁含量的测定

1. 方法提要

试样用盐酸分解,过滤,滤液作为主液保存;残渣以氢氟酸除硅,焦硫酸钾熔融,盐酸浸取,用氢氧化铵使铁沉淀,过滤,沉淀用盐酸溶解并与主液合并。用氯化亚锡还原,再用氯化汞氧化过剩的氯化亚锡,以二苯胺磺酸钠为指示剂,用重铬酸钾标准溶液滴定,以此测定全铁量。

2. 试样

① 一般试样粒度应小于 $100\mu m$，如试样中结合水或易氧化物质含量高时，其粒度应小于 $160\mu m$。

② 预干燥不影响试样组成者应按 GB 6730.1—86《铁矿石化学分析方法 分析用预干燥试样的制备》进行。

3. 测定

(1) 测定数量 同一试样，在同一实验室，应由同一操作者在不同时间内进行 2～4 次测定。

(2) 试样量 称取 0.2000g 试样。

(3) 空白试验 随同试样做空白试验，所用试剂须取自同一试剂瓶。

(4) 校正试验 随同试样分析同类（指测定步骤相一致）的标准试样。

(5) 测定步骤

① 试样的分解。将试样置于 400mL 烧杯中，加入 30mL 盐酸（$\rho=1.19g/mL$），低温加热（应控制在 105℃ 以下）分解，待溶液体积至 10～15mL 时取下，加温水至溶液量约 40mL，用中速滤纸过滤，用擦棒擦净烧杯壁，再用热水洗烧杯 3～4 次，残渣 4～6 次，将滤液和洗液收集于 500mL 烧杯中，作为主液保存。

将滤纸连同残渣❶置于铂坩埚中，灰化，在 800℃ 左右灼烧 20min，冷却，加水润湿残渣，加 4 滴硫酸（1+1）、5mL 氢氟酸（$\rho=1.15g/mL$），低温加热，蒸发至三氧化硫白烟冒尽，取下。加 3g 焦硫酸钾，在 650℃ 左右熔融约 5min，冷却，置于 400mL 烧杯中，加 50mL 盐酸（1+10）缓慢加热浸取，熔融物溶解后，用温水洗出铂坩埚❷。加热至沸，加 2 滴甲基橙溶液（0.1%），用氢氧化铵（$\rho=0.90g/mL$）慢慢中和至指示剂变黄色，过量 5mL，加热至沸，取下。待沉淀下降后，用快速滤纸过滤，用热水洗至无铂离子［收集洗涤 8 次后的洗液约 10mL，加 1mL 盐酸（1+1）、10 滴氯化亚锡溶液，溶液无色，即表明无铂离子］，用热盐酸（1+2）将沉淀溶解于原烧杯中，并洗至无黄色，再用热水洗 3～4 次，将此溶液与主液合并❸。低温加热浓缩至约 30mL。

② 还原、滴定。趁热用少量水冲洗杯壁，立即在搅拌下滴加氯化亚锡溶液（6%）至黄色消失，并过量 1～2 滴，冷却至室温，加入 5mL 氯化汞饱和溶液，混匀，静置 3min，加 150～200mL 水，加 30mL 硫磷混酸、5 滴二苯胺磺酸钠溶液（0.2%），立即以重铬酸钾标准溶液（0.008333mol/L）滴定至稳定紫色。

③ 空白测定。空白试液滴定时，在加硫磷混酸之前，加入 6.00mL 硫酸亚铁铵溶液，滴定后记下消耗重铬酸钾标准溶液的体积（A），再向溶液中加入 6.00mL 硫酸亚铁铵溶液，再以重铬酸钾标准溶液滴定至稳定紫色，记下滴定的体积（B），则 $V_0=A-B$ 即为空白值。

4. 结果计算

(1) 全铁含量的计算 按下式计算全铁的含量 T_{Fe}（%）：

---

❶ 亦可将残渣置于刚玉坩埚中，灰化，在 800℃ 灼烧 20min，冷却，加 2g 过氧化钠、1g 无水碳酸钠，混匀后在 800℃ 熔融 10～15min，冷却，用约 50mL 盐酸（1+2）分次将熔融物溶洗入主液中，再用热水洗净坩埚，低温加热浓缩体积至约 30mL。接下来按还原、滴定继续进行。

❷ 试样含铜大于 0.08% 时，先将主液加 10mL 盐酸（$\rho=1.19g/mL$）、5mL 过氧化氢（30%），煮沸 5min，取下。将残渣浸取液与主液合并，加热至沸，用氢氧化铵（$\rho=0.90g/mL$）慢慢中和至生成氢氧化铁沉淀，过量 10mL，煮沸取下。待沉淀下降后，用快速滤纸过滤，用热氢氧化铵（5+95）洗 8～10 次，用热盐酸（1+2）将沉淀溶解至原烧杯中，并洗至无黄色，再用热水洗 3～4 次，将此溶液低温加热浓缩至约 30mL，接下来按还原、滴定继续进行。

❸ 试样中含钒 0.15～2.0mg 时，将溶液低温加热浓缩至约 10mL，用氯化亚锡溶液（6%）还原至无色，再滴加高锰酸钾溶液（4%）至溶液变黄，并过量 10 滴，加 40mL 水、1mL 硫酸（$\rho=1.84g/mL$），煮沸 2min。

$$T_{Fe} = \frac{(V-V_0) \times 0.0027925}{m} \times 100K \tag{3-26}$$

式中 V——试样消耗重铬酸钾标准溶液的体积，mL；

V_0——空白试验消耗重铬酸钾标准溶液的体积，mL；

m——试样量，g；

0.0027925——与 1mL 0.008333mol/L 重铬酸钾标准溶液相当的铁量，g；

K——由公式 $K = \frac{100}{100-A}$ 所得的换算系数（如使用预干燥试样则 $K=1$），A 是按照国家标准测定得到的吸湿水质量分数。

(2) 分析值的验收　当平行分析同类型标准试样所得的分析值与标准值之差不大于表 3-30 所列的允许差时，则试样分析值有效，否则无效，应重新分析。分析值是否有效，首先取决于平行分析的标准试样的分析值是否与标准值一致。

当所得试样的两个有效分析值之差不大于表 3-30 所列允许差时，则可予以平均，计算为最终分析结果；如二者之差大于允许差，则应按验收试样分析值程序（见图 3-4，图中 r 即表 3-30 中所列试验允许差），进行追加分析和数据处理。

表 3-30　全铁含量测定结果的允许差要求

全铁量/%	标准允许差	试验允许差
<50.0	±0.14	0.20
>50.0	±0.21	0.30

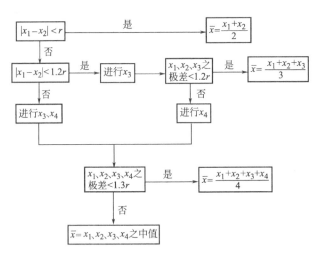

图 3-4　验收试样分析值程序

(3) 最终结果的计算　试样的有效分析值的算术平均值为最终分析结果。平均值计算至小数点后第四位，并按数字修约规则的规定修约至小数点后第一位。

八、铁（Ⅱ）含量的测定

1. 方法原理

在氮气氛中用盐酸溶解试样，然后用标准的重铬酸钾溶液滴定铁（Ⅱ）。

2. 测定步骤

① 称取 0.25g 经过空气干燥的试样（精确到 1mg）并将其放入反应瓶中。为了把铁

(Ⅱ) 的测定结果校正为干基,进行空气干燥水分的测定。

② 把冷却器装到烧瓶上,把滴液漏斗装到侧瓶颈上,把气体导入管在滴液漏斗上,并与供氮气的气源接上,用流量为 500mL/min 的氮气进行吹洗至少 5min。

③ 关闭滴液漏斗的旋塞阀,拿掉气体导入管。向滴液漏斗中加入 25mL 盐酸溶液。重新接上氮气气源,打开旋塞阀,使氮气将盐酸送入烧瓶,继续以 500mL/min 的流量通入氮气。

④ 在氮气流中轻微沸腾 10min,把烧瓶从电炉上取下,摘去冷却器。在继续通氮气下将烧瓶置于水槽中冷却。

⑤ 冷却后,加入 100mL 正磷酸溶液和 5 滴二苯胺磺酸盐指示剂,继续通氮气。

⑥ 在通氮下用标准重铬酸钾溶液不断滴定,直到加入 1 滴重铬酸钾溶液,颜色由绿变成紫红且摇匀后颜色不变为止。

3. 结果计算

以氧化亚铁(FeO)质量与试样质量的百分比来表示铁(Ⅱ)含量,计算公式如式(3-27):

$$\text{FeO}(干基) = \frac{cV \times 71.85}{1000 m_{ad}} \times \frac{100}{100 - M_{ad}} \tag{3-27}$$

式中　FeO(干基)——铁(Ⅱ)含量,%;

　　　　　c——重铬酸钾溶液的物质的量浓度,mol/L;

　　　　　V——在滴定中消耗重铬酸钾的体积,mL;

　　　　　71.85——氧化亚铁的摩尔质量,g/mol。

注:试样中以硫化铁形式存在的硫化物硫会影响测定结果。为了校正,必须测定硫化物硫。0.2% 的硫化物硫会造成 0.25%FeO 的正偏差。报告结果精确到 0.5%(绝对值)。

思 考 题

1. 简述煤炭筛分试验在选煤实践中的作用。
2. 试讨论如何使煤炭筛分试验所获得的数据更准确。
3. 通过实验说明湿法筛分和干法筛分的筛分效率的差别。
4. 简述煤炭筛分试验用煤样的取样方法。
5. 煤炭浮沉试验在选煤实践中有哪些作用?
6. 煤炭浮沉试验的重液如何配制?
7. 简述煤炭浮沉试验的步骤。
8. 试讨论如何使煤炭浮沉试验所获得的数据更准确。
9. 简述可选性评定方法的划分等级。
10. 根据某原煤 50~0.5mm 粒级(综合级)浮沉试验资料,在确定精煤灰分后如何确定可选性等级?
11. 简述煤的快浮试验方法的目的与步骤。
12. 简述煤粉筛分试验与煤炭筛分试验的异同。
13. 简述煤粉筛分试验主要用的工具及步骤。
14. 简述煤粉浮沉试验与煤炭浮沉试验的异同。
15. 煤粉浮沉试验前的准备工作有哪些?
16. 简述煤粉浮沉试验的数量、质量校核。
17. 简述煤粉(泥)实验室单元浮选试验方法的目的。
18. 简述煤粉(泥)实验室单元浮选试验方法的试验条件及步骤。
19. 试述最佳浮选参数试验的四个阶段。
20. 简述絮凝剂性能试验方法的原理。
21. 简述絮凝剂溶液的制备。

22. 简述选煤用磁铁矿粉的取样规则。
23. 简述选煤用磁铁矿粉水分的测定原理。
24. 简述选煤用磁铁矿粉粒度组成的测定方法要点。
25. 简述选煤用磁铁矿粉磁性物含量的测定原理。
26. 简述选煤用磁铁矿粉全铁含量测定的方法原理。
27. 简述选煤用磁铁矿粉铁（Ⅱ）含量测定的方法原理。

第四章 焦炭检验

焦炭是炼焦煤料经高温干馏得到的固体产物，是冶金工业的燃料和重要的化工原料。焦炭通常按其用途可分为冶金焦（包括高炉焦、铸造焦和铁合金焦等）、气化焦和电石用焦等。由煤粉加压成型煤，再经炭化等后处理制成的新型焦炭称为型焦。

本章将重点介绍焦炭的工业分析、全硫、机械强度、CO_2 反应性和反应后强度等的测定方法，适用于各类焦炭的测定。

第一节 焦炭工业分析测定方法

焦炭的工业分析包括水分、灰分和挥发分产率的测定及固定碳的计算，它们是评价焦炭质量的重要指标。

一、焦炭水分测定方法

焦炭的水分与炼焦煤料的水分无关，主要来源于湿法熄焦。要控制焦炭的水分适量，以免焦粉含量增高。焦炭水分要尽量稳定，以利于高炉生产。

焦炭中的水分对工业利用是不利的，它对运输、使用和贮存都有一定影响，在贸易上，焦炭的水分是一个重要的计质和计价指标；在焦炭分析中，水分分析用于对各项目的分析结果进行不同基的换算。

1. 方法提要

称取一定质量的焦炭试样，置于干燥箱中，在一定的温度下干燥至质量恒定，以焦炭试样的质量损失计算水分的百分含量。

2. 试验步骤

（1）全水分的测定

① 用预先干燥并称量过的浅盘称取粒度小于 13mm 的试样约 500g（称准至 1g），铺平试样。

② 将装有试样的浅盘置于 170~180℃ 的干燥箱中，1h 后取出，冷却 5min，称量。

③ 进行检查性干燥，每次 10min，直到连续两次质量差在 1g 内为止，计算时取最后一次的质量。

（2）分析试样水分的测定

① 用预先干燥至质量恒定并已称量的称量瓶迅速称取粒度小于 0.2mm 并搅拌均匀的试样（1.00±0.05）g（称准至 0.0002g），平摊在称量瓶中。

② 将盛有试样的称量瓶开盖置于 105~110℃ 干燥箱中干燥 1h，取出称量瓶立即盖上盖，放入干燥器中冷却至室温（约 20min），称量。

③ 进行检查性干燥，每次 15min，直到连续两次质量差在 0.001g 内为止，计算时取最后一次的质量，若有增重则取增重前一次的质量为计算依据。

3. 结果计算

(1) 全水分　按式(4-1)计算：

$$M_t = \frac{m - m_1}{m} \times 100 \tag{4-1}$$

式中　M_t——焦炭试样的全水分含量，%；
　　　m——干燥前焦炭试样的质量，g；
　　　m_1——干燥后焦炭试样的质量，g。

(2) 分析试样水分　按式(4-2)计算：

$$M_{ad} = \frac{m - m_1}{m} \times 100 \tag{4-2}$$

式中　M_{ad}——分析试样的水分含量，%；
　　　m——干燥前分析试样的质量，g；
　　　m_1——干燥后分析试样的质量，g。

试验结果取两次试验结果的算术平均值。

二、焦炭灰分测定方法

焦炭灰分的主要成分是 SiO_2 和 Al_2O_3。焦炭中灰分的高低取决于炼焦配煤，配煤的灰分全部转入焦炭，一般炼焦的全焦率为 70%～80%，焦炭的灰分是配煤灰分的 1.3～1.4 倍。因此，降低炼焦配煤的灰分是降低焦炭灰分的根本途径。

灰分是评价焦炭质量的重要指标，在贸易中是计价的主要指标之一。焦炭灰分升高，对高炉冶炼不利。我国高炉生产实践表明，焦炭灰分上升 1%，炼铁焦比上升 1.7%～2.5%，生铁产量降低 2.2%～3.0%。

1. 方法提要

称取一定质量的焦炭试样，于 815℃ 下灰化，以其残留物的质量占焦炭试样质量的百分数作为灰分含量。

2. 仪器设备

(1) 箱形高温炉　带有测温和控温装置，能保持温度在 (815±10)℃，炉膛具有足够的恒温区，炉后壁的上部具有直径 25～30mm、高 400mm 的烟囱，下部具有插入热电偶的小孔，孔的位置应使热电偶的测温点处于恒温区的中间并距炉底 20～30mm，炉门有一通气小孔，如图 4-1 所示。

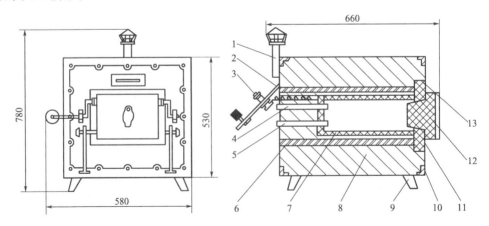

图 4-1　箱形高温炉（单位：mm）
1—烟囱；2—炉后小门；3—接线柱；4—烟道瓷管；5—热电偶瓷管；6—隔层套；7—炉芯；
8—保温层；9—炉支脚；10—角钢骨架；11—铁炉壳；12—炉门；13—炉口

炉膛的恒温区应每半年校正一次。

(2) 干燥器　内装变色硅胶或粒状无水氯化钙干燥剂。

3. 试验步骤

(1) 方法一（仲裁法）

① 用预先于 (815±10)℃灼烧至质量恒定的灰皿，称取粒度小于 0.2mm 并搅拌均匀的试样 (1.00±0.05)g（称准至 0.0002g），并使试样铺平。

② 将盛有试样的灰皿送入温度为 (815±10)℃的箱形高温炉炉门口，在 10min 内逐渐将其移入炉膛恒温区，关上炉门并使其留有约 15mm 的缝隙，同时打开炉门上的小孔和炉后烟囱，于 (815±10)℃下灼烧 1h。

③ 1h 后，用灰皿夹或坩埚钳从炉中取出灰皿，放在空气中冷却约 5min，移入干燥器中冷却至室温（约 20min），称量。

④ 进行检查性灼烧，每次 15min，直到连续两次质量差在 0.001g 内为止，计算时取最后一次的质量，若有增重则取增重前一次的质量为计算依据。

(2) 方法二

① 用预先于 (815±10)℃灼烧至恒量的灰皿，称取粒度小于 0.2mm 并搅拌均匀的试样 (0.50±0.05)g（称准至 0.0002g），并使试样铺平。

② 将盛有试样的灰皿送入温度为 (815±10)℃的箱形高温炉的炉门口，在 10min 内逐渐将其移入炉子的恒温区，关上炉门并使其留有约 15mm 的缝隙，同时打开炉门上的通气小孔和炉后烟囱，于 (815±10)℃下灼烧 30min。

③ 以下按方法一③和④进行试验。

4. 结果计算

(1) 分析试样的灰分　按式(4-3)计算：

$$A_{ad} = \frac{m_1}{m} \times 100 \tag{4-3}$$

式中　A_{ad}——分析试样的灰分含量，%；
　　　m——焦炭试样的质量，g；
　　　m_1——灰皿中残留物的质量，g。

(2) 干燥试样的灰分　按式(4-4)计算：

$$A_d = \frac{A_{ad}}{100 - M_{ad}} \times 100 \tag{4-4}$$

式中　A_d——干燥试样的灰分含量，%；
　　　A_{ad}——分析试样的灰分含量，%；
　　　M_{ad}——分析试样的水分含量，%。

试验结果取两次试验结果的算术平均值。

注：每次测定灰分时，应先进行水分的测定，水分样与灰分测定试样应同时采取。

5. 精密度

重复性 $r \leq 0.20\%$；再现性 $R \leq 0.30\%$。

三、焦炭挥发分测定方法

干燥无灰基挥发分 (V_{daf}) 是焦炭成熟程度的标志。成熟焦炭的 V_{daf} 为 0.7%～1.2%。焦炭挥发分过高，说明焦炭没有完全成熟，出现"生焦"；焦炭挥发分过低，则说明焦炭过火，焦炭裂纹增多，易碎。因此，测定焦炭的挥发分在焦化工业上具有重要意义。

1. 方法提要

称取一定质量的焦炭试样，置于带盖的坩埚中，在900℃下，隔绝空气加热7min，以减少的质量占试样质量的百分数减去该试样的水分含量，作为挥发分含量。

2. 试验步骤

① 用预先于（900±10）℃温度下灼烧至质量恒定的带盖瓷坩埚，称取粒度小于0.2mm并搅拌均匀的试样（1.00±0.01）g（称准至0.0001g），使试样摊平，盖上盖，放在坩埚架上。

注：如果测定试样不足六个，则在坩埚架的空位上放上空坩埚补位。

② 打开预先升温至（900±10）℃的箱形高温炉炉门，迅速将装有坩埚的架子送入炉中的恒温区内，立即开动秒表计时，关好炉门，使坩埚连续加热7min。坩埚放入后，炉温会有所下降，但必须在3min内使炉温恢复到（900±10）℃，并继续保持此温度到试验结束，否则此次试验作废。

③ 到7min立即从炉中取出坩埚，放在空气中冷却约5min，然后移入干燥器中冷却至室温（约20min），称量。

3. 结果计算

(1) 分析试样的挥发分　按式(4-5)计算：

$$V_{ad} = \frac{m-m_1}{m} \times 100 - M_{ad} \tag{4-5}$$

式中　V_{ad}——分析试样的挥发分含量，%；
　　　m——试样的质量，g；
　　　m_1——加热后焦炭残渣的质量，g；
　　　M_{ad}——分析试样的水分含量，%。

(2) 干燥无灰基挥发分　按式(4-6)计算：

$$V_{daf} = \frac{V_{ad}}{100-(M_{ad}+A_{ad})} \times 100 \tag{4-6}$$

式中　V_{daf}——干燥无灰基挥发分含量，%；
　　　A_{ad}——分析试样的灰分含量，%；
　　　M_{ad}——分析试样的水分含量，%。

试验结果取两次试验结果的算术平均值。

4. 精密度

重复性 $r \leq 0.30\%$；再现性 $R \leq 0.40\%$。

四、焦炭固定碳测定方法

固定炭是煤燃烧和炼焦中的一项重要指标，在炼焦工业中，根据固定碳含量可预测焦炭的产率。

1. 方法提要

用已测出的水分含量、灰分含量、挥发分含量进行计算，求出焦炭固定碳含量。

2. 固定碳的计算

分析试样的固定碳按式(4-7)计算：

$$FC_{ad} = 100 - M_{ad} - A_{ad} - V_{ad} \tag{4-7}$$

式中　FC_{ad}——分析试样的固定碳含量，%；
　　　M_{ad}——焦炭分析试样的水分含量，%；
　　　A_{ad}——焦炭分析试样的灰分含量，%；
　　　V_{ad}——焦炭分析试样的挥发分含量，%。

第二节 焦炭全硫含量的测定方法

硫是焦炭中的有害元素之一。含硫量高的焦炭在造气、合成氨或钢铁冶炼使用时都会带来很大危害。用高硫焦炭制半水煤气时,由于产生的硫化氢等气体较多且不易脱尽,会使合成氨催化剂中毒而失效。在炼铁工艺中,焦炭中硫含量高,会使钢铁中硫分增高,当钢铁中含硫量大于0.07%时,就会使之产生热脆性而无法使用;另一方面,为了脱去钢铁中的硫,就必须在高炉中加入较多的石灰石,这样又会减小高炉的有效容量,同时增加出渣量。

焦炭中全硫的测定方法主要有艾士卡法、高温燃烧中和法、库仑滴定法和高温燃烧红外法。其中,艾士卡法为仲裁方法。

一、艾士卡法

1. 方法提要

将试样与艾氏剂混合,在一定的温度下灼烧,使其生成硫酸盐,然后用水浸取,在一定酸度下滴加氯化钡溶液,使硫酸根离子生成硫酸钡沉淀,根据硫酸钡的质量计算试样中的全硫含量。

2. 试验步骤

① 称取粒度小于0.2mm的试样约1g(称准至0.0002g),置于盛有2g艾氏剂的30mL瓷坩埚中,用镍铬丝混合均匀,再用1g艾氏剂覆盖,艾氏剂均称准至0.1g。

② 将盛有试样的坩埚移入箱形高温炉内,在1~1.5h内将炉温逐渐升至800~850℃,并在该温度下加热1.5~2h。

③ 将坩埚从箱形高温炉中取出,冷却至室温后,用玻璃棒搅松灼烧物(如发现有未烧尽的试样颗粒,应在800~850℃下继续灼烧0.5h),并将其移入400mL烧杯中,用热蒸馏水仔细冲洗坩埚内壁,将冲洗液加入烧杯中,再加入100~150mL热蒸馏水,用玻璃棒捣碎灼烧物(如果这时发现尚有未烧尽的试样颗粒,则本次试验作废)。

④ 加1mL过氧化氢于烧杯中,将其加热至80℃,并保持30min。

⑤ 用定性滤纸过滤,并用热蒸馏水将灼烧物冲洗至滤纸上,继续以热蒸馏水仔细冲洗滤纸上的灼烧物,其次数不得少于10次。

⑥ 将滤液煮沸2~3min,排出过剩的过氧化氢,向滤液中加2~3滴甲基红指示剂溶液,以指示其排除是否完全。滴加盐酸溶液(1+1)至颜色变红,再多加1mL,煮沸5min,除去二氧化碳,此时溶液的体积约为200mL。

⑦ 将烧杯盖上表面皿,减少加热量至溶液停止沸腾,取下表面皿,将10mL氯化钡溶液缓缓滴入热溶液中,同时搅拌溶液,盖上表面皿,并使溶液在略低于沸点的温度下保持30min。

⑧ 用定量滤纸过滤,并用热蒸馏水洗至无氯离子为止(用硝酸银溶液检验)。

⑨ 将沉淀物连同滤纸移入已知质量的20mL瓷坩埚中,先在电炉上灰化滤纸,然后移入温度为800~850℃的箱形高温炉内灼烧20min,取出坩埚,稍冷后放入干燥器中,冷却至室温称量。

⑩ 空白试验。每批试样应进行空白试验,除不加试样外,其他试验步骤同上。

3. 结果计算

(1) 分析基全硫($S_{t,ad}$) 按式(4-8)计算:

$$S_{t,ad} = \frac{(m_1 - m_2) \times 0.1374}{m} \times 100 \tag{4-8}$$

式中　m_1——硫酸钡的质量，g；
　　　m_2——空白试验硫酸钡的质量，g；
　　　m——试样的质量，g；
　0.1374——每克硫酸钡相当于硫的质量。

试验结果取两次测定结果的算术平均值，并表示至小数点后两位。

（2）干基全硫（$S_{t,d}$）　按式(4-9)计算：

$$S_{t,d} = \frac{S_{t,ad}}{100 - M_{ad}} \times 100 \tag{4-9}$$

式中　M_{ad}——分析试样的水分含量，%。

4. 精密度

两次测定结果间的差值不得超过表 4-1 的规定。

表 4-1　焦炭硫分测定的重复性和再现性要求

项　目	$S_{t,ad}$/%		$S_{t,d}$/%	
	≤1.00	>1.00	≤1.00	>1.00
重复性	0.01	0.1	—	—
再现性	—	—	0.1	0.2

二、高温燃烧中和法

1. 方法提要

将试样置于 1250℃ 高温管式炉中，通氧气或空气进行高温燃烧，生成硫的氧化物，被过氧化氢溶液吸收，生成硫酸溶液，用氢氧化钠标准溶液滴定，计算焦炭中的全硫含量。

2. 仪器设备

高温燃烧法定硫装置见图 4-2。

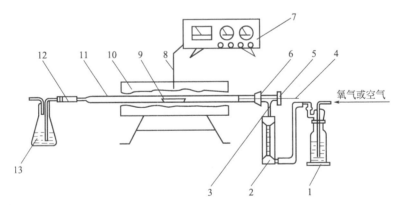

图 4-2　高温燃烧法定硫装置

1—缓冲瓶；2—流量计；3—T形管；4—镍铬丝钩；5—翻胶帽；6—橡皮塞；7—温度控制器；
8—热电偶；9—燃烧舟；10—高温管；11—燃烧管；12—硅胶管；13—吸收瓶

（1）高温管式炉　用硅碳棒或硅碳管加热，带有控温装置，使炉温能保持在（1250±10)℃ 的范围内。

（2）燃烧管　用高温瓷、刚玉或石英制成。管总长约 750mm，一端外径 22mm，内径 19mm，长约 690mm；另一端外径 10mm，内径约 7mm，长约 60mm。

（3）燃烧舟　用高温瓷或刚玉制成，长 77mm，上宽 12mm，下宽 9mm，高 8mm。

(4) 吸收瓶　锥形瓶，容积为 250mL。
(5) 镍铬丝钩　直径约 2mm，长 650mm，一端弯成小钩。
(6) 硅橡胶管　外径 11mm，内径 8mm，长约 80mm。

3. 试验准备

用量筒量取 100mL 过氧化氢溶液，倒入吸收瓶中，加 2～3 滴混合指示液，根据溶液的酸碱度，用硫酸或氢氧化钠标准溶液调至溶液呈灰色，装好橡胶塞和气体导管。在工作的条件下，检查装置的各个连接部分的气密性，并通气，保持吸收液呈灰色。

4. 试验步骤

① 称取约 0.2g 粒度小于 0.2mm 的试样（称准至 0.0002g），置于预先在 (1250±10)℃ 灼烧过的燃烧舟中。

② 将高温管式炉升温至 (1250±10)℃，通入氧气，并保持流量 700mL/min 左右。用镍铬丝钩将盛有试样的燃烧舟缓缓地推入燃烧管的恒温区，燃烧 10min 后停止供氧。取下吸收瓶的橡胶塞，并用镍铬丝钩取出燃烧舟。

注：也可以用水抽或真空泵抽吸空气进行试验，其流量为 1000mL/min 左右。当所用气体对试验结果有影响时，应加高锰酸钾溶液、氢氧化钾溶液和浓硫酸等净化装置。

③ 将吸收瓶取下，用水冲洗气体导管的附着物于吸收瓶中，补加混合指示剂溶液 2～3 滴，用 0.01mol/L 的氢氧化钠标准滴定溶液滴定至溶液由紫红色变成灰色，即为终点，记下氢氧化钠标准滴定溶液的消耗量。

5. 结果计算

(1) 分析基全硫 ($S_{t,ad}$)　按式(4-10) 计算：

$$S_{t,ad} = \frac{Vc \times 0.016}{m} \times 100 \tag{4-10}$$

式中　V——试样测定时氢氧化钠标准滴定溶液的用量，mL；
　　　c——氢氧化钠标准滴定溶液的浓度，mol/L；
　　　m——试样的质量，g；
0.016——与 1.00mL 氢氧化钠标准滴定溶液 $[c(NaOH)=1.00mol/L]$ 相当的硫的质量，g。

试验结果取两次测定结果的算术平均值，并修约至小数点后两位。

(2) 干基全硫 ($S_{t,d}$)　按式(4-11) 计算：

$$S_{t,d} = \frac{S_{t,ad}}{100 - M_{ad}} \times 100 \tag{4-11}$$

式中　M_{ad}——分析试样的水分含量，%。

6. 精密度

重复性 $r \leq 0.05\%$；再现性 $R \leq 0.1\%$。

三、库仑滴定法

1. 方法提要

样品在不低于 1150℃ 高温和催化剂作用下，于净化的空气流中燃烧分解。生成的二氧化硫被碘化钾溶液吸收，以电解碘化钾溶液所产生的碘进行滴定，电解所消耗的电量由库仑积分器积分，计算焦炭中硫的含量。

2. 试验准备

① 接上电源后，使高温炉升温到 1150℃，调节程序控制器，使预分解及高温分解的位置分别在高温炉的 500℃ 和 1150℃ 处。

② 在燃烧管高温带后端充填厚为 3mm 的硅酸铝棉。

③ 将程序控制器、高温炉（内装燃烧管）、库仑积分器、搅拌器和电解池及空气净化系统组装在一起。燃烧管、活塞及电解池的玻璃接口处需用硅橡胶管封接。

④ 开动送气、抽气泵，将抽速调节到 1000mL/min。然后关闭电解池与燃烧管间的活塞。如抽速降到 500mL/min 以下，表示电解池、干燥管等部位均气密；否则需重新检查电解池等各部位。

3. 试验步骤

① 将炉温控制在（1150±5）℃。

② 将抽气泵的抽速调节到 1000mL/min。在抽气下，将电解液（碘化钾、溴化钾的乙酸溶液）倒入电解池内。开动搅拌器后，将积分器电解旋钮转至自动电解位置。

③ 在瓷舟中放入少量非测定用的样品，铺匀后盖一薄层三氧化钨，按④进行测定直至积分仪显示值不为零。

注：每次开机进行分析前，应先烧废样，使库仑积分器的显示值不为"0"，终点电位处于可分析状态。

④ 于瓷舟中称取标准样品 0.05g（精确到 0.0002g），盖一薄层三氧化钨，将舟置于送样的石英舟上，开启程序控制器，石英舟载着样品自动进炉，库仑滴定随即开始。测试值应在标准物质的允差内，否则，应按说明书检查仪器及仪器的测试条件是否处于正常状态。

4. 结果计算

硫的质量分数按式(4-12)计算：

$$S_{t,ad} = \frac{m_1}{m_2} \times 100 \tag{4-12}$$

式中 $S_{t,ad}$——空气干燥焦炭中硫的质量分数，%；

m_1——库仑积分器显示值，mg；

m_2——焦炭试样的质量，mg。

5. 精密度

精密度要求如表 4-2 所示规定。

表 4-2 精密度要求

水平值/%	重复性 r/%	再现性 R/%
<2.00	0.05	0.05

四、红外吸收法

1. 方法提要

试样在高频感应炉的氧气流中加热燃烧，生成的二氧化硫由氧气载至红外分析器测量时，二氧化硫吸收某特定波长的红外能，其吸收能与二氧化硫浓度成正比，根据测定器接收能量的变化可测得硫量。

2. 仪器设备

仪器设备主要部分见图 4-3。

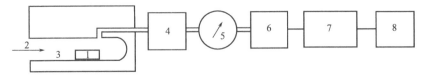

图 4-3 红外吸收法测硫仪器装置图

1—样品舟；2—氧气流；3—燃烧内管；4—净化系统；5—流量控制系统；
6—红外测定器；7—微处理机；8—打印机

(1) 气体净化系统　用于去除固体残渣的玻璃棉柱；用于去除水分的高氯酸镁柱。

(2) 载气系统　载气系统包括氧气容器、两极压力调节器及保证提供合适压力和额定流量的时序控制部分。

(3) 炉子　分析区的温度保持在 (1350±5)℃。

(4) 控制系统　微处理机系统。控制功能包括：分析条件选择设置、分析过程的监控和报警中断、分析数据的采集、计算、校正处理等。

(5) 测量系统　主要由微处理机控制的电子天平（感量不大于 0.001mg）、红外线分析器和电子测量元件组成。

3. 试验步骤

(1) 分析准备　按仪器说明书检查仪器各参数是否处于正常稳定状态。

(2) 校正　称取一定量（可以参考仪器说明书的推荐称样量）的标准物质，此标准物质和被测试样具有相同的组成和相近的含量。为了得到更好的精度，可选择至少两个不同含量范围的标准物质，依次进行测定，所得结果的波动应在允许误差范围内，否则，应按说明书调节系统的线性。

(3) 选择分析条件　炉温 1350℃，分析时间 180s，比较水平 1%。

(4) 分析　将已称量的试样置于样品舟内，按仪器说明书操作。

4. 精密度

精密度要求如表 4-3 所示规定。

表 4-3　精密度要求

水平值/%	重复性 r/%	再现性 R/%
<1.00	0.03	0.05
≥1.00	0.05	0.08

第三节　焦炭中磷含量的测定

磷是焦炭中的有害元素之一。焦炭中的磷来自于炼焦煤，煤中的磷几乎全部转入焦炭中，用于炼铁时，焦炭中的磷又转移到钢铁中，若钢铁中磷含量较高时，会使钢铁产生冷脆性。所以，焦炭中磷含量的高低是直接影响钢铁质量的重要指标。通常要求，炼焦用精煤中的磷含量不得高于 0.05%。出口合同时，对焦炭中磷含量的要求不得高于 0.03%。

一、方法提要

试样经灰化后用氢氟酸-硫酸分解、脱除二氧化硅，然后加入钼酸盐和抗坏血酸，生成磷钼蓝，进行比色测定。

二、试验步骤

① 按照 GB/T 2001 的要求，准确测定焦炭的灰分，并同时制备灰样。

② 在铂金（或聚四氟乙烯）皿中称取 0.05~0.1g（精确到 0.0001g）灰样，加入 2.0mL 硫酸溶液 $[c(\frac{1}{2}H_2SO_4)=10mol/L]$ 和约 5mL 氢氟酸溶液，于电热板上加热蒸发（控温约 150℃）直到氢氟酸的白烟冒尽。冷却，再加入上述硫酸溶液 0.5mL，加热继续蒸发，直到白烟冒尽（但不要完全干涸）。冷却，加入 20mL 水并加热至近沸，所有的浸取物

都进入溶液中，冷却，将溶液移至 100mL 容量瓶中，用水稀释至刻度。摇匀，备用。

③ 按步骤②制备空白溶液。

④ 吸取上述样品溶液 10mL、空白溶液 10mL 和磷标准溶液（1μg/mL）10mL 分别于 50mL 容量瓶中，同时做试剂空白。

注：校正线性范围为 0～30μg，所取溶液磷含量应在该范围内。

⑤ 用移液管分别向每一个容量瓶中加 5mL 钼酸铵和抗坏血酸混合溶液，用水稀释至刻度，混合均匀，静置 20min，然后移入 10～30mm 的比色皿内。在分光光度计（或比色计）上，于 710nm 波长处以水为参比，测定其吸光度。

三、结果计算

磷的质量分数按式(4-13)计算：

$$P_{ad} = \frac{A_{ad}(A_1 - A_2)}{1000Vm(A_3 - A_4)} \tag{4-13}$$

式中　P_{ad}——空气干燥试样中磷的质量分数，%；
　　　A_{ad}——空气干燥试样中灰分的质量分数，%；
　　　m——灰分的质量，g；
　　　V——从 100mL 试样溶液中分取的体积，mL；
　　　A_1——试样溶液的吸光度值；
　　　A_2——试样空白溶液的吸光度值；
　　　A_3——磷标准溶液的吸光度值；
　　　A_4——试剂空白溶液的吸光度值。

计算结果精确到小数点后三位，报告值为两次测定结果的平均值。

四、精密度

磷含量测定的精密度要求见表 4-4。

表 4-4　磷含量测定的精密度要求

磷的质量分数/%	重复性 r/%	再现性 R/%
<0.02	0.002（绝对值）	0.002（绝对值）
≥0.02	15（相对值）	20（相对值）

第四节　焦炭落下强度的测定方法

落下强度是焦炭的冷态强度的一种表示方式。落下强度主要反映焦炭抵抗沿裂纹和缺陷处碎成小块的能力，即抗碎性或抗碎强度。

一、方法原理

落下强度是指试样经过规定的落下试验后，留在规定孔径试验筛上的焦炭试样的百分数。

将大于规定尺寸的焦炭试样在标准条件下落下 4 次，然后测定留在一个规定筛孔的试验筛上的焦炭质量。

二、试样的准备

① 按 GB/T 1997 的规定采样。试样粒度大于 80mm 或大于 60mm 的焦炭质量不足 100kg 时,则应增加试样份数,使其达到 100kg。

② 将试样混匀缩分成 4 份,每份 (25.0±0.1)kg,称准至 10g。

③ 试样的水分应不超过 5%,否则要进行干燥。

三、仪器设备

(1) 落下试验设备 如图 4-4 所示。

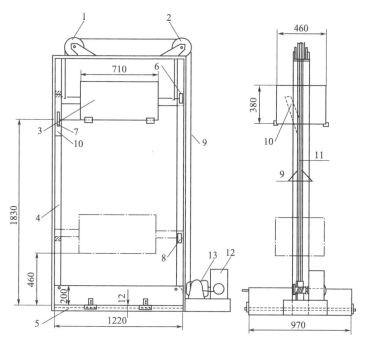

图 4-4 落下试验设备示意图(单位:mm)

1—单滑轮;2—双滑轮;3—试样箱;4—提升支架;5—落下台;6,8—开关;
7—门闩;9—钢丝绳;10—开门装置;11—导槽;12—减速器;13—电动机

① 试样箱:箱宽 460mm、长 710mm、高 380mm,由 3mm 厚的钢板制成。用钢丝绳通过支架的滑轮,可将试样箱提起或放下,箱底由两个(各半)能打开的门构成,安装适当的门闩。门用 6mm 厚的钢板制成,在高 1830mm 的位置时,能够迅速打开,而不会阻止焦炭落下。

② 落下台:用厚 12mm、宽 970mm、长 1220mm 的钢板制成。在落下台的四周装有高 200mm、厚 10mm 的钢板作围板,背后围板及两侧围板是固定的,前面围板是活动的。

③ 提升支架:在落下台左右两侧立两根支柱,其上部安装滑轮并连接钢丝绳和自动控制装置,可以把试样箱垂直提升到 1830mm,也可以降至 460mm 以上的任何高度。

④ 自动控制装置:在提升支架内侧上下两端安装行程开关,并在落下设备外安装配套自动控制开关。

⑤ 落下次数指示器:安装在提升支架上。

(2) 方孔筛 用低碳钢板制作。筛子级别为:80mm、60mm、50mm、40mm、25mm。其中 80mm、40mm、25mm 筛子按表 4-6 的要求制作。50mm 筛子筛片为 1040mm×740mm

的冲孔筛,筛孔为正方形,尺寸按表4-5规定制作。

表4-5 50mm方孔筛的规格

| 筛子级别 | a | b | c | d | 钢板厚度 | 孔数/个 | | |
(方孔)/mm	/mm	/mm	/mm	/mm	/mm	总孔数	长方	宽方
50	30.0	35.0	66.0	12.0	2.0	168	16	11/10

(3) 磅秤 能称量25kg以上,分刻度为0.01kg。

注:也可选用分刻度为0.02kg的磅秤。

四、试验步骤

① 将一份试样轻轻地放进试样箱里,摊平,不要偏析。

② 按动自动控制装置的上升开关,把试样箱提升到使箱底距落下台平面的垂直距离为1830mm的高度。试样箱底部的门借助台柱上的开门装置自动打开,试样落到落下台平面上。

③ 按动自动控制装置的下降开关,试样箱降到使箱底距落下台的距离为460mm处,自动停止。人工关闭试样箱的底门,把落下台上的试样铲入试样箱内,应防止铲入时弄碎焦样,上述操作不用清扫落下台面。

④ 按以上步骤连续落下4次。查看落下次数指示器,以避免出错。

⑤ 把落下4次后的试样用50mm×50mm孔径的方孔筛进行筛分,筛分时不应用力过猛,以免将焦块碰碎,使绝大部分小于筛孔的焦块通过。然后再用手穿孔,把筛上物用手试穿过筛孔,只要在一个方向可穿过筛孔者,均当作筛下物计,通过时不能用力过猛。也可用具有与手筛同等效果的机械筛(50mm×50mm筛孔)进行筛分。

⑥ 称量大于50mm焦炭(称准至10g),记录,再加入所有小于50mm的焦炭,称量(称准至10g)并记录。如试验后称量出的全部试样质量与试样原始质量之差超过100g,此次试验应作废。再取备用样重新试验。

五、结果计算

对应于50mm方孔筛的焦炭落下强度指数(SI_4^{50})按式(4-14)计算:

$$SI_4^{50} = \frac{m_1}{m} \times 100 \tag{4-14}$$

式中 SI_4^{50}——焦炭落下强度指数,%;

m_1——大于50mm焦炭的质量,kg;

m——试验后称量出的全部试样质量,kg。

报告准确到0.1%。

六、试验结果表示

粒度大于80mm的焦炭落下强度指数记作$SI_4^{50}(>80)$;粒度大于60mm的焦炭落下强度指数记作$SI_4^{50}(>60)$。

注:SI_4^{50}的右上角50表示方孔筛的孔径,下角4表示落下次数。

七、精密度

重复性:$SI_4^{50}(>80) \leqslant 4.0\%$;$SI_4^{50}(>60) \leqslant 4.0\%$。

第五节　焦炭的焦末含量及筛分组成的测定方法

焦炭的筛分组成是计算焦炭块度＞80mm、80～60mm、60～40mm、40～25mm 等各粒级的百分含量。利用焦炭的筛分组成可以计算出焦炭的块度均匀系数 k。k 用于评价焦炭块度是否均匀，k 值大有利于改善高炉的透气性，使得高炉操作稳定。

一、方法提要

将冶金焦炭试样用机械筛进行筛分，计算出各粒级的质量占试样总质量的百分数，即为筛分组成。小于 25mm 的焦炭质量占试样总质量的百分数，即为焦末含量。

二、仪器设备

（1）方孔机械筛　方孔机械筛的性能及主要规格：外型尺寸（长×宽×高），2100mm×1340mm×1310mm；筛子层数，4 层；筛子总质量，约 500kg；筛子倾角，11.5°；筛子的振幅，3～6mm；电机，2.2kW，450r/min；速比，1∶1。

（2）方孔筛片　其技术要求如下。

① 筛片为 1630mm×700mm 的冲孔筛，筛孔为正方形，尺寸见表 4-6。

表 4-6　方孔筛片的规格

筛子级别/mm	a/mm	b/mm	c/mm	d/mm	钢板厚度/mm	孔数 长方	孔数 宽方	备注
80	32.5	25	72.5	15	2.0	16	7/6	如 7/6：宽方的孔数 7 与 6 个相间排列
60	20	20	57.5	15	2.0	21	9/8	
40	30	30	55.0	10	1.5	31	13/12	
25	25.5	24	40.0	8	1.5	47	20/19	

② 筛片用冲床冲孔，冲孔后不允许用锤子打平其边缘。安装时将冲孔毛刺朝下，用砂轮将毛刺打平。

③ 所有冲孔必须完整地包括在 1630mm×690mm 有效面积内。

④ 各级筛片的筛孔任一边长超过标称值 20% 即为废孔，其孔数超过筛孔总数的 10% 时，需更换筛片。

（3）计量秤　感量为 0.1kg。每次使用前要校正零点。

三、试验步骤

① 将采取的焦炭试样连续缓慢均匀地加入方孔机械筛进行筛分，并保持试样在筛面上不出现重叠现象，将试样分成大于 80mm、80～60mm、60～40mm、40～25mm 及小于 25mm 的五个粒级。

② 筛分试样全部筛完后，分别称量各粒级焦炭的质量（称准至 0.1kg），并计算各粒级焦炭质量占总质量的百分数。其中小于 25mm 焦炭质量占总质量的百分数，即为焦末含量。

③ 按表 4-7 的内容进行记录。

表 4-7　焦末含量及筛分组成原始记录

日期：　　　　班别：　　　　试验人：　　　　审核人：　　　　批号：

筛级/mm	＞80	80～60	60～40	40～25	＜25	总质量/kg	取样地点
质量/kg							
各粒级筛分百分数/%							

四、结果计算

各粒级筛分百分数 S_i（%）按式(4-15)计算：

$$S_i = \frac{m_i}{m} \times 100 \tag{4-15}$$

式中　S_i——各粒级筛分百分数，%；
　　　m_i——各粒级试样的质量，kg；
　　　m——试样的总质量，kg；
　　　i——各粒级范围值（如 40～25mm、60～40mm 等）。

第六节　冶金焦炭机械强度的测定方法

焦炭在运输过程中和高炉生产中要受到撞击、挤压、摩擦和高温作用，如果焦炭强度不够，则很容易碎裂成小块或变成焦末，当这些小块和焦末进入高炉后，就会恶化高炉炉料的透气性，造成高炉操作困难。所以，焦炭要有一定的机械强度，才能保证在运输过程中不碎裂和到达高炉风口一带时保持原来的块状。焦炭的机械强度是高炉冶炼对焦炭要求的重要指标。

焦炭的机械强度是指焦炭的抗碎强度和耐磨强度两项指标。

焦炭是形状不规则的多孔体，并有纵横裂纹，当受外力冲击时，由于应力集中，焦炭会沿裂纹碎裂开。焦炭在外力冲击下抵抗碎裂的能力称为焦炭的抗碎强度，以 M_{40} 或 M_{25} 表示。

焦炭的耐磨强度是指焦炭抵抗摩擦力破坏的能力，以 M_{10} 表示。

焦炭的机械强度是用米库姆转鼓试验得来的，它是在冷态下试验的结果，不能准确地反映焦炭在高炉中的热强度。

一、方法提要

焦炭在转动的鼓中，不断地被提料板提起，跌落在钢板上。在此过程中，焦炭由于受机械力的作用，产生撞击、摩擦，使焦块沿裂纹破裂开来以及表面被磨损，用以测定焦炭的抗碎强度和耐磨强度。

二、仪器设备

1. 转鼓（如图 4-5 所示）

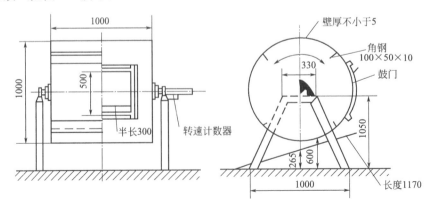

图 4-5　米库姆转鼓（单位：mm）

鼓体是钢板制成的密闭圆筒，无穿心轴。

鼓内直径（1000±5）mm，鼓内长（1000±5）mm，鼓壁厚度不小于5mm（制作时为8mm），在转鼓内壁沿鼓轴的方向焊接四根100mm×50mm×10mm（高×宽×厚）的角钢作为提料板，把鼓壁分成四个相等面积。角钢的长度等于转鼓的内壁长度（为清扫方便，每根角钢两端可留10mm间隙），角钢100mm的一边对准转鼓的轴线，50mm的一边和转鼓曲面接触，并朝着转鼓旋转的反方向。

转鼓圆柱面上有一个开口，开口的长度为600mm，宽为500mm，由此将焦炭装入、卸出和清扫。开口应安装一个盖，盖内壁的大小与鼓体上的开口相同，且曲率及材质与转鼓鼓壁一致。这样，当盖关紧时，其内表面与转鼓内表面应在同一曲面上。为了减少试样的损失，在盖的四周应镶嵌橡胶垫或羊毛毡。

转鼓由1.5~2.2kW的电动机带动，经减速机以25r/min的恒定转速运转100转，并采用计数器控制规定转数。转鼓应安装手动装置，可以向正、反两个方向旋转，便于卸空。

转鼓每季度标定一次转数。如100转超过4min±10s，应及时调整。

每半年检查一次转鼓磨损情况，用测厚仪测量转鼓的厚度，鼓壁任一点厚度小于5mm时，转鼓应更换。鼓内任一根角钢，其磨损深度达到5mm部分的总和超过500mm，即需修补或更换。

2. 圆孔手筛

① 筛片有效尺寸为1000mm×700mm，孔径分别为60mm、40mm、25mm和10mm，尺寸见表4-8。

表4-8　筛孔尺寸　　　　　　　　　　　　　　　　　　单位：mm

公称尺寸	允许偏差	孔心间距	钢板厚度δ	钢板材质
60	±1.0	80	2.0	冷轧板
40	±0.5	60	1.5	冷轧板
25	±0.5	35	1.5	冷轧板
10	±0.4	15	1.5	冷轧板

② 筛片用冲床冲孔，冲孔后不允许用锤子打平其边缘，可用砂轮将毛刺打平。

③ 筛框一律用木板制作。

④ 筛子孔径每季度检查一次，任何一个孔的直径超过允许偏差时，即为废孔。当筛片废孔率为10%时，需及时更换。

3. 方孔筛

采用表4-6规定的方孔筛。

4. 计量秤

感量为0.1kg。每次试验前要校正零点。

三、试样的采取和制备

1. 试样的采取

试样的采取按焦炭试样采取和制备的规定进行。

当发现试样的水分过大，对试验结果有影响时，需作适当处理，方可进行试验。

2. 试样的准备

（1）M_{25}和M_{10}　按焦炭试样的筛分组成测定方法进行筛分并称量各粒级焦炭质量（不包括小于25mm部分），按各粒级筛分比例称取转鼓试样，每份试样为50kg（称准至0.1kg）。每次试验最少应取两份试样。

（2）M_{40}和M_{10}　将试样用直径为60mm的圆孔筛进行人工筛分，并进行手穿孔（即筛上物用手试穿过筛孔，只要在一个方向可穿过筛孔者，均作筛下物计）。筛分时，每次入筛量不超过 15kg，既要力求筛净，又要防止用力过猛，使焦炭受撞击破碎。

称取筛上物（大于 60mm）的焦炭转鼓试样，每份试样为 50kg（称准至 0.1kg）。每次试验最少应取两份试样。

允许采用机械筛，但须与手筛进行对比试验，无显著性差异，方可使用；当有争议时，以手筛为准。

四、试验步骤

① 将其中一份试样，小心放入已清扫干净的鼓内，关紧鼓盖，取下转鼓摇把，开动转鼓，100 转后停鼓，静置 1~2min，使粉尘降落后，打开鼓盖，把鼓内焦炭倒出，并仔细清扫，收集鼓内鼓盖上的焦粉。

② 将出鼓的焦炭依次用直径 25mm 和 10mm 的圆孔筛进行筛分（测定 M_{25} 和 M_{10}），或用直径 40mm 和 10mm 的圆孔筛进行筛分（测定 M_{40} 和 M_{10}），其中 25mm、40mm 部分进行手穿孔。筛分时每次入筛焦量不超过 15kg，既要力求筛净，又要防止用力过猛使焦炭受撞击而破碎。也可采用机械筛，但须与手筛进行对比试验，无显著性差异，方可使用；当有争议时，以手筛为准。

③ 分别称量大于 25mm、25~10mm 及小于 10mm（测定 M_{25} 和 M_{10}），或大于 40mm、40~10mm 及小于 10mm（测定 M_{40} 和 M_{10}）各粒级焦炭的质量（称准至 0.1kg），其总和与入鼓焦炭质量之差为损失量。当损失量≥0.3kg 时，该试验无效；损失量<0.3kg 时，则计入小于 10mm 一级中。

五、结果计算

抗碎强度 M_{25} 或 M_{40}(%) 按式(4-16) 计算：

$$M_{25} \text{ 或 } M_{40} = \frac{m_1}{m} \times 100\% \tag{4-16}$$

耐磨强度 M_{10}(%) 按式(4-17) 计算：

$$M_{10} = \frac{m_2}{m} \times 100\% \tag{4-17}$$

式中 m——入鼓焦炭的质量，kg；
m_1——出鼓后大于 25mm 或 40mm 焦炭的质量，kg；
m_2——出鼓后小于 10mm 焦炭的质量，kg。
试验结果精确至 0.1% 报出。

六、精密度

重复性要求见表 4-9。

表 4-9 重复性要求

指标	M_{25}	M_{40}	M_{10}
重复性/%	≤2.5	≤3.0	≤1.0

第七节 焦炭反应性及反应后强度试验方法

焦炭的反应性是焦炭在 1100℃时，与 CO_2 的反应能力。研究焦炭的反应性可以较好地反映焦炭在高炉内性状的变化。焦炭反应性的好坏会显著影响高炉燃料比。焦炭与 CO_2 反应以后的强度与高炉料柱的透气性关系十分密切。

焦炭的反应性与反应后强度有很好的相关性，随着反应性的增加，反应后强度下降。

研究发现，焦炭的抗碎强度（M_{40} 或 M_{25}）不能完全反映焦炭在高炉中的强度，也就是说，M_{40} 或 M_{25} 指标评价焦炭的热强度不太灵敏。而焦炭的反应性和反应后强度可以一致地反映焦炭在高炉下部焦炭强度的变化。

近年来，国际贸易合同中对焦炭的反应性和反应后强度均提出了要求，我国的主要钢铁企业也纷纷要求检测焦炭的反应性和反应后强度指标。

一、方法原理

称取一定质量的焦炭试样，置于反应器中，在（1000±5）℃时与二氧化碳反应 2h 后，以焦炭质量损失的百分数表示焦炭反应性（CRI）。

反应后的焦炭经Ⅰ型转鼓试验后，大于 10mm 粒级焦炭占反应后焦炭的质量分数，表示反应后强度（CSR）。

二、仪器设备

1. 电炉

炉膛内径 140mm、外径 160mm、高度 640mm（高铝质外丝管）。

电炉丝：高温铁铬铝合金电阻丝，最高使用温度 1400℃，直径 2.8mm。

电炉安装要点：炉壳底部封死，上口敞开，预先在底板上装好脚轮。在底部铺一层耐火砖，将绕好电阻丝的外丝管立放于底板正中。在外丝管与炉壳间隙之间填充轻质高铝砖预制件（由标准尺寸的轻质高铝砖切制），炉丝由上下两端引出并与固定在炉壳上的绝缘子相连接。炉丝引出部分用单孔绝缘管保护好，切忌互相搭接，以免造成短路。在外丝管外侧的保温砖上紧贴炉丝外预先钻一个直径 8mm 的孔，深度自上而下为 350mm。埋设热电偶套管，盖好上盖，插入控温电偶，将电炉与控温仪及电源接好。每一台电炉安装完毕即测定恒温区，使炉膛内（1100±5）℃温度区长度大于 150mm。

2. 反应器

结构如图 4-6 所示，由耐高温合金钢制成（GH23 或 GH44）。

3. Ⅰ型转鼓

装置如图 4-7 所示，转速为（2±15）r/min。

（1）鼓体　用 ϕ140mm、厚度 5～6mm 的无缝钢管加工而成。

（2）减速机　速比为 50（WHT08 型）。

（3）电机　0.75kW，910r/min（Y905-6）。

（4）转鼓控制器　总转数 600 转，时间 3min。

三、试样制备

① 按比例取大于 25mm 的焦炭 20kg，弃去泡焦和炉头焦，用颚式破碎机破碎、混匀、缩分出 10kg，再用 ϕ25mm、ϕ21mm 圆孔筛筛分。大于 ϕ25mm 的焦块再破碎、筛分，取 ϕ21mm 筛上物，去掉片状焦和条状焦，缩分得焦块 2kg，分两次（每次 1kg）置于Ⅰ型转鼓中，以 20r/min 的转速转 50 转，取出后再用 ϕ21mm 圆孔筛筛分，将筛上物缩分出 900g 作为试样。用四分法将试样分成四份，每份不少于 220g。

试验焦炉的焦炭可用 40～60 粒级的焦炭进行制样。

② 将制好的试样放入干燥箱，于 170～180℃温度下烘干 2h，取出焦炭冷却至室温，称

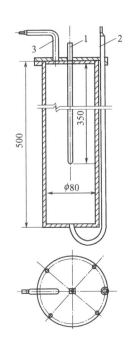

图 4-6 反应器（单位：mm）
1—中心电偶管；2—进气管；3—排气管

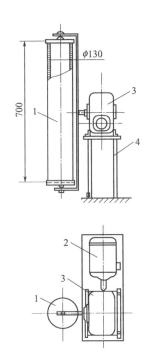

图 4-7 Ⅰ型转鼓（单位：mm）
1—鼓体；2—电机；3—减速机；4—机架

取 (200.0±0.3)g 待用。

四、试验步骤

试验流程如图 4-8 所示。

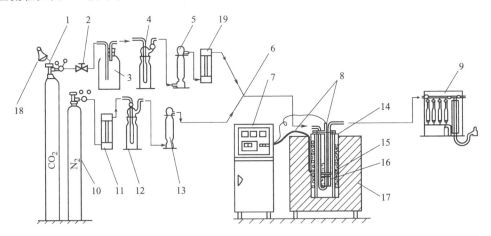

图 4-8 试验流程图
1—二氧化碳钢瓶；2—针形阀；3—缓冲瓶；4—浓硫酸洗气瓶；5,13—干燥塔；6—玻璃三通活塞；
7—精密温度控制装置；8—热电偶；9—气体分析仪；10—氮气钢瓶；11,19—转子流量计；
12—焦性没食子酸洗气瓶；14—托架；15—试样；
16—反应器；17—电炉；18—红外灯

① 在反应器底部铺一层高约 100mm 的高铝球，上面平放筛板。然后装入已备好的焦炭试样 (200.0±0.5)g。注意装样前调整好高铝球高度，使反应器内焦炭层处于电炉恒温区

内。将与上盖相连的热电偶套管插入料层中心位置。用螺丝将盖与反应器筒体固定。将反应器置于炉顶的托架上吊放在电炉内托架与电炉盖间,放置石棉板隔热。在反应器法兰四周围上高铝轻质砖,减少散热。

② 将反应器进气管、排气管分别与供气系统、排气系统连接。将测温热电偶插入反应器热电偶套管内(热电偶用高铝质双孔绝缘管及高铝质热电偶保护管保护)。检查气路,保证严密。

③ 接通电源,用精密温度控制装置调节电炉加热,先用手动调节,电流由小到大,在15min 之内,逐渐调至最大值,然后将按钮拨到自动位置,升温速度为 8~16℃/min。当料层中心温度达到 400℃时,以 0.8L/min 的流量通氮气,保护焦炭,防止其烧损。

④ 当料层中心温度达到 1050℃时,开红外灯,预热二氧化碳气瓶出口处。当料层中心温度达到 1100℃时,切断氮气,流量为 5L/min,反应 2h。通二氧化碳后料层温度应在 50~10min 内恢复到(1100±5)℃。反应开始 5min 后,在排气系统取气分析,以后每半小时取气一次,分析反应后气体中一氧化碳或二氧化碳的含量。

⑤ 反应 2h,停止加热。切断二氧化碳气路,改通氮气,流量控制在 2L/min,拔掉排气管,迅速将反应器从电炉内取出,放在支架上继续通氮气,使焦炭冷却到 100℃以下,停止通氮气,打开反应器上盖,倒出热炭筛分,称量,记录。

⑥ 将反应后的焦炭全部装入 I 型转鼓内,以 20r/min 的转数共转 30min。总转数为 600 转。然后取出焦炭筛分,称量,记录各筛级质量。

⑦ 试验中所得筛分组成、反应后气体组成以及其他观察到的现象,按原始记录表作详细记录,并加以分析,作为全面考察焦炭性质时参考。

五、结果计算

1. 焦炭反应性

焦炭反应性指标以损失的焦炭质量占反应前焦样总质量的百分数表示。焦炭反应性 CRI(%)按式(4-18)计算:

$$CRI = \frac{m-m_1}{m} \times 100 \qquad (4-18)$$

式中 m——焦炭试样的质量,g;
m_1——反应后残余焦炭的质量,g。

2. 反应后强度

反应后强度指标以转鼓后大于 10mm 粒级焦炭占反应后残余焦炭的质量分数表示。反应后强度 CSR(%)按式(4-19)计算:

$$CSR = \frac{m_2}{m_1} \times 100 \qquad (4-19)$$

式中 m_2——转鼓后大于 10mm 粒级焦炭的质量,g。

思 考 题

1. 焦炭工业分析的内容有哪些?各项分析的原理是什么?主要步骤有哪些?
2. 焦炭硫、磷含量测定的意义是什么?测定的原理分别是什么?主要步骤有哪些?
3. 焦炭落下强度测定的意义是什么?测定的原理分别是什么?主要步骤有哪些?
4. 焦末含量、筛分组成的测定方法是什么?测定的原理分别是什么?主要步骤有哪些?
5. 测定焦炭机械强度的意义是什么?主要内容有哪些?测定的原理和步骤是什么?
6. 测定焦炭反应性和反应后强度的意义是什么?测定的原理分别是什么?主要步骤有哪些?

第五章 焦化产品检验

煤炭经过高温干馏生成焦炭、焦炉煤气、煤焦油、粗苯等产品。其中煤焦油的组分非常复杂，其有机化合物组分估计有上万种，已鉴定出的约 500 种。到目前为止，煤焦油仍是很多稠环化合物和含氧、氮及硫的杂环化合物的唯一来源。煤焦油产品已在化工、医药、染料、农药和炭素等行业得到广泛的应用。因此，发展煤焦油化工，开发研究深加工产品和分离的新技术是世界各国关注的重要领域之一。

本章重点介绍焦化黏油类（包括煤焦油、洗油等）、轻油类（苯类、粗酚、吡啶类产品等）和固体类产品（煤沥青、改质沥青等）以及硫酸铵等焦化产品的采样、检测方法等内容。

第一节 焦化产品的采样方法

一、焦化黏油类产品的取样方法

本取样方法适用于高温炼焦时从煤气中冷凝所得的煤焦油和分馏煤焦油所得的木材防腐油、炭黑用原料油、洗油、蒽油、燃料油等焦化黏油类产品。

1. 术语

(1) 全层样　在容器内从上至下采取液体整个深度获得的试样。

(2) 间隔样　在容器内的液体中按一定高度间隔采取的试样。

(3) 上、中、下样　在容器内从液体表面向下，其深度的 1/6、1/2、5/6 液面处采取的试样。

(4) 时间比例样　在整批液体输送期间，按规定的时间间隔，从输送管线中取出的相等数量组成的试样。

2. 取样工具

(1) 全层取样器　容积为 1200mL，质量约 2000g。取样器上盖、筒体和下体材质为黄铜或不锈钢；进油管为 ϕ16mm、壁厚为 1mm 的铜管或铝合金管；磨口塞为 F_4 或 UHMW-PE（塑料王或超高分子量聚乙烯）。压缩弹簧的弹力应略小于取样器自重。

(2) 定点取样器

① 筒状取样器：容积为 250～500mL，由黄铜、不锈钢制成。

② 带软木塞的取样器：容积为 250～1000mL，质量为 450～1700g。由黄铜、不锈钢制成。

(3) 取样管

① 小容器取样管：由玻璃管或内壁光滑的金属管制成。

② 槽车取样管：由内壁光滑的金属管制成，底部重砣可用绳引至上口。

(4) 手摇取样机　由导电塑料（电阻率 $<10^6\Omega\cdot m$）、铝合金和铜制成，取样尺带采用防静电取样绳或量油钢卷尺，变速比 1∶3。

(5) 管线取样装置
(6) 盛样容器　容积大于 2000mL，应有合适的塞子或盖。
3. 取样方法
(1) 装车（或）送油泵出口管线处取样
① 以每车为一个取样单位，在装槽车（需方自备槽车）时，在泵出口管线处取样。
② 取样前，应放出一些要取样的油品，把取样管路冲洗干净。
③ 用 500mL 容器，从油品开始流出后 2min 取第一次试样，装半车时连续取样两次，停泵前 2min 取第 4 次样。
④ 将每次取的等量试样倒入洁净、干燥的盛样容器内，总量不少于 2000mL。
(2) 小容器取样
① 当用铁桶装运产品时，取样工具用取样管。
② 从每批产品中随机采取试样，采取试样的桶数不少于每批产品装桶数的 10%，但不得少于 3 桶。
③ 取样时，先打开桶盖，将清洁、干燥的取样管垂直插入油品中，缓缓地浸至桶底（插入的速度应使管的内、外液面大致相同）。而后，用拇指按住管的上口迅速将取样管提出，用棉纱擦去表面油品，将管内油品移入洁净、干燥的盛样容器内，其总量不得少于 2000mL。
④ 需方自备容器装产品时，应按装车（或）送油泵出口管线处取样方法进行。
(3) 槽车中取样
① 在槽车中用全层取样器或取样管取样，取样时必须注意产品的均匀性。
② 用全层取样器取样。取样时，先将取样器与手摇取样机或防静电取样绳连接好，使取样器垂直油品液面，缓慢匀速地将取样器浸至槽车底部（浸入速度必须保证所取全层样量约为取样器容积的 85%），迅速将取样器提起，用棉纱擦去表面油品，将采取的试样移入洁净、干燥的盛样容器内，其总量不少于 2000mL。
③ 用取样管取样。取样时，先将重砣提起，使取样管垂直液面，缓缓地将取样管浸至槽车底部，关闭重砣，然后将取样管提起，用棉纱擦去表面油品，再将采取的试样倒入洁净、干燥的盛样容器内，其总量不少 2000mL。
④ 需方验收槽车中油品产生质量异议时，由供需双方协商解决或将车内油品加热并搅拌均匀后进行取样。
(4) 立式贮罐取样
① 当油品存放时间较长有不均匀现象时，可用筒状取样器或带软木塞的取样器采取间隔样。
取样前，首先计算出罐内贮油（或输出油品）的高度，在确定的高度内采取间隔样，所取试样应包括确定高度的顶层样和底层样，并等量混合成代表性试样，其总量不少于 2000mL。
用筒状取样器取样：先将取样器与手摇取样机或防静电取样绳连接好，放入罐内，当取样器接触液面时，从手摇取样机尺带上读记空距，并由贮罐的总高度计算出需要取样油层的高度。当取样器降至所需油层时，在 10～15cm 范围内，上下提拉 5 次，收回取样器，用棉纱擦去表面油品，将采取的试样移入洁净、干燥的盛样容器内。
用带软木塞的取样器取样：先将取样器与防静电取样绳连接好，再将取样器放至取样油层，急速提拉取样绳，拔出软木塞，待试样装满后，收回取样器，用棉纱擦去表面油品，将采取的试样移入洁净、干燥的盛样容器内。
② 当罐内油品均匀时，也可采取上、中、下样或全层样。

从罐内液深的 1/6、1/2 和 5/6 处取样,并将所取油品等量混合成代表性试样。

• 用筒状取样器取样,按上述相应方法进行。

• 用带软木塞的取样器取样,按上述相应方法进行。

从贮罐内取全层样,按上述相应方法进行。

(5) 油船取样

① 当油品装船结束后,应迅速取样。

② 船舱内采取上、中、下样,按上述相应方法进行。

③ 船舱内采取全层样,按上述相应方法进行。

④ 按各舱所载油品质量比(或体积比)混合成全船油品的代表性试样。

(6) 按时间比例取样 当油品批量较大时,由供需双方协商,也可在泵口管线处采取时间比例样,并等量混合成代表性试样,总量不少于 2000mL。

4. 试样的处理和保管

① 将采取的代表性试样混匀,分别倒入两个洁净、干燥、可密封的容器内,每个容器试样不得少于 1000mL。一个交实验室检验,另一个由技术监督部门保管,作为保留样,发货后保存期至少 30d。

② 在每个装有试样的瓶上贴标签,并注明:产品名称,生产厂名,试样编号,取样地点(车号),取样方法,产品批号、批量,取样日期,取样人姓名。

5. 注意事项

① 泵出口管线取样装置的设置应合理,保证所取试样具有代表性。

② 贮罐和船舱取样时,其罐内或船舱内的压力应为常压或接近常压。

③ 取样时应站于上风处,并穿戴劳保用具。

④ 取样结束后应将取样器具清洗干净。

⑤ 罐内油品取样时应具有足够的流动性。

二、焦化轻油类产品的取样方法

本方法适用于高温炼焦回收所得到的粗苯及经过洗涤、分馏所制得的苯类产品;高温煤焦油加工所得到的粗酚及经分馏所制得的酚类产品;高温炼焦回收所得到的轻粗吡啶及经分馏制得的吡啶类产品等的试样的采取。

1. 采样工具

(1) 采样管 薄壁,长约 3200mm,直径 25~30mm,底部有一重砣由引至管子上部的绳启闭,其材质应不与所取产品起化学反应。

(2) 采样瓶 容积 500mL,洁净、干燥的细口瓶,瓶底附有铅块。

(3) 玻璃管 内径 13~18mm、长 1000mm、上下端稍拉细的玻璃管。

2. 试样的采取方法

(1) 槽车中的采样方法 以每个槽车为一批进行采样。

① 用采样管采取试样。

• 于槽车中采取试样时,用铜或铝制的薄壁采样管采样。

• 采样时必须注意产品的均匀性,当产品装满槽车后,应迅速在每个槽车中用采样管从产品的整个深度采样。

• 采样时,先将重砣提起,使采样管垂直液面,缓缓地将采样管浸至槽车底部,关闭重砣,然后将采样管提起,待管壁外附着的液体流下后,再将采取的试样倒入洁净、干燥、可密封的容器内,其总量不少 2000mL。

② 用采样瓶采取试样。用采样瓶采样,先用绳子系好瓶和瓶盖,在槽车中按上、中、

下三点分别采样，上层在整个液体深度的 1/4 处取一次，中层在 1/2 处连续取两次，下层在 3/4 处取一次。采取时将预先盖好盖的采样瓶放入槽车内到达规定的位置时，启盖，待油装满瓶（液面不冒气泡）时，把瓶提出倒入另一洁净、干燥的瓶中，每次约 500mL，四次共约 2000mL。

③ 在泵出口管线处采取试样。需方自备槽车时，在泵出口管线处附设的采样口采样。开泵，从油开始流出后 2min 采第一次试样，装半车时连续采两次，停泵前 2min 采第四次样。每次采相等试样，其总量不少于 2000mL。试样倒入洁净、干燥、可密闭的容器中。

(2) 小型容器中的采样方法　同一贮罐产品以每次装运量为一批。

① 用玻璃采样管采取试样。

· 当用铁桶装运每批产品时，采样工具可用玻璃管。

· 采取试样的数量不低于每批产品装桶数的 10%，但不得少于三桶。每桶按等量采取，其总量不少于 2000mL。

· 采样时，先打开桶盖，将玻璃管垂直于液面缓缓地浸至桶底，待玻璃管内液面与桶内液面一致时，用拇指按紧管的顶部，将玻璃管取出，待管壁外附着的液体流下后，将试样倒入洁净、干燥、可密闭的容器内。

② 需方自备铁桶时，允许在流油管口采样。从油开始流出后两分钟时采第一次试样，装桶达到 1/2 时连续采两次，装完时再采一次样。每次采相等试样，试样倒入洁净、干燥、可密闭的瓶中，其总量不少于 2000mL。

3. 试样的处理和保管

① 将采取的代表性试样混匀，分别倒入两个洁净、干燥、可密封的瓶内，每瓶试样不得少于 1000mL。一个交实验室检验，另一个由技术监督部门保管，作仲裁检验用，保存期限为 30d。

② 在每个装有试样的瓶上贴标签，并注明：产品名称，生产厂名，试样编号，取样地点（车号），取样方法，产品批号、批量，取样日期，取样人姓名。

三、焦化固体类产品的取样方法

本方法适用于回收与精加工所得的粉状、颗粒状至块状的各种粒度的焦化固体类产品。

1. 取样工具

所有取样工具应由不会污染或改变被取样物料性质的材料制作。

(1) 探针　探针用直径不大于 30mm 的不锈钢管制成，长度以能穿过整个料层为准，手柄形式不限。

(2) 手钻　手钻，尺寸按需要自定。防爆电钻，钻头直径 10~15mm。

(3) 采样铲或锹　采样铲用不锈钢制作，根据产品粒度和份样量采用不同形式和尺寸的采样铲或锹。

(4) 破碎器械　破碎器械用锰钢或不锈钢制作。

钢板：(600mm×600mm)~(1000mm×1000mm)，带三个边框。用于破碎和缩分。

压辊：ϕ100~200mm。或锤子。

小铲子与缩分钢片：用不锈钢薄板或镀锌铁皮制作。

(5) 筛子　标准试验筛：13mm、3mm、1mm、0.5mm、0.2mm。

(6) 二分器　格槽二分器、圆锥二分器和格子二分器。

(7) 装样容器　镀锌铁皮桶或塑料桶，带严密盖子，容积大于 2.5L。玻璃或塑料瓶子，配带严密盖子，容积大于 1000mL。或坚韧、可封口的塑料薄膜袋。

2. 采样方法

(1) 一般规定

① 应尽可能采取最有代表性的试样。

② 以每次交库或发运的质量相同的产品量为一批。对生产单位，通常按产品产量多少，以每天或每班产量为一批，有的产品以每釜为一批。

③ 对件装（容器装）产品，应随机选取要取样的容器，选出的取样件数不低于每批产品件数的 10%，最少不得少于 3 件，对批量在 200 件以上的，按容器数立方根的 3 倍（取整数）取样。从每件中取出的产品量（份样量）应一致。

对散装产品，按装卸方式和装载量确定采样方法和取样份数，应该（数量较大的必须）在产品装卸时取样。

④ 采取的大样量，粉、细颗粒不得少于 2kg，粗粒或块不得少于 10kg。

⑤ 对明显不均匀的物料，应适当增加取样点数和样品量，以使试样更具代表性。

⑥ 如果所取样的检验结果中有一项指标不符合标准要求，应重新从同批产品的两倍量的包装中或取样点上取样，进行检验。重新检验的结果，即使只有一项指标不符合标准要求，也判该批产品不合格。

⑦ 在取样时必须注意安全，在采取液化的固体时尤应防止烫伤或蒸气熏人；应防止试样污染、吸潮或失水等。

(2) 粉、细颗粒的取样　粉、细颗粒的粒度小于 2mm 或为松、软的小片状结晶。适用探针取样：将探针开口槽朝下，以某一角度插入物料，直到底部（或预定位置），转 2～3 圈，使其装满物料，将开口槽朝上，小心抽出探针，把槽中物料放入装样容器（如小桶）。

① 小容器。袋和包在袋或包的边角或顶部缝合处将探针慢慢插进，直至底部或距底部约 10mm。在物料放出前应除去探针外面的袋屑或杂物。对结块产品，应打碎再取，打碎有困难时，用下述方法取。

桶从活动口插入探针至底部，如不能打开活盖，可钻开一个孔，以能插进探针。钻孔时要注意安全，并防止污染物料，取样后用软木塞等将孔堵严。

② 货仓（火车皮、卡车斗、船舱等）。应在装卸时在运输皮带上或物料落流中定时（如 15min）间隔用采样铲、锹或合适的机械取样装置取样，要取截面样，至少 3 次，每次基本等量。也可根据装车方式和装载量在装卸时在货仓的不同位置分层用探针或锹取样，每次取五点，或分割成适当部分分别取样。用锹取样时，采样点深度在 200mm 以下，每点不少于 1kg。

③ 大堆。将物料摊平，用锹或采样铲或探针多点采取全料层的物料。不能采取全料层产品的特大堆，应在装卸时按上述方法采取；如非直接取样不可，则分别从堆的周边、上、中、下等不同部位多点取样。

(3) 粗粒或块状固体的取样　这类物料在其容器中很可能在性质上显示出较大差别，要格外小心，以保证取得代表性试样。当粒度较大或粒度大小变动范围较宽时，应增加份样量和份数。通常每份取 0.5～1kg，总量不少于 10kg，份数不少于 5 份。

① 小容器（袋、箱、桶等）。将容器中的全部物料倒出，用采样铲或锹从料堆中取出若干块状物和细料，使能粗略代表物料的粒度分布。

② 货仓（火车皮、卡车斗、船舱等）。应在装卸料时按相等时间间隔从运输皮带上或转运点用锹等工具采取全截面样。对同一批次的产品允许在刚装好的货仓中用锹按对角线五点法采样，每点不少于 2kg，采样点深度在 200mm 以下。对装货量大于 100t 的货仓，应分层采取或划分成等分的若干部分，多点采取。

③ 大堆。参照上述粉、细颗粒的取样之货仓或大堆取样。

(4) 大块固体的取样　它们在液态时装进容器，冷却后固化成大块。

① 池。按对角线五点采样或将池面划分成若干长方块，在每块中心处采样。用钻、锹等工具采取，要采取整个垂直深度的样品，每点不少于1kg。

② 桶。用适当方法熔化成液体，按下述（5）方法取样。

（5）液态固体产品的取样　根据其流动性按焦化轻油类产品或焦化黏油类产品的取样方法取样。通常将样取出后，放在合适的盘中固化，再进行破碎、缩分等处理。

3. 试样的处理和保管

（1）试样的缩分　根据试验需要，从大样中缩分出需要量的检验试样。每次缩分前均应充分混匀。对于颗粒较大的产品，在缩分前要将大样破碎成适当粒度；量大的大块产品要分若干次破碎、缩分，必要时要令全部样品通过某一孔径的筛。在充分混匀后用四分法或二分器进行缩分。一般最终得到2份0.5kg的检验试样。

① 细颗粒试样的缩分。粒度不大于3mm的产品，无凝块时可直接缩分。对含油（或其他液态杂质）的工业蒽等产品，只适合用四分法缩分，应特别注意混合均匀并迅速分开。对带有较大颗粒或有凝块的产品，如带有大块的工业萘等，可在缩分钢板上将试样中的大块用压辊或玻璃瓶盖等压碎成3mm以下再混匀、缩分。

② 大颗粒试样的缩分。粒度大于3mm的试样，应分步破碎与缩分。首先破碎成约25mm，一分为二，弃去一半；另一半破碎至13mm以下，一分为二，一份立即缩分出1kg水分样，装入水分样品瓶或马上称量进行干燥，另一份破碎至3mm以下缩分出1kg作为检验其他项目的检验试样，或直接用不大于13mm的部分缩分出1kg作为保留样。

（2）试样的贮存与保管

① 将缩分出的最终样品1kg均分为两份，分别装入洁净、干燥、不污染产品、可密封的容器中，一份交实验室检验，另一份由技术监督部门保管，作备用样。

② 如果试样需密封保存，用蜡封时，应注意启开时不会污染瓶内的试样。

③ 在每个装有试样的容器上牢固地贴上标签。

④ 试样的保管。试样应保存在避光、干燥、无污染、通风、阴凉的地方，以防产品变质。水分样应及时检测，不留保留样。保留样保存期为30d，特殊情况另定。固体古马隆-茚树脂和煤沥青等产品的表面能在空气中缓慢氧化，因此保留样不能粉碎；如欲较长时间保留比对样品，应将试样在高于其软化点50℃下熔化（约2h），装入可密封的容器内保存。

第二节　焦化产品水分的测定

高温煤焦油经加工所得产品很多，如洗油、木材防腐油、炭黑用原料油、粗蒽、粗轻吡啶、重质苯、粗酚、三混甲酚、工业二甲酚、工业邻甲酚、间对甲酚、工业酚、煤沥青和固体古马隆等。

本节规定了焦化产品水分测定的三种方法，即蒸馏法、恒量法和卡尔·费休法，适用于上述焦化产品水分的测定。

一、蒸馏法

1. 测定原理

一定量的试样与无水溶剂混合，进行蒸馏，测定其水分含量，并以质量分数表示。

2. 试验步骤

① 在室温下称取均匀试样100g（称准至0.2g）并用量筒量取甲苯50mL，置于洁净、干燥的蒸馏瓶中，细心摇匀。

- 测定煤沥青、固体古马隆的水分时，称取粉碎至 13mm 以下的试样 100g，溶剂量为 100mL。
- 测定粗轻吡啶水分时，以纯苯为溶剂。

② 根据被测物中预计的水分含量，选取适当的接收管，连接蒸馏瓶、接收管和冷却管。在冷却管上端用少许脱脂棉塞住，以防空气中的水分在冷却管内部凝结。

③ 加热煮沸，使冷凝液以 2～5 滴/s 的速度从冷却管末端滴下。当接收管中的水分不再增加时，再加大火焰或增加电压，至少加热 5min 后，停止蒸馏。

④ 待接收管中的液体温度降到室温时，读记水层体积（读数时，眼睛应与水层的凹液面平齐）。如接收管内液体浑浊，则将接收管放入温水中，使其澄清，然后冷却到室温读数。

3. 结果计算

试样水分含量 X_1 按式(5-1) 计算：

$$X_1 = \frac{V}{m} \times 100\% \tag{5-1}$$

式中　V——接收管中水分的体积，mL；

　　　m——试样的质量，g。

注：假设接收管中水的密度在室温时为 $1.00g/cm^3$。

使用 2mL 和 10mL 接收管，报告水分含量，精确到 0.01%；使用 25mL 接收管，报告水分含量，精确到 0.1%。取两次重复测定结果的算术平均值为测定结果。

二、恒量法

1. 测定原理

在 105～110℃的温度下，试样中的游离水与结晶水同时失去。根据试样所含的结晶水，换算游离水的含量，以质量分数表示。

2. 测定步骤

① 用已恒重的称量瓶称取约 2g（称准至 0.0002g）试样置于 105～110℃电热恒温干燥箱中。

② 在此温度下干燥 120min，取出放在干燥器中冷却至室温，称量，并进行恒重检查，每次 30min，重复进行至最后两次称量之差小于 0.001g。

3. 结果计算

试样水分含量 X_2 按式(5-2) 计算：

$$X_2 = \frac{(m-m_1) - Amx^f}{m} \times 100\% \tag{5-2}$$

式中　x^f——试样含量，%；

　　　m——试样的质量，g；

　　　m_1——干燥后试样的质量，g；

　　　A——结晶水的总质量与试样分子质量之比值。

结果报告水分含量，精确到 0.01%。取两次重复测定结果的算术平均值为测定结果。

三、卡尔·费休法

1. 测定原理

在含有吡啶、甲醇等的有机溶剂中，试样中的水与卡尔·费休试剂发生如下反应：

$$H_2O + I_2 + SO_2 + 3C_5H_5N \longrightarrow 2C_5H_5N \cdot HI + C_5H_5N \cdot SO_3$$

$$C_5H_5N \cdot SO_3 + CH_3OH \longrightarrow C_5H_5N \cdot HSO_4CH_3$$

根据此反应原理，利用双铂电极作指示电极，一边检测其极化电位，一边控制滴定速度直至发现滴定终点。根据滴定所消耗的卡尔·费休试剂的量，计算试样水分含量，以质量分数表示。

2. 试验步骤

（1）水值的测定

① 向滴定瓶内注入适量无水甲醇，使搅拌时铂电极恰好浸没于液面下，打开电磁搅拌器，用卡尔·费休试剂滴定至终点。

② 用微量进样器将 0.005~0.020g 蒸馏水加到滴定瓶中，并对进样前后进样器的质量进行称量（称准至 0.0001g），记录数据。用卡尔·费休试剂滴定至终点，同时记录消耗卡尔·费休试剂的体积（mL），或按仪器提示，输入数值，仪器可自动输出卡尔·费休试剂对水的滴定度。

③ 卡尔·费休试剂对水的滴定度 $F(\mathrm{mg/mL})$ 按式(5-3)计算：

$$F=\frac{m}{V} \tag{5-3}$$

式中　m——所加水的质量，mg；
　　　V——消耗卡尔·费休试剂的体积，mL。

④ 重复上述步骤，取重复测定两个结果的算术平均值作为卡尔·费休试剂对水的滴定度。

⑤ 卡尔·费休试剂对水的滴定度的重复性：不大于 0.2000mg/mL。

（2）试样分析

① 减量法。称取适当试样加入经过上述处理的滴定瓶中，试样的加入量参考表 5-1，试样称准至 0.0001g，用卡尔·费休试剂滴定至终点，并记录消耗卡尔·费休试剂的体积（mL）。当需进行空白试验时，测定并记录加入试样过程中瓶塞打开的时间。

表 5-1　试样加入量与其水分含量的关系

水分值	试剂对水的滴定度		
	5mg/mL	2mg/mL	1mg/mL
100mg/kg~0.1%	150~15g(mL)	60~6g(mL)	30~3g(mL)
0.1%~1%	15~1.5g(mL)	6~0.6g(mL)	3~0.3g(mL)
1%~10%	1.5~0.15g(mL)	0.6~0.06g(mL)	0.3~0.03g(mL)

② 体积法。用移液管移取适量体积的试样加入到已处理过的滴定瓶中，试样的加入量参考表 5-1，用卡尔·费休试剂滴定至终点，并记录消耗卡尔·费休试剂的体积（mL）。当需进行空白试验时，测定并记录加入试样过程中瓶塞打开的时间。试样的质量按式(5-4)计算：

$$m=dV_\mathrm{m} \tag{5-4}$$

式中　m——试样的质量，g；
　　　d——在试样采集时的温度下测得的密度，g/cm³；
　　　V_m——试样的体积，mL。

（3）空白试验　当仪器、环境等变化影响试样测定时，需进行空白试验。试验时不加试样，按试样分析步骤进行，瓶塞打开时间为试样测定步骤中加入试样时瓶塞打开的时间。

3. 结果计算

试样水分含量 X_3 按式(5-5)或式(5-6)计算：

（1）不进行空白试验时

$$X_3 = \frac{VF}{m \times 1000} \times 100\% \tag{5-5}$$

式中　F——卡尔·费休试剂对水的滴定度，mg/mL；
　　　V——试样消耗卡尔·费休试剂的体积，mL；
　　　m——试样的质量，g。

(2) 进行空白试验时

$$X_3 = \frac{(V-B)F}{m \times 1000} \times 100\% \tag{5-6}$$

式中　F——卡尔·费休试剂对水的滴定度，mg/mL；
　　　V——试样消耗卡尔·费休试剂的体积，mL；
　　　B——空白试验消耗卡尔·费休试剂的体积，mL；
　　　m——试样的质量，g。

结果报告水分含量，精确到 0.01%。取两次重复测定结果的算术平均值为测定结果。

第三节　焦化产品灰分的测定

本方法适用于煤焦油、煤沥青、改质沥青和固体古马隆-茚树脂等焦化产品中灰分的测定。

一、基本原理

称取一定质量的试样，先用小火加热除掉大部分挥发物后，置于 (815±10)℃ 马弗炉中灰化至质量恒定，以其残留物质量占试样质量的百分数作为灰分。

二、分析步骤

1. 样品的称取

① 煤焦油：称取混合均匀的试样 2g（称准至 0.0001g）于预先恒重的蒸发皿中，在电炉上用小火慢慢加热灰化。

② 煤沥青、改质沥青、固体古马隆-茚树脂：称取混合均匀的小于 3mm 的干燥煤沥青、改质沥青或固体古马隆-茚树脂试样 3g（称准至 0.0001g）于预先恒重的蒸发皿中，在电炉上用小火慢慢加热灰化。

2. 测定

至大部分挥发物挥发后，将蒸发皿置于已预先升温至 (815±10)℃ 的马弗炉炉门口，待挥发物完全挥发后再慢慢推进炉中，关闭炉门，灼烧 1h，取出，检查应无黑色颗粒，在空气中冷却 5min，立即放入干燥器中冷却至室温（约 20min），称量并记录其质量，称准至 0.0001g。

3. 检查

将蒸发皿再放入马弗炉中进行检查性试验，每次 15min，直到连续两次质量之差在 0.0006g 以内，记录其蒸发皿及残渣质量。

三、结果计算

煤焦油、煤沥青、改质沥青和固体古马隆-茚树脂的灰分含量 $A(\%)$ 按下式计算：

$$A = \frac{m_2 - m_1}{m} \times 100 \tag{5-7}$$

式中 m——试样的质量，g；

m_2——试样灼烧残渣+蒸发皿的质量，g；

m_1——蒸发皿的质量，g。

取两次重复测定结果的算术平均值为测定结果，保留两位小数。

第四节 焦化黏油类产品密度的测定

本方法适用于高温炼焦时从煤气中冷凝所得的煤焦油以及由该产品经分馏所制得的木材防腐油、炭黑用焦化原料油、洗油等的密度测定。

一、基本原理

用密度计在密度量筒中测量黏油类产品在相应温度下的密度，并换算成20℃时的密度，以符号 ρ_{20} 表示，单位为 g/cm³。

二、试验步骤

① 取混合均匀的试样，在低于60℃的水浴上缓慢加热，边加热边搅拌，使其全部熔化，并除去上部可见水。

② 将上述试样注入洁净、干燥、预热至与试样温度相近的密度量筒内，所取试样的液位高度低于密度量筒上沿35～40mm，然后置于预先加热到40～50℃（洗油15～35℃）的水浴中，量筒壁和试样如有气泡可用滤纸将气泡除去。

③ 待温度稳定后，将温度计和密度计缓缓地插入试样中，使密度计自由下沉，待5～10min密度计稳定后，读取密度计和试样相交的弯月面上缘的刻度线读数，作为试样在测量温度时的密度。密度计露出液面的部位不得沾有试样，并位于量筒中部。不得碰量筒壁。

同时测量试样的温度。观察温度时，使温度计水银柱上端稍微露出液面，读取其刻度值，作为测定该试样密度时的温度。

三、结果计算

试样在20℃时的密度按式(5-8)计算：

$$\rho_{20} = \rho_t + K(t-20) \tag{5-8}$$

式中 ρ_t——试样在温度 t℃时的密度，g/cm³；

t——测定密度时试样的温度，℃；

K——试样每增减1℃时，样品密度的平均校正值。K 值及密度计范围的选用见表5-2。

表5-2 选用 K 值系数及密度计范围

样品名称	K 值	参考密度计范围
煤焦油	0.0006	1.130～1.250
木材防腐油	0.0007	1.010～1.130
炭黑用焦化原料油	0.0007	1.010～1.130
洗油	0.0008	1.010～1.130

取两次重复测定结果的算术平均值为测定结果，保留三位小数。

第五节　焦化黏油类产品馏程的测定

本方法适用于焦化洗油、木材防腐油、炭黑用焦化原料油、蒽油、燃料油等焦化黏油类产品馏程的测定。

一、测定原理

在试验条件下，蒸馏一定量试样，按规定的温度收集冷凝液，并根据所得数据，通过计算得到被测样品的馏程。

二、试验步骤

① 准确称取水分含量小于2%的均匀试样100g（称准至0.5g）于干燥、洁净并已知质量的蒸馏瓶中（洗油用102mL量筒量取101mL注入蒸馏瓶中）。用插好温度计的塞子塞紧盛有试样的蒸馏瓶，使温度计和蒸馏瓶的轴线重合，并使温度计水银球的中间泡上端与蒸馏瓶支管内壁的下边缘在同一水平线上。将蒸馏瓶放入灯罩上的保温罩内，用软木塞将其与空气冷凝管紧密相连，支管的一半插入空气冷凝管内，使支管与空气冷凝管平行，盖上保温罩盖，在空气冷凝管末端放置已知质量的烧杯（洗油用下异径量筒）作为接收器。

② 用煤气灯或电炉缓慢加热进行脱水，在150℃前将水脱净，并调节热源使之在15～25min内初馏。

③ 蒸馏达到初馏点后，使馏出液沿着量筒壁流下，整个蒸馏过程流速应保持在4～5mL/min。

④ 蒸馏达到试样技术指标要求的温度（经补正后的温度）时，读记各点馏出量，当达到技术指标最终要求时，应立即停止加热，撤离热源，待空气冷凝管内液体全部流出，冷却至室温时读记馏出量。各点馏出量，体积读准至0.5mL，质量称准至0.5g。

⑤ 蒸馏中，空气冷凝管内若有结晶物出现时，应随时用火小心加热，使结晶物液化而不汽化，顺利地流下。

三、温度补正

馏出温度按式(5-9)进行补正：

$$t = t_0 - t_1 - t_2 - t_3 \tag{5-9}$$

$$t_2 = 0.0009(273 + t_0)(101.3 - p) \tag{5-10}$$

$$t_3 = 0.00016H(t_0 - t_B) \tag{5-11}$$

式中　t——补正后应观察的温度，℃；
　　　t_0——标准中规定的应观察温度，℃；
　　　t_1——温度计校正值，℃；
　　　t_2——气压补正值，℃；
　　　t_3——水银柱外露部分温度的补正值，℃；
　　　t_B——附着于$\frac{1}{2}H$处的辅助温度计温度，℃；
　　　H——温度计露出塞上部分的水银柱高度，以度数表示，℃；
　　　p——试验时的大气压力，kPa。

试验时大气压力在（101.3±2.0）kPa时，馏程温度不需进行气压补正。

四、结果计算

各段干基馏出量 X 按式(5-12) 计算：

$$X=\frac{V-W'}{100-W'}\times100\% \tag{5-12}$$

式中　V——馏出量，mL 或 g；

　　　W'——蒸馏试样的水分含量，mL 或 g。

第六节　焦化产品甲苯不溶物含量的测定

本方法适用于煤沥青、改质沥青、煤沥青筑路油、煤焦油、木材防腐油和炭黑用焦化原料油中甲苯不溶物含量的测定。

一、测定原理

甲苯不溶物系煤焦油中不溶于热甲苯的物质。试样与砂混匀（煤沥青类）或用甲苯浸渍（煤焦油类），然后用热甲苯在滤纸筒中萃取，干燥并称量不溶物。

二、试样的采取和制备

① 煤沥青、改质沥青试样按焦化固体类产品取样方法进行采样，再按下列方法进行试样的制备。

将 1kg 粒度为 3mm 的试样进一步缩分，取出约 100g 置于铝盘中，平铺成 3～5mm 厚。放在 (50±2)℃的干燥箱中干燥 1h，若水分超过 5% 时，可延长工作时间 30min。将干燥后的沥青试样缩分取出约 25g，用乳钵研磨至小于 0.5mm。

② 煤焦油、木材防腐油、炭黑用焦化原料油、煤沥青筑路油按焦化黏油类产品取样方法进行取样，作为原始试样。

③ 木材防腐油、炭黑用焦化原料油的原始试样中无结晶物沉淀时，可直接从中取出分析试样；若有结晶物沉淀时，先加热原始试样至 50～60℃，并用玻璃棒将样品搅拌均匀，直至结晶物全部溶解后再取分析试样。

三、准备工作

(1) 砂子的处理　将砂子用水洗净后，干燥，过筛，筛取粒度为 0.3～1.0mm（20～60目）的砂子，在甲苯中浸泡 24h 以上，取出晾干后在 115～120℃ 干燥箱中干燥后备用。

(2) 脱脂棉的处理　将脱脂棉在甲苯中浸泡 2h 以上，取出晾干后，在 115～120℃ 干燥箱中干燥后备用。

(3) 制作滤纸筒　将外层直径 150mm 和内层直径 125mm 的中速定量滤纸同心重叠，在滤纸圆心处放入试管，将双层滤纸向试管壁上折叠成约为直径 25mm 的双层滤纸筒。将滤纸筒在甲苯中浸泡 24h 后取出、晾干，置于称量瓶中，在 115～120℃ 干燥箱内干燥后备用。

四、试验步骤

① 测煤沥青、改质沥青的甲苯不溶物含量时，先将 10g 已处理过的砂子倒入滤纸筒，并置于称量瓶中，在 115～120℃ 干燥箱中干燥至恒重（两次称量，质量差不超过 0.001g）。

再称取 1g（称准至 0.0001g）试样，于滤纸筒中将试样与砂子充分搅拌混匀。

② 测煤焦油、木材防腐油、炭黑用焦化原料油的甲苯不溶物含量时，先将已处理过的一小块脱脂棉放入滤纸筒，置于称量瓶中，在 115～120℃ 干燥箱中干燥至恒重（两次质量差不超过 0.001g），取出脱脂棉待用。再称取约 3g（称准至 0.0001g）煤焦油分析试样或约 10g（称准至 0.1g）木材防腐油、炭黑用焦化原料油分析试样于滤纸筒中，从称量瓶中取出滤纸筒立即放入装有 60mL 甲苯的 100mL 烧杯中，待甲苯渗入滤纸筒后，用玻璃棒轻轻搅拌滤纸筒内的试样 2min，使试样均匀分散在甲苯中，取出滤纸筒，再用上述脱脂棉擦净玻璃棒，此脱脂棉放入滤纸筒内。

③ 测煤沥青筑路油的甲苯不溶物含量时，先按上述步骤（要加一小块脱脂棉与滤纸筒一起恒重）操作，再称取 1g（称准至 0.0001g）试样于滤纸筒中，从称量瓶中取出滤纸筒立即放入装有 60mL 甲苯的 100mL 烧杯中，待甲苯渗入滤纸筒后用玻璃棒将试样与砂混匀，取出滤纸筒再用上述脱脂棉擦净玻璃棒，此脱脂棉放入滤纸筒内。

④ 将装有 120mL 甲苯的平底烧瓶置于电热套内。把滤纸筒置于抽提筒内，使滤纸筒上边缘高于回流管 20mm。将抽提筒连接到平底烧瓶上，然后沿滤纸筒内壁加入约 30mL 甲苯。

⑤ 将挂有引流铁丝的冷凝器连接到抽提筒上，接通冷却水。同时把智能计数仪的光电探头水平地夹住回流管。

⑥ 接上计数仪电源，按表 5-3 设定好萃取次数。

表 5-3 不同产品萃取次数的设定

产品名称	煤沥青	改质沥青	煤沥青筑路油	煤焦油	木材防腐油	炭黑用焦化原料油
萃取次数	60	60	60	50	5	5

⑦ 接通电热套的电源，加热平底烧瓶，控制甲苯萃取的速度为 1min/次。甲苯萃取液从回流管满流返回到平底烧瓶为 1 次萃取。如萃取速度大于或小于规定值时，可接上可调变压器进行调节。当萃取达到设定的次数时，即为萃取终点，计数仪会自动报警，即可停止加热，断开电热套电源。

⑧ 停止加热后稍冷，取出滤纸筒置于原称量瓶中不加盖放进通风橱内，待甲苯挥发后，将称量瓶及盖一起放入 115～120℃ 干燥箱中，干燥 2h。称量瓶加盖后，取出置于干燥器中冷却至室温称量，再干燥 0.5h 进行恒重检查，直至连续 2 次质量差不超过 0.001g。

五、结果计算

① 焦化产品（除煤焦油）中甲苯不溶物含量（TI）按式（5-13）计算：

$$\mathrm{TI} = \frac{m_2 - m_1}{m} \times 100\% \tag{5-13}$$

式中 TI——试样中甲苯不溶物含量，%；
  m——试样的质量，g；
  m_1——称量瓶和滤纸筒（或包括砂子、脱脂棉）的质量，g；
  m_2——称量瓶和滤纸筒（或包括砂子、脱脂棉）、甲苯不溶物的总质量，g。

② 煤焦油中甲苯不溶物含量（TI）按式（5-14）计算：

$$\mathrm{TI} = \frac{m_2 - m_1}{m} \times \frac{100}{100 - M} \times 100\% \tag{5-14}$$

式中 M——煤焦油的水分含量，%。

③ 对煤沥青、改质沥青、煤沥青筑路油和煤焦油的甲苯不溶物含量,精确到 0.1% 报出。
④ 对木材防腐油、炭黑用焦化原料油的甲苯不溶物含量:
TI<0.10%,按<0.10% 报出。
TI>0.10%,精确到 0.01% 报出。

第七节　焦化黏油类产品黏度的测定

本方法适用于煤焦油、黏油等焦化黏油类产品黏度的测定。

一、测定原理

液体受外力作用移动时,在液体分子间发生的阻力称为黏度。

恩氏黏度是指试油在某温度从恩氏黏度计流出 200mL 所需的时间与蒸馏水在 20℃ 流出相同体积所需的时间 (s,即黏度计的水值) 之比。

在试验过程中,试油流出应呈连续的线状。温度 t 时的恩氏黏度用符号 E_t 表示。恩氏黏度的单位为条件度。

二、试验步骤

1. 黏度计水值的测定

① 恩氏黏度计的水值是指在 20℃ 下,200mL 水从黏度计流出的时间,此数值应在 50~52s 之间。

② 测定前用纯苯、乙醇和蒸馏水顺次将仪器洗净。流出孔用木塞塞紧,然后加入 20℃ 蒸馏水至仪器固定水平,盖上盖子,插好温度计,在出口管下放置干净的接收瓶。

③ 用外部水浴保持蒸馏水温度为 20℃,10min 后,小心而迅速地提起木塞(应能自动卡着,并保持提起状态,不允许拔出木塞),同时开动秒表,至水量达到接收器标线时停止,记录时间,此时间应在 50~52s 间。

④ 按上述步骤至少重复测定三次,每次测定之间的时间差数应不大于 0.5s,取其平均值作为水值。

⑤ 水值应每三个月测定一次,如超过 50~52s,则仪器不能使用。

2. 试油黏度的测定

① 测定前,内容器用纯苯或汽油洗净并使其干燥,流出孔擦干净后用木塞塞紧。

② 将混合均匀的试样用 40 目铜网过滤于内容器中,使液面与标高尖端重合,并调节水平螺丝使其液面水平,盖上盖子插好温度计,在出口下放置接收瓶。

③ 外容器注水加热,对于煤焦油试样,在试液温度升至 80℃ 过程中,对于洗油试样,在试液温度升至 50℃ 过程中,小心转动外容器的搅拌器和内容器的筒盖,以调节内外容器的油温和水温。

④ 对于煤焦油试样,当油温保持 (80±1)℃ 5min 时,对于洗油试样,当油温保持 (50±1)℃ 5min 时,小心迅速地提起木塞(应能自动卡着,并保持提起状态,不允许拔出木塞),同时开动秒表。

⑤ 待油液流至接收瓶的标线时(泡沫不算),立即停表,记录时间。

三、结果计算

试样黏度 $E_{50(80)}$ 按式(5-15)计算:

$$E_{50(80)} = \frac{T_{50(80)}}{T_{20}} \tag{5-15}$$

式中　E_{50}——50℃时洗油的黏度；
　　　E_{80}——80℃时煤焦油的黏度；
　　　T_{50}——50℃时洗油流出 200mL 的时间，s；
　　　T_{80}——80℃时煤焦油流出 200mL 的时间，s；
　　　T_{20}——20℃时黏度计的水值，s。

取两次重复测定结果的算术平均值为测定结果，保留两位小数。

第八节　煤焦油萘含量的测定

本方法适用于高温炼焦时从煤气中冷凝所得的煤焦油中萘含量的测定。

一、测定原理

根据烷烃对煤焦油中沥青质不溶解而对萘有较大溶解能力，以烷烃为萃取剂除去沥青质和其他杂质，然后将萃取液在涂有固定液的色谱柱上分离，在保证萘和萃取剂的相对分离度 $R \geqslant 1.5$、萘标样灵敏度 $S \geqslant 120\text{mm}/1\%$ 的条件下，以外标峰面积或峰高法测定萘的含量。

二、外标样和样品的制备

1. 外标样的制备

称取一定量的萘，称准至 0.0001g，再称取一定量的烷烃萃取剂，置于高型称量瓶中。全溶后摇匀，保存于安瓿瓶中。要求配制的外标样中的萘含量与下述制备的样品中萘含量尽量接近（一般在 1.0%～2.0%）。

2. 样品的制备

① 第一次萃取。称取混合均匀的煤焦油试样 1.5g 左右（称准至 0.0001g），置于高型称量瓶中，然后用 5mL 注射器抽取 3～4g 萃取剂，注入此瓶中，在加热设备上微微加热，温度控制在 80℃左右，边加热边搅拌 2～3min 后取下静置，冷却至室温后，将萃取液倒入另一已知质量的高型称量瓶中，盖严。

② 第二次萃取。再用 5mL 注射器抽取 3～4g 烷烃萃取剂，注入盛有残渣的高型称量瓶中，按第一次萃取方法进行第二次萃取。将第二次萃取液并入第一次萃取液中，盖严。

③ 第三次萃取。与上述方法相同进行第三次萃取。将第三次萃取液并入上两次萃取液中，并称取萃取液的质量（称准至 0.0001g），盖严，摇匀备用。

④ 萃取过程中不得将残渣转移到装有萃取液的称量瓶中。

3. 线性范围的测定

① 调整色谱仪达到上述仪器条件，待整机稳定后，用微量注射器在同一色谱条件下分别进 $0.2\mu L$、$0.4\mu L$、$0.6\mu L$、$0.8\mu L$、$1.0\mu L$、$1.2\mu L$、$1.4\mu L$、…的外标样。

② 分别由记录仪自动记录色谱图并自动计算出萘峰峰面积或量取萘峰峰高，以萘峰峰面积或峰高为纵坐标，进样量为横坐标，绘出其关系曲线，找出其浓度与峰面积或峰高成直线关系的范围。

③ 每换一次色谱柱及改变色谱条件都要作一次线性范围的测定。

三、测定步骤

① 调整色谱仪达到上述仪器条件，待整机稳定后，用微量注射器注入 $1\mu L$ 外标样，重

复两次进样,由记录仪自动记录色谱图并自动计算萘峰峰面积或量取萘峰峰高,取其平均值作为外标样的萘峰峰面积 $A_{标}$ 或峰高 $H_{标}$。

② 在同样的色谱条件下,用微量注射器注入制备的样品 $1\mu L$,平行两针,由记录仪自动记录色谱图并自动计算萘峰峰面积或量取萘峰峰高,取其平均值为样品的萘峰峰面积 $A_{试}$ 或峰高 $H_{试}$。

③ 平行两针的最大误差,以萘峰高计不得超过 4mm。

④ 外标样和样品中萘浓度和进样量必须控制在上述测定的线性范围之内。

四、结果计算

采用峰面积法(单点校正),以萘峰峰面积按式(5-16)计算煤焦油中的萘含量。

$$萘_{(无水基)} = \frac{c_{标} m_{试} A_{试}}{A_{标} m(100-M_{ad})} \times 100\% \qquad (5-16)$$

采用峰高法(单点校正),以萘峰峰高按式(5-17)计算煤焦油中的萘含量。

$$萘_{(无水基)} = \frac{c_{标} m_{试} H_{试}}{H_{标} m(100-M_{ad})} \times 100\% \qquad (5-17)$$

式中 $c_{标}$——配制的外标样中萘的质量分数,%;
$m_{试}$——萃取后所得萃取液的质量,g;
m——煤焦油试样的质量,g;
$A_{标}$,$H_{标}$——配制的外标样中萘的峰面积、峰高;
$A_{试}$,$H_{试}$——萃取液中萘的峰面积、峰高;
M_{ad}——煤焦油分析试样中水分的质量分数,%。

第九节 焦化轻油类产品密度的测定

本方法适用于粗苯、焦化苯、焦化甲苯、焦化二甲苯、间对甲酚、三混甲酚、工业二甲酚、工业喹啉、纯吡啶等焦化轻油类产品密度的测定。焦化苯、焦化甲苯、焦化二甲苯以分格值为 $0.0005g/cm^3$ 的密度计试验方法为仲裁法。

一、测定原理

将密度计浸入试样中,记录温度和密度计的读数,校正到20℃时的密度,以符号 ρ_{20} 表示,单位为 g/cm^3。

二、试验步骤

按表5-4的要求,将混合均匀的试样,小心倒入干燥、洁净的量筒中,当试样温度达到规定的温度范围时,将密度计轻轻插入。待密度计与温度均稳定时,读记试样温度,并同时

表 5-4 试验条件要求

产品名称	仪器		试验温度
	量筒	密度计/(g/cm³)	
焦化苯、焦化甲苯、焦化二甲苯	内径50mm、高度340mm	0.8500~0.9000	(20±10)℃
焦化苯、焦化甲苯、焦化二甲苯、粗苯、纯吡啶	内径36mm、高度220mm	0.830~0.900 0.940~1.000	(20±5)℃
间对甲酚、三混甲酚、工业二甲酚、工业喹啉		1.000~1.100 1.070~1.130	10~40℃

按弯月面上边缘读记其视密度，以 ρ_a 表示。在读取数值时不允许试样有气泡，密度计不能与量筒壁接触，弯月面的形状应保持不变。

三、结果计算

当选用密度计分格值为 0.001g/cm³ 测定时，按式(5-18) 计算：

$$\rho_{20} = \rho_t + K(t-20) \tag{5-18}$$

$$\rho_t = \rho_a + C \tag{5-19}$$

当选用密度计分格值为 0.0005g/cm³ 测定焦化苯、焦化甲苯、焦化二甲苯时，按式(5-20) 计算：

$$\rho_{20} = \rho_t M \tag{5-20}$$

$$\rho_t = \rho_a + C \tag{5-21}$$

式中　ρ_{20}——20℃时的密度，g/cm³；

　　　ρ_t——试样在 t℃时的密度，g/cm³；

　　　ρ_a——t℃时的视密度，g/cm³；

　　　C——密度计的校正值；

　　　K——每增减 1℃时样品密度的平均温度校正值；

　　　M——t℃密度换算为 20℃密度时的密度系数；

　　　t——试验时试样的温度，℃。

第十节　焦化轻油类产品馏程的测定

本方法适用于焦化苯类、酚类、吡啶类及喹啉类等产品馏程的测定。

一、测定原理

在规定的条件下，蒸馏 100mL 试样，观察温度计读数和馏出液的体积，并根据所得数据，通过计算得到被测样品的馏程。

二、准备工作

1. 试样的脱水

① 苯类试样以氢氧化钾（或氢氧化钠）脱水不少于 5min，或以颗粒无水氯化钙脱水不少于 20min（重苯脱水不少于 30min）。

② 喹啉试样以固体氢氧化钾或氢氧化钠脱水。将试样 300mL 置于清洁干燥的 500mL 具塞锥形瓶中，加入氢氧化钾或氢氧化钠约 100g，盖塞，振荡 5min 以上再静置 30min，将同样的操作反复进行 3 次，取上层清液作为脱水试样。当试样水分低于 0.2% 时可不脱水。

2. 仪器安装

① 测苯类、吡啶类时，用洁净、干燥的上异径量筒准确量取均匀试样 100mL（粗苯应称量，称准至 0.2g），注入 I 型蒸馏瓶中。把蒸馏瓶装上单球分馏管，并用软木塞将温度计插入单球分馏管内，使水银球的中心和分馏管球的中心相重合。把石棉环置于灯罩上，将蒸馏瓶置于石棉环上，用软木塞将其与水冷凝管（重苯用空冷管）紧密连接，支管的一半插入冷凝管内，冷凝管的末端应低于其入口 100mm，并用软木塞与牛角管连接，插至牛角管的弯部。蒸馏瓶底与石棉环圆孔应保持严密无缝。

② 测酚类、喹啉类时，用洁净、干燥的下异径量筒（喹啉用上异径量筒）准确量取均

匀试样 100mL，注入Ⅱ型蒸馏瓶中，用插好温度计的塞子塞紧盛有试样的蒸馏瓶，使温度计和蒸馏瓶的轴线重合，并使温度计水银球的中间泡上端与蒸馏支管内壁的下边缘在同一水平线上。把石棉环置于灯罩上，将蒸馏瓶置于石棉环上，用软木塞将其与空气冷凝管紧密相连，支管插入深度为 30～40mm，冷凝管的末端应低于其入口（200±10）mm，并用软木塞与牛角管连接，插至牛角管的弯部。蒸馏瓶底与石棉环圆孔应保持严密无缝。

③ 用取过样的量筒作为接收器，置于牛角管下方，牛角管插入量筒内的深度应不少于 25mm，但不得插入标线以下，全部装置如图 5-1、图 5-2 所示。

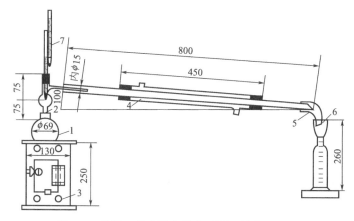

图 5-1　苯类、吡啶类蒸馏装置图（单位：mm）
1—蒸馏瓶；2—单球分馏管；3—灯罩；4—水冷凝管；5—牛角管；6—异径量筒；7—温度计

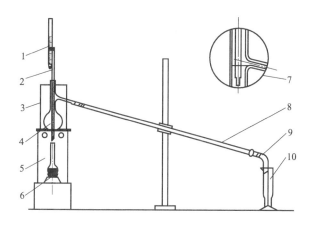

图 5-2　酚类、喹啉类蒸馏装置图
1—辅助温度计；2—精密温度计；3—保温罩；4—蒸馏瓶；5—灯罩；6—煤气灯；
7—温度计位置；8—空冷管；9—牛角管；10—量筒

三、试验步骤

① 记录大气压和室温，通入冷凝水，点火蒸馏。初馏点在 150℃ 以下的试样，从加热到初馏的时间为 5～10min；初馏点在 150℃ 以上的试样为 10～15min。整个蒸馏过程流速应保持在 4～5mL/min（轻苯馏出液流出 90mL 时，控制流出液在 2～2.5min 达到 96mL）。

② 记录第一滴馏出液自冷凝管末端滴下时的温度为初馏点。

③ 当馏出液达到 96mL 时撤离热源，注视温度上升，记录其最高温度为终馏点。

测定轻苯时，当馏出液达到 96mL 时撤离热源，同时读记温度。

④ 对于测定终馏点的试样及粗苯、轻苯，撤离热源 3min 后，将量筒中的馏出液倒入蒸馏瓶中，再倒回量筒内，测其总体积与 100mL 之差，记为蒸馏损失。蒸馏损失大于 1% 和粗苯、轻苯大于 1.5% 时，需对仪器的各连接部分进行检查，使其严密后重新进行试验。

⑤ 对测定馏出量的试样，当温度达到规定的温度后，撤离热源，停留 3min，读记馏出液总体积。当蒸馏重苯时，冷凝管内若有结晶物须用小火烘烤使其流下。

⑥ 测定粗苯时，当温度达到 180℃ 时应立即撤离热源，3min 后称量，称准至 0.2g。

四、结果计算

① 粗苯 180℃ 前馏出量 X 按式(5-22) 计算：

$$X = \frac{m_1}{m} \times 100\% \tag{5-22}$$

式中　m——试样的质量，g；

　　　m_1——180℃ 前馏出液的质量，g。

② 粗酚（无水基）馏程的各段馏出量 x 按式(5-23) 计算：

$$x = \frac{V_1 - M}{V - M} \times 100\% \tag{5-23}$$

式中　V_1——各段馏程的馏出量（包括蒸出的水分），mL；

　　　V——试样的体积，mL；

　　　M——试样中的水分量，mL。

③ 观察所记的温度按式(5-24) 进行补正：

$$t = t_0 + \Delta t_1 + \Delta t_2 + \Delta t_3 \tag{5-24}$$

④ 应观察的馏出温度按式(5-25) 进行补正：

$$t = t_1 - \Delta t_1 - \Delta t_2 - \Delta t_3 \tag{5-25}$$

$$\Delta t_2 = 0.00016 H (t_A - t_B) \tag{5-26}$$

$$\Delta t_3 = 0.0009 (273 + t_A)(101.3 - p) \tag{5-27}$$

式中　t_0——试验观察所得的温度，℃；

　　　Δt_1——温度计本身校正值，℃；

　　　Δt_2——水银柱外露部分温度的补正值，℃；

　　　Δt_3——气压补正值，℃；

　　　t_1——规定的馏出温度，℃；

　　　t_A——式(5-24) 相应的 $t_A = t_0$，式(5-25) 相应的 $t_A = t_1$，℃；

　　　t_B——附着于 1/2H 处的辅助温度计温度，℃；

　　　H——温度计露出塞上部分的水银柱高度，以度数表示，℃；

　　　p——试验时的大气压换算成标准状态下的大气压，kPa。

当测定苯、甲苯、二甲苯试样时，Δt_3 为

$$\Delta t_3 = K(101.3 - p)$$

K 值的计算见表 5-5。

表 5-5　K 值的计算公式

物　质	p 在 80~106kPa 时 K 的计算公式
苯	$K = 0.320 + 0.0014(101.3 - p)$
甲苯	$K = 0.347 + 0.0015(101.3 - p)$
3℃、5℃、10℃ 混合二甲苯	$K = 0.370 + 0.0016(101.3 - p)$

当测定重苯试样，Δt_3 为
初馏点时 $\quad\quad\quad \Delta t_3 = (101.3-p)[0.377+0.0017(101.3-p)]$
200℃时 $\quad\quad\quad \Delta t_3 = (101.3-p)[0.407+0.0019(101.3-p)]$

取两次重复测定结果的算术平均值为报告结果。初馏点、终馏点温度，报告结果精确到 0.1℃；馏出量，报告结果精确到 0.1%。

第十一节　焦化固体类产品喹啉不溶物的测定

本方法适用于煤沥青、改质沥青等焦化固体类产品中喹啉不溶物含量的测定。

一、测定原理

一定质量的试样，在规定的试验条件下，用喹啉进行溶解，对不溶物进行过滤、烘干，计算其含量。

二、试样的制备

将采取的粒度为 3mm 的试样进一步缩分，取出约 100g 置于 (50±2)℃ 的干燥箱中干燥 1h。将干燥后的沥青试样缩分取出约 25g，用乳钵研磨成通过 SSω500/315μm 筛的样品。

对软沥青试样，应将试样溶解，搅拌均匀，保证溶解温度不超过 150℃，溶解时间不超过 10min。

三、试验程序

1. 试验准备
① 将滤纸置于甲苯中浸泡 24h 取出晾干，烘干后备用。
② 将两张在甲苯中浸泡过的滤纸折成双层漏斗形，置于称量瓶中干燥并恒重。

2. 试验步骤
① 称取制备好的试样 1g（称准至 0.0002g），煤沥青试样置于洁净的 100mL 烧杯中，改质沥青试样置于离心试管中，加入 20mL 喹啉，用玻璃棒搅拌均匀。
② 将上述装有试样的烧杯或离心试管，与装有喹啉的洗瓶一起浸入 (75±5)℃ 的恒温水浴中，并不时搅拌，30min 后取出，准备抽滤。
③ 对装有改质沥青试样的离心试管应置于离心机中，在 4000r/min 的转速下离心 20min 后取出再抽滤。
④ 装好过滤漏斗，放入滤纸，用喹啉浸润，将溶解后的试样慢慢倒入滤纸中，同时进行抽滤。
⑤ 用大约 20mL 热喹啉分数次洗涤烧杯或离心试管，使残渣全部转移到滤纸上，再用大约 30mL 的热喹啉多次洗涤滤纸上的残渣，并同时进行抽滤。
⑥ 抽干后，用 50~100mL 热甲苯重复过滤洗涤，洗至无明显黄色。
⑦ 滤干后取出滤纸，置于原来的称量瓶中，在 105~110℃ 干燥箱中干燥 90min 后取出，稍冷，置于干燥器中冷却至室温，并称量至恒重。

四、结果计算

喹啉不溶物的含量按式(5-28)计算：

$$w = \frac{m_2 - m_1}{m} \times 100\% \tag{5-28}$$

式中　w——喹啉不溶物的含量，%；
　　　m_2——称量瓶、滤纸及喹啉不溶物的总质量，g；
　　　m_1——滤纸和称量瓶的质量，g；
　　　m——试样的质量，g。

第十二节　焦化固体类产品软化点的测定

本方法适用于焦化固体类产品煤沥青、固体古马隆-茚树脂软化点的测定。

一、测定原理

焦化固体类产品软化点的测定方法有环球法和杯球法两种，以环球法作为仲裁法。

1. 环球法

一定体积的试样，在一定重量的负荷下加热，试样软化下垂至一定距离时的温度，即为软化点。

2. 杯球法

试样悬置在一个底部有 6.35mm 孔的脂杯中，其顶部正中放有直径 9.53mm 的钢球，当试样在空气中以线性速率升温时，试样向下流动遮断光束时的温度，即为软化点。标定检测的距离为 19mm。

二、环球法试验步骤

① 取小于 3mm 的干燥试样约 10g 置于熔样勺中，使试样熔化，不时搅拌，赶走试样中的空气泡。熔样温度按表 5-6 的规定进行。

② 使铜环稍热，置于涂有凡士林的热金属板上，立即将熔好的试样倒入铜环中，至稍高出环上边缘为止。

③ 待铜环冷却至室温，用环夹夹住铜环，用温热刮刀刮去铜环上多余的试样，刮时要使刀面与环面齐平。低温煤沥青需把装有试样的铜环连同金属板置于 5℃ 水浴中，冷却 5min，取出刮平后，再放入 5℃ 水浴中冷却 20min。

④ 将装有试样的铜环置于金属架中层板上的圆孔中，装上定位器和钢球，将金属架置于盛有规定溶液的烧杯中，任何部分不应附有气泡，然后将温度计插入，使水银球下端与铜环的下面齐平。

⑤ 将烧杯置于有石棉网的三脚架上，按表 5-6 中规定的起始温度和升温速度开始均匀升温加热，超过规定升温速度试验作废。

⑥ 当试样软化下垂，刚接触金属架下层板时立即读取温度计温度，取两环试样软化温度的算术平均值，作为试样的软化点。若两环试样软化点超过 1℃ 时，应重做试验。

⑦ 不同软化点的试样操作按表 5-6 规定进行。

三、杯球法试验步骤

① 按上述环球法试验步骤①规定的方法熔好试样。

② 使脂杯稍热，置于涂有凡士林的热金属板上，立即将熔好的试样倒入脂杯中，至稍高出杯的上边缘为止。

表 5-6 不同软化点的试样操作

操作项目	软化点温度范围		
	>95℃	75~95℃	<75℃
规定溶液	纯甘油	密度为 1.12~1.14g/cm³ 甘油水溶液	5℃水浴
熔样温度	在 220~230℃ 空气浴上加热	在 170~180℃ 空气浴上加热	在 70~80℃ 水浴上加热
升温速度	当溶液温度达 70℃ 时，保持 (5.0±0.2)℃/min	当溶液温度达 45℃ 时，保持 (5.0±0.2)℃/min	开始升温时保持 (5.0±0.2)℃/min

③ 待脂杯冷却至室温，用温热的小刀刮去高出脂杯上多余的试样，刮时要使刀面与杯面齐平，刮到使试样与杯顶部平齐。

④ 检查杯球仪"校正"旋钮应在"测定"位置上，拨盘数字在室温上，开启电源后稳定 20min。选择线性升温速度为 1.5℃/min。

⑤ 根据试样的软化点，设定"起始温度"为低于软化点 15℃ 左右。按"预置"按钮使炉子达到起始温度。

⑥ 在装上试样的脂杯中央放上钢球，然后将脂杯套上夹头及狭缝套，组成试样筒，小心地插入炉子中。插入后，狭缝套底部一槽应正好落入定位搭子上，使其不能旋转为止。此时狭缝在左右两侧，能使光束通过。放好脂杯后，按动锁数解脱按钮，使数字窗口的小红点消失。

⑦ 待炉温恢复到"起始温度"时，按动"升温"按钮，到达试样软化点时，仪器自动锁定该点温度，窗口小红点闪亮。读取软化点后，再按锁数解脱按钮，使电炉冷却降温，仪器恢复到试验开始前状态。

⑧ 试验结束后，立即取出试样筒，检查一下试样是否遮断过光束，如有误触发，应废除这一结果重新试验。

⑨ 取出脂杯，稍加热，使脂杯与钢球分离，一起放入洗油或二甲苯瓶中，浸泡 5~10min，取出用棉花擦净。

四、试验报告

按数字显示窗所示的温度报告，准确至 0.1℃。

第十三节 焦化萘的测定

本方法适用于分馏高温煤焦油所得的含萘馏分，经洗涤、精馏制得的精萘以及工业萘的结晶点、不挥发物、灰分、酸洗比色的测定。

一、萘结晶点的测定

1. 测定原理

液态萘冷却到一定温度时，析出结晶，温度回升达到最高点即为萘的结晶点。

2. 试验步骤

① 称取试样 30~40g 置于熔萘试管中，然后将试管置于 85~90℃ 的恒温水浴中使试样完全熔化。称取 2g 无水硫酸铜加入熔萘试管中脱水，静止脱水 5min。若加入的无水硫酸铜全部变蓝，应再多加，直至加入的无水硫酸铜不变色。

② 再将熔融试样迅速倒入已预热至90℃的结晶点测定仪中，使试样达仪器刻线处，并立即用装有精密温度计的软木塞塞紧（温度计预热至80~85℃），使精密温度计插至离萘结晶点测定仪底20mm处。

③ 保持结晶点测定仪与水平成45°、振幅为100mm，每分钟60~70次摇动测定仪，每0.5min看一次精密温度计温度，温度逐渐降低，当有结晶出现、温度开始回升时，再摇动一次后停止摇动，静置观察温度。

④ 当温度达到最高点并在最高温度停留1min以上时，该温度即为结晶点。读记此温度，读数估计到0.01℃，同时记录精密温度计水银柱外露部分中段附近的温度。

⑤ 若在测定中未观察到温度升高或回升到最高温度停留时间少于1min时，则此次试验作废，需重新试验。

3. 结果计算

按式(5-29)计算萘的结晶点：

$$t = t_0 + \Delta t_1 + \Delta t_2 \tag{5-29}$$

式中　t——萘的结晶点，℃；
　　　t_0——精密温度计观察所得的读数，℃；
　　　Δt_1——精密温度计本身校正值，℃；
　　　Δt_2——水银柱外露部分的温度校正值，℃。

$$\Delta t_2 = 0.00016 H (t_0 + t_B) \tag{5-30}$$

式中　H——精密温度计在软木塞上外露部分的水银柱高度，℃；
　　　t_B——精密温度计水银柱外露部分中段附近的温度，℃。

二、萘不挥发物的测定

1. 测定原理

在一定测量条件下，加热萘样，测量出萘挥发后的残留物质量，并计算出不挥发物含量。

2. 试验步骤

① 称取试样20g（称准至0.1g），置于预先在（815±10）℃灼烧并恒重的蒸发皿中，将蒸发皿放在远红外线恒温干燥箱中。

② 远红外线恒温干燥箱装于通风橱内，在每个蒸发皿上口安装一支温度计，并保持蒸发皿的上口平面的温度为（150±2）℃，启动排风系统，调节抽风速率，使精萘试样在(70±10)min内蒸发完，工业萘试样在远红外线恒温干燥箱内要求（90±10）min蒸发完。

③ 精萘平行试样在35min时交换位置，工业萘平行试样在45min时交换位置。

④ 待萘蒸发后，停止抽风，将带有残留物的蒸发皿放入干燥器中冷却至室温，称量（准确至0.0002g）。

⑤ 称量后将带残留物的蒸发皿再放入远红外线恒温干燥箱中重复加热，每次15min，直至连续两次质量差在0.0004g以内为止。

⑥ 计算时取最后一次质量（残留物作萘的灰分测定）。

3. 结果计算

按式(5-31)计算萘不挥发物的质量分数：

$$X^f = \frac{m_2 - m_1}{m} \times 100 \tag{5-31}$$

式中　X^f——萘不挥发物的质量分数，%；
　　　m——萘试样的质量，g；

m_1——蒸发皿的质量，g；
m_2——蒸发皿和不挥发物的质量，g。

三、萘灰分的测定方法

1. 基本原理

称取一定质量的萘试样，置于（815±10）℃马弗炉中灰化至质量恒定，以其残留物质量占萘试样质量的百分数作为灰分。

2. 试验步骤

① 称取混合均匀的萘试样 20g（称准至 0.0001g）于预先恒重的蒸发皿中，在电炉上用小火慢慢加热灰化至无挥发物。

② 将上述①中蒸发皿或测定萘不挥发物后的精萘或工业萘的残余物放入马弗炉中，于（815±10）℃进行灰化 30min，取出，在空气中冷却 5min，立即放入干燥器中冷却至室温，称量，称准至 0.0001g。

③ 将蒸发皿再放入马弗炉中进行检查性灼烧，每次 15min，直到连续两次质量差在 0.0004g 以内为止，计算时取最后一次质量。

3. 结果计算

萘灰分含量 A 按式(5-32)计算：

$$A = \frac{m_2 - m_1}{m} \times 100\% \tag{5-32}$$

式中　m——试样的质量，g；
　　　m_2——试样灼烧残渣＋蒸发皿的质量，g；
　　　m_1——蒸发皿的质量，g。

取两次重复测定结果的算术平均值为测定结果，保留两位小数。

四、萘酸洗比色试验

1. 基本原理

试样在浓硫酸中反应产生的颜色和标准比色液的颜色进行比较，确定比色号。

2. 试验步骤

① 在比色管中加入 10mL 硫酸，将比色管浸入保持在（80±1）℃的水浴中加热，待比色管中硫酸温度达到（80±1）℃时加入试样。

② 称取已在研钵中研细的萘试样（2.0±0.1）g，将漏斗插入装有 10mL 硫酸的比色管中，并迅速地将试样通过漏斗加入比色管内，取出漏斗。

③ 在水浴中轻轻振摇 2min。取出比色管，放在比色架上，立即与标准液进行比色。比色时，对着白色背景，正面透光观察。

3. 试验结果

根据比色结果报出比色号。试验结果处于两个标准色号之间时，按较深的比色号报出。

第十四节　粗苯的测定

粗苯的技术指标主要有外观、密度、馏程和水分等。本节规定了粗苯的外观和水分的测定方法，粗苯的密度和馏程按本章焦化轻油类产品密度和馏程的测定方法进行。

一、方法提要

1. 外观的测定

将试样置于无色透明的玻璃管中,于透射光线下目测观察其颜色。

2. 水分的测定

将试样在室温(18～25℃)下放置1h,目测有无不溶解的水。

二、测定步骤

1. 外观的测定

取约200mL样品置于直径50mm的无色透明玻璃管中,于透射光线下目测观察其颜色。若为黄色透明液体,则合格,否则为不合格。

2. 水分的测定

将上述玻璃管连同样品在室温(18～25℃)下放置1h,目测有无不溶解的水。若无可见的不溶解水,则合格,否则为不合格。

第十五节 硫酸铵的测定

一、采样和制备

① 硫酸铵按批检验,每批质量不超过150t。

② 袋装的硫酸铵按表5-7规定选取采样袋数。

表5-7 袋装硫酸铵采样袋数的选取

总的包装袋数	采样袋数	总的包装袋数	采样袋数	总的包装袋数	采样袋数	总的包装袋数	采样袋数
1～10	全部袋数	82～101	14	182～216	18	344～394	22
11～49	11	102～125	15	217～254	19	395～450	23
50～64	12	126～151	16	255～296	20	451～512	24
65～81	13	152～181	17	297～343	21		

注:总的包装袋数大于512袋时,按$3\times\sqrt[3]{n}$(n为每批产品总的包装袋数)计算采样袋数,如遇有小数时,则进为整数。

③ 采样时,用采样器从袋口一边斜插至对边袋深的3/4处采取均匀样品,每袋采取样品不少于0.1kg,所取样品总量不得少于2kg。

④ 硫酸铵也可以用自动采样器、勺子或其他合适的工具,从皮带运输机上随机地或按一定的时间间隔采取截面样品,每批所取样品不得少于2kg。

⑤ 将所采取的样品合并在一起,混匀,用缩分器或四分法缩分为1kg的均匀试样,分装于两个清洁、干燥、带磨口的广口瓶、聚乙烯瓶或其他具有密封性能的容器中,容器上粘贴标签。一份供检验用,另一份作为保留样品,保留期两个月,以供查验。

二、外观

目测,应为白色结晶,无可见机械杂质。

三、氮含量的测定

硫酸铵中氮含量的测定有两种方法,即蒸馏后滴定法和甲醛法,其中,蒸馏后滴定法为仲裁方法。

1. 测定原理

（1）蒸馏后滴定法　硫酸铵在碱性溶液中蒸馏出的氨，用过量的硫酸标准滴定溶液吸收，在指示剂存在下，以氢氧化钠标准滴定溶液回滴过量的硫酸。根据滴定消耗氢氧化钠标准溶液的量计算氮含量。反应式如下：

$$(NH_4)_2SO_4 + 2NaOH \longrightarrow Na_2SO_4 + 2NH_3 \cdot H_2O$$
$$2NH_3 \cdot H_2O + H_2SO_4 \longrightarrow (NH_4)_2SO_4 + 2H_2O$$
$$2NaOH + H_2SO_4 \longrightarrow Na_2SO_4 + 2H_2O$$

（2）甲醛法　在中性溶液中，铵盐与甲醛作用生成六亚甲基四胺和相当于铵盐含量的酸，在指示剂存在下，用氢氧化钠标准滴定溶液滴定。

2. 氮含量的测定（蒸馏后滴定法）

（1）分析步骤

① 试样溶液的制备。称取 10g 试样（称准至 0.0001g），溶于少量水中，转移至 500mL 容量瓶中，用水稀释至刻度，混匀。

② 蒸馏。从上述量瓶中吸取 50.0mL 试液于蒸馏瓶中，加入约 350mL 水和几粒防爆沸石（或防爆装置；将聚乙烯管接触烧瓶底部）。用单标移液管加入 50.0mL 硫酸标准溶液于吸收瓶中，并加入 80mL 水和 5 滴混合指示剂溶液。用硅脂涂抹仪器接口，安装好蒸馏仪器，并确保仪器所有部分密封。

通过滴液漏斗往蒸馏瓶中注入氢氧化钠溶液 20mL，注意滴液漏斗中至少留有几毫升溶液。

加热蒸馏，直至吸收瓶中的收集量达到 250～300mL 时停止加热，打开滴液漏斗，拆下防溅球管，用水冲洗冷凝管，并将洗涤液收集在吸收瓶中，拆下吸收瓶。

③ 滴定。将吸收瓶中溶液混匀，用氢氧化钠标准滴定溶液回滴过量的硫酸标准滴定溶液，直至溶液呈灰绿色为终点。

④ 空白试验。在测定的同时，除不加试样外，按上述完全相同的分析步骤、试剂和用量进行平行操作。

（2）结果计算　氮（N）含量 x_1（以干基计）以质量分数（%）表示，按式(5-33)计算：

$$x_1 = \frac{c(V_2 - V_1) \times 0.01401}{m \times \frac{50}{500} \times \frac{100 - x_{H_2O}}{100}} \times 100 = \frac{c(V_2 - V_1) \times 1401}{m(100 - x_{H_2O})} \tag{5-33}$$

式中　x_{H_2O}——硫酸铵样品的水分，%；
　　　V_1——测定样品消耗氢氧化钠标准滴定溶液的体积，mL；
　　　V_2——空白试验消耗氢氧化钠标准滴定溶液的体积，mL；
　　　c——氢氧化钠标准滴定溶液的实际浓度，mol/L；
　　　m——试样的质量，g；
　　0.01401——与 1.00mL 氢氧化钠标准滴定溶液 [$c(NaOH) = 1.000$mol/L] 相当的以 g 表示的氮的质量。

取两次重复测定结果的算术平均值为测定结果，保留两位小数。

3. 氮含量的测定（甲醛法）

（1）测定步骤

① 称取 1g 试样（称准至 0.0001g），置于 250mL 锥形瓶中，加 100～120mL 水溶解，再加 1 滴甲基红指示剂溶液，用氢氧化钠溶液（4g/L）调节至溶液呈橙色。

② 测定：加入 15mL 甲醛溶液至试液中，再加入 3 滴酚酞指示剂溶液，混匀。放置 5min，用氢氧化钠标准滴定溶液滴定至浅红色，经 1min 不消失（或滴定至 pH 计指示 pH 为 8.5）为终点。

③ 在测定的同时，除不加试样外，按与上述完全相同的测定步骤、试剂和用量进行平行操作。

(2) 结果计算　氮（N）含量 x_2（以干基计）以质量分数（%）表示，按式(5-34)计算：

$$x_2 = \frac{c(V_1-V_2)\times 0.01401}{m\times \dfrac{100-x_{H_2O}}{100}}\times 100 = \frac{c(V_1-V_2)\times 140.1}{m(100-x_{H_2O})} \tag{5-34}$$

式中　x_{H_2O}——硫酸铵样品的水分，%；

　　　V_1——测定样品消耗氢氧化钠标准滴定溶液的体积，mL；

　　　V_2——空白试验消耗氢氧化钠标准滴定溶液的体积，mL；

　　　c——氢氧化钠标准滴定溶液的实际浓度，mol/L；

　　　m——试样的质量，g；

　　0.01401——与 1.00mL 氢氧化钠标准滴定溶液 [c(NaOH)=1.000mol/L] 相当的以 g 表示的氮的质量。

取两次重复测定结果的算术平均值为测定结果，保留两位小数。

四、水分的测定（重量法）

1. 基本原理

称取一定量的试样，置于 (105±2)℃ 干燥箱内烘干至质量恒定，测定试样减少的质量，根据试样的质量损失计算出水分的质量分数。本方法适用于所取试样中水分质量不小于 0.001g 的情形。

2. 分析步骤

称取 5g 试样（称准至 0.0001g），置于预先在 (105±2)℃ 干燥至恒重的称量瓶中，将称量瓶盖稍微打开，置称量瓶于干燥箱中接近于温度计的水银球水平位置上，在 (105±2)℃ 的温度中干燥 30min 后，取出称量瓶，盖上盖，在干燥器中冷却至室温，称量。重复操作，直至恒重，取最后一次的质量作为计算依据。

3. 结果计算

水分含量 x_3 以质量分数（%）表示，按式(5-35)计算：

$$x_3 = \frac{m_1}{m}\times 100 \tag{5-35}$$

式中　m——称取试样的质量，g；

　　　m_1——试样干燥后失去的质量，g。

取两次重复测定结果的算术平均值为测定结果，保留两位小数。

4. 精密度

同一实验室重复测定结果的绝对差值不大于 0.05%。

五、游离酸含量的测定

1. 基本原理

试样溶液中的游离酸，在指示剂存在下，用氢氧化钠标准滴定溶液滴定。根据滴定消耗氢氧化钠标准溶液的量计算游离酸含量。反应如下：

$$H^+ + OH^- \longrightarrow H_2O$$

2. 分析步骤

① 试样溶液的制备：称取 10g（称准至 0.0001g）试样于一洁净干燥的 100mL 烧杯中，加 50mL 水溶解，如果溶液浑浊，可用中速滤纸过滤，用水洗涤烧杯和滤纸，收集滤液于 250mL 的锥形瓶中。

② 加 1~2 滴指示剂溶液于滤液中，用氢氧化钠标准滴定溶液滴定至灰绿色为终点，记录消耗氢氧化钠标准滴定溶液的体积 $V(mL)$。若试液有色，终点难以观察，也可滴定至 pH 计指示 pH 5.4~5.6 为终点。

3. 结果计算

游离酸（以 H_2SO_4 计）含量 x_4 以质量分数（%）表示，按式(5-36)计算：

$$x_4 = \frac{cV \times 0.0490}{m} \times 100 = \frac{cV \times 4.90}{m} \tag{5-36}$$

式中　V——测定样品消耗氢氧化钠标准滴定溶液的体积，mL；

　　　c——氢氧化钠标准滴定溶液的实际浓度，mol/L；

　　　m——试样的质量，g；

　　0.0490——与 1.00mL 氢氧化钠标准滴定溶液 $[c(NaOH)=1.000mol/L]$ 相当的以 g 表示的硫酸的质量。

取两次重复测定结果的算术平均值为测定结果，保留两位小数。

六、铁含量的测定（邻菲罗啉分光光度法）

1. 测定原理

试样中的铁用盐酸溶解后，以抗坏血酸将三价铁还原为二价铁，在缓冲介质（pH 2~9）中，二价铁与邻菲罗啉生成橙红色络合物，在最大吸收波长 510nm 处，用分光光度计测定其吸光度。本方法适用于测定铁含量在 10~100μg 范围内的试液。

2. 分析步骤

(1) 标准曲线的绘制

① 标准比色溶液的制备。按表 5-8 所示，在一系列 100mL 烧杯中，分别加入给定体积的铁标准溶液（0.010g/L）。

表 5-8　标准比色溶液的制备

铁标准溶液(0.010g/L)的体积/mL	相应的铁含量/μg	铁标准溶液(0.010g/L)的体积/mL	相应的铁含量/μg
0	0	6.0	60
1.0	10	8.0	80
2.0	20	10.0	100
4.0	40		

每个烧杯都按下述规定同时同样处理：

加水至 30mL，用盐酸溶液或氨水溶液调节溶液的 pH 值接近 2，定量地将溶液转移至 100mL 容量瓶中，加 1mL 抗坏血酸溶液、20mL 缓冲溶液和 10.0mL 邻菲罗啉溶液，用水稀释至刻度，混匀，放置 15~30min。

② 光度测定。用 3cm 吸收池，以铁含量为零的溶液作为参比溶液，在波长 510nm 处，用分光光度计测定标准比色溶液的吸光度。

③ 绘制标准曲线。以 100mL 标准比色溶液中所含铁的质量（μg）为横坐标，相应的吸光度为纵坐标，作图。

(2) 测定

① 试样溶液的制备。称取 10g 试样（精确至 0.01g），置于 100mL 烧杯中，加少量水溶解后，加入 10mL 盐酸溶液，加热煮沸 2min，冷却后定量转移到 100L 容量瓶中，稀释至刻度，混匀。

② 显色。吸取 10.0mL 试液于 100mL 烧杯中，按上述步骤进行显色。

③ 光度测定。按上述相同的步骤，测定试液的吸光度。从标准曲线上查出试液吸光度对应的铁质量（μg）。

3. 结果计算

铁（Fe）含量 x_5 以质量分数（%）表示，按式(5-37)计算：

$$x_5 = \frac{m_0}{m \times \frac{10}{100} \times 10^6} \times 100 = \frac{m_0}{m \times 10^3} \tag{5-37}$$

式中　m_0——所取试液中测得的铁（Fe）质量，μg；

　　　m——试样的质量，g。

4. 精密度

取平行测定结果的算术平均值为测定结果，平行测定结果的绝对差值不大于 0.0005%；不同实验室测定结果的绝对差值不大于 0.001%。

七、砷含量的测定

1. 二乙基二硫代氨基甲酸银分光光度法（仲裁法）

(1) 方法原理　在酸性介质中，碘化钾、氯化亚锡和金属锌将砷还原为砷化氢，与二乙基二硫代氨基甲酸银［Ag(DDTC)］的吡啶溶液生成紫红色胶态银，在最大吸收波长 540nm 处，测定其吸光度。本方法适用于测定砷含量在 1~20μg 范围内的试液。

(2) 分析步骤　由于吡啶具有恶臭，操作应在通风橱中进行。

① 标准曲线的绘制

• 标准比色溶液的制备。按表 5-9 所示，吸取给定体积的砷标准溶液（0.0025g/L）分别置于 6 个锥形瓶中。

表 5-9　标准比色溶液的制备

砷标准溶液(0.0025g/L)的体积/mL	相应的砷含量/μg	砷标准溶液(0.0025g/L)的体积/mL	相应的砷含量/μg
0	0	4.0	10.0
1.0	2.5	6.0	15.0
2.0	5.0	8.0	20.0

各锥形瓶用水稀释至 50mL，加入 15mL 盐酸，然后依次加入 2mL 碘化钾溶液和 2mL 氯化亚锡溶液，混匀，放置 15min。

置少量乙酸铅棉花于连接管中，以吸收硫化氢。

吸取 5.0mL Ag(DDTC)-吡啶溶液到 15 球管吸收器中，磨口玻璃吻合处在反应过程中应保持密封。

称量 5g 锌粒加入锥形瓶中，迅速连接好仪器，使反应进行约 45min，移去吸收器，充分混匀溶液所生成的紫红色胶态银。

• 光度测定。以砷含量为零的溶液为参比溶液，用 1cm 吸收池，在波长 540nm 处，用分光光度计测定标准比色溶液的吸光度。

• 绘制标准曲线。以 5.0mL Ag(DDTC)-吡啶溶液吸收液中所含砷的质量（μg）为横坐标，相应的吸光度为纵坐标，绘制标准曲线。

② 测定

• 试样溶液的制备。称取 20g 试样（精确至 0.001g），置于锥形瓶中，加水 50mL，混匀使其完全溶解，加 15mL 盐酸，使所得溶液中盐酸的浓度约为 $c(HCl)=3mol/L$，混匀。

• 显色与光度测定。在试液中加入 2mL 碘化钾溶液和 2mL 氯化亚锡溶液，混匀后放置 15min。

以下按上述绘制标准曲线的操作步骤，从"置少量乙酸铅棉花于连接管……"开始，直至"……用分光光度计测定溶液的吸光度"为止，完成测定。

从标准曲线上查出试液吸光度对应的砷质量（μg）。

(3) 结果计算 砷（As）含量 x_6 以质量分数（%）表示，按式(5-38)计算：

$$x_6=\frac{m_0}{m\times10^6}\times100=\frac{m_0}{m\times10^4} \tag{5-38}$$

式中 m_0——试液中测得的砷（As）质量，μg；
  m——试样的质量，g。

取平行测定结果的算术平均值为测定结果。

2. 砷斑法

(1) 方法原理 在酸性介质中，碘化钾、氯化亚锡和金属锌将试液中的砷还原为砷化氢，再与溴化汞试纸接触反应，生成黄色色斑，将其深浅与砷的一系列标准色斑比较，求出试样中的砷含量。本方法适用于测定砷含量在 0.5～5μg 范围内的试液。

(2) 分析步骤

① 试样溶液的制备。称取 10g 试样（精确至 0.01g），置于锥形瓶中，加水 50mL，混匀使其完全溶解，加 15mL 盐酸，混匀。

② 标准色阶的制备。制备试液的同时，按表 5-10 吸取给定体积的砷标准溶液（0.0025g/L）分别置于 5 个锥形瓶中，加水至 50mL，加 15mL 盐酸，混匀。

③ 测定。对各锥形瓶依次加入 2mL 碘化钾溶液、2mL 氯化亚锡溶液，混匀后放置 15min。

表 5-10 标准色阶的制备

砷标准溶液(0.0025g/L)的体积/mL	相应的砷含量/μg	砷标准溶液(0.0025g/L)的体积/mL	相应的砷含量/μg
0	0	1.5	3.75
0.5	1.25	2.0	5.00
1.0	2.50		

置乙酸铅棉花于玻璃管内，以吸收硫化氢。

将溴化汞试纸固定，称量 5g 锌粒置于锥形瓶中，使反应在暗处进行 1～1.5h。取下溴化汞试纸，以试样的溴化汞试纸颜色与砷标准溶液系列色阶比较，求出试样中的砷质量。

(3) 结果计算 砷（As）含量 x_7 以质量分数（%）表示，按式(5-39)计算：

$$x_7=\frac{m_0}{m\times10^6}\times100=\frac{m_0}{m\times10^4} \tag{5-39}$$

式中 m_0——与标准色阶比较，测得的砷质量，μg；
  m——试样的质量，g。

取平行测定结果的算术平均值为测定结果。

八、重金属含量的测定（目视比浊法）

1. 方法原理

在弱酸性介质（pH 为 3～4）中，硫化氢水溶液与试液中硫化氢组重金属生成硫化物，再与铅的标准色阶比较,以测定重金属(以 Pb 计)的含量。本方法适用于重金属(以 Pb 计)含量在 15~100μg 范围内的试液。

2. 分析步骤

(1) 试样溶液的制备 称取 20g 试样(精确至 0.1g),置于 150mL 烧杯中,加少量水溶解(必要时过滤),定量转移到 200mL 容量瓶中,用水稀释至刻度,混匀。

(2) 标准色阶的制备 按表 5-11 吸取给定体积的铅标准溶液(0.01g/L)分别置于 6 支比色管中,并于比色管中分别加入 10.0mL 试液,用水稀释至 30mL,加 1mL 乙酸溶液、10mL 新制备的饱和硫化氢水溶液,用水稀释至 50mL,混匀,放置 10min。

表 5-11 标准色阶的制备

铅标准溶液(0.01g/L)的体积/mL	相应的铅含量/μg	铅标准溶液(0.01g/L)的体积/mL	相应的铅含量/μg
0	0	3.0	30
1.0	10	4.0	40
2.0	20	5.0	50

(3) 测定 用单标线吸管移取 20mL 试液于比色管中,加 1mL 乙酸溶液、10mL 新制备的饱和硫化氢水溶液,用水稀释至 50mL,混匀,放置 10min,与铅标准色阶比较,求出试样中重金属的质量。

3. 结果计算

重金属(以 Pb 计)含量 x_8 以质量分数(%)表示,按式(5-40)计算:

$$x_8 = \frac{m_0}{m \times \frac{20-10}{200} \times 10^6} \times 100 = \frac{2m_0}{m \times 10^3} \tag{5-40}$$

式中 m_0——与标准色阶比较测得的重金属质量,μg;

m——试样的质量,g。

九、水不溶物含量的测定(重量法)

1. 方法原理

用水溶解试样,将不溶物滤出,用水洗涤残渣,使之与样品主体完全分离,干燥后称量水不溶物质量。本方法适用于试样中水不溶物含量不小于 0.001g 的情形。

2. 分析步骤

(1) 试样溶液的制备 称取 100g 试样(精确至 0.1g),置于 1000mL 烧杯中,加入 500mL 水溶解,保持温度 20~30℃。

(2) 测定 用预先在 (110±5)℃下干燥至恒重的玻璃坩埚式滤器过滤试液,用水充分洗涤坩埚及烧杯,直至用氯化钡溶液检验洗涤水中没有白色沉淀为止。

在 (110±5)℃下干燥坩埚和内容物 1h,在干燥器中冷却至室温,称重。重复操作,直至两次连续称量之差不大于 0.001g 为止。取最后一次测量值作为测量结果。

3. 结果计算

水不溶物的含量 x_9 以质量分数(%)表示,按式(5-41)计算:

$$x_9 = \frac{m_1 - m_2}{m} \times 100 \tag{5-41}$$

式中 m_1——水不溶物和坩埚的质量,g;

m_2——坩埚的质量,g;

m——试样的质量,g。

取两次重复测定结果的算术平均值为测定结果。

思 考 题

1. 如何采集各种状态的焦化产品？
2. 焦化产品水分、灰分、密度测定的原理和方法是什么？主要测定步骤有哪些？
3. 焦化产品馏程、黏度测定的原理和方法是什么？主要测定步骤有哪些？
4. 焦化产品甲苯不溶物、喹啉不溶物测定的原理和方法是什么？主要测定步骤有哪些？
5. 煤焦油萘含量测定的原理和方法是什么？主要测定步骤有哪些？
6. 焦化固体产品软化点测定的原理和方法是什么？
7. 焦化萘测定的内容有哪些？结晶点、不挥发物测定的测定原理和测定步骤是什么？
8. 粗苯测定的内容有哪些？
9. 硫酸铵测定的内容有哪些？其中氮含量测定的原理和测定方法是什么？

第六章 煤气的检验

第一节 煤气组成的测定方法

一、测定内容

在煤气生产中,为了正常、安全生产,必须对气体进行分析,了解其组成。煤气主要组分分析测定的内容包括:酸性气体的总含量(以 CO_2 表示)、不饱和烃气体的总含量(以 C_nH_m 表示)、氧气(O_2)含量、一氧化碳(CO)含量、氢气(H_2)含量、烷烃气体的总含量(以 CH_4 表示)、其他惰性气体的总含量(以 N_2 表示),共 7 项内容。

二、常规测定法

1. 方法原理

主要组分分析是用直接吸收法首先测定二氧化碳(CO_2)、不饱和烃(以 C_nH_m 表示)、氧(O_2)、一氧化碳(CO)的含量,然后用爆炸燃烧法(加氧爆炸燃烧剩余的可燃气体),根据反应结果计算甲烷及氢的含量,而惰性气体的含量则用差减法求得。具体的化学反应如下。

① 用氢氧化钾吸收二氧化碳及酸性气体:

$$CO_2 + 2KOH \longrightarrow K_2CO_3 + H_2O$$

硫化氢、二氧化硫等酸性气体也和氢氧化钾反应,干扰吸收,应事前除去。氢氧化钠的浓溶液极易产生泡沫,而且吸收二氧化碳后生成的碳酸钠又难溶解于氢氧化钠的浓溶液中,以致发生仪器管道的堵塞事故,因此通常使用氢氧化钾。

② 用焦性没食子酸(学名邻苯三酚或 1,2,3-三羟基苯)的碱性溶液吸收氧。反应分两步进行:首先是焦性没食子酸和碱发生中和反应,生成焦性没食子酸钾;然后是焦性没食子酸钾和氧作用,被氧化为六氧基联苯钾。

$$C_6H_3(OH)_3 + 3KOH \longrightarrow C_6H_3(OK)_3 + 3H_2O$$

$$2C_6H_3(OK)_3 + \frac{1}{2}O_2 \longrightarrow C_{12}H_4(OK)_6 + H_2O$$

③ 用发烟硫酸吸收不饱和烃(C_nH_m),如 C_2H_4、C_6H_6:

$$C_2H_4 + H_2SO_4 \cdot SO_3 \longrightarrow C_2H_6S_2O_7(乙烯磺酸)$$

$$C_6H_6 + H_2SO_4 \cdot SO_3 \longrightarrow C_6H_5SO_3(苯磺酸) + H_2SO_4$$

④ 用氨性氯化亚铜溶液吸收一氧化碳:

$$Cu_2Cl_2 + 2CO \longrightarrow Cu_2Cl_2 \cdot 2CO$$

$$Cu_2Cl_2 \cdot 2CO + 4NH_3 + 2H_2O \longrightarrow 2NH_4Cl + Cu_2(COONH_4)_2$$

⑤ 甲烷和氢加氧发生爆炸燃烧反应:

$$CH_4 + 2O_2 \longrightarrow CO_2 + 2H_2O$$

$$2H_2 + O_2 \longrightarrow 2H_2O$$

加氧量必须调节,使可爆混合气浓度略高于爆燃下限,不可接近化学计量的需氧量,以免爆燃过分剧烈。具体须按照表 6-1 中的规定操作。

表 6-1　不同气样体积与加氧量、爆炸次数的技术要求

气体分类	吸收后剩余气样倍数 $1/R$	计算倍数 R	加入氧气量/mL	爆炸次数	各次气体量/mL
城市煤气、混合煤气	1/2	2	60～70	分 4 次	约 10、20、30、40
焦炉气、纯炭化炉气、油制气	1/3	3	65～75	分 4 次	约 10、20、30、40
水煤气	1/2	2	40～45	分 3 次	约 10、30、>50
发生炉气	全部气体	1	15～25	只 1 次	全部
沼气	1/3	3	70～80	分 4 次	约 10、20、30、40

注：沼气的一般可燃组分含量为甲烷 45%～65%、氢小于 10%。若甲烷、氢的含量超过上述范围，则爆燃取样体积及爆炸次数、倍数由分析人员自己酌情调整。

2. 吸收液的配制

（1）氢氧化钾溶液　30% 氢氧化钾溶液。取 30g 化学纯的氢氧化钾溶于 70mL 水中。

（2）焦性没食子酸的碱性溶液　取 10g 焦性没食子酸，溶于 100mL 30% 氢氧化钾溶液中。焦性没食子酸的碱性吸收液在灌入吸收管后，通大气的液面上应加液体石蜡油，使其与空气隔绝。

（3）发烟硫酸溶液　三氧化硫含量为 20%～30%。发烟硫酸液灌入吸收管后，通大气的透气口上应套橡皮袋，以防三氧化硫外逸。

（4）氨性氯化亚铜溶液　取 27g 氯化亚铜和 30g 氯化铵，加入 100mL 蒸馏水中，搅拌成浑浊液，灌入吸收管内并加入紫铜丝。其后加入浓氨水（分析纯，密度 ρ 为 0.88～0.99g/mL）至吸收液澄清，通大气的液面上应加液体石蜡油，使其与空气隔绝。

（5）稀硫酸溶液　浓度为 10%。在 100mL 水中加入 5.5～6.0mL 浓硫酸（密度 ρ 为 1.84g/mL），滴入 1～2 滴甲基橙指示剂显红色。

（6）封闭液　量气管的封闭液，不得吸收被测定的气体。为了进一步阻止气体溶解，在使用之前必须用待测气体饱和。一般可以使用 10% 硫酸作为量气管的封闭液。爆炸管的封闭液，则用二氧化碳饱和的水即可。

（7）吸收液调换　根据所分析的燃气中各主组分的含量高低，及各吸收液的吸收效率，决定使用次数，部分吸收液也会因长时间放置而失效。

3. 测定步骤

（1）准备工作　检查整套分析仪器（见图 6-1）的严密性。具体方法是把进样直通活塞、吸收管活塞关闭，将中心三通活塞处的量气管和吸收瓶梳形管连通，使量气管存有一定量的气体，然后将水准瓶放在仪器上方，5min 后气体不再减少，即说明仪器不漏气。

各吸收管内吸收液都在活塞面以下，不得超过活塞。

（2）取样　取样可采用取样瓶的排水集

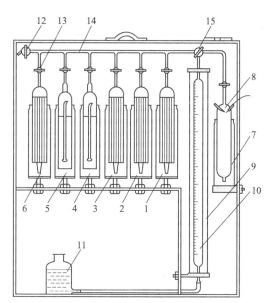

图 6-1　奥氏煤气全分析器

1，2，3，6—接触式吸收管；4，5—鼓泡式吸收管；7—爆炸管；8—铂丝极；9—水冷夹套管；10—量气管；11—封气水准瓶；12—进样直通活塞；13—直通活塞；14—梳形管；15—中心三通活塞

气法或橡皮袋（塑料袋）灌气法。取样瓶法可用于在微负压或正压气流的管道上取样，而橡皮袋（塑料袋）法只能在正压气流的管道上取样。取样瓶内所盛的应是经过过滤的硫酸钠（或氯化钠）饱和液，且被被测气体所饱和。不论使用取样瓶还是橡皮袋，取燃气前都须经样气置换3~4次，并须注意取样时不要带入外界空气。取样瓶或橡皮袋存放燃气的时间不宜超过2h。

（3）进样　先将量气管中的气体排出，使用前将量气管的液面升到零点，关闭进样直通活塞。取样瓶或取样袋的橡皮管与奥氏仪接通，而后打开取样瓶橡皮管夹子，打开奥氏仪进样直通活塞，使样气流进量气管中20~30mL，而后旋转中心三通活塞，将水准瓶升高，使量气管中的试样放空，直到量气管液面升到零点，如此至少3次。取足试样100mL（包括梳形管所占容积），压力平衡后（使压力与大气压相同）关闭进样直通活塞。

（4）气体组成分析　煤气主要组分全分析的步骤按下列顺序进行：第一为二氧化碳，第二为不饱和烃，第三为氧，第四为一氧化碳。此顺序中不饱和烃和氧可前后互换，但二氧化碳必须先吸收，一氧化碳必须最后吸收分析。

① 二氧化碳分析。打开盛有30%氢氧化钾溶液的吸收管旋塞，与量气管接通，升高水准瓶，使量气管内的气体压入吸收管，而量气管液面上升至零点时，降低水准瓶，使气体吸回量气管中，然后重新把气体送入吸收管。如此来回需吸收7~8次。在最后一次把气体全部吸回后（即吸收管内液面停在未吸收时的位置），关闭旋塞，使量气管内压力与大气压相同时读取读数。然后重复上述操作，再读取读数，复核吸收读数不变时即可，缩减的体积即为二氧化碳的体积。

② 不饱和烃分析。打开盛有发烟硫酸的吸收管的旋塞，使上述剩余下来的气体流入吸收管中，用升降水准瓶的方法，使分析气体至少来回18次与吸收管中的发烟硫酸作用，最后降低水准瓶使气体全部收回，即吸收管中的液面停留在未吸收的位置，关闭旋塞。打开含有30%氢氧化钾吸收管的旋塞（除去三氧化硫），用升降水准瓶的方法，使气体与30%氢氧化钾反复接触4~5次，如还有酸雾，继续吸收直至读数不变。最后将全部气体吸回后（即吸收管的液面停在未吸收时的位置），关闭旋塞，校正压力，使它与大气压力相同，读取读数。而后重复上述吸收操作，直到与前次吸收读数相同为止。减少的体积即为不饱和烃的体积。

③ 氧的分析。用盛有焦性没食子酸的碱性溶液的吸收管进行分析，来回至少8次，操作步骤与上述二氧化碳分析相同。

④ 一氧化碳分析。用氨性氯化亚铜吸收液进行吸收。

用一只旧的氨性氯化亚铜吸收管吸收剩余气体至少8次后，使氨性氯化亚铜的液面保持在原来的位置，关闭旋塞。

打开一只新的氨性氯化亚铜吸收管旋塞进行吸收操作，至少15次，并使氨性氯化亚铜的液面保持在原来的位置上，关闭旋塞。

打开10%硫酸的吸收管旋塞吸收气体中的氨，来回至少吸收4次后，使10%硫酸吸收管中液面保持在原来的位置上，关闭旋塞。经过3个操作步骤后，读取读数，而后再重复第二、第三步操作直至两次的读数不变，减少的体积即为一氧化碳的体积。

⑤ 甲烷和氢的分析。取一定量的气体于量气管中，多余的气样存放于10%硫酸吸收管中。在中心三通活塞处加氧气，旋转中心三通活塞，混合后记下量气管读数（为爆炸前体积V_5），而后进行爆炸燃烧，爆炸次数根据表6-1确定。例如分析城市燃气时，打开中心三通活塞与爆炸管连通，再打开爆炸管旋塞，使约10mL的混合气进入爆炸管，关闭爆炸管旋塞，上面中心三通活塞按顺时针转45°，用高频火花器点火进行爆炸燃烧，第一次爆炸后，打开爆炸管旋塞，再放入量气管余下的气体约20mL，混入已

爆炸的气体中，关闭爆炸管旋塞，点火使之再爆炸燃烧。在同样操作下须按规定分 4 次操作，全部爆炸后将爆炸管内的升温气体压入量气管内来回冷却，上升液面到爆炸管的旋塞处，下降爆炸管内液面高度恰为铂丝下 1cm（这样即称冷却一次）。如此从爆炸管至量气管来回冷却应严格规定为 5.5 次。冷却后使全部气体流入量气管中，关闭爆炸管旋塞，旋转量气管上中心三通活塞，记下量气管读数（即为爆炸后体积 V_6）。再将此爆炸后的气体用 30％氢氧化钾吸收液吸收，除去二氧化碳后再读取量气管中剩余气体的体积，即为碱液吸收后的读数（V_7）。

4. 结果计算

(1) 二氧化碳含量的计算　设煤气试样的取样体积为 V_0，必须取准 100mL（含梳形管的容积），则煤气中二氧化碳的体积分数 $\varphi(CO_2)$ 为

$$\varphi(CO_2) = \frac{V_0 - V_1}{V_0} \times 100\% = \frac{100 - V_1}{100} \times 100\% \tag{6-1}$$

式中　$\varphi(CO_2)$——煤气中二氧化碳的体积分数，％；
　　　V_1——100mL 样气经碱液吸收管吸尽二氧化碳后的体积读数，mL。

(2) 不饱和烃含量的计算

$$\varphi(C_nH_m) = \frac{V_1 - V_2}{V_0} \times 100\% = \frac{V_1 - V_2}{100} \times 100\% \tag{6-2}$$

式中　$\varphi(C_nH_m)$——煤气中不饱和烃的体积分数，％；
　　　V_2——剩余样气经发烟硫酸吸收管吸尽不饱和烃，再用 30％氢氧化钾吸收三氧化硫后的体积读数，mL。

(3) 氧含量的计算

$$\varphi(O_2) = \frac{V_2 - V_3}{V_0} \times 100\% = \frac{V_2 - V_3}{100} \times 100\% \tag{6-3}$$

式中　$\varphi(O_2)$——煤气中氧的体积分数，％；
　　　V_3——剩余样气经焦性没食子酸碱液吸尽氧后的体积读数，mL。

(4) 一氧化碳含量的计算

$$\varphi(CO) = \frac{V_3 - V_4}{V_0} \times 100\% = \frac{V_3 - V_4}{100} \times 100\% \tag{6-4}$$

式中　$\varphi(CO)$——煤气中一氧化碳的体积分数，％；
　　　V_4——剩余样气经氨性氯化亚铜吸尽一氧化碳及 10％硫酸吸尽氨后的体积读数，mL。

(5) 甲烷和氢含量的计算　设参加爆炸的燃气中甲烷体积为 x(mL)，则 $x = V_6 - V_7$ (mL)，故

$$\varphi(CH_4) = \frac{R(V_6 - V_7)}{V_0} \times 100\% = \frac{R(V_6 - V_7)}{100} \times 100\% \tag{6-5}$$

式中　$\varphi(CH_4)$——煤气中甲烷的体积分数，％；
　　　V_7——爆炸冷却后的气体经碱液吸尽二氧化碳后的体积读数，mL；
　　　R——计算倍数。

设爆炸前后的气体缩减为 C，即爆炸前（含加入氧）气体读数 V_5 与爆炸后经冷却的体积读数 V_6 之差数（mL），则 $C = V_5 - V_6$ (mL)，故

$$\varphi(H_2) = \frac{2R(C - 2x)}{3V_0} \times 100\% = \frac{2R(C - 2x)}{300} \times 100\% \tag{6-6}$$

式中　$\varphi(H_2)$——煤气中氢的体积分数，％。

(6) 惰性气体（以 N_2 计）含量的计算

$$\varphi(N_2) = 100 - \varphi(CO_2) - \varphi(C_nH_m) - \varphi(O_2) - \varphi(CO) - \varphi(CH_4) - \varphi(H_2) \quad (6\text{-}7)$$

式中　$\varphi(N_2)$——煤气中惰性气体（以 N_2 计）的体积分数，%。

三、气相色谱分析法

在煤气主要组分的气相色谱分析法中，一般使用分子筛进行分离。常温下，以 H_2 作载气携带气样流经分子筛色谱柱。由于分子筛对 O_2、N_2、CH_4、CO 等气体的吸附力不同，这些组分按吸附力由小到大的顺序分别流出色谱柱，然后进入检测器。则各组分的量分别转变为相应的电信号，并在记录纸上绘出 O_2、N_2、CH_4、CO 等四个组分的色谱图，由色谱图中各组分峰的峰高或峰面积计算组分的含量。

煤气主要组分常用的气相色谱分析流程有以下两种。

（1）并联流程　载气携带气样通过三通，分成两路，一路进入硅胶色谱柱，完成对 CO_2 的吸附作用；另一路经过碱石灰管进入分子筛色谱柱。被两柱分离后的组分再汇合，进入检测器，测出峰值。

（2）串联流程　载气携带气样通过硅胶色谱柱后，进入检测器，测出混合峰和 CO_2 峰。然后，经过碱石灰管截留 CO_2，其余 O_2、N_2、CH_4、CO 混合气体继续经色谱柱分离后，再进入检测器，分别获得 O_2、N_2、CH_4、CO 的色谱峰。

第二节　煤气热值的测定方法

一、概念

煤气热值是指标准状况（0℃、101.3kPa）下 $1m^3$ 干燃气完全燃烧时产生的热量。若氢燃烧后生成水，此时放出的热量，称为高位热值；若氢燃烧后生成水蒸气，此时放出的热量，称为低位热值。

二、方法原理

在水流式热量计中，用连续水流吸收燃气完全燃烧时产生的热量。根据达到稳定时的各个参数，计算标准状况干燃气燃烧产生的热量。

三、测试条件

① 热量计应装在光线明亮、空气流速小于 0.5m/s 且不受辐射热影响的地方。测试期间环境温度应为 15～30℃，温度波动小于 ±1℃。

② 进热量计的水温应低于室温 1.5～2.5℃。整个测试分为两组，共 4 次，每次测试期间的进口水温波动必须小于 0.1℃。

③ 热量计的热负荷应保持标定时的热负荷。当热负荷为 3.3～4.2MJ/h 时，燃烧器的喷嘴尺寸可参考表 6-2。

表 6-2　燃烧器喷嘴尺寸与热负荷对应表

高位热值/(MJ/m^3)	喷嘴直径/mm	高位热值/(MJ/m^3)	喷嘴直径/mm
12.6～16.7	2.5	37.7～46.0	1.5
16.7～37.7	2.0	46.0～62.8	1.0

④ 热量计进、出口水的温度差应为 8~12℃。
⑤ 热量计的进口空气湿度应为 (80±5)%。
⑥ 热量计的排烟温度与进口水的温度差为 0~2℃。
⑦ 各种测试仪表均需定期标定,并按标定值修正。

四、操作步骤

1. 测试准备工作

① 用标准容量瓶校正湿式气体流量计,得出校正系数 f_1。流量计中的水温与室温相差应小于 0.5℃。

② 将热量计垂直放好,并装上空气湿润器。

③ 将温度计插入热量计中水流转弯中心处,水银球不应与内壁接触,烟气温度计插入深度应使水银球在排烟管的中心线上。

④ 装好整个系统,按规定在燃气稳压器、燃气及空气湿润器中加水。

⑤ 燃气系统气密性检验。在工作压力下,持续 5min 压力不应下降。

⑥ 排放燃气系统中的空气。打开阀门,从燃烧器向外放气,使气体流量计转一圈并确认流量计中只有燃气后,点燃燃烧器。

⑦ 调节燃烧器的一次空气调节板,使火焰具有清晰的内焰锥并且稳定燃烧;调节燃烧稳压器上的重块或燃气阀门,使热负荷符合标定时的热负荷。

⑧ 调节空气湿润器的空气调节门,使热量计入口空气湿度达到 (80±5)%。

⑨ 打开进水阀并将热量计的进水调节阀放在中间位置,装入已点燃的燃烧器,当出口水温上升后,拨动调节阀,使热量计进、出口水的温度差为 8~12℃。

⑩ 调节热量计的排烟阀,使排烟温度与进口水的温度差为 0~2℃。

2. 操作过程和数据记录

① 将热量计出水口切换阀指向排水口。

② 热量计运行 30min 后,当进、出口水温达到稳定,冷凝水出口处凝结水均匀下落时,方可进行测定。

③ 用放大镜试读进、出口水温,达到稳定,读数应精确到小数点后两位。

④ 测出盛水器净重,读数应精确到 1g。

⑤ 当气体流量计指针指零时,记下流量计初读数并把冷凝水量筒放在热量计的冷凝水出口下方,开始测定。

⑥ 当流量计指针指向预定读数时,转动出水口切换阀,使水流至盛水器中。当燃气流过预定体积 V 后,再将切换阀转回原位。在此期间读出并记录 10 次以上进、出口水温 (t_1 与 t_2),并记下流过的燃气量 V 与相应的水量 W,读数应精确到 0.5mL。

⑦ 重复上述操作,记下第二次的 W、V 及 t_1 与 t_2。

⑧ 当流量计指针指到某预定终读数时,将冷凝水量筒取出称重,并记录冷凝水量 (W),读数应精确到 0.5mL,同时记下流量计的终读数,计算出与 W 相对应的燃气消耗量 V_1。

⑨ 在每次测试期间燃气消耗量应大于表 6-3 的规定。

表 6-3 测试期间燃气消耗量

燃气种类	V/L	V_1/L
焦炉煤气	10	45
天然气	5	17.5

⑩ 记录测试过程中的以下参数：大气压力（读数精确到134Pa）、气体流量计上的燃气压力（读数精确到10Pa）、气体流量计上的燃气温度（读数精确到0.5℃）、排烟温度（读数精确到0.5℃）。

⑪ 根据以上两次测得的 W、V 及 t_1、t_2 的值，求得两个高位热值 Q_{GW_1} 与 Q_{GW_2}，当其差值大于1%时，结果无效，应重测。

$$高位发热量差值 = \frac{Q_{GW_1} - Q_{GW_2}}{\overline{Q}_{GW}} \times 100\%$$

式中

$$\overline{Q}_{GW} = \frac{Q_{GW_1} + Q_{GW_2}}{2}$$

⑫ 重复上述操作步骤，取第二组测试结果。

⑬ 根据第一组与第二组测试结果，求得两个低位热值 Q_{DW_1} 与 Q_{DW_2}，当其差值大于1%时，结果无效，应重测。

$$低位发热量差值 = \frac{Q_{DW_1} - Q_{DW_2}}{\overline{Q}_{DW}} \times 100\%$$

式中

$$\overline{Q}_{DW} = \frac{Q_{DW_1} + Q_{DW_2}}{2}$$

五、结果计算

(1) 高位热值　煤气的高位热值按下式计算：

$$Q_{GW} = \frac{WC(t_1 - t_2)}{FVf_2 \times 10^{-3}}$$

$$F = \frac{273.15(p + p_r - p^0)}{(273.15 + t_g)p_0} \times f_1$$

式中　Q_{GW}——煤气的高位热值，MJ/m^3；
　　　W——水量，g；
　　　C——水的比热容，$MJ/(g \cdot ℃)$；
　　　t_1——进口水温，取10次读数的平均值，℃；
　　　t_2——出口水温，取10次读数的平均值，℃；
　　　V——燃气消耗量，L；
　　　F——体积修正系数；
　　　t_g——燃气温度，℃；
　　　p_0——标准大气压力，Pa；
　　　p——试验过程中的大气压力，Pa；
　　　p_r——燃气压力，Pa；
　　　p^0——温度为 t_g 下的饱和蒸气压，Pa；
　　　f_1——气体流量计修正系数；
　　　f_2——经过标定后的热量计修正系数。

(2) 低位热值　煤气的低位热值按下式计算：

$$Q_{DW} = \overline{Q}_{GW} - \frac{Wq}{V_1 F \times 10^{-3}}$$

式中　Q_{DW}——煤气的低位热值，MJ/m^3；

$\overline{Q}_{GW}$——煤气的高位热值，MJ/m^3；
W——凝水量，g；
V_1——与 W 对应的燃气消耗量，L；
q——每克凝结水的汽化潜热，MJ/g；
F——体积修正系数。

第三节　煤气中氨含量的测定方法

一、方法原理

采用中和滴定法（仲裁法），把一定量的煤气通入硫酸溶液中，以吸收其中的氨，过剩的硫酸用氢氧化钠标准溶液回滴，根据耗去的硫酸量，计算氨的含量。

反应式如下：

$$2NH_3 + H_2SO_4 \longrightarrow (NH_4)_2SO_4$$
$$2NaOH + H_2SO_4 \longrightarrow Na_2SO_4 + 2H_2O$$

二、操作步骤

1. 取样

将取样管（不锈钢，直径 8mm）从水平方向插入主管道，与气流相逆成 45°角，插入深度至管径的 1/6，取样管到仪器之间用胶皮管连接，连接管应尽量短。取样装置如图 6-2 所示。

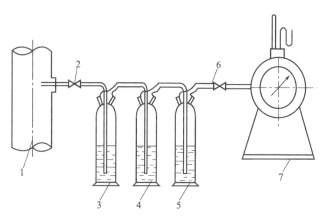

图 6-2　煤气取样装置示意图
1—煤气管道；2—取样阀；3，4，5—洗气瓶；
6—螺旋夹；7—气体流量计

2. 吸收

用移液管向洗气瓶 3 和 4 中各加入 0.1mol/L 硫酸溶液 50mL 和 1～2 滴甲基红-亚甲基蓝混合指示剂，洗气瓶 5 内加入 5%乙酸铅溶液 50mL，除去硫化氢。

将仪器按图 6-2 顺序连接完毕后，检查气密性，在确认连接系统全部严密后，打开取样阀，排气约 2min，将管内残留气体及水分排尽。关闭取样阀，将取样管与第一支洗气瓶入口连接，记下流量计读数。打开取样阀，调节煤气速度为 0.25～0.5L/min，每隔 30min 核对一次流速，记录煤气压力、温度及大气压力。当吸收的氨量在 2～30mg 之间时，停止通气，记下流量计读数。

3. 滴定

将洗气瓶 3 和 4 中的硫酸吸收液倒入 500mL 锥形瓶中，用蒸馏水冲洗洗气瓶（取样管中如有冷凝液，也应用蒸馏水冲洗干净），洗涤液并入锥形瓶中，以 0.1mol/L 氢氧化钠标准溶液滴定至呈现绿色即为终点。同时做试样吸收液空白试验。

三、结果计算

煤气中的氨含量（mg/m^3）按下式计算：

$$NH_3 \text{ 含量} = \frac{17.03 \times c(V_1 - V_2) \times 1000}{V_0} \tag{6-8}$$

式中　c——氢氧化钠标准溶液的浓度，mol/L；
　　　V_1——空白试验滴定耗用氢氧化钠标准溶液的体积，mL；
　　　V_2——试样滴定耗用氢氧化钠标准溶液的体积，mL；
　　　17.03——氨的摩尔质量，g/mol；
　　　V_0——取样体积换算为标准状态下的体积。

$$V_0 = \frac{V(p + p_{r-b} - p^0)}{101325} \times \frac{273.15}{273.15 + t} \tag{6-9}$$

式中　V——取样体积，L；
　　　p——取样时的大气压力，Pa；
　　　p_{r-b}——煤气与大气压力差，Pa；
　　　p^0——温度为 t 时的饱和蒸气压，Pa；
　　　t——煤气平均温度，℃。

第四节　煤气中焦油和灰尘含量的测定方法

一、方法原理

一定体积的城市燃气，通过已知质量的滤膜，以滤膜的增重和取样体积来计算出焦油和灰尘的含量。

二、操作步骤

① 取样位置选择气流平衡的直管管道，取样点与管道弯曲部分和截面形状急剧变化部分的距离，应大于管道直径的 1.5 倍，煤气管外至取样器之间的最长距离不超过 200mm。

② 将玻璃纤维和聚乙烯薄膜垫圈置于干燥器中干燥 2h，称重，继续干燥 30min，称量，直至两次称量之差不超过 0.3mg 为止，记下其质量（m_1），放入取样器内，拧紧。

③ 取样管采用内径为 4mm、壁厚为 1mm 的不锈钢管，将此管插入管道距中心 $r/3$ 处，开口方向对准气流方向。

④ 取样装置按图 6-3 的方式连接，检查装置气密性，记下流量计读数。

⑤ 打开煤气开关，将流速调至 3.5~4L/min，焦油和灰尘捕集量应大于 2mg。取样后，关闭燃气开关，记下流量计读数。

⑥ 打开取样器，用镊子将滤膜连同聚乙烯薄垫圈置于干燥器中干燥 2h，称量，继续干燥 30min，称量，直到两次称量之差不超过 0.3mg 为止，记下其质量（m_2）。

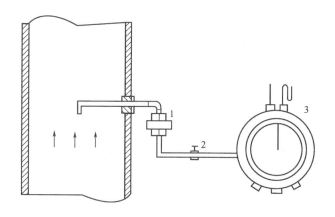

图 6-3 测定煤气中焦油和灰尘含量的取样装置
1—取样器；2—开关；3—气体流量计

三、结果计算

煤气中焦油和灰尘的含量（mg/m³）按下式计算：

$$\text{焦油和灰尘的含量} = \frac{m_2 - m_1}{V_0} \times 10^6 \tag{6-10}$$

式中 m_1——取样前滤膜和聚乙烯薄膜垫圈的质量，g；
m_2——取样后滤膜和聚乙烯薄膜垫圈的质量，g；
V_0——换算至标准状态下的取样体积，L。

$$V_0 = \frac{p + p_g - p^0}{101325} \times \frac{273}{273 + t} \times Vf \tag{6-11}$$

式中 V——取样时从流量计读取的煤气取样体积，L；
t——取样时煤气的温度，℃；
p——取样时的大气压力，Pa；
p_g——取样时的煤气压力，Pa；
p^0——取样温度下的饱和蒸气压，Pa；
f——湿式气体流量计的校正系数。

第五节 煤气中硫化氢含量的测定方法

一、方法原理

气体中的硫化氢被锌氨络合溶液吸收后，形成硫化锌沉淀，在弱酸性条件下，同碘作用，过量的碘用硫代硫酸钠溶液滴定。

二、取样装置

取样口是一段带有取样阀并焊接在燃气管道上的不锈钢管，其内径为4～6mm。钢管一端插入煤气主管断面中心点半径的1/3处，伸出主管外的部分用软质聚乙烯管连接（取样口的位置应避开阀门、弯头和管径发生急剧变化处）。取样装置如图6-4所示。

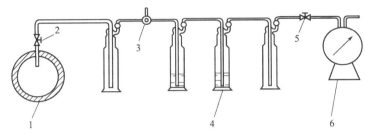

图 6-4 测定煤气中硫化氢含量的取样装置
1—煤气管道；2—取样阀；3—三通活塞；4—洗气瓶；5—螺旋夹；6—气体流量计

三、测定步骤

1. 吸收

① 取两个洗气瓶，各加入 100mL 吸收液，按图 6-4 所示用软质聚乙烯管将各部分连接，通气前应检查气密性。

注：从取样口至第三个洗气瓶前必须用聚乙烯管连接，第三个洗气瓶后可用胶管连接。

② 转动 T 形三通活塞通入大气，再缓缓打开取样阀排气约 2min，将管内残余气体及水分排尽。

③ 转动 T 形三通活塞使煤气通入洗气瓶，调节螺旋夹，使煤气以 0.5～1L/min 的流速通过洗气瓶，吸收到 0.85～35mg 硫化氢的量时停止通气，同时记录流量计读数、温度（始末两次平均值）和压力。

2. 滴定

① 取下洗气瓶，用水仔细冲洗两个洗气瓶的管口及瓶壁，并用中速定性滤纸过滤吸收液。

② 用移液管吸取 25mL 0.1mol/L 碘液于 500mL 碘量瓶中，加 200mL 盐酸（1+1），立即放入带有沉淀的滤纸，盖上瓶塞，摇动碘量瓶至瓶内滤纸被摇碎为止，碘量瓶用水封口，置于暗处 10min 后，用少量水冲洗瓶壁及塞，然后用 0.1mol/L 硫代硫酸钠标准溶液滴定，待溶液呈淡黄色时，加 1mL 淀粉指示剂，继续滴定至溶液蓝色消失即为终点。

③ 取同样量吸收液做空白试验。

四、结果计算

煤气中硫化氢的含量 D（mg/m³）按下式计算：

$$D = \frac{17.04 \times c(V_2 - V_1)}{V_0} \times 1000 \tag{6-12}$$

式中　D——分析样气中硫化氢的含量，mg/m³；
　　　17.04——计算常数；
　　　c——硫代硫酸钠标准溶液的浓度，mol/L；
　　　V_1——样气滴定时硫代硫酸钠标准溶液耗用的体积，mL；
　　　V_2——空白试验耗用硫代硫酸钠标准溶液的体积，mL；
　　　V_0——换算至标准状态下干样气的体积，L。

标准状态下干样气体积的换算公式如下：

$$V_0 = \frac{p + p_g - p^0}{101325} \times \frac{273}{273 + t} \times Vf \tag{6-13}$$

式中　V——取样体积，L；

f——湿式流量计的校正系数;
p——取样时的大气压,Pa;
p_g——取样时的煤气压力,Pa;
p^0——温度为 t 时的饱和蒸气压,Pa;
t——样气平均温度,℃。

第六节 煤气中萘含量的测定方法

一、常规分析法

1. 方法原理

煤气中的萘系物(萘、甲基萘等)在通过苦味酸溶液时生成苦味酸萘沉淀。其反应如下:

$$C_{10}H_8 + C_6H_2(NO_2)_3OH \longrightarrow C_{10}H_8 \cdot C_6H_2(NO_2)_3OH \downarrow$$

将过滤后的沉淀溶于丙酮,用标准碱液滴定。煤气中含有的茚等某些不饱和烃也能部分与煤气中的萘系物在通过苦味酸溶液时生成络合物沉淀,以威基氏溶液加以校正。在测定中控制一定温度,并在测定结果中进行相应校正,以求得粗萘的准确含量。

2. 操作步骤

(1) 取样 要求取样管必须插入煤气总管 1/3 内径处,取样管外需装有同心外套蒸气加热管,间接通入蒸气,且取样管可直接与注入水蒸气的支管接通。

由于煤气中萘含量随温度变化而变化,城市煤气萘含量测定的取样周期以 24h 为宜。

为取平行样品,取样管与吸收系统之间应接有二通或四通的连接管,连接管上开有温度计的插口以测定进入吸收系统的气样温度,温度必须控制在比总管的气温高 5~10℃。

(2) 吸收 按图 6-5 连接,煤气样流经各吸收瓶后,通过煤气流量表,记下通过的气流量(L)。

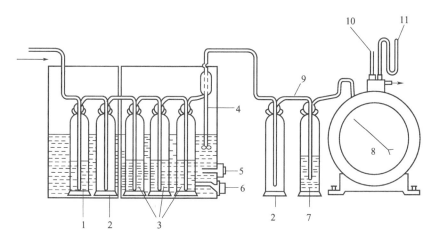

图 6-5 测定煤气萘含量示意图
1—5%硫酸吸收液;2—空瓶;3—苦味酸吸收液;4—搅拌器;
5—自动调温器;6—加热、制冷器;7—5%乙酸铅吸收液;
8—流量表;9—聚乙烯管;10—温度计;11—U形压力计

各吸收瓶的顺序如下：

第一只瓶，稀硫酸吸收液，100mL，5%（体积分数），以除去煤气中存在的氨等碱性组分。

第二只瓶，空瓶，以防止气流中可能夹带的硫酸雾沫进入苦味酸吸收液中。

第三、四、五只瓶，分别装苦味酸吸收液 100mL。

第六只瓶，空瓶。

第七只瓶，乙酸铅吸收液，100mL，50g/L，以除去煤气中的硫化氢，保护煤气流量表。

吸收系统应放在保温的塑料箱中。其中一、二号瓶放在高于20℃的水浴中，以防止温度过低，萘会析出。三、四、五号苦味酸洗瓶放在可调节温度箱中，要求温度控制在13～18℃。按煤气中可能存在的萘含量从表6-4中选择适宜的流速。

表 6-4　煤气中萘含量不同时的取样时间和流速

煤气萘含量 /(mg/m³) \ 取样时间/h 流速/(L/h)	24	8	4	2
10	400	—	—	—
20	200	—	—	—
30	140	—	—	—
40	100	—	—	—
60	70	200	400	—
80	50	150	300	—
150	—	80	160	520
200	—	60	120	240
300	—	—	80	160
400	—	—	60	120
500	—	—	—	100
600	—	—	—	80

在仪器装置、试剂和吸收条件都符合规定要求的情况下，记下流量表读数、煤气流速、温度、大气压和大气压差，通气到规定时间后，停止通气，取出洗气瓶，记下流过的煤气量。

(3) 测定　将吸收瓶从取样点送到分析室的过程中，时间应尽可能短，且要即刻抽滤。如需放置较长时间，且气温与吸收温度相差较大时，应将吸收系统保持在吸收温度之下。

① 将盛有苦味酸吸收液的3只洗气瓶中的沉淀用第三或第四砂芯漏斗吸滤。用滤液洗涤吸收瓶中黏附的沉淀物，并将其全部转移到漏斗中。

② 用 10mL 0.02mol/L 苦味酸溶液洗涤漏斗中的沉淀，抽干。

③ 将有沉淀的砂芯漏斗倒置于干燥的碘量瓶上，用5mL 移液管移取 10mL 丙酮以洗涤沉淀（根据需要可增至 15mL 或 20mL）。为了便于洗净沉淀，应将砂芯漏斗倾斜，不断转动，使沉淀全部洗入碘量瓶中，且可用吸球将漏斗尾部中的丙酮吹出。

④ 在碘量瓶中加入 B.T.B. 指示剂 2～3 滴，用 0.1mol/L NaOH 标准溶液滴定，至果绿色即为终点，记录滴定体积 V_1。

⑤ 在上述溶液中加入冰醋酸 50mL，用移液管加入 10mL 威基氏溶液，避光静置 20min，加入 10% KI 溶液，静置 5min。

⑥ 用 0.05mol/L $Na_2S_2O_3$ 标准溶液滴定游离出来的碘，当滴定到微黄色时，再加淀粉指示剂 1mL，继续用 0.05mol/L $Na_2S_2O_3$ 滴至原有苦味酸的颜色即为终点。在达到终点前加入蒸馏水 200mL，冲淡，以使滴定终点更为明显，记录滴定体积 V_2。

(4) 苦味酸吸收液的空白试验　用 10mL 0.02mol/L 苦味酸通过砂芯漏斗，抽干。空白的丙酮加入量应与测定中的丙酮加入量相同。在碘量瓶中加入 B.T.B. 指示剂 2~3 滴，用 0.1mol/L NaOH 标准溶液滴定，至果绿色即为终点，并再加 0.05mL 以补偿沉淀中所夹带的苦味酸液。记录 NaOH 的滴定体积 V_3。

在上述溶液中加入蒸馏水，其量应是测定时与空白试验时 0.1mol/L NaOH 标准溶液滴定量之差。后面步骤同前，最后记录 $Na_2S_2O_3$ 的滴定体积 V_4。

3. 结果计算

煤气中的萘含量（mg/m^3）按下式计算：

$$萘含量 = \frac{128 \times [(V_1 - V_3)c_1 - 0.5(V_4 - V_2)c_2] \times 1000}{V} + 1000f \qquad (6-14)$$

式中 V——通过的煤气体积，校正到标准状况，干基，L；

V_1——测定中用去 0.1mol/L NaOH 标准溶液的体积，mL；

V_2——测定中用去 0.1mol/L $Na_2S_2O_3$ 标准溶液的体积，mL；

V_3——空白校正中用去 0.1mol/L NaOH 标准溶液的体积，mL；

V_4——空白校正中用去 0.1mol/L $Na_2S_2O_3$ 标准溶液的体积，mL；

c_1——NaOH 标准溶液的浓度，mol/L；

c_2——$Na_2S_2O_3$ 标准溶液的浓度，mol/L；

f——分解损失校正系数，由图 6-6 中查得，g/m^3。

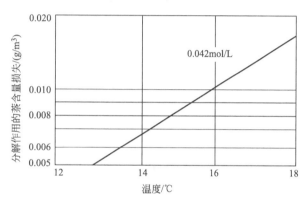

图 6-6 萘含量损失校正图

二、气相色谱法

1. 方法原理、适用范围和引用标准

（1）方法原理 用二甲苯或甲苯吸收煤气中的萘及其他杂质（茚、硫茚、甲基萘等），吸收液加入一定量的内标物正十六烷，用气相色谱法分离，测定萘的含量。

（2）适用范围 本标准规定了城市燃气中萘含量的气相色谱分析测定方法，适用于萘含量在 $5mg/m^3$ 以上的城市燃气。

（3）引用标准 GB/T 682《化学试剂 三氯甲烷》；GB/T 684《化学试剂 甲苯》。

2. 操作步骤

（1）调整仪器 按下列条件调整仪器，允许根据实际情况作适当变动。各组分的相对保留值见表 6-5。

表 6-5 各组分的相对保留值

组 分 名 称	相对保留值	组 分 名 称	相对保留值
茚	0.41	硫茚	1.25
正十六烷	0.84	β-甲基萘	1.45
萘	1.00（约 6min）	α-甲基萘	1.88

气相色谱条件如下：汽化室温度，250℃；柱箱和色谱柱温度，恒温 130℃；载气，氮气；柱前压，约 73.5kPa（$0.75kgf/cm^2$）；流速，35mL/min（柱后测量）；检测器，火焰离

子化检测器；检测器温度，140℃；辅助气体流速，氢气，40mL/min，空气，400mL/min；灵敏度和衰减的调节，在萘的绝对进样量为 2.5×10^{-8} g 时，产生的峰高不低于 10mm；记录仪纸速，1cm/min。

(2) 校准

① 标准样品的制备

• 正十六烷标准溶液：称取 7.5g 正十六烷（称准至 0.0002g），置于 50mL 容量瓶中，用二甲苯稀释至刻度，混匀，密封贮存备用，溶液浓度应定期检查。

• 萘标准溶液：称取 7.5g 萘（称准至 0.0002g），置于 50mL 容量瓶中，用二甲苯溶解并稀释至刻度，混匀，密封贮存备用。

• 校准用标准样品系列的制备：在 6 个 50mL 的小口试剂瓶中，用 50mL 量筒各加 30mL 二甲苯。用 100μL 微量注射器各加 100μL 正十六烷标准溶液，再分别加入 20μL、60μL、100μL、150μL、200μL、300μL 萘标准溶液，混匀，加盖保存备用。

② 校准曲线的确定：调整好色谱仪，用 10μL 微量注射器分别抽取标样 0.4μL，注入色谱仪。测量正十六烷和萘的保留时间（s）和峰高（mm），以保留时间与峰高的乘积作峰面积，或用积分仪直接测量正十六烷和萘的峰面积。按式(6-15)、式(6-16)分别计算各标准样品中萘和正十六烷的质量比 Y_i 和峰面积比 X_i。

$$Y_i=\frac{m_1}{m_2}\times\frac{V_{1i}}{V_{2i}} \tag{6-15}$$

$$X_i=\frac{A_{1i}}{A_{2i}} \tag{6-16}$$

式中 Y_i——第 i 个标准试样中萘与正十六烷的质量比；

m_1——配制萘标准溶液时萘的称取量，g；

m_2——配制正十六烷标准溶液时正十六烷的称取量，g；

V_{1i}——配制第 i 个标准试样时所用萘标准溶液的体积，μL；

V_{2i}——配制第 i 个标准试样时所用正十六烷标准溶液的体积，μL；

X_i——第 i 个标准试样的萘与正十六烷的峰面积比；

A_{1i}——第 i 个标准试样相应的萘的峰面积，以保留时间（s）与峰高（mm）之乘积表示或用积分仪测得的积分数表示；

A_{2i}——第 i 个标准试样相应的正十六烷的峰面积，以保留时间（s）与峰高（mm）之乘积表示或用积分仪测得的积分数表示。

将 X 对 Y 作校准曲线，或用数学回归法建立如式(6-17)的线性回归方程：

$$Y=a+bX \tag{6-17}$$

注：每个标准试样进样三次，计算三次峰面积比后取算术平均值作图或进行数学回归。

(3) 试验

① 取样

• 准备工作：取样位置应避开煤气管道弯头或分叉处。取样管为外径 7mm 的不锈钢管，插入煤气主管内径的 1/3 处。取样管直接与吸收瓶连接，其外露于煤气管外至吸收瓶的部分应尽量短，并用热水夹套保温，使取样管中煤气的温度比煤气主管中煤气的温度高 5～10℃。

两只各加 30mL 甲苯或二甲苯的吸收瓶置于加冰的冷水浴中，保证在取样时吸收液温度不高于 10℃，在加热保温取样管后，置换放散煤气 10min。

• 吸收：按图 6-7 连接取样管、吸收瓶和湿式流量计。取样管、吸收瓶之间的连接，使用橡胶管或塑料管，管口应尽量互相对接，避免气样与连接管接触。记下流量计读数,通入煤气,调节流速在 0.5~1.0L/min 之内。根据煤气中的萘含量,通入适量煤气,使被吸收的萘的总量在 2~40mg 之间。停止通气,记录吸收的煤气体积、煤气压力、温度及大气压,取下吸收瓶。取样过程中,应注意避免吸收瓶入口处形成萘的结晶。

② 吸收液的分析。在两个吸收瓶中,用 100μL 微量注射器各加入 100μL 正十六烷标准溶液,充分混匀,用洗耳球对吸收瓶的吸收管吹气,使吸收液置换数次,以保证混合均匀。调整仪器的操作条件与进行标准试样分析时的条件相同。用 10μL 注射器抽取 0.4μL 吸收液注入色谱仪进行分析。测量正十六烷和萘的保留时间 (s) 和峰高 (mm),或用积分仪直接测量正十六烷和萘的峰面积。每个吸收液各作两次分析。第二个吸收瓶中所含萘应一并计算。

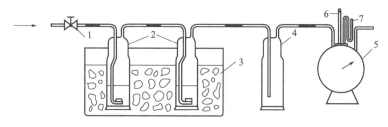

图 6-7 萘取样装置示意图
1—调节阀;2—吸收瓶;3—冰水浴;4—空瓶;5—湿式流量计;
6—温度计;7—压力计

3. 结果计算

按下式分别计算两吸收液中萘与正十六烷的峰面积比:

$$X=\frac{A_1}{A_2} \tag{6-18}$$

式中 X——吸收液中萘与正十六烷的峰面积比;
A_1,A_2——分别为萘和正十六烷的峰面积或积分仪的积分值。

根据 X 从校准曲线上查出或用式(6-17)计算出 Y 值,即为吸收液中萘与正十六烷的质量比。

按式(6-19)分别计算两种吸收液中的萘含量:

$$m=Ym_s \tag{6-19}$$

式中 m——吸收液中萘的质量,mg;
m_s——加入吸收液中正十六烷的质量,mg;
Y——吸收液中萘与正十六烷的质量比。

城市燃气中的萘含量按式(6-20)计算:

$$c=\frac{m}{V_0}\times 1000 \tag{6-20}$$

式中 c——城市燃气中的萘含量,mg/m³;
m——吸收液中萘的质量,mg;
V_0——标准状态下干煤气的取样体积,L。

V_0 按式(6-21)计算:

$$V_0=V_1\times\frac{273.15}{t_g+273.15}\times\frac{1}{p_0}(p+p_g-p_w)f \tag{6-21}$$

式中 V_1——测定时流量计读取的气样体积,L;
t_g——测定时气样的温度,℃;

p_0——标准大气压,等于 101.325kPa (760mmHg);

p——测定时的大气压,Pa;

p_g——煤气压力,Pa;

p_w——测定温度下的饱和水蒸气压,Pa;

f——流量计校正系数。

思 考 题

1. 简述煤气的主要组分和测定的基本原理。
2. 简述煤气热值的基本概念和测定的基本原理。
3. 简述煤气中氨含量的测定原理和测定步骤。
4. 简述煤气中焦油和灰含量的测定原理和测定步骤。
5. 简述煤气中硫化氢含量的测定原理和测定步骤。
6. 简述煤气中萘含量的测定原理。

第七章 焦化废水的检测

焦化废水是在原煤的高温干馏、煤气净化和化工产品精制过程中产生的。废水成分复杂，其水质随原煤组成和炼焦工艺而变化。核磁共振-色谱图中显示：焦化废水中含有数十种无机和有机化合物，其中无机化合物主要是大量铵盐、硫氰化物、硫化物、氰化物等，有机化合物除酚类外，还有单环及多环的芳香族化合物以及含氮、硫、氧的杂环化合物等。总之，焦化废水污染严重，是工业废水排放中一个突出的环境问题，需要严格对其进行检测。

第一节 水样的采取

水样的采集和保存是否得当，关系到水质分析资料是否可靠。

一、水样的代表性

为了说明水质，要在规定的时间、地点或特定的时间间隔内测定水的一些参数。如无机物、溶解的矿物质或化学药品、溶解气体、溶解有机物、悬浮物以及底部沉积物的浓度。某些参数，例如溶解气体的浓度，应尽可能在现场测定，以便取得准确的结果。由于化学和生物样品的采集、处理步骤和设备均不相同，因此样品应分别采集。

（1）瞬间水样　从水体中不连续地随机（就时间和地点而言）采集的样品称为瞬间水样。

在一般情况下，所采集样品只代表采样当时和采样点的水质，而自动采样是相当于以预定选择时间或流量间隔为基础的一系列这种瞬间样品。

（2）在固定时间间隔下采集的周期样品（取决于时间）　通过定时装置在规定的时间间隔下自动开始和停止采集样品。通常在固定的期间内抽取样品，将一定体积的样品注入各容器中。

手工采集样品时，按上述要求采集周期样品。

（3）在固定排放量间隔下采集的周期样品（取决于体积）　当水质参数发生变化时，采样方式不受排放流速的影响，此种样品归于流量比例样品。例如，液体流量的单位体积（如10000L），所取样品量是固定的，与时间无关。

（4）在固定流速下采集的连续样品（取决于时间或时间平均值）　通过在固定流速下采集的连续样品，可测得采样期间存在的全部组分，但不能提供采样期间各参数浓度的变化。

（5）在可变流速下采集的连续样品（取决于流量或与流量成比例）　采集流量比例样品代表水的整体质量，即便流量和组分都在变化，流量比例样品也同样可以揭示利用瞬间样品所观察不到的这些变化。因此，对于流速和待测污染物浓度都有明显变化的流动水，采集流量比例样品是一种精确的采样方法。

（6）混合水样　在同一采样点上以流量、时间或体积为基础，按照已知比例（间歇地或连续地）混合在一起的水样，称为混合水样。

混合水样可自动或手工采集。

（7）综合水样　为了某种目的，把从不同采样点同时采得的瞬间水样混合为一个样品（时间应尽可能接近，以便得到所需要的数据），这种混合样品称作综合水样。

二、水样的采样设备

1. 供测定物理或化学性质的采样设备

（1）瞬间非自动采样设备　瞬间样品一般采集表层样品时，用吊桶或广口瓶沉入水中，待注满水后，再提出水面。包括综合深度采样设备和选定深度定点采样设备。

（2）自动采样设备

包括非比例自动采样器和比例自动采样器。

2. 采集微生物的设备

灭菌玻璃瓶或塑料瓶适用于采集大多数微生物样品。所有使用的仪器包括泵及其配套设备，必须完全不受污染，并且设备本身也不可引入新的微生物。采样设备与容器不能用水样冲洗。

3. 采集放射性特性样品的设备

一般物理、化学分析用的硬质玻璃和聚乙烯塑料瓶适用于放射性核素分析，但要针对所检验核素存在的形态选取合适的取样容器（例如测量总 α、总 β 放射性可用聚乙烯瓶，而测定氚只能使用玻璃容器）。取样之前，应将样品瓶洗净晾干。

三、水样的采样容器和辅助设备

下列内容有助于一般采样过程中采样容器的选择。

1. 容器的材料

在评价水质时，关于采样容器最常遇到的影响因素是容器清洗不当、容器自身材料对样品的污染和容器壁上的吸附作用。此外，还包括一些其他因素，比如温度变化、抗破裂性、密封性能、重复打开的情形、体积、形状、质量供应状况、价格、清洗和重复使用的可行性等。

大多数含无机物的样品，多采用由聚乙烯、氟塑料和聚碳酸酯制成的容器。对光敏物质，可使用棕色玻璃瓶。不锈钢容器可用于高温或高压的样品，或用于含微量有机物的样品。

一般来说，玻璃瓶适用于有机物和生物样品，塑料容器适用于检测放射性核素和含属于玻璃主要成分的元素水样。在采样设备中，经常用氯丁橡胶垫圈和油质润滑的阀门，而这些材料均不适合于采集有机物和微生物样品。

因此，除了需满足上述要求的物理特性外，在选择采集和存放样品的容器时（尤其是在用于分析微量组分时）应该遵循下述准则。

① 制造容器的材料应对水样的污染降至最小。例如玻璃（尤其是软玻璃）会溶出无机组分，塑料和合成橡胶（如增塑的乙烯瓶盖衬垫、氯丁橡胶盖）会溶出有机化合物及金属，使用时应注意。

② 制造容器的材料应具有容器壁可清洗和处理的性能，以便减少微量组分（例如重金属或放射性核素对容器表面的污染）。

③ 制造容器的材料在化学和生物方面应具有惰性，使样品组分与容器之间的反应减到最低程度。

④ 制造容器的材料应具有尽可能小的吸附作用。因为待测物吸附在样品容器上也会引起测量误差，尤其是在测痕量金属时，其他待测物（如洗涤剂、农药、磷酸盐）的吸附都可引起误差。

2. 自动采样线

自动采样线是指以自动采样方式从采样点将样品抽吸到贮样容器中所经过的管线。样品在采样线内停留的时间，应视样品在容器内存放的时间而定。

3. 样品容器的种类

（1）测定天然水的采样容器　测定天然水的理化参数时，可使用聚乙烯容器和硼硅玻璃容器进行常规采样，最好使用化学惰性材料所制的容器，但这种容器对于常规使用太昂贵。常用的采样容器包括多种类型的细口、广口和带有螺旋帽的瓶子，也可配软木塞（外裹化学惰性金属箔片）、胶塞（对有机物和微生物的研究不理想）和磨口玻璃塞（碱性溶液易粘住塞子），这些瓶子易得、价廉。如果样品装在箱子中送往实验室分析，则箱盖必须设计成可以防止瓶塞松动、防止样品溢漏或污染。

（2）特殊样品的容器　除了上面提到的需要考虑的事项外，一些光敏物质，包括藻类，为防止光的照射，多采用不透明材料或有色玻璃容器，而且在整个存放期间，容器应放置在避光的地方。在采集和分析的样品中含溶解的气体时，曝气会改变样品的组分，使用有锥形磨口玻璃塞的细口生化需氧量（BOD）瓶，能使空气的吸收减小到最低程度。另外，此类容器在运送过程中还要求特别的密封措施。

（3）含微量有机污染物样品的容器　一般情况下，这类样品使用的样品瓶为玻璃瓶。因为所有塑料容器干扰高灵敏度的分析，所以对这类分析应采用玻璃瓶或聚四氟乙烯瓶。

（4）检验微生物样品的容器　对用于检验微生物样品的容器的基本要求是能够经受高温灭菌；如果是冷冻灭菌，瓶子和衬垫的材料也应该符合本条件。在灭菌和样品存放期间，容器材料不应该产生和释放出抑制微生物生存能力或促进繁殖的化学品。样品在运回实验室到打开前，应保持密封，并包装好，以防污染。

4. 样品的运送

从空样品容器运送到采样地点，到装好样品后运回实验室进行分析，整个运送过程都要非常小心。包装箱可用多种材料（如泡沫塑料、波纹纸板等），以使运送过程中样品的损耗减少到最低限度。包装箱的盖子一般都衬有隔离材料，用以对瓶塞施加轻微的压力。气温较高时，为防止生物样品发生变化，应对样品冷藏防腐或用冰块保存。

5. 质量控制

为防止样品被污染，每个实验室都应该实施一种行之有效的容器质量控制程序。随机选择清洗干净的瓶子，注入高纯水进行分析，都能保证样品瓶不残留杂质。至于采样和存放程序中的质量保证，也应该用采样后加入分析样品和试剂的相同步骤进行分析。

四、标志和记录

样品注入样品瓶后，要做详细资料，此详细资料应从采样点直到分析结束、制表的过程中一直伴随着样品。事实上，现场记录在水质调查方案中也非常有用，但是它们很容易被误放或丢失，因此不能依赖它们来代替详细的资料。

所需要的最低限度的资料取决于数据的最终用途。

对于焦化废水，至少应该提供下列资料：测定项目，水体名称，地点的位置，采样点，采样方法，水位或水流量，气象条件，气温、水温，预处理的方法，样品的表观（悬浮物质、沉降物质、颜色等），有无臭气，采样日期（包括年、月、日），采样时间，采样人姓名。

补充资料包括是否保存或加入稳定剂等，也应加以记录。

五、采样容器的选择、清洗原则及水样的保存

各种水质的水样，从采集到分析的过程中，由于物理的、化学的、生物的作用，会发生

不同程度的变化,这些变化使得进行分析时的样品已不再是采样时的样品。为了使这种变化降低到最小的程度,必须在采样时对样品加以保护。但到目前为止,所有的保护措施还不能完全抑制这些变化,还没有找到适用于一切场合和情况的绝对准则。在各种情况下,贮存方法应与使用的分析技术相匹配,这里主要讲述最通用的适用技术。

对盛装水样的容器进行材质选择及清洗是样品保存的首要问题。

1. 对容器的要求

选择容器的材质时必须注意以下几点:

① 容器不能引起新的沾污。例如,一般的玻璃容器在贮存水样时可溶出钠、钙、镁、硅、硼等元素,因此在测定这些项目时应避免使用玻璃容器,以防止新的污染。

② 容器器壁不应吸收或吸附某些待测组分。一般的玻璃容器易吸附金属,聚乙烯等塑料容器易吸附有机物质、磷酸盐和油类,在选择容器材质时应予以考虑。

③ 容器不应与某些待测组分发生反应。如测氟时,水样不能贮于玻璃瓶中,因为玻璃与氟化物发生反应。

④ 深色玻璃能降低光敏作用。

2. 容器的清洗原则

根据水样测定项目的要求来确定清洗容器的方法。

(1) 用于进行一般化学分析的样品　分析地面水或废水中的微量化学组分时,通常要使用彻底清洗过的新容器,以减少再次污染的可能性。清洗的一般程序是:用水和洗涤剂洗,再用铬酸-硫酸洗液洗,然后用自来水、蒸馏水冲洗干净即可。所用的洗涤剂类型和选用的容器材质要随待测组分来确定,如测磷酸盐不能使用含磷洗涤剂;测硫酸盐或铬则不能用铬酸-硫酸洗液;测重金属的玻璃容器及聚乙烯容器通常用盐酸或硝酸($c=1mol/L$)洗净并浸泡1~2d,然后用蒸馏水或去离子水冲洗。

(2) 用于微生物分析的样品　容器及塞子、盖子应经灭菌并且在灭菌温度下不释放或产生出任何能抑制生物活性、灭活或促进生物生长的化学物质。

玻璃容器按一般清洗原则洗涤,用硝酸浸泡,再用蒸馏水冲洗,以除去重金属或铬酸盐残留物。在灭菌前可在容器里加入硫代硫酸钠($Na_2S_2O_3$)以除去余氯对细菌的抑制作用(以每125mL容器加入0.1mL 10%的$Na_2S_2O_3$计量)。

3. 水样的过滤和离心分离

在采样时或采样后不久,用滤纸、滤膜或砂芯漏斗、玻璃纤维等来过滤样品或将样品离心分离,都可以除去其中的悬浮物、沉淀、藻类及其他微生物。

在分析时,过滤的目的主要是区分过滤态和不可过滤态,在滤器的选择上要注意可能的吸附损失。如测定有机项目时一般选用砂芯漏斗和玻璃纤维过滤,而在测定无机项目时则常用$0.45\mu m$的滤膜过滤。

4. 水样的保存措施

(1) 将水样充满容器至溢流并密封　为避免样品在运输途中的振荡,以及空气中的氧气、二氧化碳对容器内样品组分和待测项目的干扰(如对酸碱度、BOD、DO等产生影响),应使水样充满容器至溢流并密封保存。但对准备冷冻保存的样品不能充满容器,否则水结冰之后,会因体积膨胀而致使容器破裂。

(2) 冷藏　水样冷藏时的温度应低于采样时水样的温度。水样采集后应立即放在冰箱或冰水浴中,置于暗处保存,一般于2~5℃冷藏。冷藏并不适用长期保存,对废水的保存时间则更短。

(3) 冷冻(-20℃)　冷冻一般能延长贮存期,但需要掌握熔融和冻结的技术,以使样品在融解时能迅速地、均匀地恢复原始状态。水样结冰时,体积膨胀,因此一般选用塑料容器。

(4) 加入保护剂（固定剂或保存剂） 投加一些化学试剂可固定水样中的某些待测组分。保护剂应事先加入空瓶中，有些也可在采样后立即加入水样中。

经常使用的保护剂有各种酸、碱及生物抑制剂，加入量因需要而异。所加入的保护剂不能干扰待测成分的测定，如有疑义应先做必要的实验。

对于测定某些项目所加的固定剂必须要做空白试验，如测微量元素时就必须确定固定剂可引入的待测元素的量（如酸类会引入不可忽视量的砷、铅、汞）。

六、水样的管理

水样是从各种水体及各类型水中取得的实物证据和资料，对水样进行妥善而严格的管理是获得可靠监测数据的必要手段。水样的管理方法和程序如下所述。

(1) 水样的标签设计 水样采集后，往往根据不同的分析要求，分装成数份，并分别加入保存剂。对每一份样品都应附一张完整的水样标签。水样标签可以根据实际情况进行设计，一般包括：采样目的，课题代号，监测点数目、位置，监测日期、时间，采样人员等。标签应用不褪色的墨水填写，并牢固地贴于盛装水样的容器外壁上。

对需要现场测试的项目，如 pH 值、电导、温度、流量等进行记录，并妥善保管现场记录。

(2) 水样运送过程的管理 对装有水样的容器必须加以妥善的保护和密封，并装在包装箱内固定，以防在运输途中破损，包括材料和运输水样的条件都应严格要求。除了防震、避免日光照射和低温运输外，还要防止新的污染物进入容器和沾污瓶口使水样变质。

在水样转运过程中，每个水样都要附有一张管理程序登记卡。在转交水样时，转交人和接收人都必须清点和检查水样，并在登记卡上签字，注明日期和时间。

管理程序登记卡是水样在运输过程中的文件，必须妥为保管，防止差错，以便备查。尤其是通过第三者把水样从采样地点转移到实验室时，这张管理程序登记卡就显得更为重要了。

(3) 实验室对水样的接收 水样送至实验室时，首先要核对水样，验明标签，确认无误时签字验收。如果不能立即进行分析，则应尽快采取保存措施，并防止水样被污染。

第二节　pH 的测定

一、pH 的定义

溶液的酸碱性可用 [H^+] 或 [OH^-] 来表示，习惯上常用 [H^+] 来表示。因此溶液的酸度就是指溶液中 [H^+] 的大小。对于很稀的溶液，用 [H^+] 来表示溶液的酸碱性往往既有小数又有负指数，使用不方便，因此常用 pH 值来表示溶液的酸碱性。

pH 值是指氢离子浓度的负对数，即

$$pH = -\lg[H^+]$$

例如：[H^+]=10^{-7} mol/L，pH=7；[H^+]=10^{-9} mol/L，pH=9；[H^+]=10^{-3} mol/L，pH=3。

pH 值的使用范围一般在 0~14 之间。pH 值越小，溶液的酸性越强，碱性越弱；pH 值越大，溶液的酸性越弱，碱性越强。溶液的酸碱性和 pH 值之间的关系为：中性溶液，pH=7；酸性溶液，pH<7；碱性溶液，pH>7。溶液 pH 值相差一个单位，[H^+] 相差 10

倍。更强的酸性溶液，pH 值可以小于 0（$[H^+]>1mol/L$）；更强的碱溶液，pH 值可以大于 14（$[OH^-]>1mol/L$）。这种情况下，通常不再用 pH 值来表示其酸碱性，而直接用 $[H^+]$ 或 $[OH^-]$ 来表示。

溶液 pH 值的粗略测定，可使用广泛 pH 试纸或精密 pH 试纸来获得，准确测定溶液的 pH 值可使用 pH 计来完成。

二、方法原理

pH 值由测量电池的电动势而得，通常以玻璃电极为指示电极、饱和甘汞电极为参比电极组成电池。在 25℃时，溶液中每变化 1 个 pH 单位，电位差改变 59.16mV，在仪器上直接以 pH 的读数表示。

玻璃电极基本上不受颜色、胶体物质、浊度、氧化剂、还原剂以及高含盐量的影响。但在 pH<1 的强酸性溶液中，会有所谓的"酸误差"，可按酸度测定；在 pH>10 的碱溶液中会产生钠误差，使读数偏低，可用"低钠误差"电极消除钠误差，还可以选用与被测溶液 pH 值相近似的标准缓冲溶液对仪器进行校正。温度影响电极的电位和水的电离平衡，仪器上有补偿装置对此加以校正。测定时，应注意调节仪器的补偿装置与溶液的温度一致，并使被测样品与校正仪器用的标准缓冲溶液温度误差在±1℃以内。不可在含油或含脂的溶液中使用玻璃电极，测量之前可用过滤方法除去油或脂。

三、试剂与仪器

1. 标准溶液的配制

pH 标准缓冲溶液（简称标准溶液）均需用新煮沸并放冷的纯水（不含 CO_2，电导率应小于 $2\mu S/cm$，pH 值在 6.7~7.3 之间为宜）配制。配成的溶液应贮存在聚乙烯瓶或硬质玻璃瓶内。此类溶液可以稳定 1~2 个月。测量 pH 时，按水样呈酸性、中性和碱性三种可能，常配制以下三种标准溶液：

（1）pH 标准缓冲溶液甲　称取预先在 110~130℃干燥 2~3h 的邻苯二甲酸氢钾（$KHC_8H_4O_4$）10.12g，溶于水并在容量瓶中稀释至 1L。此溶液的 pH 值在 25℃时为 4.008。

（2）pH 标准缓冲溶液乙　分别称取预先在 110~130℃干燥 2~3h 的磷酸二氢钾（KH_2PO_4）3.388g 和磷酸氢二钠（Na_2HPO_4）3.533g，溶于水并在容量瓶中稀释至 1L。此溶液的 pH 值在 25℃时为 6.865。

（3）pH 标准缓冲溶液丙　为了使晶体具有一定的组成，应称取与饱和溴化钠（或氯化钠加蔗糖）溶液（室温）共同放置在干燥器中平衡两昼夜的硼砂（$Na_2B_4O_7 \cdot 10H_2O$）3.80g，溶于水并在容量瓶中稀释至 1L。此溶液的 pH 值在 25℃时为 9.180。

当被测样品的 pH 值过高或过低时，应配制与其 pH 值相近似的标准溶液校正仪器。

2. 标准溶液的保存

① 配好的标准溶液应在聚乙烯瓶或硬质玻璃瓶中密闭保存。

② 标准溶液的 pH 值随温度变化而稍有差异。在室温条件下，标准溶液一般以保存 1~2 个月为宜，当发现有浑浊、发霉或沉淀现象时，则不能继续使用。

③ 标准溶液可在 4℃冰箱内存放，且用过的标准溶液不允许再倒回去，这样可延长使用期限。

3. 仪器

① 酸度计或离子浓度计。常规检验使用的仪器，至少应当精确到 0.1pH 单位，pH 范围从 0~14。如有特殊需要，应使用精度更高的仪器。

② 玻璃电极与甘汞电极。

4. 样品的保存

最好现场测定。否则，应在采样后把样品保持在 0~4℃，并在采样后 6h 之内进行测定。

四、试验步骤

（1）仪器校准　操作程序按仪器使用说明书进行。

（2）样品测定　测定样品时，先用蒸馏水认真冲洗电极，再用水样冲洗，然后将电极浸入样品中，小心摇动或进行搅拌使其均匀，静置，待读数稳定时记下 pH 值。

五、试验报告

试验报告应包括下列内容：取样日期、时间和地点，样品的保存方法，测定样品的日期和时间，测定时样品的温度，测定的结果（pH 值应取最接近于 0.1pH 单位，如有特殊要求时，可根据需要及仪器的精确结果的有效数字位数而定），其他需说明的情况。

第三节　浊度的测定

天然水体中由于含有泥沙、纤维、有机物、无机物、浮游生物和其他微生物等悬浮物和胶体物而会产生浑浊现象。水的浑浊程度可用浊度的大小来表示。浊度是水中悬浮物对光线透过时所发生的阻碍程度。浑浊现象是水的一种光学性质，是由于水中不溶解物质的存在，使光线通过水样时被部分吸收或散射。

一般来说，水中的不溶解物质越多，浊度也越高，但二者之间并没有固定的定量关系。水的浊度大小不仅和水中存在的颗粒物质的含量有关，而且和其粒径大小、形状、颗粒表面对光散射的特性有密切关系。例如一杯清水中扔一颗小石头并不会产生浑浊，但如果把它粉碎，就会使水浑浊。

浊度是天然水和饮用水的重要质量指标之一。对焦化废水中浊度的测定采用分光光度法，该法适用于饮用水、天然水及高浊度水，最低检测浊度为 3 度。

一、方法原理

在适当温度下，硫酸肼与六亚甲基四胺聚合，形成白色高分子聚合物，以此作为浊度标准液，在一定条件下与水样浊度相比较。

二、分析步骤

1. 标准曲线的绘制

吸取浊度标准液 0、0.50mL、1.25mL、2.50mL、5.00mL、10.00mL 及 12.50mL，置于 50mL 的比色管中，加水至标线。摇匀后，即得浊度为 0.4 度、10 度、20 度、40 度、80 度及 100 度的标准系列。于 680nm 波长处，用 30mm 比色皿测定吸光度，绘制标准曲线。

注：在 680nm 波长下测定，天然水存在的淡黄色、淡绿色无干扰。

2. 测定

吸取 50.0mL 摇匀水样（无气泡，如浊度超过 100 度可酌情少取，用无浊度水稀释至 50.0mL）于 50mL 比色管中，按绘制标准曲线的步骤测定吸光度，由标准曲线上查得水样浊度。

三、结果计算

$$浊度 = \frac{A(B+C)}{C}$$

式中 A——稀释后水样的浊度,度;
B——用于稀释的水的体积,mL;
C——原水样的体积,mL。

不同浊度范围测试结果的精度要求见表 7-1。

表 7-1 不同浊度范围测试结果的精度要求

浊度范围/度	精度/度	浊度范围/度	精度/度
1~10	1	400~1000	50
10~100	5	>1000	100
100~400	10		

第四节 氨氮的测定

氨氮常以游离的氨（NH_3）或铵离子（NH_4^+）等形式存在于水体中。它来源于进入水体的含氮化合物或复杂的有机氮化合物经微生物分解后的最终产物，在有氧存在的条件下，可进一步转变为亚硝酸盐和硝酸盐。天然水体中氨氮的存在，表示有机物正处在分解的过程中。

氨氮是水体中的营养素，可导致水富营养化，是水体中的主要耗氧污染物。如果含量过多，可作为判断水体在近期遇到污染的标志。对天然水体中各类含氮化合物进行监测，了解其变化规律，有利于掌握水体被污染的程度和自净的能力。

焦化废水中氨氮的测定采用气相分子吸收光谱法，此方法的最低检出限为 0.020mg/L，测定下限为 0.080mg/L，测定上限为 100mg/L。

一、气相分子吸收光谱法的概念

吸收光谱法是根据物质对不同波长的光具有选择性吸收而建立起来的一种分析方法。该法既可以对物质进行定性分析，也可以定量测定物质的含量。

气相分子吸收光谱法是在规定的分析条件下，将待测成分转变成气体分子载入测量系统，测定其对特征光谱吸收的方法。

二、方法原理

水样在 2%~3%酸性介质中，加入无水乙醇，煮沸，除去亚硝酸盐等的干扰，用次溴酸盐氧化剂将氨及铵盐（0~50μg）氧化成等量亚硝酸盐，以亚硝酸盐氮的形式采用气相分子吸收光谱法测定氨氮的含量。

三、仪器与装置

(1) 气相分子吸收光谱仪
(2) 气液分离装置（见图 7-1） 清洗瓶 1 及样品反应瓶 2 为容积 50mL 的标准磨口玻璃瓶；干燥管 3 装入试剂无水高氯酸镁。用 PVC 软管将各部分连接于气相分子吸收光谱仪。
(3) 50mL 具塞钢铁量瓶

四、试验步骤

1. 水样的采集与保存

水样采集在聚乙烯瓶或玻璃瓶中，并应充满样品瓶。采集好的水样应立即测定，否则应加硫酸至 pH<2（酸化时，防止吸收空气中的氨而沾污），在 2~5℃ 保存，于 24h 内测定。

2. 干扰成分的消除

在水样中加入 1mL 6mol/L 的盐酸及 0.2mL 无水乙醇，稀释至 15~20mL，加热煮沸 2~3min，以消除 NO_2^-、SO_3^{2-}、硫化物等干扰成分。个别水样含 I^-、$S_2O_3^{2-}$、SCN^- 或存在可被次溴酸盐氧化成亚硝酸盐的有机胺时，此法不适用。

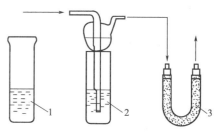

图 7-1　气液分离装置示意图
1—清洗瓶；2—样品吹气反应瓶；3—干燥管

3. 水样的预处理

取适量水样（含氨氮 5~50μg）于 50mL 钢铁量瓶中，加入 1mL 6mol/L 的盐酸及 0.2mL 无水乙醇，充分摇动后加水至 15~20mL，加热煮沸 2~3min，冷却，洗涤瓶口及瓶壁至体积约 30mL，加入 15mL 次溴酸盐氧化剂，加水稀释至标线，密塞摇匀，在 18℃ 以上室温下氧化 20min，待测。同时制备空白试样。

4. 测量系统的净化

每次测定之前，将反应瓶盖插入装有约 5mL 水的清洗瓶中，通入载气，净化测量系统，调整仪器零点。测定后，水洗反应瓶盖和砂芯。

5. 标准曲线的绘制

使用亚硝酸盐氮标准使用液直接绘制氨氮的标准曲线。

用微量移液器逐个移取 0、50μL、100μL、150μL、200μL、250μL 亚硝酸盐氮标准使用液置于样品反应瓶中，加水至 2mL，用定量加液器加入 3mL 4.5mol/L 的盐酸，再加入 0.5mL 无水乙醇，将反应瓶盖与样品反应瓶密闭，通入载气，依次测定各标准溶液的吸光度，以吸光度与相对应的氨氮的量（μg）绘制标准曲线。

6. 水样的测定

取 2.00mL 待测试样于样品反应瓶中，接下来的操作同上述标准曲线的绘制。

测定试样前，测定空白试样，进行空白校正。

五、结果计算

氨氮的含量（mg/L）按式(7-1)计算：

$$氨氮的含量 = \frac{m - m_0}{V \times \frac{2}{50}} \qquad (7-1)$$

式中　m——根据标准曲线计算出的氨氮量，μg；
　　　m_0——根据标准曲线计算出的空白量，μg；
　　　V——取样体积，mL。

第五节　溶解氧的测定

溶解氧是指溶解于水中的呈分子状态的氧，即水中的 O_2，用 DO 表示。水中溶解氧的含量取决于水体与大气中氧的平衡。水中溶解氧的含量是检验水质的一项重要指标，它对水污染的控制、金属防腐以及水产品的养殖都有重要意义。本节规定采用电化学探头法测定水中的溶解氧。

一、方法提要

电化学探头法采用一种用透气薄膜将水样与电化学电池隔开的电极来测定水中的溶解氧。根据所采用探头的不同类型，可测定氧的浓度（mg/L）或氧的饱和百分率（%），或者二者皆可测定。该法可测定水中饱和百分率为 0～100% 的溶解氧，不但可以用于实验室内的测定，还可用于现场测定和溶解氧的连续监测；适于测定色度高及浑浊的水，也适于测定含铁及能与碘作用的物质的水。

二、基本原理

本方法所采用的探头由一小室构成，室内有两个金属电极并充有电解质，用选择性薄膜将小室封闭住。实际上水和可溶解物质离子不能透过这层膜，但氧和一定数量的其他气体及亲水性物质可透过这层薄膜。将这种探头浸入水中进行溶解氧测定。

因原电池作用或外加电压使电极间产生电位差。由于这种电位差，使金属离子在阳极进入溶液，而透过膜的氧在阴极还原。由此所产生的电流直接与通过膜与电解质液层的氧的传递速度成正比，因而该电流与给定温度下水样中氧的分压成正比。

因为膜的渗透性明显地随温度而变化，所以必须进行温度补偿。可使用调节装置，或者利用在电极回路中安装热敏元件来加以补偿。

三、试验步骤

1. 仪器的校准

必须参照仪器制造厂家的说明书进行校准。

（1）调整零点 调整仪器的电零点。有些仪器有补偿零点，则不必调整。

（2）检验零点 检验零点（必要时尚需调整零点）时，可将探头浸入每升已加入 1g 亚硫酸钠和约 1mg 钴盐（Ⅱ）的蒸馏水中。

10min 内应得到稳定读数（新式仪器只需 2～3min）。

（3）接近饱和值的校准 在一定温度下，向水中曝气，使水中的氧的含量达到饱和或接近饱和。在这个温度下保持 15min，再测定溶解氧的浓度，例如用碘量法测定。

（4）调整仪器 将探头浸没在瓶内，瓶中完全充满制备并标定好的样品。让探头在搅拌的溶液中稳定 10min 以后，如果必要，调节仪器读数至样品已知的氧浓度。

当仪器不能再校准，或仪器响应变得不稳定或较低时（见厂家说明书），应更换电解质或（和）膜。

2. 水样的测定

按照厂家说明书对待测水样进行测定。在探头浸入样品后，使探头停留足够的时间，使探头与待测水温一致并使读数稳定。由于所用仪器型号不同及对结果的要求不同，必要时要检验水温和大气压力。

四、结果计算

溶解氧的浓度（mg/L）以每升水中氧的质量（mg）表示，取值到小数点后第一位。

若测量样品时的温度不同于校准仪器时的温度，应对仪器读数给予相应校正。有些仪器可以自动进行补偿。该校正考虑到了在两种不同温度下氧溶解度的差值。要计算溶解氧的实际值，需将测定温度下所得读数乘以下列比值：

$$\frac{C_m}{C_c}$$

式中 C_m——氧在测定温度下的溶解度；
　　C_c——氧在校准温度下的溶解度。

五、试验报告

试验报告包括下列资料：测定结果及其表示方法；采样和检测时的水温；采样和检测时的大气压力；水中含盐量；所用仪器的型号；测定期间可能注意到的特殊细节；本方法中没有规定的或考虑可任选的操作细节。

第六节　化学需氧量（COD）的测定

化学需氧量表示在强酸性氧化条件下 1L 水中还原性物质进行化学氧化时所需的氧量，是表示水中还原性物质多少的一个指标。水中的还原性物质有各种有机物、亚硝酸盐、硫化物、亚铁盐等，但主要是有机物。因此，化学需氧量（COD）又往往作为衡量水中有机物质含量多少的指标。COD 是表示水体有机污染的一项重要指标，能够反映出水体的污染程度。化学需氧量越大，说明水体受有机物的污染越严重。

焦化废水中化学需氧量的测定用重铬酸盐法，该方法适用于测定各种类型的 COD 值大于 30mg/L 的水样，对未经稀释的水样的测定上限为 700mg/L；不适用于含氯化物浓度大于 1000mg/L（稀释后）的含盐水。

一、方法原理

采用重铬酸盐法，在水样中加入过量的重铬酸钾溶液，并在强酸介质下以银盐作催化剂，经沸腾回流后，以试亚铁灵为指示剂，用硫酸亚铁铵滴定水样中未被还原的重铬酸钾，根据水样中的溶解性物质和悬浮物所消耗重铬酸钾标准溶液的量计算相对应的化学需氧量。

在酸性重铬酸钾条件下，芳烃及吡啶难以被氧化，其氧化率较低。在硫酸银催化作用下，直链脂肪族化合物可有效地被氧化。

二、仪器与装置

(1) 500mL 全玻璃回流装置
(2) 加热装置（电炉）
(3) 酸式滴定管（25mL 或 50mL）、锥形瓶、移液管、容量瓶等

三、试验步骤

1. 样品的采集与制备

水样要采集于玻璃瓶中，并应尽快分析。如不能立即分析时，应加入硫酸（$\rho=1.84$g/mL）至 pH<2，于 4℃下保存，但保存时间不多于 5d。采集水样的体积不得少于 100mL。将试样充分摇匀，取出 20.0mL 作为试料。

2. 测定步骤

① 取试料于锥形瓶中，或取适量试料加水至 20.0mL。
② 空白试验。按与水样测定相同的步骤以 20.0mL 水代替试料进行空白试验，记录下

空白滴定时消耗硫酸亚铁铵标准溶液的体积 V_1。

③ 水样的测定。于试料中加入 10.0mL 重铬酸钾标准溶液（0.250mol/L）和几颗防暴沸玻璃珠摇匀。将锥形瓶接到回流装置冷凝管下端，接通冷凝水。从冷凝管上端缓慢加入 30mL 硫酸银-硫酸试剂，以防止低沸点有机物的逸出，不断旋动锥形瓶使之混合均匀。自溶液开始沸腾起回流 2h。

冷却后，用 20～30mL 水自冷凝管上端冲洗冷凝管后，取下锥形瓶，再用水稀释至 140mL 左右。

溶液冷却至室温后，加入 3 滴 1,10-邻菲罗啉指示剂溶液，用硫酸亚铁铵标准滴定溶液滴定，溶液的颜色由黄色经蓝绿色变为红褐色即为终点。记下硫酸亚铁铵标准滴定溶液消耗的体积 V_2。

3. 注意事项

① 对于 COD 值小于 50mg/L 的水样，应采用低浓度的重铬酸钾标准溶液（0.250mol/L）氧化，加热回流以后，采用低浓度的硫酸亚铁铵标准溶液（0.010mol/L）回滴。

② 该方法对未经稀释的水样的测定上限为 700mg/L，超过此限时必须经稀释后测定。

③ 对于污染严重的水样，可选取所需体积 1/10 的试料和 1/10 的试剂，放入 10mm×150mm 硬质玻璃管中，摇匀后，用酒精灯加热至沸数分钟，观察溶液是否变成蓝绿色。如呈蓝绿色，应再适当少取试料，重复以上试验，直至溶液不变蓝绿色为止。从而确定待测水样适当的稀释倍数。

④ 校核试验。按测定试料提供的方法分析 20.0mL 2.0824mmol/L 邻苯二甲酸氢钾标准溶液的 COD 值，用以检验操作技术及试剂纯度。

该溶液的理论 COD 值为 500mg/L，如果校核试验的结果大于该值的 96%，即可认为试验步骤基本上是适宜的，否则，必须寻找失败的原因，重复试验，使之达到要求。

⑤ 去干扰试验。无机还原性物质如亚硝酸盐、硫化物及二价铁盐将使结果增加，将其需氧量作为水样 COD 值的一部分是可以接受的。

该实验的主要干扰物为氯化物，可加入硫酸汞部分地除去，经回流后，氯离子可与硫酸汞结合成可溶性的氯汞络合物。

当氯离子含量超过 1000mg/L 时，COD 的最低允许值为 250mg/L，低于此值，结果的准确度就不可靠了。

四、结果计算

以 mg/L 计的水样化学需氧量按式(7-2) 计算：

$$\text{COD} = \frac{c(V_1 - V_2) \times 8000}{V_0} \tag{7-2}$$

式中　c——硫酸亚铁铵标准滴定溶液的浓度，mol/L；

V_1——空白试验所消耗的硫酸亚铁铵标准滴定溶液的体积，mL；

V_2——试料测定所消耗的硫酸亚铁铵标准滴定溶液的体积，mL；

V_0——试料的体积，mL；

8000——$\frac{1}{4}O_2$ 的摩尔质量以 mg/mol 为单位的换算值。

测定结果一般保留三位有效数字。对 COD 值小的水样，当计算出 COD 值小于 10mg/L 时，应表示为"COD<10mg/L"。

第七节 硝酸盐氮的测定

水中的氨氮主要来源于污水中含氮有机物的初始污染，氨氮受微生物作用，可分解成亚硝酸盐氮，继续分解，最终成为硝酸盐氮，完成水的自净过程。硝酸盐氮是含氮有机物氧化分解的最终产物。如水体中仅有硝酸盐含量增高，氨氮、亚硝酸盐氮含量均低甚至没有，说明污染时间已久，现已趋向自净。

饮用水中硝酸盐氮浓度的提高，会对人体健康造成严重的危害。硝酸盐氮本身对人体没有毒害，但在人体内经硝酸还原菌作用后被还原为亚硝酸盐氮，毒性扩大为硝酸盐毒性的11倍。

焦化废水中硝酸盐氮的测定采用气相分子吸收光谱法，此方法的最低检出浓度为0.006mg/L，测定上限为10mg/L。

一、方法原理

在 2.5mol/L 盐酸介质中，于 (70 ± 2)℃温度下，三氯化钛可将硝酸盐迅速还原分解，生成的 NO 用空气载入气相分子吸收光谱仪的吸光管中，在 214.4nm 波长处测得的吸光度与硝酸盐氮浓度遵守比尔定律。

二、试验步骤

1. 水样的采集与保存

一般用玻璃瓶或聚乙烯瓶采集水样。采集的水样用稀硫酸酸化至 pH<2，在 24h 内测定。

2. 干扰的消除

NO_2^- 的正干扰，可加 2 滴 10%氨基磺酸使之分解生成 N_2 而消除；SO_3^{2-} 及 $S_2O_3^{2-}$ 的正干扰，用稀 H_2SO_4 调成弱酸性，加入 0.1%高锰酸钾氧化生成 SO_4^{2-} 直至产生二氧化锰沉淀，取上清液测定；水样中含高价态阳离子时，应增加三氯化钛用量至溶液紫红色不褪，取上清液测定；含产生吸收的有机物时，加入活性炭搅拌吸附，30min 后取样测定。

3. 测定步骤

(1) 测量系统的净化　每次测定之前，将反应瓶盖插入装有约 5mL 水的清洗瓶中，通入载气，净化测量系统，调整仪器零点。测定后，水洗反应瓶盖和砂芯。

(2) 标准曲线的绘制　取 0.00、0.50mL、1.00mL、1.50mL、2.00mL、2.50mL 标准使用液，分别置于样品反应瓶中，加水至 2.5mL，加入 2 滴氨基磺酸及 2.5mL 盐酸，放入加热架，于 (70 ± 2)℃水浴上加热 10min。逐个取出样品反应瓶，立即用反应瓶盖密闭，趁热用定量加液器加入 0.5mL 三氯化钛，通入载气，依次测定各标准溶液的吸光度，以吸光度与相对应的硝酸盐氮量 (μg) 绘制标准曲线。

(3) 水样的测定　取适量水样 (硝酸盐氮量≤25μg) 于样品反应瓶中，加水至 2.5mL，以下操作同标准曲线的绘制。

测定水样前，测定空白溶液，进行空白校正。

三、结果计算

硝酸盐氮的含量按式(7-3)计算：

$$\text{硝酸盐氮的含量} = \frac{m - m_0}{V} \tag{7-3}$$

式中 m——根据标准曲线计算出的水样中硝酸盐氮量，μg；

m_0——根据标准曲线计算出的空白量，μg；

V——取样体积，mL。

第八节　亚硝酸盐氮的测定

亚硝酸盐氮是水体中的氨氮有机物进一步氧化，在变成硝酸盐过程中的中间产物。水中存在亚硝酸盐时，表明有机物的分解过程还在继续进行。亚硝酸盐的含量如太高，即说明水中有机物的无机化过程进行得相当强烈，表示污染的危险性仍然存在。

引起水中亚硝酸盐氮含量增加的因素有多种，如硝酸盐还原，以及夏季雷电的作用促使空气中氧和氮化合成氮氧化物，遇雨后部分成为亚硝酸盐等。这些亚硝酸盐的出现与污染无关，因此在运用这一指标时必须弄清来源，才能作出正确的评价。

一、方法原理

焦化废水中亚硝酸盐氮的测定采用分光光度法。在磷酸介质中，pH 值为 1.8 时，试样中的亚硝酸根离子与 4-氨基苯磺酰胺反应生成重氮盐，它再与 N-(1-萘基)-乙二胺二盐酸盐偶联生成红色染料，在 540nm 波长处测定吸光度。如果使用光程长为 10mm 的比色皿，亚硝酸盐氮的浓度在 0.2mg/L 以内其呈色符合比尔定律。

该方法的测定上限是取最大体积 50mL 时，可以测定亚硝酸盐氮浓度高达 0.20mg/L；最低检出浓度是采用光程长为 10mm 的比色皿，试份体积为 50mL，与吸光度 0.01 单位所对应的浓度值 0.003mg/L，采用光程长为 30mm 的比色皿，试份体积为 50mL，最低检出浓度为 0.001mg/L；灵敏度是采用光程长为 10mm 的比色皿，试份体积为 50mL 时，亚硝酸盐氮浓度为 0.20mg/L，给出的吸光度约为 0.67 单位。当试样 pH≥11 时，该方法可能遇到某些干扰，遇此情况，可向试份中加入酚酞溶液指示剂 1 滴，边搅拌边逐滴加入磷酸溶液（1.5mol/L），至红色刚消失；经此处理，则在加入显色剂后，体系 pH 值为 1.8±0.3，而不影响测定。试样如有颜色和悬浮物，可向每 100mL 试样中加入 2mL 氢氧化铝悬浮液，搅拌、静置、过滤、弃去 25mL 初滤液后，再取试份测定。水样中如含有氯胺、氯、硫代硫酸盐、聚磷酸钠和三价铁离子，则对测试结果会产生明显干扰。

二、试验步骤

1. 采样和样品保存

实验室样品应用玻璃瓶或聚乙烯瓶采集，并在采集后尽快分析，不要超过 24h。

若需短期保存（1～2d），可以在每升实验室样品中加入 40mg 氯化汞，并保存于 2～5℃。

2. 试样的制备

实验室样品含有悬浮物或带有颜色时，可向每 100mL 试样中加入 2mL 氢氧化铝悬浮液，搅拌、静置、过滤、弃去 25mL 初滤液后，再取试份测定。

3. 测定步骤

(1) 试份　试份最大体积为 50.0mL，可测定亚硝酸盐氮浓度高达 0.20mg/L。浓度更高时可相应用较少量的样品或将样品进行稀释后，再取样。

(2) 测定 用无分度吸管将选定体积的试份移至 50mL 比色管（或容量瓶）中，用水稀释至标线，加入显色剂 1.0mL，密塞、摇匀、静置，此时 pH 值应为 1.8±0.3。

加入显色剂 20min 后、2h 以内，在 540nm 最大吸收波长处，用光程长 10mm 的比色皿，以实验用水作参比，测量溶液的吸光度。

注：最初使用本方法时，应校正最大吸光度的波长，以后的测定均应用此波长。

(3) 空白试验 按（2）所述步骤进行空白试验，用 50mL 水代替试份。

(4) 色度校正 如果实验室样品经制备还具有颜色时，按（2）所述方法，从试样中取相同体积的第二份试样测定吸光度，只是不加显色剂，改加磷酸 1.0mL。

(5) 校准 在一组六个 50mL 比色管（或容量瓶）内，分别加入亚硝酸盐氮标准工作液 0、1.00mL、3.00mL、5.00mL、7.00mL 和 10.00mL，用水稀释至标线，然后按步骤（2）第二段叙述的步骤操作。

从测得的各溶液吸光度，减去空白试验吸光度，得校正吸光度 A_r，绘制以氮含量（μg）对校正吸光度的校准曲线，亦可按线性回归方程的方法，计算校准曲线方程。

三、结果计算

试份溶液吸光度的校正值 A_r 按式(7-4)计算：

$$A_r = A_s - A_b - A_c \tag{7-4}$$

式中 A_s——试份溶液测得的吸光度；
A_b——空白试验测得的吸光度；
A_c——色度校正测得的吸光度。

由校正吸光度 A_r 值，从校准曲线上查得（或由校准曲线方程计算）相应的亚硝酸盐氮的含量 m_N（μg）。

试份的亚硝酸盐氮浓度按式(7-5)计算：

$$c_N = \frac{m_N}{V} \tag{7-5}$$

式中 c_N——试份的亚硝酸盐氮浓度，mg/L；
m_N——相应于校正吸光度 A_r 的亚硝酸盐氮含量，μg；
V——取试份体积，mL。

试份体积为 50mL 时，结果保留三位小数。

第九节 总磷的测定

一、方法提要

该方法是用过硫酸钾（或硝酸-高氯酸）为氧化剂，将未经过滤的水样消解，用钼酸铵分光光度法测定总磷（包括溶解的、颗粒的、有机的和无机的磷）。

取 25mL 试料，该方法的最低检出浓度为 0.01mg/L，测定上限为 0.6mg/L。

在酸性条件下，砷、铬、硫干扰测定。

二、方法原理

在中性条件下用过硫酸钾（或硝酸-高氯酸）使试样消解，将所含磷全部氧化为正磷酸盐，在酸性介质中，正磷酸盐与钼酸铵反应，在锑盐存在下生成磷钼杂多酸后，立即被抗坏血酸还原，生成蓝色的络合物。

三、试样的制备

① 采取 500mL 水样后，加入 1mL 硫酸（密度为 1.84g/mL）调节样品的 pH 值，使之低于或等于 1，或不加任何试剂于冷处保存。

注：含磷量较少的水样，不要用塑料瓶采样，因磷酸盐易吸附在塑料瓶壁上。

② 试样的制备：取 25mL 样品于具塞刻度管中。取时应仔细摇匀，以得到溶解部分和悬浮部分均具有代表性的试样。如样品含磷浓度较高，试样体积可以减少。

四、试验步骤

1. 空白试验

按测定的规定进行空白试验，用水代替试样，并加入与测定时相同体积的试剂。

2. 测定

（1）消解

① 过硫酸钾消解。向试样中加 4mL 过硫酸钾溶液（50g/L），将具塞刻度管的盖塞紧后，用一小块布和线将玻璃塞扎紧（或用其他方法固定），放在大烧杯中置于高压蒸气消毒器中加热，待压力达 1.1kgf/cm²❶，相应温度为 120℃时，保持 30min 后停止加热。待压力表读数降至零后，取出放冷，然后用水稀释至标线。

② 硝酸-高氯酸消解。取 25mL 试样于锥形瓶中，加数粒玻璃珠，加 2mL 硝酸（密度为 1.4g/mL）在电热板上加热浓缩至 10mL。冷后加 5mL 硝酸，再加热浓缩至 10mL，放冷，加 3mL 高氯酸（优级纯，密度为 1.68g/mL），加热至高氯酸冒白烟，此时可在锥形瓶上加小漏头或调节电热板温度，使消解液在锥形瓶内壁保持回流状态，直至剩下 3~4mL，放冷。

加水 10mL，加 1 滴酚酞指示剂。滴加氢氧化钠溶液（1mol/L 或 6mol/L）至刚呈微红色，再滴加硫酸溶液 $[c(\frac{1}{2}H_2SO_4)=1mol/L]$ 使微红刚好褪去，充分混匀，移至具塞刻度管中，用水稀释至标线。

（2）发色　分别向各份消解液中加入 1mL 抗坏血酸溶液（100g/L）混合，30s 后加 2mL 钼酸铵溶液，充分混匀。

（3）分光光度测量　室温下放置 15min 后，使用光程为 30mm 的比色皿，在 700nm 波长下，以水作参比，测定吸光度。扣除空白试验的吸光度后，从工作曲线上查得磷的含量。

（4）工作曲线的绘制　取 7 支具塞刻度管分别加入 0、0.50mL、1.00mL、3.00mL、5.00mL、10.00mL、15.00mL 磷酸盐标准溶液，加水至 25mL。然后按测定步骤进行处理，以水作参比，测定吸光度。扣除空白试验的吸光度后，和对应的磷含量绘制工作曲线。

五、结果计算

总磷含量以 c(mg/L) 表示，按式(7-6)计算：

$$c=\frac{m}{V} \tag{7-6}$$

式中　m——试样测得的含磷量，μg；
　　　V——测定用试样的体积，mL。

---

❶　1kgf/cm² = 98.0665kPa；后同。

第十节 挥发酚的测定

挥发酚类通常指沸点在230℃以下的酚类,属一元酚,是高毒物质。测定挥发酚类的方法有4-氨基安替比林分光光度法、蒸馏后溴化容量法、气相色谱法等。

焦化废水中挥发酚的测定采用蒸馏后4-氨基安替比林分光光度法,其测定范围为0.002~6mg/L。浓度低于0.5mg/L时,采用氯仿萃取法;浓度高于0.5mg/L时,采用直接分光光度法。氧化剂、油类、硫化物、有机或无机还原性物质和芳香胺类干扰酚的测定。

一、方法提要

4-氨基安替比林分光光度法测定的是能随水蒸气蒸馏出的并和4-氨基安替比林反应生成有色化合物的挥发性酚类化合物,结果以苯酚计。

二、方法A(氯仿萃取法)

1. 方法原理

用蒸馏法使挥发性酚类化合物蒸馏出,并与干扰物质和固定剂分离。由于酚类化合物的挥发速度随馏出液体积而变化,因此,馏出液体积必须与试样体积相等。

被蒸馏出的酚类化合物,于pH为10.0±0.2的介质中,在铁氰化钾存在下,与4-氨基安替比林反应生成橙红色的安替比林染料,用氯仿可将此染料从水溶液中萃取出,在460nm波长处测定吸光度,以苯酚含量(mg/L)表示。

当试份为250mL,用10mL氯仿萃取,以光程为20mm的比色皿测定时,酚的最低检出浓度为0.002mg/L,含酚0.06mg/L的吸光度约为0.7单位;用光程为10mm的比色皿测定时,含酚0.12mg/L的吸光度约为0.7单位。

2. 样品的采集和处理

在样品采集现场,应检测有无游离氯等氧化剂的存在;如有发现,则应及时加入过量硫酸亚铁去除。样品应贮于硬质玻璃瓶中。

采集后的样品应及时加醋酸酸化至pH约4.0,并加适量硫酸铜(1g/L)以抑制微生物对酚类的生物氧化作用,同时应将样品冷藏(5~10℃),在采集后24h内进行测定。

3. 试验步骤

(1) 试份 最大试份体积为250mL,可测定低至0.5μg的酚。

(2) 空白试验 用无酚水代替试样,采用与测定方法完全相同的步骤、试剂和用量,进行平行操作。

(3) 干扰的排除

① 氧化剂(如游离氯)。若样品经酸化后滴于碘化钾-淀粉试纸上出现蓝色,说明存在氧化剂。遇此情况,可加入过量的硫酸亚铁。

② 硫化物。样品中含少量硫化物时,在磷酸酸化后,加入适量硫酸铜即可生成硫化铜而被除去,当含量较高时,则应在样品用磷酸酸化后,置于通风橱内进行搅拌曝气,使其生成硫化氢逸出。

③ 油类。当样品不含铜离子(Cu^{2+})时,将样品移入分液漏斗中,静置分离出浮油后,加粒状氢氧化钠调节至pH为12~12.5,立即用四氯化碳萃取(每升样品用40mL四氯化碳萃取两次),弃去四氯化碳层,将经萃取后的样品移入烧杯中,于水浴上加温以除去残留的四氯化碳。再用磷酸调节至pH为4。

当样品含铜离子时,可在分离出浮油后,按步骤④进行。

④ 甲醛、亚硫酸盐等有机或无机还原性物质。可分取适量样品于分液漏斗中,加硫酸溶液(0.5mol/L)使呈酸性,分次加入 50mL、30mL、30mL 乙醚以萃取酚,合并乙醚层于另一分液漏斗,分次加入 4mL、3mL、3mL 氢氧化钠溶液(100g/L)进行反萃取,使酚类转入氢氧化钠溶液中。合并碱性萃取液,移入烧杯中,置水浴上加温,以除去残余乙醚。然后用无酚水将碱性萃取液稀释到原分取样品的体积。

同时应以无酚水做空白试验。

⑤ 芳香胺类。芳香胺类也可与 4-氨基安替比林发生呈色反应而干扰酚的测定。一般在酸性条件下,通过预蒸馏可与之分离,必要时可在 pH<0.5 的条件下蒸馏,以减小其干扰。

(4) 测定

① 预蒸馏。取 250mL 试样移入蒸馏瓶中,加数粒玻璃珠以防暴沸,再加数滴甲基橙指示液(0.5g/L),用磷酸溶液(1+9)调节到 pH 为 4(溶液呈橙红色),加 5mL 硫酸铜溶液(100g/L;如采样时已加过硫酸铜,则适量补加)。

连接冷凝器,加热蒸馏,至蒸馏出约 225mL 时,停止加热,放冷,向蒸馏瓶中加入无酚水 25mL,继续蒸馏至馏出液为 250mL 为止。

② 显色。将馏出液移入分液漏斗中,加 2.0mL 缓冲溶液(pH 约为 10.7),混匀,此时 pH 值为 10.0±0.2。加 1.50mL 4-氨基安替比林溶液(20g/L),混匀,再加 1.5mL 铁氰化钾溶液(80g/L),充分混匀后,放置 10min。

③ 萃取。准确加入 10.0mL 氯仿,密塞,剧烈振摇 2min,静置分层。用干脱脂棉花拭干分液漏斗颈管内壁,于颈管内塞一小团干脱脂棉花或滤纸,将氯仿层通过干脱脂棉花团,弃去最初滤出的数滴萃取液后,直接放入光程为 20mm 的比色皿中。

④ 分光光度测定。于 460nm 波长处,以氯仿为参比,测量氯仿层的吸光度。

(5) 绘制标准曲线

① 标准系列的制备。于一组 8 个分液漏斗中,分别加入无酚水 100mL,依次加入 0、0.50mL、1.00mL、3.00mL、5.00mL、7.00mL、10.0mL、15.0mL 酚标准溶液(1.00mg/L),再分别加无酚水至 250mL。

按测定步骤②~④进行测定。

② 标准曲线的绘制。由标准系列测得的吸光度值减去零管的吸光度值,绘制吸光度对酚含量(μg)的标准曲线。

4. 结果计算

试份中酚的吸光度 A_r 用式(7-7)计算:

$$A_r = A_s - A_b \tag{7-7}$$

式中 A_a——试验步骤(1)试份测得的吸光度;

A_b——试验步骤(2)空白试验测得的吸光度。

挥发酚含量 c(mg/L)按式(7-8)计算:

$$c = \frac{m}{V} \tag{7-8}$$

式中 m——挥发酚的质量,μg,由 A_r 值从相应的酚标准曲线确定;

V——试份的体积,mL。

三、方法 B(直接比色法)

1. 方法原理

用蒸馏法使挥发性酚类化合物蒸馏出,并与干扰物质和固定剂分离,由于酚类化合物的挥发速度随馏出液体积而变化，因此，馏出液体积必须与试份体积相等。

被蒸馏出的酚类化合物，于 pH 为 10.0±0.2 的介质中，在铁氰化钾存在下，与 4-氨基安替比林反应生成橙红色的安替比林染料。

显色后，在 30min 内，于 510nm 波长处测量吸光度，以苯酚含量（mg/L）表示。

当试份为 50mL，以光程长为 20mm 的比色皿测定时，酚的最低检出浓度为 0.1mg/L。含酚 3.0mg/L 的吸光度约为 0.7 单位；用光程为 10mm 的比色皿测定时，含酚 6.0mg/L 的吸光度约为 0.7 单位。

2. 试验步骤

（1）试份　最大试份体积为 50mL，可测定低至 0.005mg 的酚。

（2）空白试验　见氯仿萃取法。

（3）去干扰　见氯仿萃取法。

（4）测定

① 预蒸馏。见氯仿萃取法。

② 显色。分取 50mL 馏出液入 50mL 比色管中，加 0.5mL 缓冲溶液（pH 约为 10.7），混匀，此时 pH 值为 10.0±0.2，加 4-氨基安替比林溶液（20g/L）1.0mL，混匀，再加 1.0mL 铁氰化钾溶液（80g/L），充分混匀后，放置 10min。

③ 分光光度测定。于 510nm 波长处，用光程为 20mm 的比色皿，以水为参比，测量溶液的吸光度。

（5）绘制标准曲线

① 标准系列的制备。于一组 8 支 50mL 比色管中，分别加入 0、0.50mL、1.00mL、3.00mL、5.00mL、7.00mL、10.00mL、12.5mL 酚标准溶液（10.0mg/L），加无酚水至标线。

按测定步骤②和③进行测定。

② 标准曲线的绘制。由除零管外的其他标准系列测得的吸光度值减去零管的吸光度值，绘制吸光度对酚含量（mg）的标准曲线。

3. 结果计算

试份中酚的吸光度 A_r 用式(7-9) 计算：

$$A_r = A_s - A_b \tag{7-9}$$

式中　A_s——试份的吸光度；

A_b——空白试验的吸光度。

挥发酚含量 c(mg/L) 按式(7-10) 计算：

$$c = m \times \frac{1000}{V} \tag{7-10}$$

式中　m——挥发酚质量，mg，由 A_r 值从相应的酚标准曲线确定；

V——试份的体积，mL。

第十一节　总氰化物的测定

氰化物属于剧毒物，在操作氰化物及其溶液时，要特别小心，避免沾污皮肤和眼睛。吸取溶液一定要用安全移液管或借助洗耳球，切勿吸入口中！

除氰化物剧毒外，吡啶也具有毒性，应注意安全使用。

氰化物可能以氢氰酸、氰离子和络合氰化物的形式存在于水中，这些氰化物可作为总氰化物和氰化物分别加以测定。

活性氯等氧化物干扰,使结果偏低,可在蒸馏前加亚硫酸钠溶液排除干扰;硫化物干扰,可在蒸馏前加碳酸铅或碳酸镉排除干扰;亚硝酸离子干扰,可在蒸馏前加适量氨基磺酸排除干扰;少量油类对测定无影响,中性油或酸性油大于 40mg/L 时干扰测定,可加入水样体积的 20% 量的正己烷,在中性条件下短时间萃取排除干扰。

本方法分四部分:第一部分为氰化氢的释放和吸收;第二部分为硝酸银滴定法;第三部分为异烟酸-吡唑啉酮比色法;第四部分为吡啶-巴比妥酸比色法。

硝酸银滴定法的最低检测浓度为 0.25mg/L,检测上限为 100mg/L;异烟酸-吡唑啉酮比色法的最低检测浓度为 0.004mg/L,检测上限为 0.45mg/L;吡啶-巴比妥酸比色法的最低检测浓度为 0.002mg/L(用 72 型分光光度计,吸光度为 0.020 左右),检测上限为 0.45mg/L(10mm 比色皿)、0.15mg/L(30mm 比色皿)。

一、氰化氢的释放和吸收

总氰化物是指在磷酸和 EDTA 存在下,在 pH<2 介质中,加热蒸馏,能形成氰化氢的氰化物,包括全部简单氰化物(多为碱金属和碱土金属的氰化物、铵的氰化物)和绝大部分络合氰化物(锌氰络合物、铁氰络合物、镍氰络合物、铜氰络合物等),不包括钴氰络合物。

1. 方法原理

向水样中加入磷酸和 EDTA 二钠,在 pH<2 条件下,加热蒸馏,利用金属离子与 EDTA 络合能力比与氰离子络合能力强的特点,使络合氰化物离解出氰离子,并以氰化氢形式被蒸馏出,用氢氧化钠吸收。

2. 水样的采集和保存

① 采集水样时,必须立即加氢氧化钠固定。一般每升水样加 0.5g 固体氢氧化钠。当水样酸度高时,应多加固体氢氧化钠,使样品的 pH>12,并将样品存于聚乙烯塑料瓶或硬质玻璃瓶中。

② 当水样中含有大量硫化物时,应先加碳酸镉($CdCO_3$)或碳酸铅($PbCO_3$)固体粉末,除去硫化物后,再加氢氧化钠固定。否则,在碱性条件下,氰离子和硫离子作用形成硫氰酸根离子而干扰测定。

③ 如果不能及时测定样品,采样后,应在 24h 内分析样品,必须将样品存放在冷暗的冰箱内。

3. 试验步骤

(1) 氰化氢的释放和吸收

① 量取 200mL 样品移入 500mL 蒸馏瓶中(若氰化物含量高,可少取样品,加水稀释至 200mL),加数粒玻璃珠。

② 往接收瓶内加入 10mL 1% 的氢氧化钠溶液,作为吸收液。当样品中存在亚硫酸钠和碳酸钠时,可用 4% 的氢氧化钠溶液作为吸收液。

③ 馏出液导管上端接冷凝管的出口,下端插入接收瓶的吸收液中,检查连接部位,使其严密。

④ 将 10mL EDTA 二钠溶液加入蒸馏瓶内。

⑤ 迅速加入 10mL 磷酸(当样品碱度大时,可适当多加磷酸),使 pH<2,立即盖好瓶塞,打开冷凝水,打开可调电炉,由低档逐渐升高,馏出液以 2~4mL/min 速度进行加热蒸馏。

⑥ 接收瓶内溶液近 100mL 时,停止蒸馏,用少量水洗馏出液导管,取出接收瓶,用水稀释至标线,此碱性馏出液 A 待测定总氰化物用。

干扰物的排除方法如下：

a. 若样品中存在活性氯等氧化剂，由于蒸馏时，氰化物会被分解，使结果偏低，干扰测定。可量取两份体积相同的样品，向其中一份样品投加碘化钾-淀粉试纸1~3片，加硫酸酸化，用亚硫酸钠溶液滴至碘化钾-淀粉试纸由蓝色变为无色为止，记下用量；另一份样品不加试纸，仅加上述用量的亚硫酸钠溶液，然后按步骤①~⑥操作。

b. 若样品中含有大量亚硝酸根离子，将干扰测定，可加入适量的氨基磺酸分解亚硝酸根离子，一般1mg亚硝酸根离子需要加2.5mg氨基磺酸，然后按步骤①~⑥操作。

c. 若样品中有大量硫化物存在，则将200mL样品过滤，沉淀物用1%氢氧化钠洗涤，合并滤液和洗涤液，然后按步骤①~⑥操作。

(2) 空白试验　用实验用水代替样品，按试验步骤操作，得到空白试验馏出液B待测定总氰化物用。

二、硝酸银滴定法

1. 方法原理

经蒸馏得到的碱性馏出液A用硝酸银标准溶液滴定，氰离子与硝酸银作用生成可溶性的银氰络合离子 $[Ag(CN)_2]^-$，过量的银离子与试银灵指示剂反应，溶液由黄色变为橙红色。

2. 试验步骤

(1) 测定　取100mL馏出液A（如试样中氰化物含量高时，可少取试样，用水稀释至100mL）于具柄瓷皿或锥形瓶中。

加入0.2mL试银灵指示剂，摇匀。用硝酸银标准溶液滴定至溶液由黄色变为橙红色为止，记下读数 (V_a)。

(2) 空白试验　另取100mL空白试验馏出液B于锥形瓶中，按测定步骤进行滴定，记下读数 (V_0)。

注：若样品中氰化物浓度小于1mg/L，可用0.001mol/L硝酸银标准溶液滴定。

3. 结果计算

总氰化物含量 c_1(mg/L) 以氰离子（CN^-）计，按式(7-11) 计算：

$$c_1 = \frac{c(V_a - V_0) \times 52.04 \times \frac{V_1}{V_2} \times 1000}{V} \tag{7-11}$$

式中　c——硝酸银标准溶液的浓度，mol/L；

V_a——测定试样时硝酸银标准溶液的用量，mL；

V_0——空白试验时硝酸银标准溶液的用量，mL；

V——试样的体积，mL；

V_1——试样（馏出液A）的体积，mL；

V_2——试份（测定试样时，所取馏出液A）的体积，mL；

52.04——相当于1L的1mol/L硝酸银标准溶液的氰离子（$2CN^-$）质量，g。

三、异烟酸-吡唑啉酮比色法

1. 方法原理

在中性条件下，样品中的氰化物与氯胺T反应生成氯化氰，再与异烟酸作用，经水解后生成戊烯二醛，最后与吡唑啉酮缩合生成蓝色染料，其颜色与氰化物的含量成正比。

2. 试验步骤

(1) 标准曲线的绘制

① 取 8 支具塞比色管，分别加入氰化钾标准使用溶液 0、0.20mL、0.50mL、1.00mL、2.00mL、3.00mL、4.00mL 和 5.00mL，各加氢氧化钠溶液至 10mL。

② 向各管中加入 5mL 磷酸盐缓冲溶液，混匀，迅速加入 0.2mL 氯胺 T 溶液，立即盖塞子，混匀，放置 3~5min。

③ 向各管中加入 5mL 异烟酸-吡唑啉酮溶液，混匀，加水稀释至标线，摇匀，在 25~35℃的水浴中放置 40min。

④ 用分光光度计在 638nm 波长下，用 10mm 比色皿，以试剂空白（零浓度）作参比，测定吸光度，并绘制标准曲线。

(2) 测定

① 分别吸取 10.00mL 馏出液 A 和 10.00mL 空白试验馏出液 B 于具塞比色管中，按上述绘制标准曲线的步骤进行操作。

② 从标准曲线上查出相应的氰化物含量。

3. 结果计算

总氰化物含量 c_2(mg/L) 以氰离子（CN^-）计，按式(7-12) 计算：

$$c_2 = \frac{m_a - m_b}{V} \times \frac{V_1}{V_2} \tag{7-12}$$

式中　m_a——从标准曲线上查出的试份（比色时，所取馏出液 A）的氰化物含量，μg；

　　　m_b——从标准曲线上查出的空白试验（馏出液 B）的氰化物含量，μg；

　　　V——样品的体积，mL；

　　　V_1——试样（馏出液 A）的体积，mL；

　　　V_2——试份（比色时，所取馏出液 A）的体积，mL。

四、吡啶-巴比妥酸比色法

1. 方法原理

在中性条件下，氰离子和氯胺 T 的活性氯反应生成氯化氰，氯化氰与吡啶反应生成戊烯二醛，戊烯二醛与两个巴比妥酸分子缩合生成红紫色染料，进行比色测定。

2. 试验步骤

(1) 标准曲线的绘制

① 取 8 支具塞比色管，分别加入氰化钾标准使用溶液 0、0.20mL、0.50mL、1.00mL、2.00mL、3.00mL、4.00mL 和 5.00mL，各加氢氧化钠至 10mL。

② 向各管中加入 1 滴酚酞指示剂，用 0.5mol/L 的盐酸调节溶液至红色刚消失为止。

③ 加入 5mL 磷酸盐缓冲溶液，摇匀，迅速加入 0.2mL 氯胺 T 溶液，立即盖塞子，混匀。放置 3~5min，再加入 5mL 吡啶-巴比妥酸溶液，加水稀释至标线，混匀。

④ 在 40℃水浴中，放置 20min，取出冷却至室温。在分光光度计上，在 580nm 波长处，用 10mm 比色皿，以试剂空白（零浓度）作参比，测定吸光度，并绘制标准曲线。

(2) 测定

① 分别取 10.00mL 馏出液 A 和 10.00mL 空白试验馏出液 B 于具塞比色管中，按上述绘制标准曲线的步骤进行操作。

② 从标准曲线上查出相应的氰化物含量。

3. 结果计算

总氰化物含量 c_3(mg/L) 以氰离子（CN^-）计，按式(7-13) 计算：

$$c_3 = \frac{m_a - m_b}{V} \times \frac{V_1}{V_2} \tag{7-13}$$

式中 m_a——从标准曲线上查出的试份（比色时，所取馏出液 A）的氰化物含量，μg；
$\quad\quad m_b$——从标准曲线上查出的空白试验（馏出液 B）的氰化物含量，μg；
$\quad\quad V$——样品的体积，mL；
$\quad\quad V_1$——试样（馏出液 A）的体积，mL；
$\quad\quad V_2$——试份（比色时，所取馏出液 A）的体积，mL。

第十二节 生化需氧量（BOD）的测定

生化需氧量（BOD）是一种用微生物代谢作用所消耗的溶解氧量来间接表示水体被有机物污染程度的一个重要指标。其定义是：在有氧条件下，好氧微生物氧化分解单位体积水中有机物所消耗的游离氧（O_2）的数量，表示单位为 mg/L（以 O_2 计）。一般以 5d 作为测定 BOD 的标准时间，因而称之为五日生化需氧量，以 BOD_5 表示。BOD_5 约为 BOD_{20} 的 70%。

焦化废水中五日生化需氧量的测定采用稀释与接种法，该方法适用于 $BOD_5 \geqslant 2mg/L$ 并且不超过 6000mg/L 的水样。

一、方法原理

将水样注满培养瓶，塞好后应不透气，将培养瓶置于恒温条件下培养 5d。培养前后分别测定溶解氧浓度，由两者的差值可算出每升水消耗掉氧的质量，即 BOD_5 值。

由于多数水样中含有较多的需氧物质，其需氧量往往超过水中可利用的溶解氧（DO）量，因此在培养前需对水样进行稀释，使培养后剩余的溶解氧（DO）符合规定。

一般水质检验所测 BOD_5 只包括含碳物质的耗氧量和无机还原性物质的耗氧量。有时需要分别测定含碳物质的耗氧量和硝化作用的耗氧量。常用的区别含碳物质的耗氧量和氮的硝化耗氧量的方法是向培养瓶中投加硝化抑制剂，加入适量硝化抑制剂后，所测出的耗氧量即为含碳物质的耗氧量。在 5d 培养时间内，硝化作用的耗氧量取决于是否存在足够数量的能进行此种氧化作用的微生物。原污水或初级处理的水中这种微生物的数量不足，不能氧化显著量的还原性氮，而许多二级生化处理的水和受污染较久的水体中，往往含有大量硝化微生物，因此测定这种水样时应抑制其硝化反应。

在测定 BOD_5 的同时，需用葡萄糖和谷氨酸标准溶液完成验证试验。

二、样品的贮存

样品需充满并密封于培养瓶中，置于 2~5℃ 保存到进行分析时，一般应在采样后 6h 之内进行检验。若需远距离转运，在任何情况下贮存皆不得超过 24h。

样品也可以深度冷冻贮存。

三、试验步骤

1. 样品的预处理

（1）样品的中和 如果样品的 pH 不在 6~8 之间，应先做单独试验，确定需要用的盐酸溶液或氢氧化钠溶液的体积，再中和样品，不管有无沉淀形成。

（2）含游离氯或结合氯的样品 加入所需体积的亚硫酸钠溶液，使样品中自由氯和结合氯失效。

2. 试验水样的准备

将试验样品温度升至约 20℃，然后在半充满的容器内摇动样品，以便消除可能存在的过饱和氧。

将已知体积的样品置于稀释容器中，用稀释水或接种稀释水稀释，轻轻地混合，避免夹杂空气泡。稀释倍数可参考表 7-2。

表 7-2　测定 BOD_5 时建议稀释的倍数

预期 BOD_5 值/(mg/L)	稀释比	结果取整到	适用的水样
2～6	1～2	0.5	R
4～12	2	0.5	R、E
10～30	5	0.5	R、E
20～60	10	1	E
40～120	20	2	S
100～300	50	5	S、C
200～600	100	10	S、C
400～1200	200	20	I、C
1000～3000	500	50	I
2000～6000	1000	100	I

注：R 表示河水；E 表示生物净化过的污水；S 表示澄清过的污水或轻度污染的工业废水；C 表示原污水；I 表示严重污染的工业废水。

恰当的稀释比应使培养后剩余的溶解氧至少有 1mg/L 和消耗的溶解氧至少为 2mg/L。

3. 空白试验

用接种稀释水进行平行空白试验测定。

4. 测定

① 按采用的稀释比用虹吸管充满两个培养瓶至稍溢出。

② 将所有附着在瓶壁上的空气泡赶掉，盖上瓶盖，小心避免夹空气泡。

③ 将瓶子分为两组，每组都含有一瓶选定稀释比的稀释水样和一瓶空白溶液。放一组瓶于培养箱中，并在暗中放置 5d。在计时起点时，测量另一组瓶的稀释水样和空白溶液中的溶解氧浓度。达到需要培养的 5d 时间时，测定放在培养箱中那组稀释水样和空白溶液的溶解氧浓度。

5. 验证试验

为了检验接种稀释水、接种水和分析人员的技术，需进行验证试验。将 20mL 葡萄糖-谷氨酸标准溶液用接种稀释水稀释至 1000mL，并且按照上述 4 的测定步骤进行测定。

得到的 BOD_5 应在 180～230mg/L 之间，否则，应检查接种水。如果必要，还应检查分析人员的技术。

本试验同试验样品同时进行。

四、结果计算

被测定溶液若满足以下条件，则能获得可靠的测定结果：培养 5d 后，剩余 DO≥1mg/L；消耗 DO≥2mg/L。若不能满足这些条件，一般应舍掉该组结果。

五日生化需氧量（BOD_5）以每升水消耗氧的质量（mg）表示，由式(7-14)算出：

$$BOD_5 = \left[(c_1 - c_2) - \frac{V_t - V_e}{V_t}(c_3 - c_4)\right]\frac{V_t}{V_e} \tag{7-14}$$

式中　c_1——在初始计时时一种试验水样的溶解氧浓度，mg/L；

c_2——培养 5d 时同一种水样的溶解氧浓度，mg/L；

c_3——在初始计时时空白溶液的溶解氧浓度，mg/L；

c_4——培养 5d 时空白溶液的溶解氧浓度，mg/L；

V_e——制备该试验水样用去的样品体积，mL；

V_t——该试验水样的总体积，mL。

若有几种稀释比所得数据皆符合结果所要求的条件,则几种稀释比所得结果皆有效,以其平均值表示检测结果。

五、试验报告

试验报告包括下列内容:取样的日期和时间;样品的贮存方法;开始测定的日期和时间;所用接种水的类型;如果需要,指出已抑制氮的硝化作用的细节;结果及所用计算方法;测定期间可能观察到的特殊细节;本方法中没有规定的或考虑可任选的操作细节。

思 考 题

1. 采集水样时应注意哪些指标?
2. 采集的水样应采取哪些保存措施?
3. 简述焦化废水 pH 的测定方法及误差消除方法。
4. 为什么要用已知 pH 值的标准缓冲溶液校正?校正时要注意什么问题?
5. 安装电极时,应注意哪些事项?
6. 简述焦化废水浊度的测定方法及方法原理。
7. 简述焦化废水浊度的分析步骤。
8. 简述焦化废水中氨氮的测定方法及方法原理。
9. 简述焦化废水中氨氮测定的干扰,如何消除这些干扰?
10. 简述焦化废水中氨氮测定的精密度和准确度。
11. 简述焦化废水中溶解氧的测定方法及方法原理。
12. 简述焦化废水中溶解氧的测定结果表述。
13. 简述焦化废水中化学需氧量的测定方法及方法原理。
14. 简述焦化废水中化学需氧量的测定步骤。
15. 简述焦化废水中硝酸盐氮的测定方法及方法原理。
16. 简述焦化废水中硝酸盐氮测定时的干扰及消除方法。
17. 简述焦化废水中硝酸盐氮的测定结果计算及准确度和精密度。
18. 简述焦化废水中亚硝酸盐氮的测定方法及方法原理。
19. 简述焦化废水中亚硝酸盐氮测定时的样品采集及保存方法。
20. 简述焦化废水中总磷的测定方法及方法原理。
21. 简述总磷测定所用钼酸铵分光光度法的测定步骤。
22. 简述焦化废水中挥发酚的测定方法及方法原理。
23. 焦化废水中总氰化物的测定受哪些物质干扰?
24. 氰化氢的释放和吸收时干扰物如何排除?
25. 简述硝酸银滴定法的原理及试验步骤。
26. 简述异烟酸-吡唑啉酮比色法的原理及试验步骤。
27. 简述吡啶-巴比妥酸比色法的原理及试验步骤。
28. 在测定生化需氧量(BOD)时样品应如何保存及预处理?

第八章 甲醇和二甲醚的检验

能源是人类赖以生存的物质基础,其中煤、石油和天然气是人类最主要的能源。我国虽然是石油大国,但随着经济的飞速发展,石油资源日益减少,已由石油出口国变为进口国。在未来的成品油中,我国液化石油气和柴油的缺口最大,石油的短缺已成为制约我国社会经济发展的重要因素,严重威胁我国的能源安全和经济发展。

煤基含氧燃料,即甲醇和二甲醚,是一类优质的清洁燃料,可替代柴油和液化石油气等燃料,已引起国内外的广泛关注,应用前景十分广阔。

第一节 甲醇的测定

甲醇是 C_1 化工的支柱产品和有机化工原料,也是重要的溶剂,广泛应用于有机合成、染料、医药、涂料和国防工业。通过甲醇甲基化可生产甲胺、甲基丙烯酸甲酯和甲烷氯化物等;甲醇羰基化可生产乙酸、乙酐、甲酸甲酯、碳酸二甲酯等;甲醇可合成乙二醇、乙醛、乙醇等;甲醇可生产农药、医药、塑料、合成纤维等;甲醇发酵可生产甲醇蛋白的饲料添加剂。

近年来,随着技术的发展和能源结构的改变,甲醇化工已成为洁净能源的重要组成部分。甲醇是容易输送的清洁燃料,可以单独或与汽油混合作为汽车燃料,用它作为汽油添加剂可起到节约芳烃、提高辛烷值的作用,由甲醇转化为汽油方法的研究成果,间接开辟了由煤转换为汽车燃料的途径。甲醇可直接用于还原铁矿,得到高质量的海绵铁。

甲醇化工已成为化学工业中一个重要的领域。甲醇的消费已超过其传统用途,潜在的耗用量远远超过其化工用途,其应用渗透到国民经济的各个部门。今后甲醇的发展速度将会更加迅猛。

早期的甲醇是用木材或木质素干馏法制得的,后发展为用氯甲烷在碱性溶液中水解得到甲醇,$CO+H_2$ 在高温、高压和催化剂的条件下合成甲醇,天然气和石脑油的蒸气转化为甲醇等技术。

随着甲醇合成技术的不断发展和生产规模的扩大,原料路线的选择也发生了很大变化,原来以煤炭为原料的路线发展到目前天然气、石脑油、重油、煤焦、乙炔气等均可作为生产甲醇的原料。

我国是能源结构为缺油、少气、富煤的国家,将煤作为甲醇的原料路线。从长远来看,世界煤炭资源远远超过石油和天然气的储量,随着科技进步,煤制气中的净化技术日益提高以及甲醇需求量的大幅增加,煤将再次成为甲醇生产的主要原料。

甲醇是饱和醇系列中的代表,分子式为 CH_3OH,相对分子质量为 32.042。在常温常压下,纯甲醇是无色、不流动、不挥发、可燃的有机液体,闪点为 80℃,自燃温度为 436℃,有类似乙醇的气体。甲醇可与水、乙醇、乙醚等有机液体互溶,但不能与脂肪烃类化合物互溶。甲醇蒸气和空气混合,在一定范围内形成爆炸性混合物,爆炸极限为 6.0%~36.5%(体积分数)。甲醇蒸气对神经系统有刺激作用,吸入人体内,可引起失明和中毒。

甲醇具有饱和脂肪醇的化学性质，其化学性很活泼，如氧化反应、酯化反应、羰基化反应、卤化反应、脱水反应、裂解反应等。甲醇可与多种物质发生反应。

我国标准规定工业甲醇的质量技术指标如下：

① 工业甲醇为无特殊异臭气味、无色透明的液体，无可见杂质。

② 工业用甲醇应符合表 8-1 所示的技术要求。

表 8-1 技术要求

项 目		指 标		
		优等品	一等品	合格品
色度/Hazen 单位(铂-钴色号)	≤	5		10
密度(ρ_{20})/(g/cm³)		0.791~0.792	0.791~0.793	
沸程(0℃、101.3kPa,在64.0~65.5℃范围内,包括64.6℃±0.1℃)/℃	≤	0.8	1.0	1.5
高锰酸钾试验/min	≥	50	30	20
水混溶性试验		通过试验(1+3)	通过试验(1+9)	—
水的质量分数/%	≤	0.10	0.15	
酸的质量分数(以 HCOOH 计)/%	≤	0.0015	0.0030	0.0050
碱的质量分数(以 NH_3 计)/%	≤	0.0002	0.0008	0.0015
羰基化合物的质量分数(以 HCHO 计)/%	≤	0.002	0.005	0.010
蒸发残渣的质量分数/%	≤	0.001	0.003	0.005
硫酸洗涤试验/Hazen 单位(铂-钴色号)	≤	50		—
乙醇的质量分数/%	≤	供需双方协商		—

本节规定了工业用甲醇的测定方法，适用于以煤、焦油、天然气、轻油、重油为原料合成的工业用甲醇的测定。

一、采样

试样的采取应按 GB/T 6678 和 GB/T 6680 常温下为流动态液体的规定进行。所采样品总量不得少于 2L，将样品充分混匀后，分装于两个干燥、清洁、带有磨口塞的玻璃瓶中。一瓶作为检验分析用，另一瓶保留 1 个月，以备查验。

二、色度的测定

1. 方法提要

试样的颜色与标准铂-钴比色液的颜色目测比较，并以 Hazen（铂-钴）颜色单位表示结果。

Hazen（铂-钴）颜色单位，即每升溶液含 1mg 铂（以氯铂酸计）及 2mg 六水合氯化钴溶液的颜色。

2. 准备工作

（1）标准比色母液的制备（500Hazen 单位） 在 1000mL 容量瓶中溶解 1.00g 六水合氯化钴（$CoCl_2 \cdot 6H_2O$）和相当于 1.05g 的氯铂酸或 1.245g 的氯铂酸钾于水中，加入 100mL 盐酸溶液，稀释到刻线，并混合均匀。

注：标准比色母液可以用分光光度计以 1cm 的比色皿按下列波长进行检查，其吸光度范围是：

波长/nm	吸光度
430	0.110~0.120
455	0.130~0.145
480	0.105~0.120
510	0.055~0.065

(2) 标准铂-钴对比溶液的配制　在 10 个 500mL 及 14 个 250mL 的两组容量瓶中，分别加入表 8-2 所示体积的标准比色母液，用蒸馏水稀释到刻线并混匀。

表 8-2　标准比色母液的体积及相应颜色

500mL 容量瓶		250mL 容量瓶	
标准比色母液的体积/mL	相应颜色/Hazen 单位(铂-钴色号)	标准比色母液的体积/mL	相应颜色/Hazen 单位(铂-钴色号)
		30	60
5	5	35	70
10	10	40	80
15	15	45	90
20	20	50	100
25	25	62.5	125
30	30	75	150
35	35	87.5	175
40	40	100	200
45	45	125	250
50	50	150	300
		175	350
		200	400
		225	450

(3) 贮存　将标准比色母液和稀释溶液放入带塞棕色玻璃瓶中，置于暗处。标准比色母液可以保存 1 年，稀释溶液可以保存 1 个月，但最好应用新鲜配制的。

3. 试验步骤

① 向一支纳氏比色管中注入一定量的试样，并注满到刻线处，同样向另一支纳氏比色管中注入具有类似颜色的标准铂-钴对比溶液，也注满到刻线处。

② 比较试样与标准铂-钴对比溶液的颜色，比色时在日光或日光灯照射下，正对白色背景，从上往下观察，避免侧面观察，提出接近的颜色。

4. 结果报告

试样的颜色以最接近于试样的标准铂-钴对比溶液的 Hazen（铂-钴）颜色单位表示。如果试样的颜色与任何标准铂-钴对比溶液不相符合，则根据可能，估计一个接近的铂-钴色号，并描述观察到的颜色。

三、密度的测定

本方法采用比重瓶法测定工业甲醇的密度。也可采用其他能满足分析要求的试验方法。比重瓶法为仲裁法。

1. 方法原理

在同一温度下，用蒸馏水标定比重瓶的体积，然后测定同体积试样的质量以求其密度。

2. 试验步骤

① 洗净并干燥比重瓶，带塞称量。

② 用新煮沸并冷却至约 20℃ 的蒸馏水注满比重瓶，不得带入气泡，装好后立即浸入 $(20.0±0.1)$℃ 的恒温水浴中，恒温 20min 以上取出，用滤纸除去溢出毛细管的水，擦干后立即称量。

③ 将比重瓶里的水倾出，清洗、干燥后称量。以试样代替水，同上操作，即得试样的质量。

3. 结果计算

密度 $\rho(\text{g/cm}^3)$ 按式(8-1)计算：

$$\rho = \frac{m_1 + A}{m_2 + A} \times \rho_0 \tag{8-1}$$

式中　m_1——充满比重瓶所需试样的质量，g；

　　　m_2——充满比重瓶所需水的质量，g；

　　　ρ_0——在 20℃ 时蒸馏水的密度，g/cm³；

　　　A——浮力校正为 $\rho_1 V$。其中 ρ_1 是干燥空气在 20℃、760mmHg 的密度；V 是所取试样的体积，cm³。但一般情况下，A 的影响很小，可忽略不计。

在 15～35℃ 的范围内，试样密度的温度校正系数为 0.0009g/(cm³·℃)。

取两次平行测定结果的算术平均值为测定结果。两次平行测定结果之差值不大于 0.0005g/cm³。

四、沸程的测定

1. 定义

(1) 初馏点　试样在规定条件下蒸馏，第一滴馏出物从冷凝管末端落下的瞬间温度，以℃表示。

(2) 干点　试样在规定条件下蒸馏，蒸馏瓶底最后一滴液体蒸发的瞬间温度，以℃表示。

(3) 沸程　初馏点与干点间的温度间隔，以℃表示。

2. 方法原理

在规定条件下，对 100mL 试样进行蒸馏，从温度计上读取初馏点和干点的视温度值，收集冷凝液，并根据所得数据，通过计算得到被测样品的沸程。

3. 试验步骤

记录室内大气压及室温。开始对样品均匀加热，控制从加热开始到冷凝管下端流出第一滴蒸馏液体的时间，低沸点（100℃以下）物质为 5～10min，高沸点（100℃以上）物质为 10～15min，对于沸点高于 150℃ 的物质，初馏时间可控制在 15～20min。记录流出第一滴蒸馏液体时的温度（校正到标准状况）为初馏点。移动量筒，使量筒内壁接触冷凝管末端，使馏出液沿着量筒壁流下。适当调节热源，使蒸馏速度均匀，沸点在 100℃ 以下的物质流速为 3～4mL/min，沸点在 100℃ 以上的物质流速为 4～5mL/min。记录蒸馏瓶底最后一滴液体汽化时的瞬间温度（校正到标准状况）为干点，立即停止加热。如有需要，记录不同温度下的馏出体积或不同馏出体积下的温度。蒸馏后回收总体积应在 98mL 以上，否则无效。

4. 结果计算

对于全浸式温度计，按式(8-2)换算为标准状况下的温度：

$$t = t_1 + C + \Delta t_1 + \Delta t_2 \tag{8-2}$$

式中 t_1——实验中观察到的温度，℃；
　　　C——观察温度受大气压影响的校正值，℃；
　　　Δt_1——主温度计本身的校正值，℃；
　　　Δt_2——主温度计水银柱露出塞上部分的校正值，℃。

$$C = K(101325 - p_0) \tag{8-3}$$

$$p_0 = p_t - \Delta p_1 + \Delta p_2 \tag{8-4}$$

式中 K——实验物质的沸点随压力的变化率，℃/Pa；
　　　p_0——气压计读数换算到 0℃ 及 45°纬度的大气压，Pa；
　　　p_t——室温下观测的大气压，Pa；
　　　Δp_1——室温换算到 0℃ 时的气压校正值，Pa；
　　　Δp_2——纬度重力校正值（纬度大于 45°时为正值，纬度小于 45°时为负值），Pa。

$$\Delta t_2 = 0.00016 h (t_1 - t_2) \tag{8-5}$$

式中 h——主温度计水银柱露出塞上部分的高度，以度数的数值表示；
　　　t_2——辅助温度计的读数，℃；
0.00016——水银的视膨胀系数。

对于局浸式温度计，按式(8-6)换算为标准状况下的温度：

$$t = t_1 + C + \Delta t \tag{8-6}$$

式中 Δt——温度计本身的校正值，℃；
　　　其余各项同全浸式温度计的计算。

五、高锰酸钾试验

采用目视比色法进行高锰酸钾试验，以表示工业甲醇的稳定性。

1. 方法提要

在规定条件下，将高锰酸钾溶液加入被测试样中，观察试验溶液褪色所需的时间，通常用标准比色溶液进行对照。

2. 试验步骤

将盛有试样的比色管置于温度控制在 (15.0±0.5)℃ 的水浴中，15min 后从水浴中取出比色管，加入规定体积的高锰酸钾溶液（从开始加入起记录时间），立即加塞、摇匀，再放回水浴中。

经常将比色管从水浴中取出，以白色背景衬底，轴向观察，并可与同体积的标准比色溶液进行比较。

注意：避免试液直接暴露在强日光下。

3. 分析结果的描述

高锰酸钾褪色时间，从加入高锰酸钾溶液起到试液中高锰酸钾颜色褪色或试液颜色达到与标准比色溶液一致时的时间，以 min 计。

取两次平行测定结果的算术平均值为测定结果。

两次平行测定结果 100min 以下的相对偏差不大于 5%，100min 以上的相对偏差不大于 10%。

六、水混溶性试验

本部分规定了工业甲醇的水混溶性试验方法，以检验其中是否含有烷烃、烯烃、高级醇或酮、芳香烃等难溶于水的杂质。

1. 术语和定义

(1) 水混溶性试验　在规定条件下，液体试样与水混合，观察浊度变化。
(2) 澄明　系指试验溶液的澄清度相同于作为空白试液的水。

2. 方法提要

按确定比例量取一定体积的样品于比色管中，加水至100mL，检查混合溶液是否不澄明或浑浊。

3. 试验方法

① 选择试样与水混溶的比例分别为：1+3（优等品）、1+9（一等品）。

② 按确定的比例，量取一定体积的样品注入清洁、干燥的比色管中，缓缓加水至100mL刻度，盖紧塞子，充分摇匀，静置至所有气泡消失。将比色管置于（20±1）℃的恒温装置中（当使用恒温水浴时，应使水面高于比色管中试验溶液液面）30min。

加100mL水至另一支材质相同的100mL比色管中作为空白试液。

③ 30min后将比色管从恒温装置中取出，擦干比色管外壁，在黑色背景下轴向比较样品-水混合溶液与空白试液。如使用人工光源，应使光线横向通过比色管。

4. 结果的表述

如果样品-水混合溶液如空白试液一样澄明或无浑浊，报告样品为"通过试验"。若检验是不澄明的或浑浊的，报告"试验不合格"。

七、水分的测定

1. 方法原理

存在于试样中的任何水分（游离水或结晶水）与已知水相当量的卡尔·费休试剂（碘、二氧化硫、吡啶和甲醇组成的溶液）进行定量反应。

反应方程式为：

$$H_2O + I_2 + SO_2 + 3C_5H_5N \longrightarrow 2C_5H_5N \cdot HI + C_5H_5N \cdot SO_3$$
$$C_5H_5N \cdot SO_3 + ROH \longrightarrow C_5H_5NH \cdot OSO_2OR$$

2. 目测法

(1) 终点测定原理　卡尔·费休试剂中碘的颜色遇待测试样中的水而逐渐消失，过量第一滴试剂则显示出颜色。

(2) 试验步骤

① 卡尔·费休试剂的标定。按规定装配仪器。用聚硅氧烷润滑脂润滑接头，用注射器经青霉素瓶塞注入25mL甲醇到滴定容器中，打开电磁搅拌器，为了与存在于甲醇中的微量水反应，由自动滴定管滴加卡尔·费休试剂至溶液呈现棕色。

在小玻璃管中，称取约0.250g酒石酸钠（称准至0.0001g），移去青霉素瓶塞，在几秒钟内迅速地将它加到滴定容器中，然后再称量小玻璃管，通过减差确定使用的酒石酸钠质量（m_1）。

也可由滴瓶加入约0.040g纯水进行标定。称量加到滴定容器前、后滴瓶的质量，通过减差确定使用的纯水质量（m_2）。

用水-甲醇标准溶液标定。

用待标定的卡尔·费休试剂滴定加入的已知量水，到溶液呈现与上述同样棕色，记录消耗卡尔·费休试剂的体积（V_1）。

② 测定。通过排泄嘴将滴定容器中的残液放完，用注射器经青霉素瓶塞注入25mL（或按待测试样规定的体积）甲醇或其他溶剂，打开电磁搅拌器，为了与存在于甲醇中的微量水反应，由自动滴定管滴加卡尔·费休试剂至溶液呈现棕色。

试样的加入：若是液体，用注射器注入；若是固体粉末，用小玻璃管称取适量试样加入，称准到0.0001g。用卡尔·费休试剂滴定至溶液呈现同样棕色，记录测定时消耗卡尔·

费休试剂的体积（V_2）。

(3) 结果表示

① 卡尔·费休试剂的水相当量 T 以 mg/mL 表示，按式(8-7)或式(8-8)计算：

$$T = \frac{m_1 \times 0.1566}{V_1} \tag{8-7}$$

$$T = \frac{m_2}{V_1} \tag{8-8}$$

式中　m_1——若用酒石酸钠标定，表示所加入酒石酸钠的质量，mg；

　　　m_2——若用纯水标定，表示所加入纯水的质量，mg；

　　　V_1——标定时，消耗卡尔·费休试剂的体积，mL；

　0.1566——酒石酸钠的质量换算为水的质量系数。

② 试样中的水含量 X 以质量分数（%）表示，按式(8-9)或式(8-10)计算：

$$X = \frac{V_2 T}{m_0 \times 10} \tag{8-9}$$

$$X = \frac{V_2 T}{V_0 \rho \times 10} \tag{8-10}$$

式中　m_0——试样的质量（固体试样），g；

　　　V_0——试样的体积（液体试样），mL；

　　　ρ——20℃时试样的密度（液体试样），g/mL；

　　　V_2——测定时，消耗卡尔·费休试剂的体积，mL；

　　　T——卡尔·费休试剂的水相当量，mg/mL。

3. 直接电量滴定法

(1) 终点测定原理　使浸入溶液中的两铂电极有一电位差，当溶液中存在水时，阴极极化反抗电流通过，由阴极去极化伴随着突然增加的电流（由合适的电装置示出）指示滴定终点。

(2) 试验步骤

① 卡尔·费休试剂的标定。按规定装配仪器，用聚硅氧烷润滑脂润滑接头，用注射器经青霉素瓶塞注入 25mL 甲醇到滴定容器中，打开电磁搅拌器，并连接终点电量测定装置。

调节仪器，使电极间有 1～2V 电位差，同时电流计指示出低电流，通常为几个微安。为了与存在于甲醇中的微量水反应，加入卡尔·费休试剂，直到电流计指示电流突然增加至 10～20μA，并至少保持稳定 1min。

在小玻璃管中，称取约 0.250g 酒石酸钠（称准至 0.0001g），移去青霉素瓶塞，在几秒钟内迅速地将它加到滴定容器中，然后再称量小玻璃管，通过减差确定使用的酒石酸钠质量（m_3）。

也可由滴瓶加入约 0.040g 纯水进行标定。称量加到滴定容器前、后滴瓶的质量，通过减差确定使用的纯水质量（m_4）。

用水-甲醇标准溶液标定。

用待标定的卡尔·费休试剂滴定加入的已知量水，到电流计指针达到同样偏斜度，并至少保持稳定 1min，记录消耗卡尔·费休试剂的体积（V_3）。

② 测定。通过排泄嘴将滴定容器中的残液放完，用注射器经青霉素瓶塞注入 25mL（或按待测试样规定的体积）甲醇或其他溶剂，打开电磁搅拌器，为了与存在于甲醇中的微量水反应，加入卡尔·费休试剂，直到电流计指针产生突然偏斜，并至少保持稳定 1min。

试样的加入：若是液体，以注射器注入；若是固体粉末，用小玻璃管称取适量试样加入，称准至 0.0001g。使用同样终点电量测定的操作步骤，用卡尔·费休试剂滴定至终点，记录测定时消耗卡尔·费休试剂的体积（V_4）。

(3) 结果表示

① 卡尔·费休试剂的水相当量 T 以 mg/mL 表示，按式(8-11)或式(8-12)计算：

$$T = \frac{m_3 \times 0.1566}{V_3} \tag{8-11}$$

$$T = \frac{m_4}{V_3} \tag{8-12}$$

式中　m_3——若用酒石酸钠标定，表示所加入酒石酸钠的质量，mg；
　　　m_4——若用纯水标定，表示所加入纯水的质量，mg；
　　　V_3——标定时，消耗卡尔·费休试剂的体积，mL；
　　0.1566——酒石酸钠质量换算为水的质量系数。

② 试样中的水含量 X 以质量分数（%）表示，按式(8-13)或式(8-14)计算：

$$X = \frac{V_4 T}{m_0 \times 10} \tag{8-13}$$

$$X = \frac{V_4 T}{V_0 \rho \times 10} \tag{8-14}$$

式中　m_0——试样的质量（固体试样），g；
　　　V_0——试样的体积（液体试样），mL；
　　　ρ——20℃时试样的密度（液体试样），g/mL；
　　　V_4——测定时，消耗卡尔·费休试剂的体积，mL；
　　　T——卡尔·费休试剂的水相当量，mg/mL。

4. 电量返滴定法

(1) 终点测定原理　加过量卡尔·费休试剂，用水-甲醇标准溶液返滴定。在返滴定开始时，电极有一很小的电位差，但足以引起电流计指针的大偏转，通过阴极极化伴随着电流的突然中断（由合适的电装置示出）指示滴定终点。

(2) 试验步骤

① 卡尔·费休试剂的标定。按规定装配仪器，用聚硅氧烷润滑脂润滑接头，由一自动滴定管加过量卡尔·费休试剂到滴定容器中，使之能淹没电极，打开电磁搅拌器，并连接终点电量测定装置，由第二支自动滴定管滴入标准水-甲醇溶液（2g 纯水/L），直到电流计的指针突然回到零。

在小玻璃管中，称取约 0.250g 酒石酸钠（称准至 0.0001g），移去青霉素瓶塞，在几秒钟内迅速地将它加到滴定容器中，然后再称量小玻璃管，通过减差确定使用的酒石酸钠质量（m_5）。

也可由滴瓶加入约 0.040g 纯水进行标定。称量加到滴定容器前、后滴瓶的质量，通过减差确定使用的纯水质量（m_6）。

然后加入已知过量体积（V_5）的卡尔·费休试剂，至溶液变棕色为止，等待 30s，用标准水-甲醇溶液（2g 纯水/L）返滴定过量的试剂，直到电流计的指针突然回到零，记录消耗此标准溶液的体积（V_6）。

② 卡尔·费休试剂与标准水-甲醇溶液之间的对应值。部分地放空滴定容器，使电极仍淹没在"卡尔·费休试剂的标定"中所述的液体中。由第一支滴定管加入待测定的 20mL 卡尔·费休试剂，用第二支滴定管中的水-甲醇标准溶液（2g 纯水/L）滴定，到电流计的指针突然回到零，记录消耗此标准溶液的体积（V_7）。

③ 测定。通过排泄嘴将滴定容器中的残液放完，用注射器经青霉素瓶塞注入 25mL（或

按待测试样规定的体积）甲醇，打开电磁搅拌器，为了与存在于甲醇中的微量水反应，加入稍过量（约 2mL）的卡尔·费休试剂，然后滴加水-甲醇标准溶液（2g 纯水/L），到电流计指针突然回到零。

试样的加入：若是液体，以注射器注入；若是固体粉末，用小玻璃管称取适量试样加入，称准至 0.0001g。

加入已知过量体积（V_8）的卡尔·费休试剂，至溶液变棕色为止，等待 30s，用水-甲醇溶液（2g 纯水/L）返滴定过量的试剂，直到电流计的指针突然回到零，记录消耗此标准溶液的体积（V_9）。

(3) 结果表示

① 卡尔·费休试剂的水相当量 T 以 mg/mL 表示，按式(8-15)或式(8-16)计算：

$$T = \frac{m_5 \times 0.1566}{V_5 - \left(V_6 \times \frac{20}{V_7}\right)} \tag{8-15}$$

$$T = \frac{m_6}{V_5 - \left(V_6 \times \frac{20}{V_7}\right)} \tag{8-16}$$

式中 m_5——若用酒石酸钠标定，表示所加入酒石酸钠的质量，mg；

m_6——若用纯水标定，表示所加入纯水的质量，mg；

V_5——加入的已知过量卡尔·费休试剂的体积，mL；

V_6——返滴定消耗水-甲醇标准溶液（2g 纯水/L）的体积，mL；

V_7——在"卡尔·费休试剂与标准水-甲醇溶液之间的对应值"试验中消耗水-甲醇标准溶液（2g 纯水/L）的体积，mL；

0.1566——酒石酸钠质量换算为水的质量系数。

② 试样中的水含量 X 以质量分数（%）表示，按式(8-17)或式(8-18)计算：

$$X = \left[V_8 - \left(V_9 \times \frac{20}{V_7}\right)\right] \times \frac{T}{m_0 \times 10} \tag{8-17}$$

$$X = \left[V_8 - \left(V_9 \times \frac{20}{V_7}\right)\right] \times \frac{T}{V_0 \rho \times 10} \tag{8-18}$$

式中 m_0——试样的质量（固体试样），g；

V_0——试样的体积（液体试样），mL；

ρ——20℃时试样的密度（液体试样），g/mL；

V_7——意义同前；

V_8——加入的已知过量卡尔·费休试剂的体积，mL；

V_9——返滴定消耗水-甲醇标准溶液（2g 纯水/L）的体积，mL；

T——卡尔·费休试剂的水相当量，mg/mL。

八、酸度或碱度的测定

1. 方法提要

试样用不含二氧化碳的水稀释，以溴百里香酚蓝为指示剂，试样呈酸性则用氢氧化钠标准滴定溶液滴定游离酸，试样呈碱性则用硫酸标准滴定溶液滴定游离碱。

2. 试验步骤

① 试样用等体积的不含二氧化碳的水稀释，加 4~5 滴溴百里香酚蓝指示液鉴别，呈黄色为酸性反应，测定酸度，呈蓝色则为碱性反应，测定碱度。

② 取 50mL 不含二氧化碳的水，注入 250mL 锥形瓶中，加 4~5 滴溴百里香酚蓝指示

液。测定游离酸时，用氢氧化钠标准滴定溶液滴定至溶液呈浅蓝色，加入 50mL 试样，再用氢氧化钠标准滴定溶液滴定至溶液由黄色变为浅蓝色，保持 30s 不褪色即为终点。测定游离碱时，用硫酸标准滴定溶液滴定，溶液由蓝色变为黄色，保持 30s 不褪色即为终点。

3. 结果计算

酸度以甲酸（HCOOH）的质量分数 w_1 计，数值以%表示；碱度以氨（NH_3）的质量分数 w_2 计，数值以%表示；分别按式(8-19) 和式(8-20) 计算：

$$w_1 = \frac{(V_1/1000)c_1 M_1}{V \rho_t} \times 100 \tag{8-19}$$

$$w_2 = \frac{(V_2/1000)c_2 M_2}{V \rho_t} \times 100 \tag{8-20}$$

式中　V_1——氢氧化钠标准滴定溶液的体积，mL；
　　　c_1——氢氧化钠标准滴定溶液浓度的准确数值，mol/L；
　　　M_1——甲酸的摩尔质量，M_1 = 46.02g/mol；
　　　ρ_t——测定温度 t 时甲醇试样的密度，g/cm³；
　　　V_2——硫酸标准滴定溶液的体积，mL；
　　　c_2——硫酸标准滴定溶液浓度的准确数值，mol/L；
　　　M_2——氨的摩尔质量，M_2 = 17.03g/mol；
　　　V——试样的体积，V = 50mL。

取两次重复测定的算术平均值为测定结果。两次重复测定结果的相对偏差不大于 30%。

九、羰基化合物含量的测定

1. 方法原理

试样中羰基化合物在酸性介质中与 2,4-二硝基苯肼反应，生成 2,4-二硝基苯腙，在碱性介质中呈红色。在波长 430nm 处用分光光度计测量吸光度。本法适用于试样中羰基化合物含量在 0.00025%～0.01%（质量分数）的测定。

2. 试验步骤

(1) 试样　取 1.0mL 试样于比色管中。

(2) 空白试验　用 1.0mL 甲醇代替试样，在测定试样的同时按照测定试样的操作步骤进行空白试验。

(3) 标准曲线的制作

① 稀标准溶液的制备：用于制备标准比色液。按表 8-3 规定的体积（mL）吸取标准原液，分别置于一组 25mL 带刻度的容量瓶中，用甲醇稀释至刻度。

表 8-3　标准溶液的配制

标准原液的体积/mL	相应的羰基化合物质量 [以甲醛（HCHO）计]/μg	1mL 稀标液中羰基的质量/μg
0[①]	0	0
1.5	45	1.80
2.5	75	3.00
3.5	105	4.20
4.5	135	5.40
5.5	165	6.60
6.5	195	7.80

① 补偿溶液。

② 标准比色液的制备：在 1cm 比色皿中完成吸光度测定。各取 1.0mL 稀标准溶液，分别注入七个比色管中。

③ 发色：在七个比色管中分别加入 1.0mL 2,4-二硝基苯肼溶液和 1 滴盐酸溶液，盖塞，于 (50±2)℃ 水浴上加热 30min，冷却，加 5.0mL 氢氧化钾，混匀，放置 5min。

④ 吸光度的测定。测定时，将仪器调至波长 430nm 处，然后用甲醇将仪器吸光度调至零点后，对每一个标准比色液进行吸光度测定（测定温度不得低于 8℃）。

⑤ 绘制标准曲线。标准比色液的吸光度减去补偿液的吸光度，以每毫升稀标准液含羰基化合物的质量（μg）为横坐标，以相应的吸光度值为纵坐标绘图。

(4) 试样测定

① 发色。按上述发色步骤处理比色管中的试样和空白试液。

② 吸光度的测定。按上述吸光度的测定步骤完成试样和空白试液的吸光度的测定。

注：如果试样吸光度超出仪器测定的最佳范围，可将试样用甲醇稀释后，再进行测定。

3. 结果计算

从标准曲线上，查出相应吸光度的羰基化合物的质量。

羰基化合物的含量［以甲醛（HCHO）计］以质量分数（%）表示，按式(8-21)计算：

$$\frac{m_1-m_0}{V\rho\times 10^6}\times V_D\times 100 = \frac{m_1-m_0}{\rho\times 10^4}\times V_D \tag{8-21}$$

式中　m_1——试样溶液中羰基化合物的含量，μg；

　　　m_0——空白溶液中羰基化合物的含量，μg；

　　　V——试样的体积，mL；

　　　ρ——试样在 20℃ 时的密度，g/cm³；

　　　V_D——试样的稀释倍数。

取两次平行测定结果的算术平均值为测定结果。两次平行测定结果的相对偏差不大于 20%。

十、蒸发残渣含量的测定

1. 方法提要

将试样在水浴上蒸发至干后，于烘箱中在 (110±2)℃ 温度下干燥至恒量。

2. 采样

按液体化工产品采样通则的要求采取有代表性的试样，贮存于清洁、干燥、有玻璃磨口塞的玻璃容器中，使样品充满。如有需要，应仔细密封容器，防止任何污染样品的危险。

3. 试验步骤

将蒸发皿放入烘箱中，于 (110±2)℃ 下加热 2h，放入干燥器中冷却至周围环境温度，称量，精确至 0.1mg。

移取 (100.0±0.1)mL 试样于已恒重的蒸发皿中，放于水浴上，维持适当温度，在通风橱中蒸发至干。将蒸发皿外面用擦镜纸擦干净，置于预先已恒温至 (110±2)℃ 的烘箱中加热 2h，放入干燥器中冷却至周围环境温度，称量，精确至 0.1mg。重复上述操作，直至质量恒定，即相邻两次称量的差值不超过 0.2mg。

4. 结果计算

蒸发残渣含量 w 以质量分数计，数值以 % 表示，按式(8-22)计算：

$$w=\frac{m-m_0}{\rho V}\times 100 \tag{8-22}$$

式中　m——蒸发残渣加空皿的质量，g；

　　　m_0——空皿的质量，g；

ρ——试验温度下试样的密度值，g/mL；

V——试样的体积，mL。

取两次平行测定结果的算术平均值为测定结果。两次平行测定结果的绝对差值不大于 0.0003%。

十一、硫酸洗涤试验

1. 方法提要

在一定条件下，试样与硫酸混合，混合液与铂-钴标准比色溶液对比，进行目视比色法测定。

2. 试验步骤

① 试验中所用的玻璃仪器不能含有与硫酸显色的物质。用重铬酸钾-硫酸洗液洗涤玻璃仪器，然后用水清洗，用清洁空气干燥或用与硫酸不显色的甲醇清洗。

② 取 30mL 试样于 125mL 锥形瓶中，置于电磁搅拌器上，搅拌，匀速加入 25mL 硫酸，硫酸加入时间为 (5.0 ± 0.5)min，室温下放置 (15.0 ± 0.5)min，移入比色管中。取另一支比色管，加入 50mL 铂-钴标准比色溶液。在白色或镜面背景以上 50～150mm 轴向比色。

取两次平行测定结果的算术平均值为测定结果。两次平行测定结果的绝对差值不大于 5 个铂-钴色号。

十二、乙醇含量的测定

1. 方法提要

用气相色谱法，在选定的工作条件下，使甲醇中的乙醇等杂质得到分离，用火焰离子化检测器检测。

2. 试验步骤

① 异丙醇内标溶液的制备。取 0.5mL 异丙醇于 100mL 容量瓶中，用甲醇稀释至刻度，混匀。

② 校正因子的测定。将 0.5mL 乙醇注入干燥的已知质量的 100mL 容量瓶中，称量，乙醇质量为 m_1，用甲醇稀释至刻度后再称量，溶液质量为 m_2，此液为乙醇标准溶液。取 6 只干燥的 25mL 容量瓶，各加入约 20mL 甲醇，用微量注射器（或微量移液管）分别注入 100μL 异丙醇内标溶液和 0、0.05mL、0.10mL、0.20mL、0.50mL、1.00mL 乙醇标准溶液，用甲醇稀释至刻度、混匀，此溶液为校准用标准溶液（其中不含乙醇标准溶液的为空白溶液）。分别测定乙醇和异丙醇的色谱峰面积，再减去空白溶液的乙醇峰面积，得到校正峰面积。

③ 试样的测定。取 1 只干燥的 25mL 容量瓶，用微量注射器注入 100μL 异丙醇内标溶液，用试样稀释至刻度，摇匀。测定乙醇和异丙醇的峰面积。

3. 结果计算

按式(8-23)计算定量校正因子 f'：

$$f' = \frac{m_1 V A_s}{m_2 A_i V_1} \times 100 \tag{8-23}$$

式中 m_1——乙醇标准溶液中乙醇的质量，g；

m_2——乙醇标准溶液的质量，g；

V——乙醇标准溶液的体积，mL；

A_i——乙醇的校正峰面积；

A_s——异丙醇的峰面积；

V_1——校准用标准溶液的体积，$V_1=25$mL。

由各定量校正因子求出平均定量校正因子 $\bar{f'}$。

乙醇的质量分数 w（数值以%表示）按式(8-24)计算：

$$w = \frac{\bar{f}' A_i}{A_s} \tag{8-24}$$

式中 $\bar{f}'$——平均定量校正因子；

A_i——乙醇的峰面积；

A_s——异丙醇的峰面积。

取两次平行测定结果的算术平均值为测定结果。当乙醇的质量分数小于等于 0.01% 时，两次平行测定结果的相对偏差应不大于 30%；当乙醇的质量分数大于 0.01% 时，两次平行测定结果的相对偏差应不大于 10%。

第二节 二甲醚的测定

二甲醚，学名甲氧基甲烷，英文名称 Dimethyl Ether，简称 DME。分子结构简式为 CH_3OCH_3，相对分子质量为 46.07。二甲醚的一些基本物理化学性质见表 8-4。

表 8-4 二甲醚的主要物理化学性质

液体密度/(g/mL)	沸点/℃	凝固点/℃	闪点/℃	燃烧热值/(kJ/mol)
0.661	−24.9	−141.5	−41	1459.92
临界温度/℃	临界压力/Pa	蒸气压/Pa	自燃温度/℃	空气中的爆炸极限/%
128.8	5.32×10^5	5.31×10^5	350	3.45~26.7

二甲醚是低沸点化合物，常温常压下为无色、略带醚味的易燃气体或压缩液化气体；具有优良的溶解性，易溶于水及醇、乙醚、丙酮、氯仿等多种有机溶剂；常温下 DME 具有惰性，不易自动氧化，无腐蚀、无致癌性，毒性很低，蒸气有刺激和麻醉作用。

DME 是重要的化工原料，用于许多精细化学品的合成，可替代部分氟氯卤代烃用作气溶胶喷射剂和制冷剂。DME 最大的潜在用途是作为城市煤气和液化石油气的代用品，更具战略意义的是作为汽车燃料，用于替代柴油。

在生产方法方面，DME 最早由高压甲醇生产中的副产品精馏后制得，随着低压合成甲醇技术的广泛应用，副反应大大减少，之后，二甲醚的工业生产技术很快发展到甲醇脱水或合成气直接合成工艺。甲醇脱水法包括液相甲醇法和气相甲醇法。前者的反应在液相中进行，甲醇经浓硫酸脱水而制得，但因该法存在装置规模小、设备腐蚀、环境污染、操作条件恶劣等问题，逐步被淘汰。近年来，DME 的需求量增长较大，各国又相继开发投资省、操作条件好、无污染的新工艺。这主要包括两步法和一步法。两步法是先由合成气合成甲醇，然后再脱水制取二甲醚；而一步法是指由合成气一次合成二甲醚，采用的原料主要为煤或天然气。此外，CO_2 加氢直接合成二甲醚法已在开发研究之中。

我国化工行业标准规定了二甲醚的质量应符合的技术指标要求，见表 8-5。

表 8-5 二甲醚的技术指标要求

项　目		Ⅰ型	Ⅱ型
二甲醚的质量分数/%	≥	99.9	99.0
甲醇的质量分数/%	≤	0.05	0.5
水的质量分数/%	≤	0.03	0.3
铜片腐蚀试验	≤	—	1级
酸度(以 H_2SO_4 计)/%	≤	0.0003	—

注：Ⅰ型产品作制冷剂时检测酸度。

本部分规定了二甲醚中二甲醚含量、甲醇含量、水分、铜片腐蚀试验及酸度的测定方法,适用于甲醇气相法或液相法脱水生成的二甲醚,或由合成气直接合成的二甲醚,或其他产品生产工艺回收的二甲醚的检验。该产品Ⅰ型作为工业原料,主要用于气雾剂的推进剂、发泡剂、制冷剂、化工原料等,Ⅱ型主要用于民用燃料、车用燃料及工业燃料的原料。

一、二甲醚含量的测定

1. 方法提要

用气相色谱法,在选定的色谱操作条件下,试样经汽化通过色谱柱,使其中的各组分得到分离,用热导检测器检测;或试样中一氧化碳、二氧化碳等组分通过甲烷化转化器转化为碳氢化合物,用火焰离子化检测器检测。以校正面积归一化法计算二甲醚的含量。

2. 色谱分析条件及保留时间

(1) 色谱分析条件 推荐的色谱柱和色谱操作条件见表 8-6。其他能达到同等分离程度的色谱柱及色谱操作条件也可采用。

表 8-6 推荐的色谱柱和色谱操作条件

项 目	毛细管柱法	填充柱法
色谱柱固定相	聚苯乙烯-二乙烯基苯(PLOT-Q柱)	二乙烯基苯和苯乙烯共聚物,粒度0.18~0.25mm
柱管材质	熔融石英管	不锈钢或玻璃管
色谱柱长/m	30	3
柱内径/mm	0.53	3
膜厚/μm	40.0	
检测器	热导检测器	火焰离子化检测器
柱箱温度	初始温度50℃,保持2min,以10℃/min的速度升温到150℃	初始温度50℃,保持6min,以10℃/min的速度升温到80℃,保持9min,以10℃/min的速度升温到150℃,保持15min
汽化室温度/℃	250	150
检测器温度/℃	250	360
六通阀温度/℃	100	100
甲烷化转化器温度/℃		360
载气流量/(mL/min)	—	30(N_2)
载气平均线速/(cm/s)	64(H_2 或 He)	—
燃气流量/(mL/min)		30(H_2)
助燃气流量/(mL/min)	—	300(空气)
分流比	5:1	—
进样量(气体)/mL	0.1	1

(2) 保留时间

① 毛细管柱气相色谱法保留时间。见表 8-7。

表 8-7　毛细管柱（PLOT-Q 柱）气相色谱法保留时间

序号	组分名称	保留时间/min	序号	组分名称	保留时间/min
1	空气+一氧化碳	1.381	8	丙烯	6.078
2	甲烷	1.474	9	丙烷	6.449
3	二氧化碳	1.778	10	二甲醚	6.668
4	乙烯	2.247	11	甲醇	9.333
5	乙炔	2.361	12	1-丁烯	10.968
6	乙烷	2.635	13	未知物	11.357
7	水	5.241			

② 填充柱气相色谱法保留时间。见表 8-8。

表 8-8　填充柱气相色谱法保留时间

序号	组分名称	保留时间/min	序号	组分名称	保留时间/min
1	一氧化碳	1.684	6	丙烯	14.729
2	甲烷	2.080	7	二甲醚	16.389
3	二氧化碳	3.641	8	甲醇	24.208
4	乙烯	5.317	9	1-丁烯	27.348
5	乙炔	6.195	10	未知物	29.517

3. 试验步骤

(1) 校正因子的测定

① 按表 8-6 所列的色谱操作条件调试仪器。打开校准用标准样品钢瓶阀门，调节合适的流量，用校准用标准样品连续吹扫自动六通阀并排空，取校准用标准样品进样分析；或用玻璃注射器从校准用标准样品钢瓶中抽取标准试样进样。重复测定三次，取三次峰面积平均值为测定结果。

② 结果计算。以校准用标准样品的本底样品二甲醚为参照物 R，杂质组分 i 的相对质量校正因子按式(8-25) 计算：

$$f_i = \frac{w_i A_R}{w_R A_i} \tag{8-25}$$

式中　w_i——校准用标准样品中杂质组分 i 的质量分数，%；

　　　w_R——参照物 R 的质量分数，%；

　　　A_i——杂质组分 i 的峰面积；

　　　A_R——参照物 R 的峰面积。

(2) 试样的测定

① 取样。将干燥、洁净的采样器用金属接头与样品钢瓶密封连接，采样器的放空阀向上，打开样品钢瓶截止阀，再依次打开采样器的进样阀和放空阀，使样品充分置换采样器，然后关闭采样器的放空阀，使液相样品进入采样器。当样品体积占采样器容积 80% 时，依次关闭采样器进样阀和样品钢瓶截止阀，取下采样器。

② 测定。启动气相色谱仪，按表 8-6 所列色谱操作条件调试仪器，稳定后准备进样分析。

将采样器倒置，与汽化系统连接，控制恒温水浴温度为 40～60℃。打开取样器阀门和出气阀门，缓慢打开流量调节阀，使液体样品流出并控制汽化速度，置换管路中的空气。排出的冲洗管路的气体引出室外。冲洗、置换完全后，关闭出气阀门，立即转动六通阀至进样位置，将采集的气体试样引入色谱柱进行分析。以校正面积归一化法进行定量。

4. 结果计算

二甲醚的质量分数 w_1（数值以％表示）按式(8-26)计算：

$$w_1 = \frac{A}{\sum f_i A_i} \times (100 - w_3) \tag{8-26}$$

式中　A——二甲醚的峰面积；
　　　f_i——组分 i 的相对质量校正因子；
　　　A_i——组分 i 的峰面积（组分 i 不包括水）；
　　　w_3——测得的以质量分数表示的水分的数值，％。

取两次平行测定结果的算术平均值为测定结果。两次平行测定结果的绝对差值不大于 0.1％。

5. 仲裁

以毛细管柱色谱法作为仲裁法。

二、甲醇含量的测定

1. 试验步骤

按上述二甲醚含量的测定步骤进行。

2. 结果计算

甲醇的质量分数 w_2（数值以％表示）按式(8-27)计算：

$$w_2 = \frac{f_2 A_2}{\sum f_i A_i} \times 100 \tag{8-27}$$

式中　A_2——甲醇的峰面积；
　　　f_2——甲醇的相对质量校正因子；
　　　A_i——组分 i 的峰面积（组分 i 不包括水）；
　　　f_i——组分 i 的相对质量校正因子。

取两次平行测定结果的算术平均值为测定结果。两次平行测定结果的绝对差值不大于这两个测定值的算术平均值的 5％。

3. 仲裁

以毛细管柱色谱法作为仲裁法。

三、水分的测定（卡尔·费休库仑电量法）

1. 方法提要

试样中的水分与电解液中的碘和二氧化硫发生如下定量反应：

$$H_2O + I_2 + SO_2 \longrightarrow SO_3 + 2HI$$
$$2I^- \longrightarrow I_2 + 2e$$

参加反应的碘的分子数等于水的分子数，而电解生成的碘与所消耗的电量成正比，根据法拉第定律，用测量消耗的电量得出水的量。

2. 试验步骤

加入电解液，开启仪器，调节库仑电量水分测定仪，准备进样分析。

① 直接进样。用取样管连接玻璃液化石油气采样器和已装有二甲醚的双阀型液化石油气采样器，打开各自的阀门，用试样冲洗玻璃液化石油气采样器，同时慢慢关小其阀门，待有液体进入后即可完全关闭阀门，进适量试样后，关闭双阀型液化石油气采样器的阀门，拔

出插入玻璃液化石油气采样器的取样管,称量其质量,精确至0.01g。

将干燥的进样器不锈钢管插到库仑电量水分测定仪电解池底部,另一端与玻璃液化石油气采样器连接,进样速率以进样器外壁不结露水为宜,进样量根据试样含水量调整。进样完毕后,再次称量玻璃液化石油气采样器质量,精确至0.01g。进样结束,立即进行电量滴定,读取库仑电量水分测定仪显示的水的质量或水的质量分数。

② 闪蒸进样。将已装有二甲醚的双阀型液化石油气采样器与液态烃闪蒸汽化取样进样器相连接,进样量设为2L,充分置换后按下"自动进样"键,进样量达到2L后,仪器自动停止进样,进行分析,读取库仑电量水分测定仪显示的水的质量或水的质量分数。

3. 结果计算

水的质量分数 w_3(数值以%表示)按式(8-28)计算:

$$w_3 = \frac{m}{m_1 - m_2} \times 100 \tag{8-28}$$

式中 m——试样中水的质量,g;

m_1——进样前采样器和试样的质量,g;

m_2——进样后采样器和试样的质量,g。

取两次平行测定结果的算术平均值为测定结果。两次平行测定结果的绝对差值不大于这两个测定值的算术平均值的10%。

4. 仲裁

以卡尔·费休库仑电量法的闪蒸进样方法为仲裁法。

四、铜片腐蚀试验

1. 方法提要

将一块磨光的铜片全部浸入装有已被水饱和的具有适宜工作压力的100mL圆筒中的试样中,在40℃温度下放置1h。到期取出铜片,用铜片腐蚀标准色板比较,并按"铜片腐蚀标准色板的分级表"进行评定。

2. 铜片腐蚀标准色板

(1) 铜片腐蚀标准色板 腐蚀标准色板为全色复制品。它是在铝板上通过四道色加工处理印成的。腐蚀标准色板表示了具有代表性的试验铜片的发暗和腐蚀增加的程度(见表8-9)。为了防止褪色、表面出现划痕,应将标准色板装在塑料套中避光保存。若发现有任何褪色或塑料套表面出现有深伤痕,则建议更换新的标准色板。

(2) 铜片腐蚀标准色板的分级表 见表8-9。

表8-9 铜片腐蚀标准色板的分级表

分级新磨光的铜片	标 志	说 明
1	轻度变色	a. 淡橙色,几乎和新磨光的铜片一样 b. 深橙色
2	中度变色	a. 紫红色 b. 淡紫色 c. 带有淡紫蓝色,或银色,或两种都有,并分别覆盖在紫红色上的多彩色 d. 银色 e. 黄铜色或金黄色
3	深度变色	a. 洋红色覆盖在黄铜色上的多彩色 b. 由红和绿显示的多彩色(孔雀绿),但不带灰色
4	腐蚀	a. 透明的黑色、深灰色或带有轻微孔雀绿的棕色 b. 石墨黑色或乌黑发亮的黑色 c. 有光泽黑色或乌黑发亮的黑色

3. 试片的准备

（1）表面准备　先用碳化硅或氧化铝（刚玉）砂纸或砂布除去铜片所有六个面上的全部瑕疵，最后用 65μm 碳化硅或氧化铝（刚玉）砂纸或砂布除去预先用其他等级砂纸留下的所有痕迹，此铜片浸于洗涤溶剂中，供直接取出作最后磨光或贮存备用。

（2）最后磨光　用镊子从洗涤溶剂中取出铜片，用无灰滤纸保护夹持于手指中，以几滴洗涤溶剂润湿脱脂棉，从清洁的玻璃板上蘸起 105μm 的碳化硅或氧化铝（刚玉）砂粒，首先磨光两端，然后磨光侧面，再以新鲜脱脂棉用力擦。接着将铜片夹在夹具上，并用脱脂棉蘸起 105μm 的砂粒磨光所有主要表面，再以新鲜的脱脂棉用力擦净铜片的所有金属粉末，直至用一新鲜脱脂棉擦拭时保持洁净为止。最后磨光时，必须沿铜片的长轴中心线方向摩擦。在反向磨光之前，行程要超过铜片的末端。磨光过程中，严禁用手指直接接触铜片。

4. 试验步骤

① 打开试验圆筒的底阀，注入约 1mL 蒸馏水到清洁的试验圆筒中，并旋转它，以润湿其筒壁，让残液从底阀排出。

② 用镊子夹住新磨光的铜片，立即挂到圆筒的挂钩上，并放入筒中（圆筒保持垂直）。在装配时保证铜片的底边距离筒底至少 6mm。仪器装配好后把上阀门和下阀门关闭。

③ 把试验圆筒保持在垂直的位置，使铜片不被水弄湿，用经试样冲净的连接软管及其配件将试样源及试验圆筒的上阀门紧密地连接好。先打开试样源上的阀，然后打开圆筒上的阀门，使一些试样进入圆筒。

④ 关闭上阀门，勿使试验圆筒脱离试样源。倒转试验圆筒并打开下阀门清除试验圆筒中的空气，关闭下阀门。再把试验圆筒转回到垂直位置，打开下阀门把全部残液排出。在垂直位置上立即把下阀门关闭，打开上阀门使试样充满试验圆筒。当试验圆筒已充满时，关闭试样源的上阀门，卸开连接软管。

⑤ 刚卸开连接软管，而圆筒处于直立位置时，立即稍微打开上阀门，使高出浸入管末端上方的液体能从试验圆筒中除去。当气体最初从上阀门出现时，关闭上阀门。

⑥ 立即把圆筒浸入到（40.0±0.5）℃的恒温水浴中，让圆筒在水浴中放置 1h±5min。

⑦ 试验结束时，从水浴中取出圆筒，把圆筒置于直立位置，打开下阀门，将液体和大部分气体排出。

⑧ 当圆筒中只存有微小压力时，立即卸开装置，并立即把经液化石油气作用过的铜片与腐蚀标准色板进行比较。比较时应将试片和标准色板置于光反射约 45°角的方向上进行观察。

⑨ 在检查和比较试片时，如将试片放在用脱脂棉塞住的扁平型试管中，则可以避免试片划痕和污染。

5. 判断

① 根据试片对于标准色板相适应的情况，可按"铜片腐蚀标准色板的分级表"中所述的 1、2、3 或 4 级报告试样的腐蚀程度。

② 当一块试片的外观明显介于两个相邻的标准色板之间时，应按变色严重的标准色板判定其腐蚀级别。如果一块试片看上去比 1 级标准色板有更深的橙色，则仍认为它属 1 级；但若观察到出现红色，则该试片应判定为 2 级。

③ 2 级的紫红色片可能被误认为黄铜色片完全被洋红色遮盖的 3 级。为了区别开，把试片浸在洗涤溶剂中，前者将出现暗橙色，而后者将不变。

④ 为了区别 2 级和 3 级的多色片，可把试片放在 20mm×150mm 试管中，试管横卧在加热板上，在 315～370℃ 下加热 4～6min。用另一个试管放入一支高温蒸馏温度计观察温度并调节温度。如果试片属于 2 级，则先呈银色而后呈现金色；如果是 3 级，则将呈现如 4 级

那样的明显黑色及其他各色。

⑤ 如发现手指印弄脏了试片,导致产生污点,则应重新进行试验。

⑥ 如沿着试片扁平面的锐边显出比试片大部分表面更高的级别,也要重做试验,这种情况可能是由于试片在磨光时擦伤边棱所造成的。

⑦ 如由于加入蒸馏水,使试片产生棕色疵点,则这些疵点可忽略不计或重做试验。

6. 试验圆筒的清洗

当试验完毕后,如铜片呈现 3 级或 4 级腐蚀,则应将试验圆筒内面擦净,并在使用后立即用洗涤溶剂冲洗干净,供另一次试验用。

五、酸度的测定

1. 方法提要

使样品汽化,鼓泡进入盛有无二氧化碳的水的吸收瓶中,吸收样品中的酸性物质,以溴甲酚绿为指示剂,用氢氧化钠标准滴定溶液滴定,得到酸度(以 H_2SO_4 计)。

2. 试验步骤

分别在三个多孔式气体洗瓶中加入 100mL 无二氧化碳的水,在第三个多孔式气体洗瓶中加入溴甲酚绿指示液 2~3 滴,用导管串联。擦干取样钢瓶及阀门,称量,精确到 1g。将取样钢瓶阀门出口与第一个多孔式气体洗瓶连接,慢慢打开钢瓶阀门使液态样品汽化后通过三个多孔式气体洗瓶,放出约 100g 样品时,关闭钢瓶阀门,取下钢瓶,擦干,称量,精确到 1g。若第三个多孔式气体洗瓶中指示液未变色,继续下述步骤,否则重做。将第一个和第二个多孔式气体洗瓶中的溶液合并,移入锥形瓶,加入溴甲酚绿指示液 2~3 滴,用氢氧化钠标准滴定溶液滴定至蓝色为终点。

3. 结果计算

酸(以 H_2SO_4 计)的质量分数 w_4(数值以%表示)按式(8-29)计算:

$$w_4 = \frac{[(V-V_0)/1000]cM}{m} \times 100 \tag{8-29}$$

式中 V——试样消耗氢氧化钠标准滴定溶液的体积的准确数值,mL;

V_0——空白试验消耗氢氧化钠标准滴定溶液的体积的准确数值,mL;

c——氢氧化钠标准滴定溶液的浓度的准确数值,mol/L;

m——试样的质量,g;

M——硫酸的摩尔质量,$M=98.07$g/mol。

思 考 题

1. 简述工业甲醇的性质、用途和合成方法。
2. 什么是初馏点、干点、沸程?简述工业甲醇沸程测定的方法提要和试验步骤。
3. 简述气相色谱法测定工业甲醇中乙醇的方法提要和试验步骤。
4. 简述二甲醚的性质、用途和合成方法。
5. 简述气相色谱法测定二甲醚中二甲醚含量的方法提要和试验步骤。

参 考 文 献

[1] 武汉大学主编. 分析化学. 第4版. 北京：高等教育出版社, 2000.
[2] 华中师范大学, 东北师范大学和陕西师范大学编. 分析化学. 第2版. 北京：高等教育出版社, 1990.
[3] 高职高专化学教材编写组编. 分析化学. 第2版. 北京：高等教育出版社, 2000.
[4] 国家质检总局检验监管司编. 进出口煤炭检测技术和法规. 北京：中国标准出版社, 2006.
[5] 杨金和. 煤炭化验手册. 北京：煤炭工业出版社, 2004.
[6] 陈文敏. 煤质及化验知识问答. 北京：化学工业出版社, 2008.
[7] 陈文敏. 煤炭加工利用知识问答. 北京：化学工业出版社, 2008.
[8] 水恒福. 煤焦油分离与精制. 北京：化学工业出版社, 2007.
[9] 冯元琦. 甲醇生产操作问答. 北京：化学工业出版社, 2008.
[10] 李峰. 甲醇及下游产品. 北京：化学工业出版社, 2008.